中文版 Photoshop CS5 从入门到精通 普及版

赵胜男 编著

优中选优的知识体系
本书根据作者十年Photoshop教学及使用经验，深入讲解了Photoshop CS5理论中最核心、实用的概念与功能，确保您将学习时间花在最有效的地方

寓学于练的讲解方式
Photoshop的各项功能均有其擅长的应用领域，为了使学习更具有实效性，本书将知识点介绍及应际实用技巧相结合，使您边学边练，快速掌握

别具一格的表现形式
本书在排式上一切从读者的角度出发，在目录中添加了版本标注和学习层级，使您通过浏览目录就能快速找到所需内容，并根据实际情况选择学习内容，以灵活安排学习进度和深度

制作巧妙的精美案例
本书提供了数十个案例，这些案例不仅在应用领域方面涵盖了照片处理、图像特效、广告设计等9大类设计领域，在软件技术方面也涵盖了图层、通道、蒙版、调色等多种技术，让您快速提高软件灵活运用能力

书盘互动的学习套装
本书光盘中附赠了PDF电子书和教学视频，对于学习中不明白之处，可以在光盘中快速找到相应的内容，从而使书盘互补，让您学习更加全面

附赠近500分钟的教学视频
包括本书案例视频和附赠视频两部分内容，对软件知识和各案例进行了详细讲解，能够帮您大幅提高学习效率，轻松解决学习疑难点

附赠500余个PS实用资源
包括动作、画笔、形状及样式4大类，您在学习时可以轻松导入Photoshop中使用

附赠4类近100个精美矢量花纹边框背景素材
包括花纹背景、精美画框、漂亮圆纹和矢量人物4大类，可为作品的背景添加纹理，使您的作品快速提升一个层次

附赠4类100余个边框素材
包括古典边框、精美边框、欧式边框和相框4大类，可以为自己的作品添加个性的边框元素

附赠近120个墨迹喷溅与线条素材
可为您的作品增添艺术气息，以丰富整体画面

附赠近450个PS设计超酷炫光素材
可用于制作各种特效作品，在效果上更具视觉冲击力

附赠PDF电子书
包括内置滤镜使用手册、外挂滤镜使用手册和色彩管理等内容

兵器工业出版社

北京希望电子出版社
Beijing Hope Electronic Press
www.bhp.com.cn

内 容 简 介

本书通过全新的写作思路和写作手法，使读者在阅读、学习本书之后能够快速掌握 Photoshop 的使用方法和应用技巧，真正成为 Photoshop 的行家里手。

本书系统、全面地讲解了中文版 Photoshop CS5 的基础知识、工作界面与基本操作、选区的使用、颜色及颜色管理、调整图像颜色、绘制矢量图形、绘制形状及着色、图像的编辑、图层的基础和高级应用、文字的使用、通道技术、应用滤镜、动作及自动化、网页设计和综合案例等，涵盖了照片处理、图像特效、广告设计、包装设计等诸多应用领域。本书内容含量丰富，步骤讲解详细，案例效果精美，使读者在学习后，能够真正解决实际工作和学习中遇到的难题。

本书配套光盘中包括学习过程中所需要的部分案例素材文件、最终效果文件，近 500 分钟的全方位视频教学以及超值附赠的大量实用资源，用户可以随时调用素材进行案例制作，或者跟随教学视频进行学习，以加深理解和记忆，提高学习效率，确保读者学起来轻松，用起来方便，从而达到事半功倍的学习效果，以将学习成果尽快应用到实际工作中。

本书适合 Photoshop 初、中级用户阅读，可供广告设计和图形图像处理等相关行业的从业人员自学使用，也可以作为电脑培训班及电脑学校的 Photoshop 教学用书。

图书在版编目（CIP）数据

中文版 Photoshop CS5 从入门到精通：普及版/赵胜男编著．—北京：兵器工业出版社，2011.5

ISBN 978-7-80248-586-0

I.①中… II.①赵… III.①图形软件，Photoshop CS5 IV.①TP391.41

中国版本图书馆 CIP 数据核字（2011）第 046434 号

出版发行：兵器工业出版社　北京希望电子出版社	封面设计：深度文化
邮编社址：100089　北京市海淀区车道沟 10 号	责任编辑：林利红　焦昭君
100085　北京市海淀区上地 3 街 9 号	责任校对：刘　伟
金隅嘉华大厦 C 座 611	开　　本：787mm×1092mm 1/16
电　　话：010-62978181（总机）转发行部	印　　张：33
010-82702675（邮购）010-82702698（传真）	
经　　销：各地新华书店　软件连锁店	印　　数：1-4 000
印　　刷：北京双青印刷厂	字　　数：743 千字
版　　次：2011 年 5 月第 1 版第 1 次印刷	定　　价：59.80 元（配 1 张 DVD 光盘）

（版权所有　翻印必究　印装有误　负责调换）

精彩案例欣赏

名称：使用"裁剪"命令裁剪图像
位置：第2章\2.6.1节

名称：使用"裁剪工具"校正透视变形的照片
位置：第2章\2.9节

名称：使用套索工具
位置：第3章\3.2.4节

名称：选区的运算模式
位置：第3章\3.3节

名称：使用魔棒工具
位置：第3章\3.5.2节

名称：使用"色彩范围"命令
位置：第3章\3.5.3节

Photoshop CS5 从入门到精通（普及版）

名称：使用"色彩范围"命令
位置：第3章\3.5.3节

名称：羽化选区效果
位置：第3章\3.6.4节

名称：边界化选区
位置：第3章\3.6.5节

名称：调整边缘
位置：第3章\3.6.6节

名称：扩展选区素材
位置：第3章\3.6.2节

名称：平滑选区素材
位置：第3章\3.6.3节

精彩案例欣赏

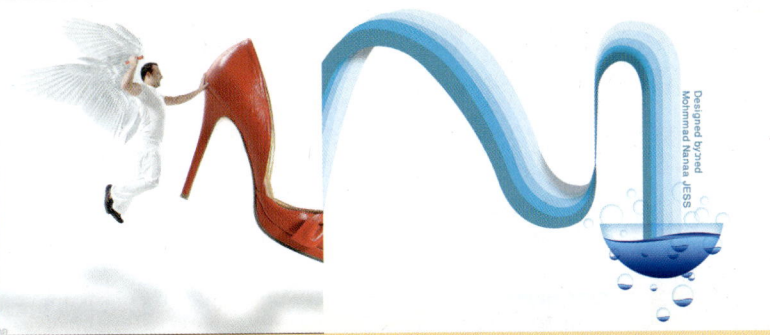

名称：路径的基本组成素材
位置：第3章\3.8.1节

名称：制作矢量视觉作品
位置：第3章\3.9.1节

名称：制作梦幻剪影效果
位置：第3章\3.9.2节

名称：位图模式
位置：第4章\4.5.5节

名称：制作网点图像效果
位置：第4章\4.7.1节

名称：制作双色调图像效果
位置：第4章\4.7.2节

名称：加暗图像
位置：第5章\5.3.2节

名称：修改图像的饱和度
位置：第5章\5.3.3节

名称：去除图像的颜色
位置：第5章\5.4.1节

名称：反相图像
位置：第5章\5.4.2节

名称：均化图像的色调
位置：第5章\5.4.3节

精彩案例欣赏

名称：分离图像的色调
位置：第5章\5.4.6节

名称：调整图像的亮度与对比度
位置：第5章\5.4.7节

名称：为图像映射渐变
位置：第5章\5.5.2节

名称：使用"色阶"命令
位置：第5章\5.5.3节

名称：编辑曲线调整图像
位置：第5章\5.5.4节

名称：平衡图像的色彩
位置：第5章\5.5.5节

Photoshop CS5 从入门到精通（普及版）
中文版

🔄 名称：改变图像色彩
   位置：第5章\5.5.6节

🔄 名称：为图像叠加单色
   位置：第5章\5.5.6节

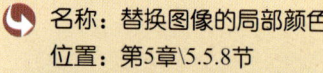

🔄 名称：调整图像的自然饱和度
   位置：第5章\5.5.7节

🔄 名称：替换图像的局部颜色
   位置：第5章\5.5.8节

🔄 名称：匹配颜色
   位置：第5章\5.5.9节

🔄 名称：匹配颜色效果
   位置：第5章\5.5.9节

精彩案例欣赏

名称：制作梦幻色彩照片
位置：第5章\5.7节

名称：模拟散落的晶莹气泡
位置：第6章\6.7节

名称：使用"内容识别"功能
位置：第7章\7.6节

名称：使用历史记录画笔工具恢复图像内容
位置：第8章\8.2.2节

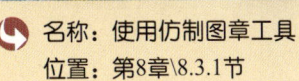

名称：使用历史记录艺术画笔工具制作艺术效果
位置：第8章\8.2.3节

名称：使用仿制图章工具
位置：第8章\8.3.1节

Photoshop CS5

Photoshop CS5 从入门到精通（普及版）
中文版

名称：使用污点修复画笔工具
位置：第8章\8.3.4节

名称：使用修补工具
位置：第8章\8.3.5节

名称：使用红眼工具
位置：第8章\8.3.6节

名称：扭曲图像
位置：第8章\8.4.5节

名称：透视图像
位置：第8章\8.4.6节

名称：再次变换效果
位置：第8章\8.4.8节

精彩案例欣赏

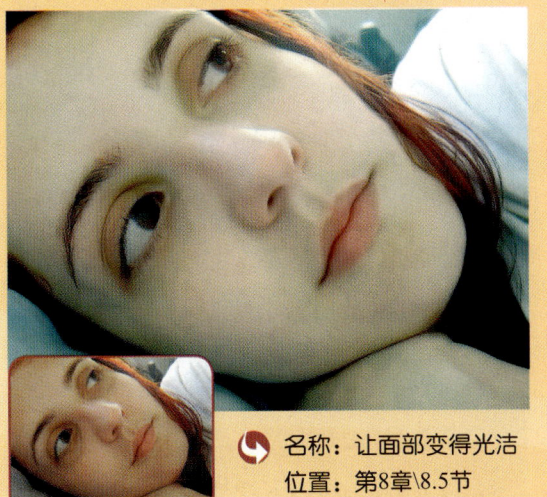

名称：让面部变得光洁
位置：第8章\8.5节

名称：创建调整图层
位置：第9章\9.9.2节

名称：创建剪贴蒙版
位置：第10章\10.5.1节

名称："柔光"模式效果
位置：第10章\10.7.2节

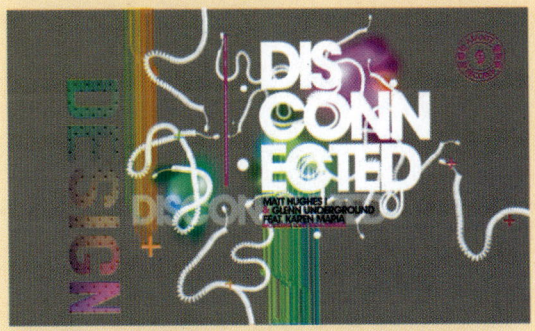

名称：使用文字型选区
位置：第11章\11.3.5节

名称：制作个性化艺术文字效果
位置：第11章\11.12节

Photoshop CS5 从入门到精通（普及版）

名称：抠选燃烧的火焰
位置：第12章\12.5.2节

名称：修复晕影效果
位置：第13章\13.2.4节

名称：去除暗角效果
位置：第13章\13.2.4节

名称：更改配置文件效果
位置：第13章\13.2.4节

名称：高斯模糊效果
位置：第13章\13.4.1节

名称：去除杂点效果
位置：第13章\13.4.6节

精彩案例欣赏

名称：精通蒙版技术——美人鱼照片合成
位置：第16章\16.1节

名称：精通图像特效——酒不醉人花醉人
位置：第16章\16.2节

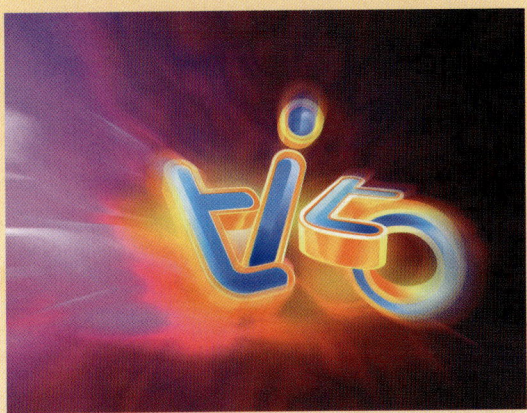 

名称：精通特效文字——Vista风格立体文字特效表现
位置：第16章\16.3节

名称：精通3D技术——点智新业务宣传广告设计
位置：第16章\16.4节

名称：精通婚纱照设计——夜色玫瑰主题婚纱照片设计
位置：第16章\16.6节

名称：精通广告设计——城中印象房地产广告设计
位置：第16章\16.7节

Photoshop CS5

光盘说明

本书附赠的光盘极具收藏价值，不仅有本书案例的素材与最终效果文件，还附赠了大量作者经过多年积累得到的实用素材。为了辅助读者更好地学习与使用本光盘，下面详细介绍一下这张DVD光盘中的内容。

- 附赠了第2~16章知识点及综合案例的**素材及PSD格式效果文件**，使读者在学习理论知识的同时亲自动手参与实际操作。

第7章文件　　　　　　　　　　　　第11章文件

- 附赠了近**500分钟教学视频**，包括本书相关内容以及附赠的常用操作学习视频，帮助读者降低学习难度并解决遇到的各种问题。

部分学习视频文件

- 附赠了**527个**作者精心制作的PS实用资源，包括**350个动作**、**125个画笔**、**8个形状**、**44个样式文件**，其中每个文件都包括不同数量的PS实用资源。

动作、画笔、形状及样式文件

- 附赠了**4类123个边框素材**、**4类75个精美矢量花纹边框背景素材**、**112个墨迹喷溅与线条素材**、**439个PS设计超酷眩光素材**，帮助读者在学习过程中减少由于搜集素材所浪费的时间，增加作品的表现力。

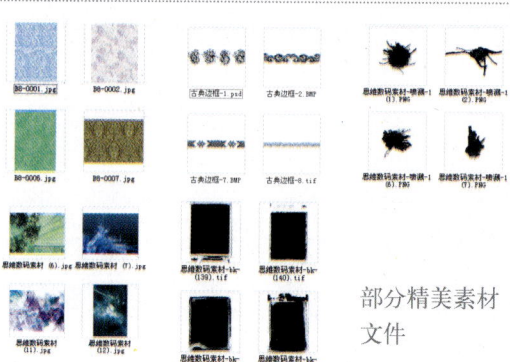

部分精美素材文件

- 附赠了"**内置滤镜使用手册**"、"**色彩管理**"和"**外挂滤镜使用手册**"3个PDF文件。

内置滤镜使用手册.pdf　色彩管理.pdf　外挂滤镜使用手册.pdf

PDF文件

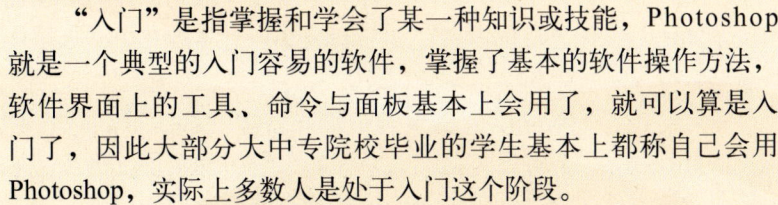

PREFACE 前言

 何为"入门"与"精通"

"入门"是指掌握和学会了某一种知识或技能，Photoshop就是一个典型的入门容易的软件，掌握了基本的软件操作方法，软件界面上的工具、命令与面板基本上会用了，就可以算是入门了，因此大部分大中专院校毕业的学生基本上都称自己会用Photoshop，实际上多数人是处于入门这个阶段。

而"精通"的境界就比"入门"要高出不少了，"精"在某种程度上有"专"的意思，而"通"则有"全"的意思。仍以学习Photoshop为例，要达到精通的地步，不仅要通晓Photoshop的各方面理论，还需要能够熟练应用Photoshop的各类知识与技巧，以应对各类工作，从而做到以不变应万变。

因此，要达到精通的境界，非朝夕可至，最起码要经历了解软件性能——掌握软件理论——熟练应用软件功能三个阶段，不经过长时间、大量的练习，无法达到。

 如何从"入门"到"精通"

如前所述，在学习Photoshop方面做到入门是很容易的，而要做到精通则有一定难度。为了帮助各位读者完成从入门到精通的学习过程，本书在目录中标注了要达到精通的程度、需要熟练掌握的技能及需要深入理解的理论知识，目录中没有进行任何标注的内容则是入门必学的知识。

这种分类标注的方法，如同将整个Photoshop需要学习的知识分成为两个不同的等级，以便于读者按自己的学习能力、工作需要、学习时间自主安排学习的进度，在"入门"级学习基础知识部分，而在时机成熟时学习有标注的"精通"级学习内容，不至于在学习时眉毛、胡子一把抓，失去了主次。

本书特点

讲解全面：考虑到Photoshop的知识体系繁杂、功能繁多，如果将这些知识全部讲清，恐怕1000页的书籍也未必够用，因此精选了最实用、最有用的知识与功能，掌握了这些内容，读者基本能够应对工作与生活中遇到的与Photoshop相关的80%的问题。

由浅入深：针对学习者从初级到中、高级的认知过程，对图书结构与知识体系进行了优化，以保证各位读者在学习初级知识时不涉及中高级技能，从而顺利地进行学习。

重点突出：针对初学者在学习中较难掌握的知识重点与难点，加大了讲解篇幅，以对这些知识点进行较为深入全面的讲解，如图层、路径、形状、通道等。

案例精美：无论是知识点实例还是综合案例中均从视觉方面进行了考虑，以保证各位读者在学习时也能够同时提高审美水准。

光盘内容：本书附赠1张DVD光盘，其中包括全书近百个案例的素材图片和最终PSD格式文件，基础理论及案例的学习视频，4种实用PS资源、4类精美矢量花纹边框背景素材、4类边框素材、墨迹喷溅与线条素材、PS设计超酷眩光素材以及3个PDF文件。

光盘特色：近200个视频文件、近500分钟超长学习视频，涵盖PS上千个知识点，使学习更轻松、精通更容易。

 其他声明

本书在操作步骤、效果及表述方面定然存在不尽如人意之处，希望各位读者来信指正，笔者的邮件为bhpbangzhu@163.com。如果希望知悉图书的更多信息，请浏览北京希望电子出版社的网站www.bhp.com.cn。

本书主要由赵胜男编写，参与资料整理和光盘制作的还有雷剑、吴腾飞、雷波、左福、范玉婵、刘志伟、李美、邓冰峰、詹曼雪、黄正、孙美娜、邢海杰、刘小松、陈红艳、徐克沛、吴晴、李洪泽、漠然、佟晓旭、江海艳、董文杰、张来勤、刘星龙、边艳蕊、马俊南、姜玉双、李敏、邰琳琳、李亚洲、卢金凤、李静、肖辉、寿鹏程、管亮、马牧阳、杨冲、张奇、陈志新、孙雅丽、孟祥印、李倪、潘陈锡、姚天亮、赵菁等。

本书所有作品、素材仅供本书购买者练习使用，不得用于其他商业用途。

编著者

目录

第1章 初识Photoshop

1.1 认识Photoshop 2
1.2 Photoshop的应用领域 3
    1.2.1 平面广告设计 3
    1.2.2 包装与封面设计 3
    1.2.3 影视包装设计 4
    1.2.4 概念设计 4
    1.2.5 游戏美工设计 5
    1.2.6 照片修饰与艺术设计 5
    1.2.7 网页效果图设计 6
    1.2.8 插画绘制 6
    1.2.9 界面设计 7
    1.2.10 效果图后期处理 7
    1.2.11 绘制或处理三维材质贴图 7
1.3 学习Photoshop前的准备工作 8
    1.3.1 什么样的人应该学习Photoshop ... 8
    1.3.2 如何学习Photoshop 8
    1.3.3 学习Photoshop是否需要美术基础 ... 10
1.4 Photoshop的基本操作 CS5 10
    1.4.1 工具箱的使用方法 CS5 11
    1.4.2 面板的使用方法 14
    1.4.3 菜单的使用方法 16
    1.4.4 自定义菜单命令 17
    1.4.5 自定义工作界面 19

第2章 Photoshop的基本操作

2.1 基础知识概述 22
2.2 了解位图和矢量图 22
    2.2.1 认识位图 22
    2.2.2 位图文件的常见格式 23
    2.2.3 认识矢量图 23
    2.2.4 矢量图文件的常见格式 24
    2.2.5 位图与矢量图之间的关系 25
2.3 文件基础操作 26
    2.3.1 新建文件 26
    2.3.2 存储文件预设 27
    2.3.3 直接保存文件 28
    2.3.4 另存文件 28
    2.3.5 关闭文件 29
    2.3.6 打开文件 29
    2.3.7 导入与导出图像 29
2.4 了解分辨率 29
    2.4.1 分辨率概述 29
    2.4.2 常见的分辨率种类 30
2.5 更改图像的大小 32
    2.5.1 根据像素总量修改图像的尺寸 ... 32

2.5.2	了解插值方法	34	2.7.1	修改画布的尺寸 39
2.5.3	数码洗印与图像大小 35		2.7.2	修改画布的方向 41
2.5.4	分辨率与图像清晰度之间的关系 36		2.8	Photoshop的辅助功能 42
2.5.5	分辨率对印刷的影响 37		2.8.1	标尺 42
2.6	裁剪图像 38		2.8.2	参考线 43
2.6.1	使用"裁剪"命令裁剪图像 38		2.8.3	网格 45
2.6.2	使用裁剪工具裁剪图像 CS5 38		2.9	应用实例——使用"裁剪工具"校正透视变形的照片 46
2.6.3	使用"裁切"命令裁剪图像 39			
2.7	设置画布的属性 39			

第3章 使用选区

3.1	了解选区 48		3.5.4	使用快速蒙版制作任意形状的选区 64
3.2	制作基本形状的选区 48		3.6	编辑选区的形态 66
3.2.1	使用矩形选框工具 49		3.6.1	扩大和缩小选区 66
3.2.2	使用椭圆选框工具 49		3.6.2	扩展选区 66
3.2.3	使用单行/列选框工具 50		3.6.3	平滑选区 67
3.2.4	使用套索/多边形套索工具 50		3.6.4	羽化选区 67
3.3	选区的运算模式 52		3.6.5	边界化选区 69
3.3.1	新选区 52		3.6.6	调整边缘 CS5 69
3.3.2	添加到选区 52		3.7	变换选区 73
3.3.3	从选区减去 53		3.8	绘制与编辑路径 74
3.3.4	与选区交叉 54		3.8.1	路径的基本组成 74
3.4	选区的基础操作 55		3.8.2	绘制简单的路径 76
3.5	制作复杂形状的选区 56		3.8.3	了解"路径"面板 80
3.5.1	依据图像边缘对比度制作选区——使用磁性套索工具 56		3.8.4	将路径转换为选区 81
3.5.2	依据图像颜色分布制作选区——使用魔棒工具 58		3.9	应用实例 82
			3.9.1	制作矢量视觉作品 82
3.5.3	依据图像颜色制作更精确的选区——使用"色彩范围"命令 60		3.9.2	制作梦幻剪影效果 85

第4章 颜色及颜色管理

- 4.1 了解颜色 88
- 4.2 浅谈颜色 88
  - 4.2.1 构成颜色的三要素 89
  - 4.2.2 色彩意象 89
  - 4.2.3 颜色的冷暖感 90
  - 4.2.4 颜色的进退与缩胀感 90
  - 4.2.5 颜色的轻重与软硬感 90
  - 4.2.6 颜色的华丽与朴素感 90
  - 4.2.7 使用颜色表现味觉 90
- 4.3 颜色的搭配 91
- 4.4 计算机中的颜色表现 92
  - 4.4.1 用计算机表现颜色 92
  - 4.4.2 颜色位数 92
  - 4.4.3 屏幕分辨率和显卡显存 93
- 4.5 了解颜色模式 93
  - 4.5.1 HSB模式 94
  - 4.5.2 RGB模式 94
  - 4.5.3 CMYK模式 95
  - 4.5.4 Lab模式 95
  - 4.5.5 位图模式 95
  - 4.5.6 双色调模式 96
  - 4.5.7 索引模式 96
  - 4.5.8 灰度模式 96
- 4.6 选择与转换颜色模式 97
  - 4.6.1 选择合适的颜色模式 97
  - 4.6.2 转换颜色模式 97
  - 4.6.3 RGB模式与CMYK模式的转换 97
- 4.7 应用实例 98
  - 4.7.1 制作网点图像效果 98
  - 4.7.2 制作双色调图像效果 100

第5章 调整图像颜色

- 5.1 调色概述 102
  - 5.1.1 调整对象 102
  - 5.1.2 调整类型 103
- 5.2 评估图像——"直方图"面板 103
- 5.3 使用工具简单调整图像 105
  - 5.3.1 加亮图像 105
  - 5.3.2 加暗图像 106
  - 5.3.3 修改图像的饱和度 107
- 5.4 使用命令简单调整图像 107
  - 5.4.1 去除图像的颜色 107
  - 5.4.2 反相图像 108
  - 5.4.3 均化图像的色调 108
  - 5.4.4 制作普通黑白图像 109
  - 5.4.5 制作完美黑白图像 109
  - 5.4.6 分离图像的色调 111
  - 5.4.7 简单调整图像的亮度与对比度 112
- 5.5 图像的高级调整 113
  - 5.5.1 调整图像的阴影及高光区域 113
  - 5.5.2 为图像映射渐变 114
  - 5.5.3 调整图像的色阶层次 115
  - 5.5.4 精细调整图像的色调 118
  - 5.5.5 平衡图像的色彩 123

5.5.6	调整图像的色相或者饱和度 124	5.5.12	制作细腻灰度或者单色调图像 134
5.5.7	调整图像的自然饱和度 128	5.6	人物类数码照片的调整技巧 137
5.5.8	替换图像的局部颜色 129	5.6.1	年轻人数码照片 137
5.5.9	在图像之间匹配颜色 130	5.6.2	老年人数码照片 137
5.5.10	制作滤色镜效果 133	5.6.3	儿童数码照片 137
5.5.11	调整图像的曝光度 133	5.7	应用实例——制作梦幻色彩照片 138

第6章 绘制矢量图形

6.1	使用Photoshop绘画 142	6.3.9	新建画笔 156
6.1.1	Photoshop绘画与传统绘画的比较 143	6.3.10	清除画笔控制 157
6.1.2	认识绘画色与画布色 143	6.4	使用"画笔预设"面板管理预设画笔 157
6.1.3	使用Pantone色 145	6.5	使用"预设管理器"管理各种预设 158
6.2	使用绘画工具 145	6.5.1	载入预设项目库 159
6.2.1	使用画笔工具 145	6.5.2	重命名预设项目 159
6.2.2	使用铅笔工具 146	6.5.3	删除预设项目 159
6.2.3	使用混合器画笔工具 147	6.6	绘制及编辑自由路径 160
6.3	使用"画笔"面板 148	6.6.1	路径绘画流程 160
6.3.1	在面板中选择画笔 149	6.6.2	使用"自由钢笔工具"绘制自由路径 160
6.3.2	设置画笔笔尖形状 149	6.6.3	将选区转换为路径 161
6.3.3	形状动态参数 150	6.6.4	转换路径的锚点 162
6.3.4	散布参数 151	6.6.5	删除锚点或线段 162
6.3.5	颜色动态参数 153	6.6.6	路径的运算 163
6.3.6	传递参数 155	6.6.7	对路径进行填充或者描边操作 164
6.3.7	硬毛刷画笔设置 155	6.7	应用实例——模拟散落的晶莹气泡 166
6.3.8	锁定画笔参数 156		

第7章 绘制形状及着色

- 7.1 绘画与设计 170
- 7.2 绘制规则形状 171
  - 7.2.1 认识矢量绘图类工具 171
  - 7.2.2 使用矩形工具 172
  - 7.2.3 使用圆角矩形工具 172
  - 7.2.4 使用椭圆工具 173
  - 7.2.5 使用多边形工具 173
  - 7.2.6 使用直线工具 174
  - 7.2.7 使用自定形状工具 175
- 7.3 使用渐变工具绘制柔和过渡色 175
  - 7.3.1 渐变工具选项条 176
  - 7.3.2 创建实色渐变 176
  - 7.3.3 创建透明渐变 179
- 7.3.4 创建多色渐变 180
- 7.3.5 存储渐变设置 181
- 7.3.6 载入渐变 181
- 7.3.7 复位默认渐变 182
- 7.4 使用油漆桶工具填充图像 182
- 7.5 自定义图案 183
- 7.6 为对象填充和描边 184
  - 7.6.1 为选区填充图像 通 CS5 184
  - 7.6.2 为选区中的图像描边 187
- 7.7 应用实例 188
  - 7.7.1 绘制叶子图形 188
  - 7.7.2 设计LOGO图形 192

第8章 图像的编辑

- 8.1 修饰和编辑对象 198
- 8.2 纠正错误 199
  - 8.2.1 了解"历史记录"面板 199
  - 8.2.2 使用历史记录画笔工具恢复图像内容 201
  - 8.2.3 使用历史记录艺术画笔工具制作艺术效果 202
- 8.3 修饰与仿制图像 204
  - 8.3.1 使用仿制图章工具 204
  - 8.3.2 使用图案图章工具 206
  - 8.3.3 使用修复画笔工具 206
  - 8.3.4 使用污点修复画笔工具 207
  - 8.3.5 使用修补工具 209
  - 8.3.6 使用红眼工具 211
  - 8.3.7 使用"仿制源"面板 通 211
- 8.4 变换图像 214
  - 8.4.1 缩放图像 215
  - 8.4.2 旋转图像 215
  - 8.4.3 斜切图像 216
  - 8.4.4 翻转图像 217
  - 8.4.5 扭曲图像 218
  - 8.4.6 透视图像 218
  - 8.4.7 精确变换 219
  - 8.4.8 再次变换 220
  - 8.4.9 变形图像 通 222
  - 8.4.10 使用内容识别比例进行变换 ... 225
  - 8.4.11 更精细的变形处理方案——操控变形 通 CS5 226
- 8.5 应用实例——让面部变得光洁 228

第9章 图层基础应用

- 9.1 了解图层特性 236
- 9.2 使用"图层"面板 236
- 9.3 图层基本操作 237
  - 9.3.1 选择图层 237
  - 9.3.2 显示和隐藏图层 239
  - 9.3.3 5种新建图层的方法 240
  - 9.3.4 修改背景图层 242
  - 9.3.5 复制图层 242
  - 9.3.6 删除图层 244
  - 9.3.7 重命名图层 245
  - 9.3.8 改变图层的顺序 245
  - 9.3.9 锁定图层属性 246
  - 9.3.10 设置图层的不透明度 247
  - 9.3.11 图层的填充 247
  - 9.3.12 同时改变多个图层的属性通 CS5 ... 248
  - 9.3.13 链接图层 248
  - 9.3.14 显示图层边缘 248
- 9.4 对齐与分布图层通 249
  - 9.4.1 对齐与自动对齐图层 249
  - 9.4.2 分布图层 250
- 9.5 合并图层 251
  - 9.5.1 向下合并图层 251
  - 9.5.2 合并可见图层 251
  - 9.5.3 合并图层组 252
  - 9.5.4 合并任意多个图层 253
  - 9.5.5 合并所有图层 253
- 9.6 图层组及嵌套图层组 254
  - 9.6.1 新建图层组 254
  - 9.6.2 将图层移入或移出图层组 254
  - 9.6.3 复制与删除图层组 255
  - 9.6.4 使用嵌套图层组通 255
- 9.7 图层样式 256
  - 9.7.1 了解"图层样式"对话框 256
  - 9.7.2 图层样式的类型 257
- 9.8 图层样式基本操作 264
  - 9.8.1 复制和粘贴图层样式 264
  - 9.8.2 显示或屏蔽图层样式 265
  - 9.8.3 缩放图层样式 265
  - 9.8.4 将图层样式转换为普通图层 266
  - 9.8.5 删除图层样式 267
- 9.9 使用调整图层通 268
  - 9.9.1 了解"调整"面板 268
  - 9.9.2 创建调整图层 269
  - 9.9.3 调整图层的使用技巧 271
- 9.10 智能对象图层通 272
  - 9.10.1 理解智能对象 272
  - 9.10.2 智能对象的优点 273
  - 9.10.3 创建智能对象 274
  - 9.10.4 创建多级嵌套智能对象 274
  - 9.10.5 复制智能对象 274
  - 9.10.6 对智能对象进行操作 275
  - 9.10.7 编辑智能对象的源文件 275
  - 9.10.8 导出智能对象内容 275
  - 9.10.9 替换智能对象 276
  - 9.10.10 栅格化智能对象 276
- 9.11 应用实例 276
  - 9.11.1 爱心活动宣传海报 276
  - 9.11.2 人物特效视觉表现 281

第10章　图层高级应用

10.1 图像混合与设计效果 288
10.2 了解图像创意 290
    10.2.1 想象——创意的动力 290
    10.2.2 产生创意的几种方法 290
10.3 创意图像的制作流程 291
    10.3.1 确定主题 291
    10.3.2 构思草图 291
    10.3.3 拍摄素材 292
    10.3.4 搜集素材 292
    10.3.5 绘制素材 292
    10.3.6 电脑合成 292
    10.3.7 修改润饰 292
10.4 广告图像创意的常用技法 293
    10.4.1 夸张 293
    10.4.2 联想 293
    10.4.3 幽默 294
    10.4.4 超现实 295
10.5 剪贴蒙版 295
    10.5.1 创建剪贴蒙版 296
    10.5.2 剪贴蒙版的图层属性 299
    10.5.3 取消剪贴蒙版 300
10.6 使用图层蒙版 300
    10.6.1 了解图层蒙版 301
    10.6.2 了解"蒙版"面板 303
    10.6.3 添加图层蒙版 303
    10.6.4 设置图层蒙版的透明属性 304
    10.6.5 设置图层蒙版的羽化属性 305
    10.6.6 编辑图层蒙版的边缘 306
    10.6.7 调整蒙版色彩范围操作 306
    10.6.8 停用和启用图层蒙版 307
    10.6.9 取消图层蒙版的链接 307
    10.6.10 应用和删除图层蒙版 308

10.7 图层混合模式 310
    10.7.1 认识混合模式 310
    10.7.2 各混合模式详解 310
    10.7.3 使用混合模式进行叠印处理 319
    10.7.4 高级图像混合 321
10.8 Photoshop 3D功能概述 322
    10.8.1 认识3D图层 322
    10.8.2 栅格化3D模型 323
10.9 创建3D模型 323
    10.9.1 从外部导入3D模型 323
    10.9.2 创建3D明信片 323
    10.9.3 创建3D形状 324
    10.9.4 创建3D网格对象 325
    10.9.5 创建凸纹模型 325
10.10 调整3D模型 328
    10.10.1 使用3D轴编辑模型 328
    10.10.2 使用工具调整模型 329
10.11 3D模型的网格 330
    10.11.1 3D网格的含义 330
    10.11.2 编辑与设定网格属性 331
10.12 3D模型的光源 332
    10.12.1 添加、删除、改变光源 332
    10.12.2 调整光源属性 333
10.13 3D模型的材质 335
    10.13.1 材质、纹理及纹理贴图 335
    10.13.2 12类纹理功能详解 336
    10.13.3 应用材质预设 339
10.14 更改3D模型的渲染设置 339
    10.14.1 选择渲染预设 339
    10.14.2 自定义渲染设置 340
    10.14.3 渲染横截面效果 342
10.15 应用实例——山地别墅房产广告 343

第11章 文字的使用

- 11.1 文字的作用 ... 350
- 11.2 文字图层 ... 351
- 11.3 输入并编辑文字 ... 351
  - 11.3.1 输入水平排列的文字 ... 352
  - 11.3.2 输入垂直排列的文字 ... 354
  - 11.3.3 制作倾斜排列的文字 ... 355
  - 11.3.4 转换水平或者垂直排列的文字 ... 356
  - 11.3.5 创建文字型选区 ... 356
  - 11.3.6 输入标题或者简短说明型的点文本 ... 358
  - 11.3.7 输入大量辅助说明型的段落文本 ... 358
  - 11.3.8 相互转换点文本及段落文本 ... 359
- 11.4 了解字符格式 ... 359
  - 11.4.1 字号 ... 360
  - 11.4.2 中文字体 ... 361
  - 11.4.3 英文字体 ... 363
  - 11.4.4 行距 ... 364
- 11.5 设置文字格式 ... 365
- 11.6 了解段落格式 ... 367
  - 11.6.1 左右均齐 ... 367
  - 11.6.2 居中对齐 ... 367
  - 11.6.3 齐左或者齐右 ... 368
- 11.7 设置段落格式 ... 368
- 11.8 转换文字 ... 369
  - 11.8.1 转换为普通图层 ... 370
  - 11.8.2 转换为形状图层 ... 370
  - 11.8.3 将文字转换成为路径 ... 371
- 11.9 了解扭曲变形文字 视频 ... 372
  - 11.9.1 制作扭曲变形文字效果 ... 372
  - 11.9.2 取消文字变形效果 ... 375
- 11.10 沿路径绕排文字 视频 ... 375
  - 11.10.1 沿路径绕排文字的设计意义 ... 375
  - 11.10.2 制作沿路径绕排文字的效果 ... 376
  - 11.10.3 理解沿路径绕排文字 ... 377
  - 11.10.4 在路径上移动文字 ... 378
  - 11.10.5 在路径上翻转文字 ... 378
  - 11.10.6 更改路径绕排文字的属性 ... 379
  - 11.10.7 修改路径绕排文字的形态 ... 379
- 11.11 异形文字段落 视频 ... 381
- 11.12 应用实例——制作个性化艺术文字效果 ... 382

第12章 通道技术

- 12.1 了解通道 ... 386
  - 12.1.1 通道与特效 ... 386
  - 12.1.2 通道与印刷 ... 387
- 12.2 通道的分类与特点 ... 387
  - 12.2.1 原色通道 ... 387
  - 12.2.2 Alpha通道 ... 388
  - 12.2.3 专色通道 视频 ... 388
- 12.3 通道的常用操作 ... 389
  - 12.3.1 了解"通道"面板 ... 389
  - 12.3.2 查看通道状态 ... 389
  - 12.3.3 选择通道 ... 390
  - 12.3.4 复制通道 ... 390
  - 12.3.5 删除通道 ... 390
- 12.4 Alpha通道 ... 390
  - 12.4.1 理解Alpha通道 ... 391
  - 12.4.2 创建Alpha通道 ... 391
  - 12.4.3 改变Alpha通道的顺序 ... 393
  - 12.4.4 通过Alpha通道创建选区的原则 ... 394
  - 12.4.5 将选区创建为Alpha通道 ... 394
  - 12.4.6 将通道调出选区 ... 395
- 12.5 应用实例 ... 396
  - 12.5.1 雪花牌儿童饮品包装设计 ... 396
  - 12.5.2 抠选燃烧的火焰 ... 398

第13章 应用滤镜

13.1 神奇的滤镜	402
13.1.1 滤镜与图像特效	402
13.1.2 滤镜与纠正图像	402
13.1.3 滤镜与随机性图像效果	402
13.2 特殊滤镜	403
13.2.1 滤镜库	403
13.2.2 消失点 通	404
13.2.3 液化	408
13.2.4 镜头校正 通 CS5	412
13.3 智能滤镜 通	415
13.3.1 创建智能滤镜	416
13.3.2 编辑智能蒙版	417
13.3.3 编辑智能滤镜	417
13.3.4 停用智能滤镜	418
13.3.5 更换智能滤镜	418
13.3.6 删除智能滤镜	419
13.4 常用滤镜	419
13.4.1 高斯模糊	419
13.4.2 动感模糊	420
13.4.3 径向模糊	420
13.4.4 置换	421
13.4.5 光照效果	422
13.4.6 减少杂色	423
13.4.7 马赛克	425
13.4.8 彩色半调	425
13.4.9 纹理化	426

第14章 动作及自动化

14.1 提高工作效率的秘诀	428
14.2 动作功能	428
14.2.1 了解"动作"面板	428
14.2.2 一秒钟快速制作艺术化照片	429
14.2.3 一秒钟快速为照片制作艺术边框	430
14.2.4 设置回放选项	431
14.2.5 创建新动作	431
14.3 编辑动作	432
14.3.1 继续记录其他命令	432
14.3.2 重定义动作中的命令执行顺序	432
14.3.3 更改动作选项	433
14.3.4 复制或者删除组、动作和命令	433
14.4 常用的自动化命令	433
14.4.1 使用"批处理"命令	433
14.4.2 使用Photomerge命令制作全景图像	436
14.4.3 使用"裁剪并修齐照片"命令修整照片	439
14.4.4 合并到HDR Pro 通 CS5	439
14.4.5 使用"镜头校正"命令校正照片 通 CS5	441
14.5 使用脚本自动执行操作	441
14.5.1 使用"图像处理器"命令处理多个文件	441
14.5.2 将图层导出为单个图像文件	442
14.5.3 删除所有空白图层 通 CS5	443

第15章 网页设计

- 15.1 网页设计简述 446
  - 15.1.1 Photoshop与网页设计 446
  - 15.1.2 使用Photoshop设计网页的
    适用范围 446
  - 15.1.3 Photoshop在网页设计中的
    常用技术 446
- 15.2 Photoshop网页设计流程简述 448
  - 15.2.1 设计网页效果图 448
  - 15.2.2 切分网页效果图 449
  - 15.2.3 输出文件 449
  - 15.2.4 重建网页 450
- 15.3 优化输出图像 451
  - 15.3.1 查看优化图像 451
  - 15.3.2 GIF优化设置 452
  - 15.3.3 JPEG优化设置 453
  - 15.3.4 指定优化到文件大小 454
  - 15.3.5 存储和删除优化设置 454
  - 15.3.6 在浏览器中预览优化结果 454
  - 15.3.7 将优化结果导出为HTML文件 ... 454
- 15.4 制作网页动画 455
  - 15.4.1 网页动画的基本格式 455
  - 15.4.2 "动画"面板 455
  - 15.4.3 创建及编辑动画帧 456
  - 15.4.4 创建渐隐式切换效果动画 459
  - 15.4.5 创建图层样式效果渐变动画 ... 462

第16章 综合案例

- 16.1 精通蒙版技术——美人鱼照片合成 466
- 16.2 精通图像特效——酒不醉人花醉人 469
- 16.3 精通特效文字——Vista风格立体文字
  特效表现 479
- 16.4 精通3D技术——点智新业务宣传广告
  设计 483
- 16.5 精通照片修饰——商业人像照片修饰与
  润色 486
- 16.6 精通婚纱照设计——夜色玫瑰主题婚纱
  照片设计 490
- 16.7 精通广告设计——城中印象房地产广告
  设计 493
- 16.8 精通包装设计——橙汁饮料包装设计 .. 498

第1章

初识Photoshop

Photoshop是美国Adobe公司开发的位图处理软件，在该软件十多年的发展历程中，始终以强大的功能、梦幻般的效果征服了一批又一批用户。现在，Photoshop已经成为全球专业图像设计人员必不可少的图像设计软件。

在本章中将从4个方面从手，即认识Photoshop、Photoshop的应用领域、学习Photoshop前的准备工作以及软件的基本操作。

1.1 认识Photoshop

现代社会中，工作和生活节奏日益加快，人们常常会感到来自工作和生活的压力，越来越多的人意识到时间的宝贵，追求更有效率的工作方式，渴望自由随性的生活。学习知识，是每个人的迫切需要。除了自己的专业知识，更多人在不断地学习，以希望自我升值，让自己的工作和生活更轻松、更有效率，能够迎接更多挑战。随着数码时代的全面来临，Photoshop成为许多专业及非专业人员的学习选择之一。

Photoshop是一款能让日常工作变得更轻松、生活更精彩的平面设计软件。不仅仅是在专业的设计领域中，几乎在与图像相关的任何地方，都能够应用其强大的功能，以满足我们丰富的想象。在互联网上能够看到各种让人眼花缭乱的Photoshop处理过的图片，那些近乎标准的人造美女、各种无厘头式的人物换位嫁接，还有前卫酷炫的艺术图片，令人目不暇接。图1.1为读者展示了一些优秀Photoshop作品。

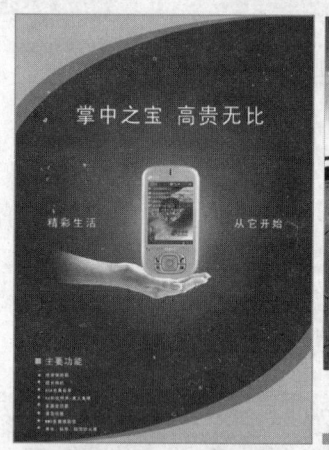

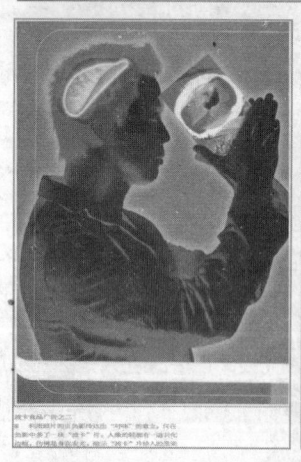

图1.1

除了上面展示的精彩作品，事实上，无论是平面广告、产品包装、书籍封面、婚纱摄影后期制作，还是网页设计、游戏美术、电子界面设计等工作，都或多或少可以用到Photoshop，这也正体现出了Photoshop的魅力——能够让一些富有创意的人创造出自己想要的作品，当然，前提条件是有足够成熟的Photoshop技术。

1.2 Photoshop的应用领域

Photoshop的应用领域非常广泛，为了帮助读者尽快找到自己最感兴趣而且最希望学习的领域，在此将Photoshop的各重要应用领域列举如下。

1.2.1 平面广告设计

毫无疑问，平面设计是Photoshop应用最为广泛的领域，无论是书籍的封面，还是在大街上看到的招贴、海报，这些具有丰富图像元素的平面印刷品，基本上都需要使用Photoshop这一软件对图像进行合成、处理以及修饰。如图1.2所示为使用Photoshop制作的广告及宣传作品。

图1.2

1.2.2 包装与封面设计

在早期的设计中，包装与封面的主要作用是保护产品不受损害。时至今日，它们更多地承载了突出产品特征及装饰美化的作用，从而达到宣传和促销的目的。在包装与封面设计领域，Photoshop是当之无愧的主角。

如图1.3所示为几款优秀的封面设计作品。如图1.4所示为几款优秀的包装设计作品。

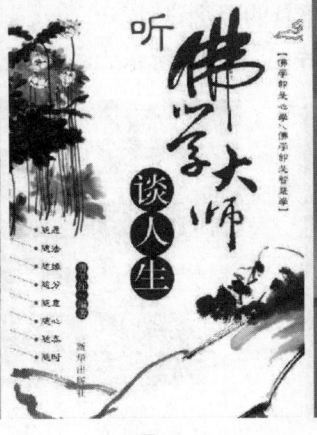

图1.3

图1.4

1.2.3 影视包装设计

Photoshop被广泛地应用于影视包装中,如用于设计电视栏目的关键帧或者落版效果等。如图1.5所示分别为两个电视节目的落版设计。

图1.5

1.2.4 概念设计

所谓概念设计,简单地说,就是对某一事物重新进行造型、质感等方面的定义,形成一个针对该事物的新标准,在产品设计的前期通常需要进行概念设计。除此之外,在许多电影及游戏中也都需要进行角色或者道具的概念设计。

图1.6所示为船体的概念设计作品,图1.7所示为汽车的概念设计作品。

图1.6　　　　　　　　　　　　图1.7

1.2.5 游戏美工设计

游戏美工设计是当前社会上最热门的职业之一。游戏美工设计人员需要使用各种软件对游戏中的场景、角色、道具、武器等进行设计，在这些工作中使用最多的还是Photoshop。

图1.8展示了游戏美工设计人员使用Photoshop进行角色与装备设计的成果。

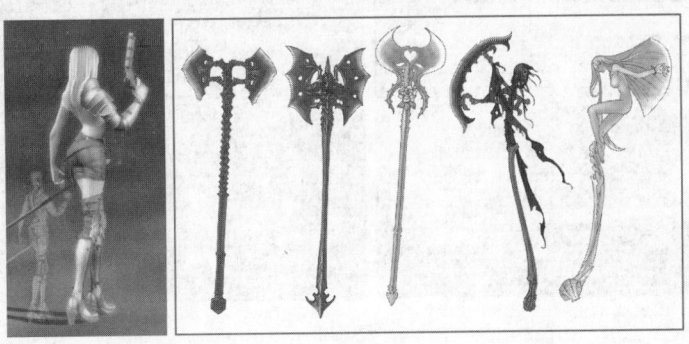

图1.8

这些工作与三维创作结合紧密，因此从事此类工作的人员最好还要具有三维创作基础。

1.2.6 照片修饰与艺术设计

随着电脑及数码设备逐渐走进越来越多人的生活，多数人已经不仅仅满足于拍摄的乐趣，更多的是DIY自己的照片，同时各大影楼也需要通过这些技术对照片进行美化和修饰。另外，对于追求唯美的数码婚纱照片设计，Photoshop也在起着举足轻重的作用。

图1.9所示为原图像，图1.10所示为使用Photoshop显示高光区域中的图像细节。

图1.9

图1.10

图1.11所示为对风光照片进行HDR合成前后的素材及效果。

图1.11

1.2.7 网页效果图设计

网络的普及是更多人需要掌握Photoshop的重要原因之一。因为在制作网页时，Photoshop是必不可少的图像处理软件。图1.12所示为使用Photoshop制作的两种网页效果。

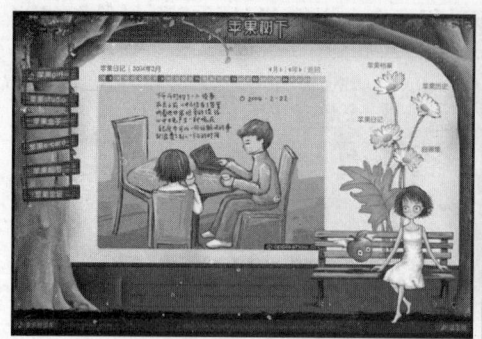 

图1.12

1.2.8 插画绘制

插画绘制是近年来才慢慢走向成熟的行业，随着出版及商业设计领域的逐步细分，商业插画的需求不断扩大，从而使许多以前将插画绘制作为个人爱好的插画艺术家开始为出版社、杂志社、图片社、商业设计公司绘制插画，图1.13和图1.14所示为使用Photoshop完成的插画设计。

图1.13

图1.14

1.2.9 界面设计

随着电脑硬件设备性能的不断更新和人们审美观念的不断提高，以往古板而单调的操作界面早已无法满足人们的需求。对于网页、应用软件或者游戏而言，界面设计得优秀与否，已经成为人们对其进行衡量的标准之一。在这个领域中，Photoshop也扮演着非常重要的角色，目前在界面设计领域，90%以上的设计师正在使用此软件进行设计。

图1.15所示为两款优秀的界面设计作品。

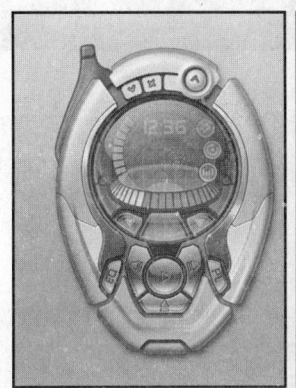
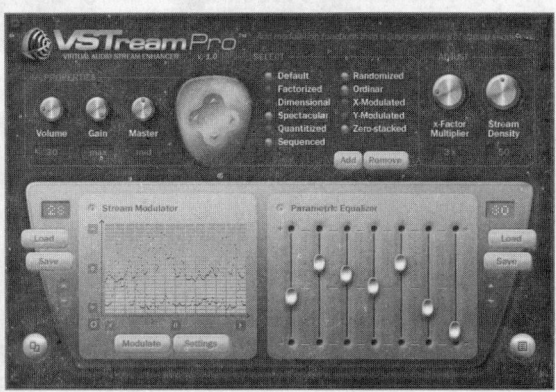

图1.15

1.2.10 效果图后期处理

虽然大部分建筑效果都需要在3ds Max中制作，但其后期修饰则多数是在Photoshop中完成的。图1.16所示为原室内效果图，图1.17所示为对室内效果图进行后期调整后的效果。

图1.16　　　　　　　　　　　　　　图1.17

1.2.11 绘制或处理三维材质贴图

在三维软件中一般能够制作出精良的模型，但是如果无法为模型设置逼真的材质贴图，那么也就无法得到较好的渲染效果。实际上，在制作材质贴图时，除了要依靠三维软件本身所具有的功能外，掌握在Photoshop中制作材质贴图的方法也非常重要。

如图1.18所示为一个室内效果图线框模型，图1.19所示为使用在Photoshop中处理过的纹理图像为模型赋予材质贴图后进行渲染的效果（其中，磨砂玻璃及墙面的纹理效果均经过Photoshop处理）。

图1.18

图1.19

以上是Photoshop的几个应用领域，实际上其应用远不止于此，正如一支笔在不同人的手中能够写出不同的字体一样。说到底，Photoshop也只是一个辅助工具，能否将其运用得很好，完全依赖于使用者个人的素质与水准。

1.3 学习Photoshop前的准备工作

Photoshop已经成为一个大众性的软件，人们对它的认知程度颇高。大多数应用计算机软件的用户都会或多或少地学习Photoshop，但不少初学者心中还是有这样或那样的疑惑，例如，自己是不是特别需要学习这一庞大的软件？如何才可以更快、更好地学习Photoshop？自己没有美术基础能学习Photoshop吗？下面将解答类似的问题。

1.3.1 什么样的人应该学习Photoshop

Photoshop的功能决定了希望在以下领域工作的人都应该认真学习此软件，即平面设计、网页设计、三维效果图制作、图像后期合成、婚纱摄影、商业插画设计、数码摄影、出片打样和界面设计等。

另外，如果从事的是文秘、文案撰写、商业策划类的工作，通过学习并应用此软件能够使工作成果锦上添花，使工作质量更上一层楼。当然，在掌握软件的深度方面，无需像上面所提到的几个领域那样深入、彻底。

通过以上分类可以看出，并非所有人都应该学习Photoshop，即使学习也有专业学习与非专业学习的区别。例如，从事平面设计、网页设计等工作的人员应该较为深入、全面地学习此软件；如果从事的是文秘、文案撰写、商业策划等工作，则应该重点学习图像处理与修饰方面的软件功能与技能，没必要进行全面学习。

因此，在考虑是否需要学习此软件之前，应该对自己的学习及正在从事或者日后将从事的工作有一个准确的定位，而不是盲目从众。

1.3.2 如何学习Photoshop

许多人在学习Photoshop后，即使完全掌握了所有工具及命令的使用方法，却仍然发现自己无法制作出完整的作品。究其原因，往往是学习方法的问题。

所有软件都只是工具。因此，对于Photoshop这样一个非常强调创意的软件而言，要想掌握好并将其灵活地运用于各个领域，不仅需要具有扎实的基本操作功底，更应该具有优秀的创意。

作为从教多年的老师，笔者认为学习Photoshop可以按下面讲解的几个步骤进行。

1. 打下扎实的功底

对于Photoshop而言，扎实的功底即娴熟的操作技术与技巧，是实现创意的基石。空有好的创意却无法完全表达，那就等于没有。

因此，学习的第一阶段是认真学习基础知识，打下坚实的基础，为以后的深入学习做准备。

2. 模仿

这一过程是任何类别的学习都必然经过的，正如人类必然要经过蹒跚学步的阶段才能阔步向前一样。

如果将学习Photoshop类比为学习书法，模仿的过程就是"描红"，在这个阶段需要进行大量练习。通过这些练习，不仅能够熟悉并掌握软件功能及命令的使用方法，而且还能够掌握许多通过练习才能掌握的操作技巧。

3. 培养"感觉"

许多从事设计的人员非常重视"感觉"的培养。虽然"感觉"听上去虚无缥缈，却仍然有一些具体的培养措施，即通过欣赏以下几类成功作品来提高审美的能力。

- 影视片头和广告：虽然影视片头与广告都是动态的，但说到底也是由一幅幅静止的画面组成的。因此，如果将影视片头与广告当成静止的画面来欣赏，并学习其表现手法及配色，也能够积累许多知识。
- Photoshop作品：欣赏成功的Photoshop作品非常重要。通过欣赏这些作品，不仅可以汲取创意与表现方面的知识，而且可以启发对软件灵活运用的思考。
- 海报与招贴：许多海报与招贴是直接使用Photoshop制作而成的。因此，欣赏这些作品有助于学习如何利用Photoshop制作这些作品并掌握其创意思路。
- 网页作品：在Photoshop除平面设计外的其他应用领域中，应用最为广泛的莫过于网页设计。实际上，可以将静态网页看成是平面作品在网络中的延伸。互联网作为网页最大的载体，无疑提供了无穷无尽的资源。

通过欣赏这些作品，在仔细观察的基础上分析其美感的来源，并注意总结、积累及灵活地运用，就能够在较短的时间内提高自己的审美能力。当然，读者也可以去各种美术辅导班学习，从而得到更多收益。

4. 实践并进行创意

有了前面三个阶段的积累与沉淀，再去进行创意会相对容易一些，但这仍然会是一个痛苦与彷徨并存的思索过程。然而，正是在这些痛苦与彷徨中，个人的风格才会逐渐形成，个人的创意也会得到极大的锤炼。

以上所讲述的学习Photoshop的方法对于需要全面、深入学习Photoshop的学习者有着很好的参考意义，如果学习目的只是希望了解并掌握此软件的初级功能，则可以选择自己感兴趣的部分来学习，而不必完全依照以上所讲述的学习方法与步骤。

1.3.3 学习Photoshop是否需要美术基础

学习Photoshop是否需要专业的美术基础，这是一个最常被初学者问到的问题。从目前学习Photoshop的人群来看，其中绝大部分还是属于没有美术基础的一族，所以，对这个问题的解答对这些学习者而言就显得非常重要了。

要想对这个问题有清晰的认识，需要准确分析美术基础与Photoshop用途这两个概念。

美术基础是一个很宽泛的词。究竟学习美术到什么样的程度与深度可以算是有美术基础？美术基础与设计基础是否具有同样的内涵与外延？两者间的关系如何？这些问题如果不搞清楚，则很难回答本节提出的问题。其实这个问题可以简单化处理，将有美术基础的人定义为有传统绘画（如素描、水彩、油画等）基础的人，而将具有设计基础的人定义为掌握了三大构成理论的人。

从绝大多数艺术设计类学校人才培养的规律来看，一年级都在进行绘画及三大构成理论的学习及相关技能的培养，以后的学期则有针对性地进行设计创作的学习与锻炼。

可以说，如果使用Photoshop进行的是设计创作（如平面广告、包装、书封等），最好同时具有美术基础与设计基础；如果进行的是绘画创作（如插画绘制等），最好具有美术基础。唯一对两种基础要求比较低的应该是对数码照片进行修饰类的Photoshop应用。

1.4 Photoshop的基本操作

界面类似于一个产品的外包装，首先需要对它进行解读以了解产品的信息。虽然这个比喻不足以完全表明了解Photoshop界面对于掌握Photoshop的重要性，但也能够从一定程度上让各位读者感受到了解Photoshop界面所带来的好处。

运行Photoshop程序并打开一个图像文件后，将显示如图1.20所示的完整操作界面。

图1.20

通过图1.20可以看出，完整的操作界面由辅助工具条、菜单栏、工具选项条、工具箱、面板、操作文件与文件窗口组成。如果打开了多个图像文件，可以通过单击选项卡式文件窗口右上方的展开按钮，在弹出的文件名称选择列表中选择要操作的文件，如图1.21所示。

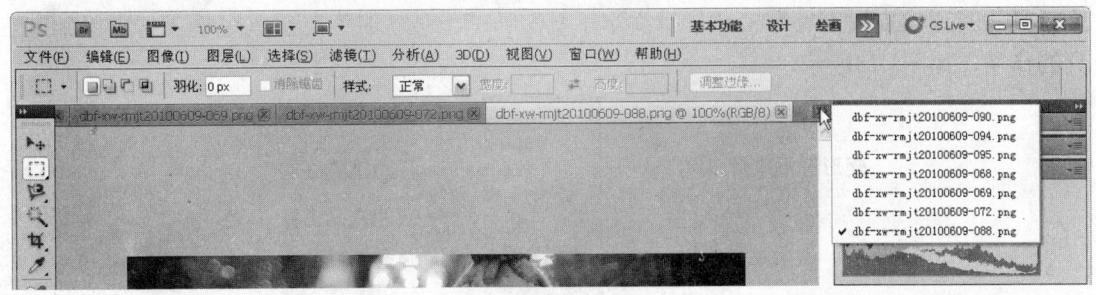

图1.21

提示

按Ctrl+Tab键，可以在当前打开的所有图像文件中，从左向右依次进行切换；如果按Ctrl+Shift+Tab键，可以逆向切换这些图像文件。

使用这种选项卡式文档窗口管理图像文件，可以使用户进行如下各项操作，以更加快捷、方便地对图像文件进行管理。

- 改变图像的顺序：用鼠标点按住某图像文件的选项卡不放，将其拖动至一个新的位置再释放，可以改变该图像文件在选项卡中的顺序。
- 取消图像文件的叠放状态：用鼠标点按住某图像文件的选项卡不放，将其从选项卡中拖出来，如图1.22所示，可以取消该图像文件的叠放状态，使其成为一个独立的窗口，如图1.23所示。再次点按图像文件的名称，将其拖回选项组，可以使其重回叠放状态。

图1.22

图1.23

1.4.1 工具箱的使用方法

工具箱中共有上百个工具可供选择，使用这些工具可以完成绘制、编辑、观察、测量等操作。

1. 了解工具箱

将Photoshop功能以小图标的形式汇集在一起,就形成了工具箱,其中比较形象的如"画笔工具"、"橡皮擦工具"、"横排文字工具"、"缩放工具",让人一看图标就能知道工具的作用,如图1.24所示。

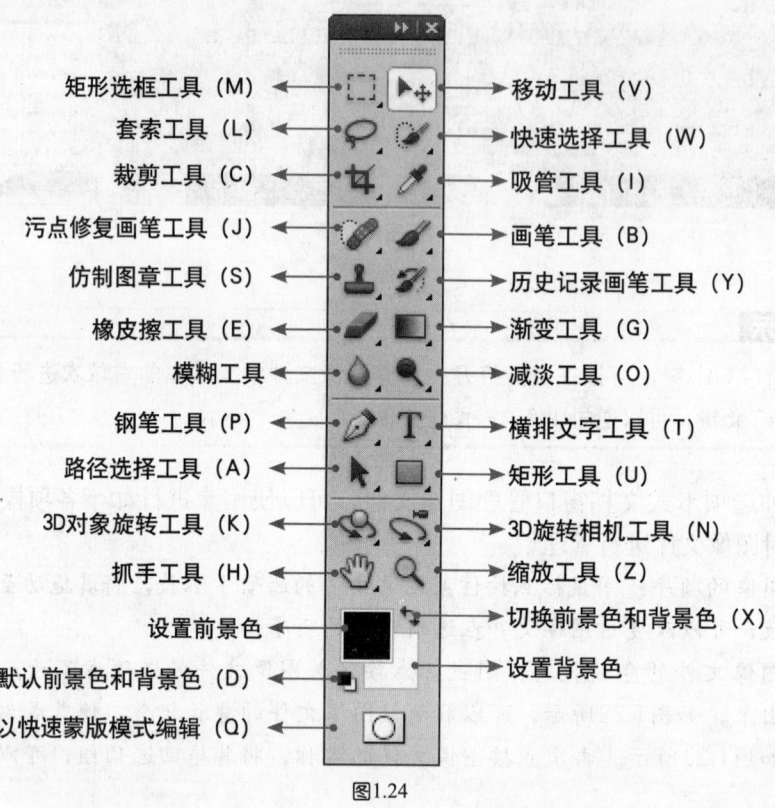

图1.24

2. 启用工具箱中的隐藏工具

在工具箱中可以看到,部分工具图标的右下角有个小三角,表示该工具组中还有隐藏的工具未显示。直接在该图标上右击,即可调出该工具组的工具列表,此时选择需要的工具即可,操作流程如图1.25所示。

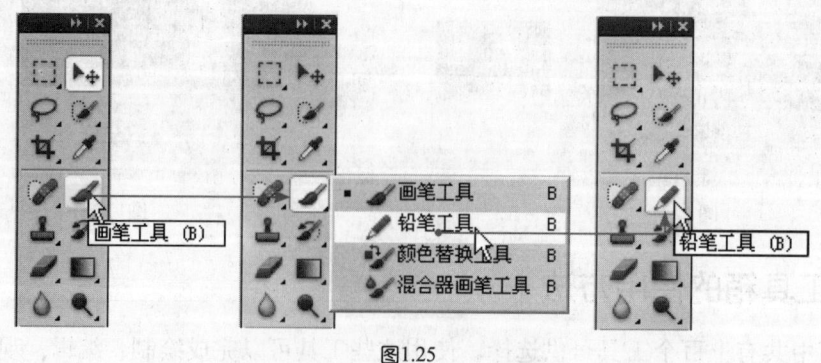

图1.25

工具箱中的其他隐藏工具如图1.26所示。另外,若要按照软件默认的顺序来切换某工具组中的工具，可以按住Alt键，然后单击该工具组中的图标。

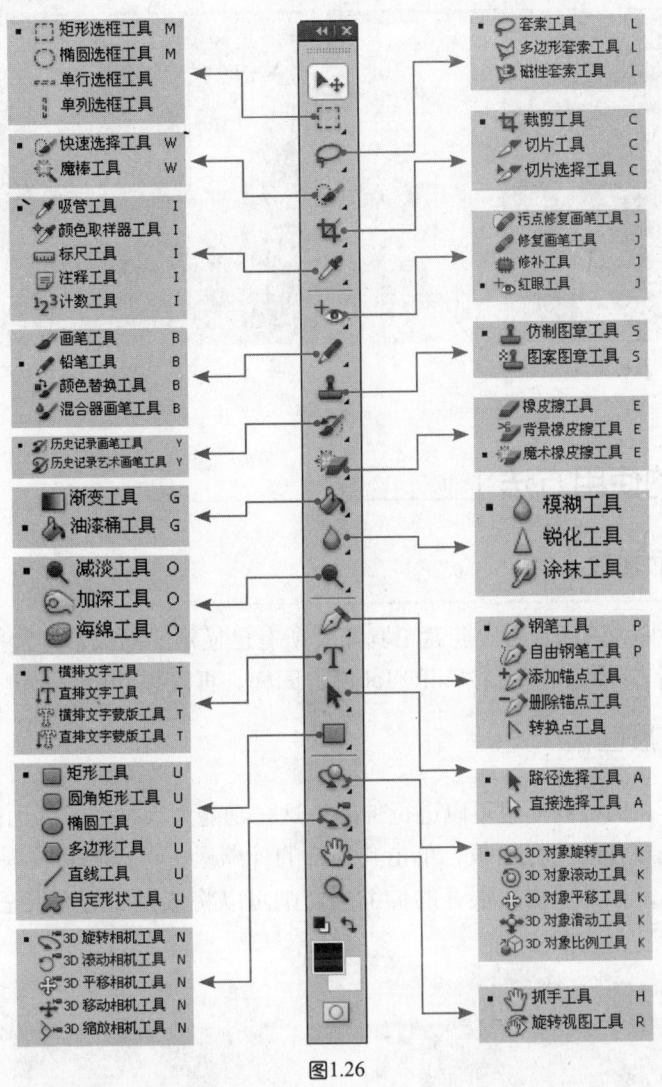

图1.26

 **3.伸缩工具箱**

为了使操作界面更加人性化、便捷化，Photoshop CS5中的工具箱被设计成能够进行灵活伸缩的状态，用户可以根据操作需求将工具箱改变为单栏或双栏显示。

控制工具箱伸缩性功能的是工具箱最上面呈灰色显示的区域，其左侧有两个小"三角"形，被称为伸缩栏，如图1.27所示。

当工具箱显示为双栏时，两个小"三角"形的显示方向为左侧，单击顶部的伸缩栏如图1.28所示，即可将工具箱转换为单栏显示状态。

单栏显示状态可以节省工作区中的空间，以利于用户进行图像处理；双栏显示状态能使工具箱中的工具集中显示，从而方便使用。

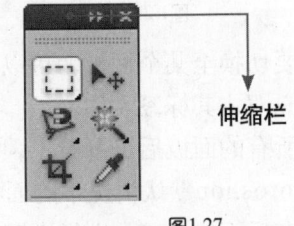

图1.27

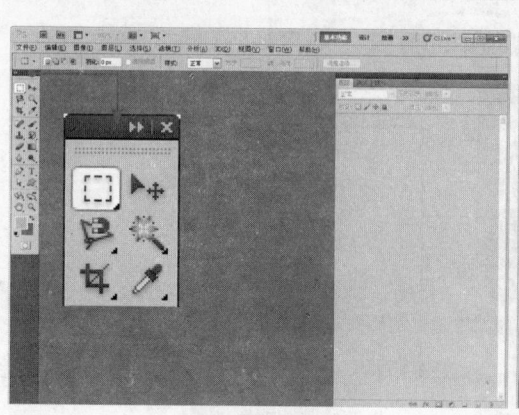

双栏工具箱状态　　　　　　　　　单栏工具箱状态

图1.28

1.4.2 面板的使用方法

 1.隐藏/显示面板

在Photoshop中，按Tab键可以隐藏工具箱及所有已显示的面板，再次按Tab键可以全部显示。如果仅隐藏所有面板，则可按Shift+Tab键；同样，再次按Shift+Tab键可以全部显示。

 2.收缩与扩展面板

与工具箱一样，面板同样也可以进行伸缩，这一功能大大增强了界面操作的灵活性。

对于最右侧已展开的一栏面板，单击其顶部的伸缩栏，可以将其收缩成为图标状态，如图1.29所示。反之，如果单击未展开的伸缩栏，则可以将该栏中的面板全部展开，如图1.30所示。

图1.29　　　　　　　　　　　　　图1.30

如果要切换至某个面板，可以直接单击其标签名称；如果要隐藏某个已经显示出来的面板，则可以双击其标签名称。

展开所有的面板后可以看出，虽然右侧罗列了很多个面板，但却被很规则地分为两栏，这也是Photoshop默认情况下的面板栏数量。当然，如果有需要，也可以再增加更多个面板栏，这将在后面的章节中进行讲解。

初识 Photoshop 第1章

 3.设置面板栏的宽度

无论是展开或未展开的面板栏，都可以对其宽度进行调整。方法就是将鼠标指针置于某个面板伸缩栏左侧的边缘位置上，此时鼠标指针变为↔形状，如图1.31所示。

向左侧拖动，即可增加本栏面板的宽度，如图1.32所示，反之则减少宽度。

图1.31

图1.32

受面板装载内容的限制，每个面板都有其最小的宽度设定值，当面板栏中的某个面板已经达到最小宽度值时，该栏宽度将无法再减少。

 4.拆分面板

当要单独拆分出一个面板时，可以选中对应的图标或标签并按住鼠标左键，然后将其拖动至工作区中的空白位置，如图1.33所示。如图1.34所示为被单独拆分出来的面板。

图1.33

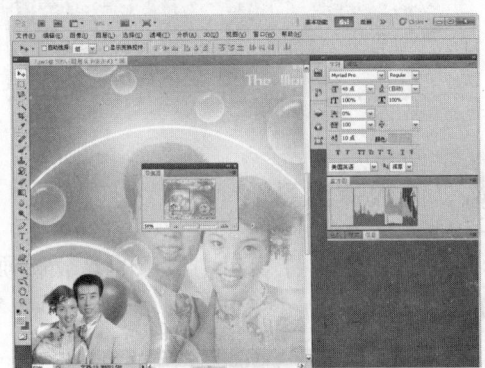
图1.34

 5.组合面板

组合面板可以将两个或多个面板合并到一个面板中，当需要调用其中某个面板时，只需单击其标签名称即可，否则，如果每个面板都单独占用一个窗口，用于进行图像操作的空间就会大大减少，甚至会影响到正常的工作。

要组合面板，可以拖动位于外部的面板标签至想要的位置，直至该位置出现蓝色反光时，如图1.35所示，释放鼠标左键后，即可完成面板的拼合操作，如图1.36所示。通过组合面板的操作，用户可以将软件的操作界面布置成自己习惯或喜爱的状态，从而提高工作效率。

图1.35

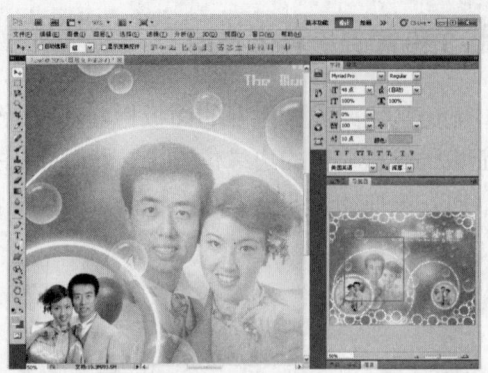
图1.36

 6.创建新的面板栏

除了Photoshop默认的面板外，也可以根据自己的需要增加更多栏，操作时可拖动一个面板至原有面板栏的最左侧边缘位置，其边缘会出现灰蓝相间的高光显示条，如图1.37所示，释放鼠标即可创建一个新的面板栏，如图1.38所示。

图1.37

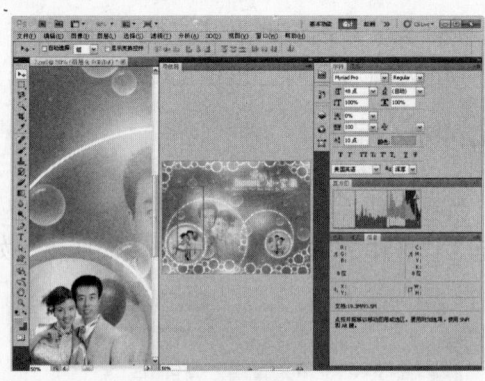
图1.38

 7.面板弹出菜单

每一个面板除了窗口中显示的参数选项外，单击其右上角的面板按钮，即可弹出面板的命令菜单，如图1.39所示。利用这些命令，可增强面板的功能。

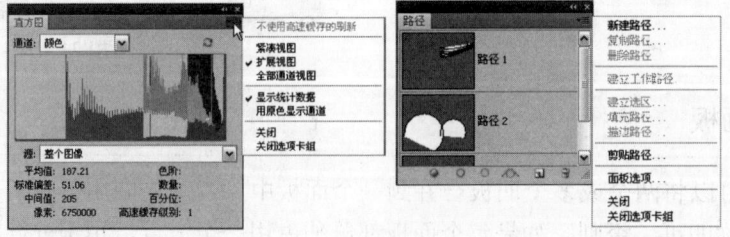
图1.39

1.4.3　菜单的使用方法

菜单栏中共有11类近百个菜单命令，如图1.40所示。利用这些菜单命令，可以完成诸如

"拷贝"、"粘贴"等基础操作，也可以完成诸如调整图像颜色、变换图像、修改选区、对齐分布链接图层、应用滤镜等较为复杂的操作。

文件(F)　编辑(E)　图像(I)　图层(L)　选择(S)　滤镜(T)　分析(A)　3D(D)　视图(V)　窗口(W)　帮助(H)

图1.40

- "文件"菜单：集成了文件操作命令。
- "编辑"菜单：集成了图像处理过程中使用较多的编辑类操作命令。
- "图像"菜单：集成了图像大小、画布及图像颜色操作命令。
- "图层"菜单：集成了各类图层操作命令。
- "选择"菜单：集成了有关选区操作命令。
- "滤镜"菜单：集成了大量滤镜命令。
- "分析"菜单：集成了用于测量图像、数据分析的命令。
- "3D"菜单：集成了用于创建和编辑3D对象的命令。
- "视图"菜单：集成了对当前操作图像的视图进行操作的命令。
- "窗口"菜单：集成了显示或隐藏不同面板命令。
- "帮助"菜单：集成了各类帮助信息。

1.4.4 自定义菜单命令

 1. 显示/隐藏菜单命令

Photoshop有显示/隐藏菜单命令的功能，可以根据自己的操作习惯显示/隐藏不常用的应用程序菜单或者面板菜单中的命令。

选择"编辑"|"菜单"命令或者按Alt+Shift+Ctrl+M键，弹出"键盘快捷键和菜单"对话框，如图1.41所示。

显示/隐藏菜单的具体操作步骤如下所述。

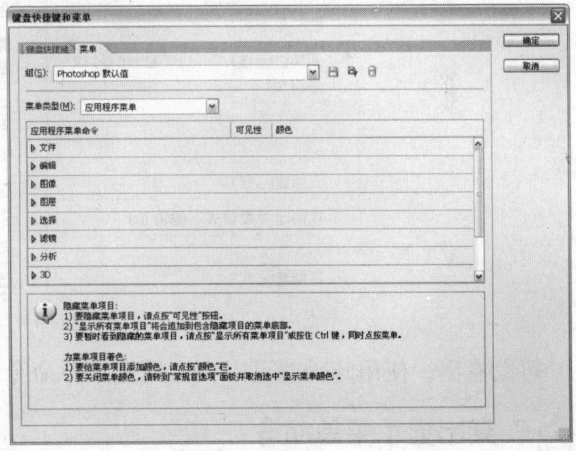

图1.41

1. 选择"编辑"|"菜单"命令，弹出"键盘快捷键和菜单"对话框。

2. 单击"组"右侧的按钮，在弹出的下拉列表中选择一种工作类型。例如，如果在此选择"CS5新增功能"选项，则可以在其基础上再对菜单命令进行显示或者隐藏方面的设置操作。

3. 在"菜单类型"下拉列表中，可以选择要显示或者隐藏的菜单命令所在的菜单类型。可以选择"应用程序菜单"选项，对应用程序菜单中的命令进行显示或者隐藏操作；也可以选择"面板菜单"选项，对面板菜单中的命令进行显示或者隐藏操作。在此选择"应用程序菜单"选项。

4 单击"应用程序菜单命令"栏下方命令左侧的按钮▶，展开显示菜单命令，如图1.42所示。

5 单击"可见性"栏下方的图标，即可显示或者隐藏该菜单命令。在此按照图1.43所示隐藏了若干个命令，隐藏命令前后的菜单显示如图1.44所示。

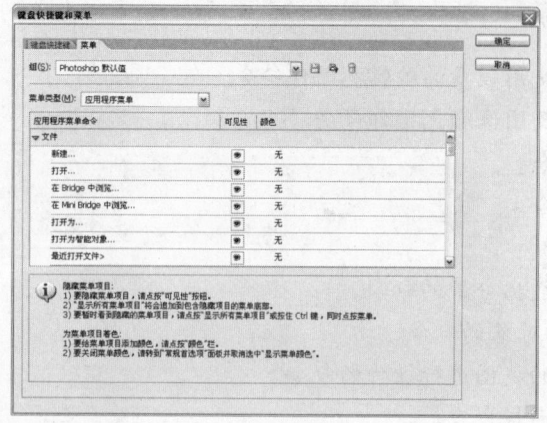
图1.42

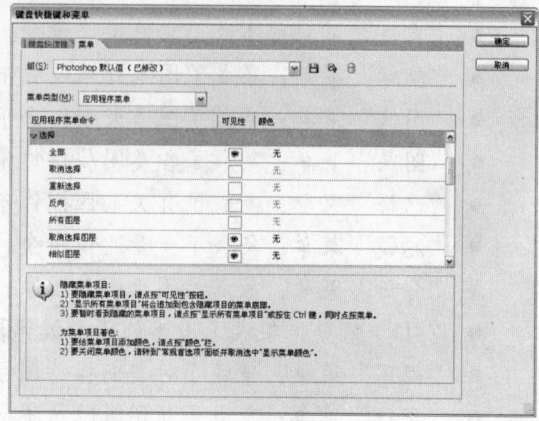
图1.43

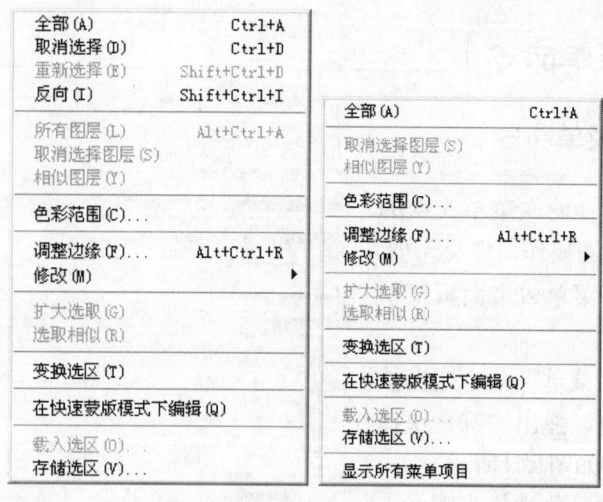
图1.44

可以看出，使用此功能可以大大简化菜单命令，使菜单按照自己的工作喜好进行显示。

2. 突出显示菜单命令

突出显示菜单命令也是Photoshop的优秀功能之一。使用此功能，能够指定菜单命令的显示颜色，以方便辨认不同的菜单命令，这对初学者（即不熟悉菜单内容的用户）是一个非常实用的功能。

突出显示菜单命令的操作与显示/隐藏菜单命令的操作基本相同，只是在执行步骤5的操作时，需要在"键盘快捷键和菜单"对话框中要突出显示的命令右侧单击"无"或者颜色名称，在颜色下拉菜单中选择需要的颜色。

如图1.45所示为突出显示菜单命令时的对话框设置。如图1.46所示为按此设置突出显示的菜单命令。

初识Photoshop 第1章

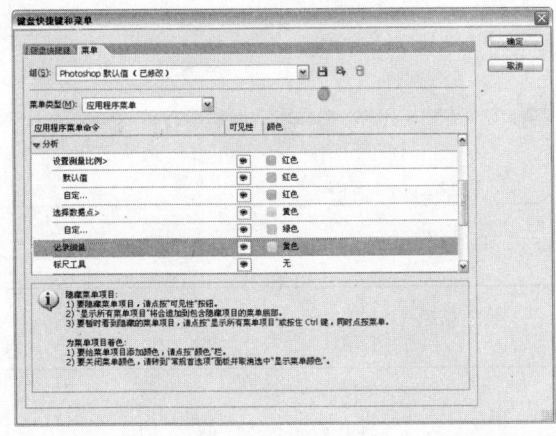

图1.45

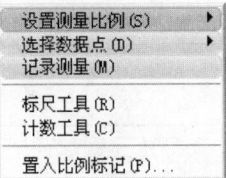

图1.46

1.4.5 自定义工作界面

在Photoshop中，不同用户可以按照自己的使用习惯布置工作区域，并将其保存为自定义的工作界面，如果在工作一段时间后工作区变得很零乱，可以选择调用自定义工作区的命令，将工作区恢复至自定义后的状态。

要保存自定义的工作区，可以先按照自己的爱好布置好工作区，然后单击工作区管理器最右侧的"显示更多的工作区和选项"按钮，在弹出的菜单中选择"新建工作区"命令，或选择"窗口"|"工作区"|"新建工作区"命令，在弹出的对话框中，如果要同时保存所设置的键盘及菜单快捷键，也可以在底部将这两个选项选中，然后输入自定义的名称，单击"存储"按钮即可，如图1.47所示。

要调用已保存的工作界面，可以直接在工作区管理器中单击其名称即可，如图1.48所示。

需要注意的是，在当前工作区下，所有的界面改动都会被Photoshop自动记录下来，比如在刚刚保存的moole工作区下，改变了界面的布局后，每次切换至该工作区时，仍然是最后一次改动的状态，此时要恢复到之前保存moole工作区时的状态，可以单击工作区管理器最右侧的"显示更多的工作区和选项"按钮，在弹出的菜单中选择"复位moole"命令即可。

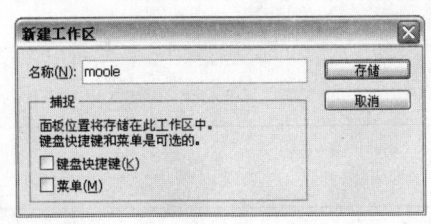

图1.47

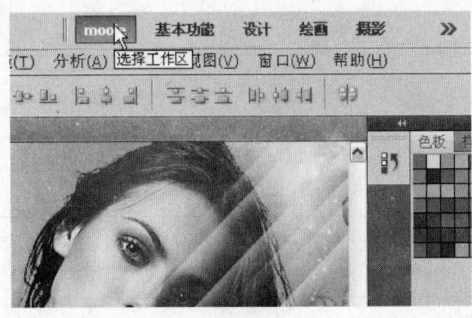

图1.48

读书笔记

第2章 Photoshop的基本操作

本章主要讲解位图图像与矢量图形的区别、图像文件的基础操作、图像分辨率等基础知识。虽然这些都是Photoshop中极为基础的功能，却也是在以后的工作与学习过程中最常用的功能。因此，熟练掌握这些基础知识，可以使读者在今后的工作过程中更加得心应手。

2.1 基础知识概述

本章所讲解的知识并没有逻辑上的联系,但基本上都是支撑性基础知识。只有掌握了这些知识,才能进行更深层次的学习。下面对最为重要的几种概念分别进行讲解。

在Photoshop中进行的操作都基于图像文件,因此掌握有关图像文件的各类操作无疑具有非常重要的意义。应用本章所讲解的知识,以预设文件尺寸来创建图像文件,能够提高创建图像文件的工作效率,而对于那些从事与视频制作相关工作的人员而言,本章所讲解的关于创建用于视频的图像文件的知识显然非常重要。

分辨率是任何一个从事视觉艺术创作的人员都无法绕开与回避的概念。如果不能正确理解与掌握分辨率的相关操作,则无法从容地从事与视觉艺术创作有关的工作。

本章不仅对分辨率这个概念有清晰的阐述,而且还分析了常见的分辨率种类,将这些知识应用在创作中可以得到实用的效果。

2.2 了解位图和矢量图

位图图像和矢量图形是计算机图形图像的两种主要形式,理解两者之间的区别对深入掌握图形图像类的软件,尤其是对深入学习和灵活使用Photoshop十分有帮助。

2.2.1 认识位图

位图图像也叫做栅格图像,这是由于位图图像用像素来表现图像,在放大到一定程度时,此类图像表现出明显的栅格化现象。大量不同位置和颜色值的像素构成了完整的图像,此类图像在放大观察时,都能够看到清晰的方格形像素,如图2.1所示。

使用任何一种选择工具创建选择区域时,都应该理解其选择的形状实际上是由细小的方格所构成的,如图2.2所示。

图2.1

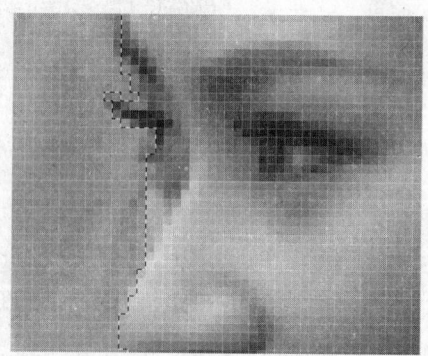

图2.2

位图图像的不足之处在于,因为每一幅图像包含固定的像素信息,因此无法通过处理得到更多细节,而且要得到的图像品质越高,文件的大小就越大,一个优秀的作品其文件大小高达数百兆也是正常的。

2.2.2 位图文件的常见格式

位图文件的常见格式很多，下面简单介绍几种。

 1. PSD格式

PSD格式不仅是Photoshop默认的文件格式，而且是一种支持所有图像模式（包括位图、灰度、双色调、索引颜色、RGB、CMYK、Lab和多通道等）的文件格式。

PSD格式的图像文件可以保存图像中的参考线、Alpha通道和图层，从而为再次调整、修改图像提供了可能性。

 2. JPEG格式

JPEG格式是互联网中最为常用的图像文件格式之一。JPEG格式支持CMYK、RGB和灰度颜色模式，也可以保存图像中的路径，但无法保存Alpha通道。

该文件格式的最大优点是能够大幅度降低图像文件的大小，但降低图像文件大小的途径是通过有选择地删除图像数据，因此图像质量会有一定的损失。在将图像文件保存为JPEG格式时，可以选择压缩的级别，级别越高则得到的图像品质越低，但文件也越小。

 3. TIFF格式

TIFF格式用于在不同的应用程序和计算机平台之间交换图像文件。换言之，就是使用该文件格式保存的图像文件可以在PC、MAC等不同的操作平台上打开，而且不会存在差异。

除此之外，TIFF格式是一种通用的位图文件格式，几乎所有图像编辑和页面设计应用程序均支持此文件格式。TIFF格式支持具有Alpha通道的CMYK、RGB、Lab、索引颜色和灰度图像以及无Alpha通道的位图模式图像。

TIFF文件格式能够保存通道、图层、路径等。从这一点来看，该文件格式似乎与PSD格式没有什么区别。但实际上如果在其他应用程序（如PageMaker等）中打开该文件格式所保存的图像时，则所有图层将被拼合。也就是说，只有使用Photoshop打开此类文件格式，才能修改其中的图层。

 4. GIF格式

GIF格式是使用8位颜色并在保留图像细节（如艺术线条、徽标或者带文字的插图等）的同时有效地压缩图像实色区域的一种文件格式。由于GIF文件只有256种颜色，因此将原24位图像优化成为8位的GIF文件时会导致颜色信息的丢失。

该文件格式的最大特点是能够创建具有动画效果的图像。在Flash尚未出现之前，GIF格式是互联网上动画文件的标准文件格式，所有动画文件均保存为GIF格式。此外，GIF格式支持透明背景，如果需要在设置网页时使图像较好地与背景融合，则需要将图像保存为GIF格式。

2.2.3 认识矢量图

矢量图形是另一类图像的表现形式，矢量图形是以数学公式的方式记录图形的，因此在缩放时没有失真现象，而且文件较小。

如图2.3中左图所示为100%显示状态下的矢量图形，右图为放大至1200%时的效果，可以看出构成图形的线条仍然非常光滑。

图2.3

矢量图形的优点是与分辨率无关，可以根据需要进行缩放，不会遗漏任何细节或降低其清晰度。

矢量图形常用于表现具有大面积色块的插画或LOGO，如图2.4所示。

图2.4

在Photoshop中，使用"钢笔工具"及"形状工具"绘制的路径属于矢量图形的范畴。

2.2.4 矢量图文件的常见格式

在平面设计中经常接触到的矢量图文件格式有以下两种。

 1. EPS格式

EPS格式可以同时包含矢量图和位图，并且几乎所有的图形、图表和页面设计程序都支持该文件格式。EPS格式用来在应用程序之间传递PostScript语言所编译的图片，当在Photoshop中打开包含矢量图的EPS文件时，Photoshop将矢量图转换为位图。

EPS格式支持Lab、CMYK、RGB、索引颜色、双色调、灰度和位图颜色模式，但无法保存Alpha通道。

 2. AI格式

AI格式是Illustrator软件默认的文件格式，是一种标准的矢量图文件格式，用于保存使用Illustrator软件绘制的矢量路径信息。

在Photoshop中打开使用AI格式保存的文件时，Photoshop可以将其转换为智能对象，以避免矢量图文件中的矢量信息被栅格化。

提 示

关于智能对象的讲解，请参阅本书相关章节。

2.2.5 位图与矢量图之间的关系

位图与矢量图虽然在概念上完全不同，但在软件使用过程中并没有严格的界限。目前使用的软件基本都扮演着一专多能的角色，即图像处理软件也包含了一定的图形绘制功能，而矢量绘图软件也包含了一定的图像处理功能。

例如，使用矢量绘图软件同样可以制作出逼真、细腻的具有位图效果的作品。如图2.5所示为国外艺术家使用Illustrator软件绘制的作品。如图2.6所示为此作品在矢量线条显示状态下的效果。可以看出，该作品表现出了只有位图才适合表现的逼真质感与丰富的细节。

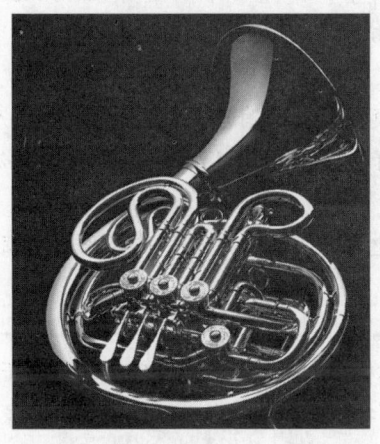
图2.5
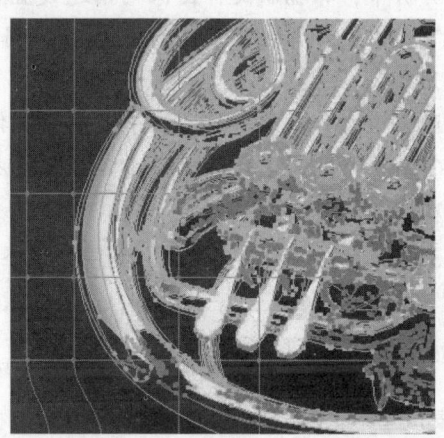
图2.6

同样，使用位图绘图软件也可以绘制出具有矢量感觉的图像，在Photoshop中使用"钢笔工具"和"自定形状工具"就可以轻松做到这一点。如图2.7所示的作品均为使用Photoshop绘制的矢量效果作品。

图2.7

2.3 文件基础操作

2.3.1 新建文件
视频路径：视频文件\2.3.1.avi

这是Photoshop默认的创建新文件的方式。选择"文件"|"新建"命令，可以直接打开"新建"对话框，如图2.8所示。

- 预设：在此下拉列表中已经预设好了创建文件的常用尺寸，以方便用户操作。
- 宽度/高度：在此输入新文件所需的宽度/高度，并在其后面的下拉列表中为宽度尺寸选择单位。

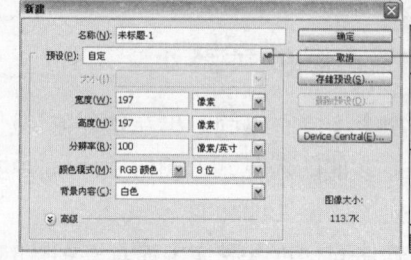
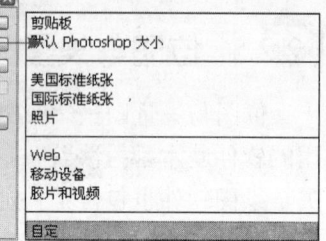

图2.8

- 分辨率：根据新文件图像的用途设置合适的分辨率值，并选择合适的单位。通常情况下，用于计算机屏幕显示用72dpi，用于报纸类纸质品印刷用125dpi，用于精细印刷品用300dpi。
- 颜色模式：在此下拉列表中选择新文件的颜色模式，其中有RGB、CMYK和灰度。通常情况下，用于计算机观看选择RGB模式，用于印刷选择CMYK模式，特殊情况用灰度模式。
- 背景内容：即新文件画布的颜色。默认为白色，也可以在下拉列表中选择另外的颜色。

> **提示**
>
> 如果在新建文件之前曾执行"拷贝"操作，则对话框中的宽度及高度数值自动匹配所拷贝图像的高度与宽度尺寸。如果执行"拷贝"操作而又不希望此对话框自动匹配所拷贝图像的高度与宽度尺寸，可以选择"文件"|"新建"命令时按住Alt键，此时Photoshop将自动使用上一次创建新图像文件时使用的图像文件尺寸。

许多初学者在绘图时会发现自己使用拾色器设置了许多丰富的色彩，然而却无法使用或者说无法填充，如图2.9所示。事实上并不是软件出现了问题或初学者在设置色彩的时候出现了问题，而是要仔细检查一下新建文件时所选择的色彩模式，极有可能"颜色模式"选项被设置成了"灰度"模式。

有些初学者在刚刚一开始绘图的时候，就发现系统弹出如图2.10所示的提示对话框，这时候不要盲目地认为是电脑的问题，应该仔细检查所新建的文件宽度和高度的单位与数值是否恰当，通常应该以"像素"为单位，而许多初学者习惯性地使用了"厘米"，那么这样两种不同单位的文件即使数值大小相同，差距却非常大，从而导致机器出现"暂存盘已满"这样的提示。

其实初学者可以注意一下，如果新建的文件已经在电脑上以几乎全屏的状态显示了，但其显示比例仍然只有5%或者更小的比例，如图2.11所示，这就说明了该文件其实是相当大，那么就要重新回到"新建"对话框去找原因了。如图2.12所示的"新建"对话框就是一个练习中创建错误大小文件的典型实例，使用图中的数值所创建的文件将有200多MB，对于练习而言很显然太大了。

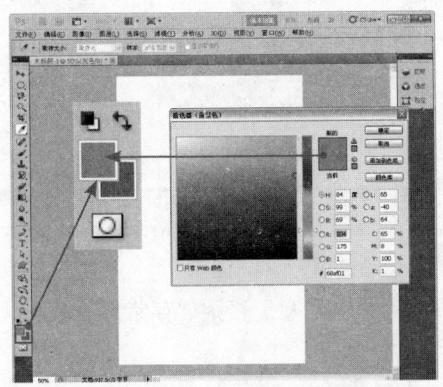 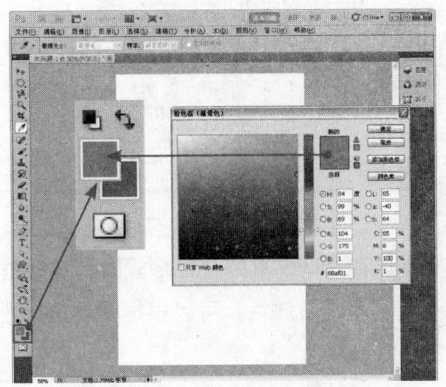

模式为"灰度"时选择前景色的状态　　　模式为"RGB"时选择前景色的状态

图2.9

  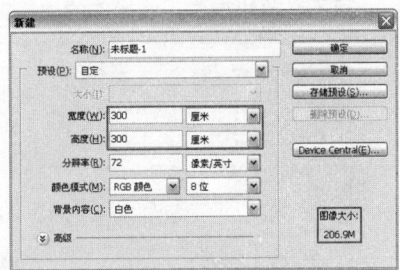

图2.10　　　　　　　图2.11　　　　　　　图2.12

2.3.2　存储文件预设

如果希望在创建新图像时不再一次次设置图像的尺寸，可以使用"新建"对话框的存储预设功能，其操作步骤如下。

1 在"新建"对话框中，根据需要设置所要创建的图像的尺寸或者分辨率。

2 单击"存储预设"按钮，在弹出的如图2.13所示的对话框中进行设置。

3 单击"确定"按钮退出对话框，则可以在"新建"对话框中的"预设"下拉列表中选择所定义的图像预设，如图2.14所示。

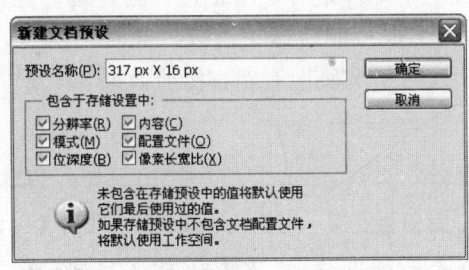 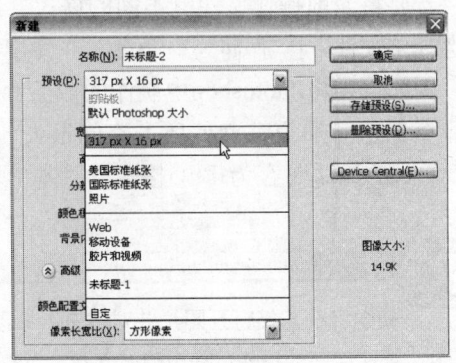

图2.13　　　　　　　　　　　　　图2.14

2.3.3 直接保存文件

>> 视频路径：视频文件\2.3.3.avi

若想要保存当前操作的文件，选择"文件"|"存储"命令，弹出如图2.15所示的"存储为"对话框。

> **提示**
> 只有当前操作的文件具有通道、图层、路径、专色、注解，只有在"格式"下拉列表中选择支持保存这些信息的文件格式时，对话框中的"Alpha通道"、"图层"、"注解"、"专色"选项才会被激活，可以根据需要选择是否需要保存这些信息。否则"存储为"对话框将如图2.16所示。

> **提示**
> 另外提醒各位读者注意养成随时保存文件的好习惯，仅是举手之劳，但在很多时候可能挽回不必要的损失，此操作的快捷键是Ctrl+S。

图2.15

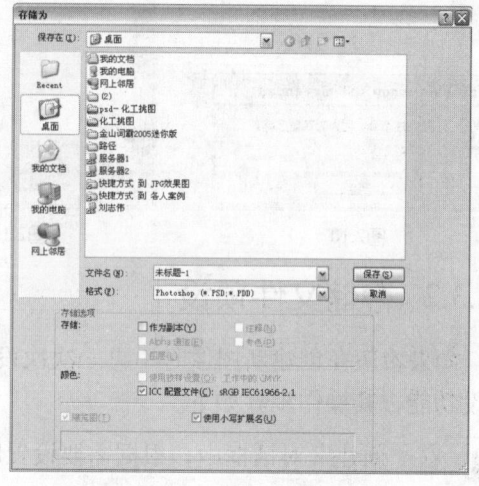

图2.16

2.3.4 另存文件

>> 视频路径：视频文件\2.3.4.avi

若要将当前操作文件以不同的格式、或不同名称、或不同存储"路径"再保存一份，可以选择"文件"|"存储为"命令，在弹出的"存储为"对话框中根据需要更改选项并保存。

例如，要将Photoshop中制作的产品宣传册通过电子邮件给客户看小样，因其结构复杂、有多个图层和通道，文件所占空间很大，通过E-mail很可能传送不过去，此时，就可以将PSD格式的原稿另存为JPEG格式的副本，让客户能及时又准确地看到宣传册效果。

> **提示**
> 初学者在直接打开图片并对其进行修改的时候，最好能在第一时间先对其使用"另存为"命令，并在后面的操作过程中随时保存。这样做既可以保存我们的操作，又不会覆盖素材原文件。

2.3.5 关闭文件

按理说关闭文件应该是最简单的操作，直接单击图像窗口右上角的关闭图标，或选择"文件"|"关闭"命令，或直接按Ctrl+W键即可。

但对于Photoshop这样的图像处理软件来说，关闭文件即表示确认了图像效果，这样不可以再使用"历史记录"面板或按Ctrl+Z键查看前面的操作步骤了，因此，关闭前要确定是自己所要的效果。

对于操作完成后没有保存的图像，执行关闭文件操作后，会弹出提示对话框，询问用户是否需要保存，可以根据需要选择其中一个选项。

另外，除了关闭文件外，还有"文件"|"退出"这样一个命令，此命令不仅会关闭图像文件，同时将退出Photoshop软件系统。也可以直接使用Ctrl+Q键退出。

2.3.6 打开文件

要在Photoshop中打开图像文件时，可以按照下面的方法操作。
- 选择"文件"|"打开"命令。
- 按Ctrl+O键。
- 双击Photoshop操作空间的空白处。

使用以上3种方法，都可以在弹出的对话框中选择要打开的图像文件，然后单击"打开"按钮即可。

另外，直接将要打开的图像拖至Photoshop工作界面中也可以打开，但需要注意的是，从Photoshop CS5开始，必须置于当前图像窗口以外，如菜单区域、面板区域或软件的空白位置等，如果置于当前图像的窗口内，会创建为智能对象。

2.3.7 导入与导出图像

"文件"|"导入"命令的子菜单如图2.17所示，在此处选择不同的命令，可以导入不同的操作对象，如视频帧、注释等。

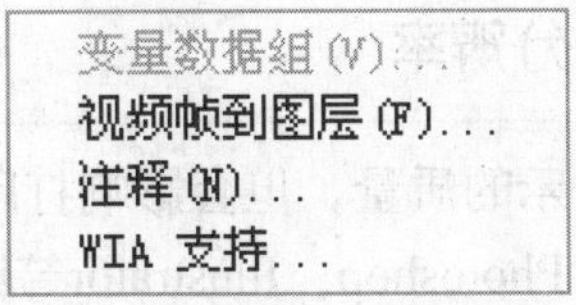

"文件"|"导出"命令的子菜单如图2.18所示，在此处选择不同的命令，可以导出不同的操作

```
变量数据组(V)...
视频帧到图层(F)...
注释(N)...
WIA 支持...
```
图2.17

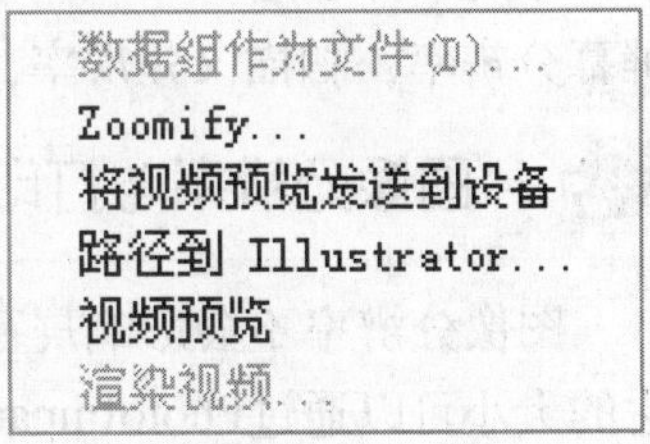

```
数据组作为文件(D)...
Zoomify...
将视频预览发送到设备
路径到Illustrator...
视频预览
渲染视频...
```
图2.18

作对象，如可以导出当前图像中的路径至Illustrator中，如果要将编辑好的视频导出成为可播放的文件，也可以在此处选择"渲染视频"命令完成。

2.4 了解分辨率

2.4.1 分辨率概述

所谓"分辨率"，指的是单位长度中所表达或者采取的像素数目，通常用dpi（像素/英寸）来表示。

高分辨率的图像比相同打印尺寸的低分辨率图像包含的像素要多，因而图像显得较细腻。图2.19显示了物理尺寸相同，但分辨率分别为72dpi（左图）和300dpi（右图）的同一幅图像。比较可以看出，分辨率为300dpi的图像更细腻，基本看不到分辨率为72dpi的图像所显示出来的锯齿与虚边。

对于图像工作者而言，理解分辨率的概念非常重要。不同的工作种类需要使用大小不同的分辨率，因此在工作中必须适当把握分辨率的大小。在输出图像时使用过小的分辨率会导致图像显示出粗糙的像素效果，而使用太大的分辨率会增加文件的大小，并降低图像的输出速度。

72dpi　　　　　　　　　　　　　　300dpi

图2.19

要确定图像的分辨率，首先必须考虑图像的最终用途。例如，对于只在屏幕上观看的图像，只需要满足屏幕显示的分辨率即可，通常是72dpi或者96dpi。

2.4.2 常见的分辨率种类

分辨率并不是Photoshop独有的概念，常见的分辨率还包括打印机分辨率、印刷分辨率、屏幕分辨率、扫描仪分辨率、数码相机分辨率等，下面逐一进行讲解。

1. 图像分辨率与打印机分辨率

图像分辨率不会影响屏幕显示的质量，但会影响打印出来的图像品质。在制作过程中，它的大小可以通过PhotoImpact、Photoshop、Illustrator等图像处理软件来改变。

例如，有一幅图像的分辨率为100dpi，大小为1 800～1 000 pixels，这表示打印时每英寸（inch）图像要用100个点（dot）来表现，所以打印出来的图像尺寸大约是18"～10"大小。

如果通过图像处理软件把它的分辨率提高到200dpi，但物理尺寸不变，这时打印图像，每英寸（inch）图像用200个点（dot）来表现，所以打印出来的图像物理尺寸只有9"～5"大小，是原来尺寸的1/4，但由于打印时单位面积的墨点数目提高了，打印出来的图像也更加细腻了。

从打印设备的角度而言，图像的分辨率越高，打印出来的图像也就越细致。有时会听到这样的说法，图像的分辨率越高，表示它的成像品质越好，这样说是很片面的。图像的品质主要取决于输入阶段，而打印的分辨率不能起到改变图像本身品质的作用。严格地说，提高图像分辨率，影响的是打印的品质及输出大小，关于这一点在下面一节中将会有更加详细的讲解。

2. 印刷分辨率

在印刷时往往使用线屏（lpi）而不是分辨率来定义印刷的精度，在数量上线屏是分辨率的两倍。了解这一点有助于在知道图像的最终用途后，确定图像在扫描或者制作时的分辨率数值。

例如，如果一个出版物以线屏175进行印刷，则意味着出版物中的图像分辨率应该是350dpi。换言之，在扫描或者制作图像时应该将分辨率定为350dpi或者更高一些。

下面列举了一些常见的印刷品中的图像应该使用的分辨率。

- 报纸印刷所用线屏为85 lpi，因此报纸印刷采用的图像分辨率就应该是125~170dpi。
- 杂志/宣传品通常以133 lpi或者150 lpi线屏进行印刷，因此杂志/宣传品印刷采用的图像分辨率为300dpi。
- 大多数精美的书籍在印刷时用175~200 lpi线屏印刷，因此高品质书籍印刷采用的图像分辨率为350~400dpi。
- 对于远观的大幅面图像（如海报等），由于观看的距离非常远，可以采用较低的图像分辨率（如72~100dpi等）。

 3. 屏幕分辨率

屏幕分辨率就是Windows桌面的大小，常见的设定有640~480pixels、800~600pixels、1 024~768pixels等。以17"的屏幕为例，如果图像呈现在屏幕上的尺寸是800~600pixels，由于特定屏幕的显示尺寸是固定的，当将屏幕的分辨率由800~600pixels调整成1 280~1024 pixels后，17"的屏幕中单位面积的像素点增加了，原先的图像看起来细腻了很多，但尺寸则缩小为不到桌面的40%。

 4. 扫描仪分辨率

扫描仪分辨率标定了扫描仪辨识图像细节的能力，1 200dpi分辨率的扫描仪可以在每英寸内清楚地分辨出1 200个像素。

扫描仪的分辨率有光学分辨率和软件分辨率之分。其中，软件分辨率使用的是数学上的外插运算法以放大既有的扫描影像，实际上对提升图像品质的影响并不大。

光学分辨率才是扫描仪真正的扫描能力，扫描仪的分辨率根据扫描文件的不同可以有所调整。例如，扫描印刷品时可以设定为600dpi，然后再进行去网点、缩小尺寸等处理；扫描照片时可以设定为300dpi，然后再进行调整、缩小尺寸等处理。

扫描正片时，如果光学分辨率足够高，可以将其设置在1 200dpi以上。

扫描时原稿的质量也是影响图像清晰度的一个很重要的因素。如果原稿的品质很高，扫描仪的光学分辨率也较高，则可以得到较好的图像效果。

相反，使用粗糙模糊的原稿，即使提高扫描分辨率也不会得到很满意的效果。

 5. 数码相机分辨率

数码相机有两个分辨率数值：一个是感光组件的分辨率；另一个是未经插值时成像的分辨率。未经插值时成像的分辨率决定了最终得到的数码图像的清晰度与打印尺寸。

例如，如果一个相机未经插值时成像的分辨率是2 000～1 600 pixels，那么其总的像素量是2 000～1 600＝320万像素。如果是以100dpi的分辨率打印图像，则可以打印出20"～16"的成品；如果是以200dpi的分辨率打印，则可以打印出10"～8"的成品。

其计算方法很简单，分别如下。

宽：2 000 pixels /200dpi=10"。

高：1 600 pixels /200dpi=8"。

 6. 平面设计中无需设定分辨率的情况

许多初学者有这样的疑惑，即为什么在Photoshop中处理的图像要根据其用途来设定分辨率，而使用PageMaker等排版软件在创建新文件时无需设定分辨率。

实际上，这个问题已经能够在本章前面的内容中找到答案了。这是由于排版软件对文字、图形的表现是通过数字公式来完成的。这些对象在输出时与分辨率无关，只与输出的设备有关，理论上能够达到输出设备的最高分辨率，因此输出设备的分辨率高，则制作页面的输出效果就好，反之则较差。

> **提 示**
>
> 排版软件中使用的图像，由于输出时要读取原图的像素点阵信息，因此，其输出与原图的分辨率有关。

2.5 更改图像的大小

2.5.1 根据像素总量修改图像的尺寸

图像尺寸是在创建时所设置的，在对图像的再编辑过程中，可以根据需要调整它们的大小，但在调整图像大小时一定要注意文档宽、高度值与分辨率值的关系，否则，改变大小后的图像其效果质量也会发生变化。

选择"图像"|"图像大小"命令，弹出如图2.20所示的"图像大小"对话框。

修改图像尺寸通常存在以下两种情况。

- 第一种是在保持像素总量不变的情况下，通过缩小图像的物理尺寸来提高图像的分辨率，或通过降低图像分辨率的方法提高图像的物理尺寸。

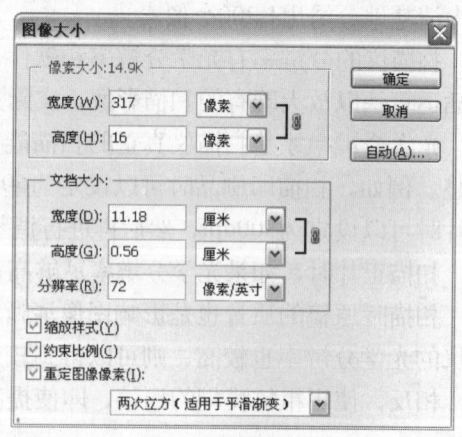

图2.20

- 第二种是在图像的像素总量发生变化的情况下，改变图像的分辨率或物理尺寸。

下面分别讲解在上述两种情况下如何改变图像物理尺寸的操作。

1. 在像素总量不变的情况下改变图像物理尺寸

在像素总量不变的情况下改变图像尺寸的操作方法如下所述。

① 在"图像大小"对话框中，取消选择"重定图像像素"复选框，此时"文档大小"选项组的3个数据值被链接，如图2.21所示。在此情况下，在任何一个数字输入框中输入数值，其他两个数字输入框中的值将自动更改为合适的数值。

② 在对话框的"宽度"、"高度"数值输入框右侧选择合适的单位。

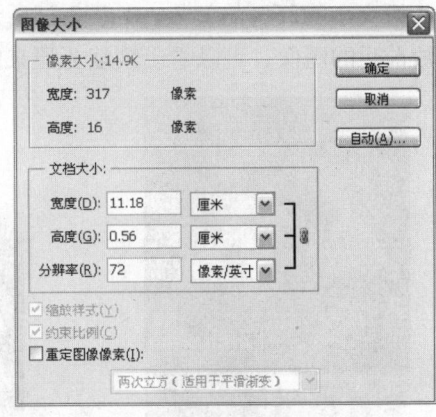

图2.21

③ 分别在对话框的"宽度"或"高度"两个数值输入框中输入小于原值的数值，以降低图像的尺寸，此时图像的分辨率值自动增大；反之，如果输入了大于原值的数值，则图像的分辨率将降低，但两种操作都不会影响图像的像素总量，因此对话框上方的"像素大小"数值不会变化。

在这种情况下，图像不会发生插值，因此图像的总像素量不会发生变化。

2. 在像素总量变化的情况下改变图像的尺寸

在像素总量变化的情况下改变图像尺寸的操作方法如下所述。

① 保持"图像大小"对话框中"重定图像像素"复选框处于选中状态。

② 在"宽度"、"高度"文本框右侧选择合适的单位，并在这两个文本框中输入不同的数值，如图2.22所示。

③ 也可以在"分辨率"文本框中输入一个新的分辨率数值，以修改当前图像的分辨率数值，如果输入的数值大于原分辨率数值，则Photoshop将增加图像的像素，反之Photoshop将减少图像的像素总量。

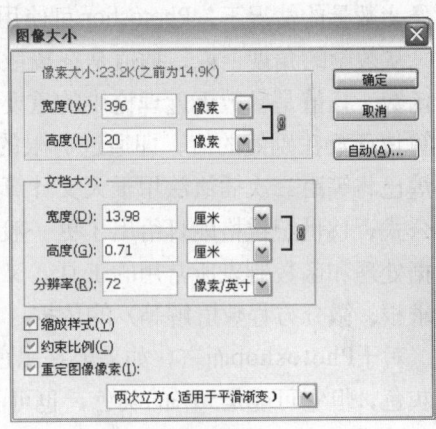

图2.22

提示

此时对话框上方"像素大小"处将显示两个数值，前一数值为以当前输入的数值计算时图像的大小，后一数值为原图像大小。如果前一数值大于后一数值，表明图像经过了插值运算，像素量增多了；如果前一数值小于原数值，表明图像经过了插值运算，总像素量减少了。

许多初学者会频繁修改图像的大小，但由于Photoshop无法找回由于插值引起的图像细节损失，因此如果在像素总量发生变化的情况下，将图像的尺寸变小，然后以同样的方法将图像的尺寸放大，损失的图像细节不会再次出现。

如图2.23所示为原图像，如图2.24所示为在像素总量发生变化的情况下，将图像的尺寸变为原大小的25%的效果，如图2.25所示为以同样的方法将尺寸恢复为原大后的效果，比较缩放前后的图像，可以看出恢复为原来的图像没有原图像清晰。

图2.23

图2.24

图2.25

2.5.2 了解插值方法

如果在2～4之间取一个数，我们很可能选3，如果混合红色与蓝色，就得到了紫色，这种在两个事物之间进行估计的数学方法就是插值。在需要对图像的像素进行重新分布，或改变像素数量的情况下，Photoshop可使用插值的方法对像素进行重新"安排"。

从数学的角度上说，插值是在离散数据之间补充一些数据，使这组离散数据符合某个连续函数。插值是函数逼近理论中的重要方法，利用它可通过函数在有限个点处的取值状况，估算该函数在别处的值，即通过有限的数据得出完整的数学描述。早在公元6世纪，中国的刘焯已将等距二次插值法用于天文计算，17世纪牛顿和格雷果黎建立了等距结点上的一般插值公式，18世纪拉格朗日给出了更一般的非等距结点上的插值公式。在近代，插值法是观测数据处理和函数制表所常用的工具，又是导出其他许多数值方法（例如数值积分、非线性方程求根、微分方程数值解等）的依据。

对于Photoshop而言，如果要在黑色和白色之间确定一个中间颜色值，Photoshop可能选择灰色，但它可能是50%的灰色，也可能是其他的灰色。

如图2.26所示为一个宽度与高度尺寸只有2个像素大小的图像，如果将此图像文件的宽度与高度数值提高至6个像素大小，Photoshop将重新分布图像的像素并通过插值得到新的像素，其效果如图2.27所示，可以看出在黑与白之间出现了第三种颜色的像素即灰色，这充分证明了插值的作用。

Photoshop提供了5种插值运算方法，可以在"图像大小"对话框中的"重定图像像素"下拉列表中选择这些插值运算方法，如图2.28所示。

在这5种插值运算方法中，"两次立方"是最通用的一种，其他插值方法也各有其不同的特点，适用于不同的工作情况中。

● 邻近（保留硬边缘）：此插值运算方法适用于有矢量化特征的位图图像。

● 两次线性：对于要求速度、不太注重运算后质量的图像，可以使用此方法。

- 两次立方（适用于平滑渐变）：最通用的一种运算方法，在对其他方法不够了解的情况下，最好选择此种运算方法。
- 两次立方较平滑（适用于扩大）：适用于放大图像时使用的一种插值运算方法。
- 两次立方较锐利（适用于缩小）：适用于缩小图像时使用的一种插值运算方法，但有时可能会使缩小后的图像过锐。

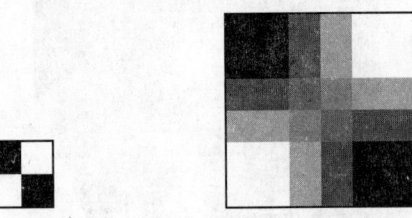

图2.26　　　　图2.27

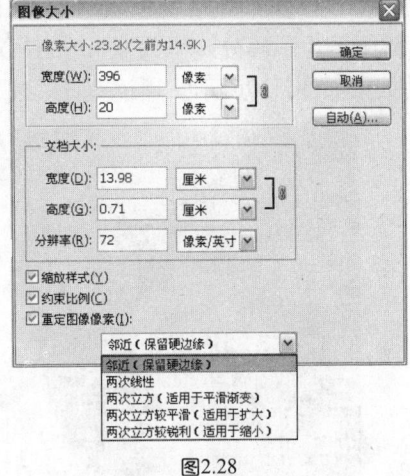

图2.28

2.5.3　数码洗印与图像大小

目前，数码相机进入了越来越多的家庭。许多数码摄影爱好者在拍摄照片后，都要使用Photoshop对照片进行调整，但对于数码照片的尺寸与最后洗印出的照片的尺寸之间的关系却较少了解。表2.1列举了要洗印成为常规尺寸的照片所需要的数码照片大小。

各位读者可以通过在Photoshop中使用"图像大小"命令来查看并修改照片图像文件的大小，使该数码照片图像文件能够洗印出令自己满意的尺寸规格。

表2.1　常规照片尺寸规格对照表

照片规格	inch（英寸）	cm（厘米）	pixels（像素）	数码相机像素量
1寸		2.5×3.5	413×295	
身份证（大头照）		3.3×2.2	390×260	
2寸		3.5×5.3	626×413	
小2寸（护照）		4.8×3.3	567×390	
5寸	5×3.5	12.7×8.9	1 200×840	100万
6寸	6×4	15.2×10.2	1 440×960	130万
7寸	7×5	17.8×12.7	1 680×1 200	200万
8寸	8×6	20.3×15.2	1 920×1 440	300万
10寸	10×8	25.4×20.3	2 400×1 920	400万
12寸	12×10	30.5×20.3	2 500×2 000	500万
15寸	15×10	38.1×25.4	3 000×2 000	600万

例如，在使用常见的300万像素的相机拍摄照片时，如果将拍摄照片的尺寸设置为1 200×840 pixels，则可以在相机中多存储一些照片文件，但这样就不能够将照片洗印成为大于6寸的照片了。当然，通过运用前面所学习的知识，在Photoshop中使用"图像大小"命令

提高照片图像文件的尺寸时，可以将其尺寸通过增加像素的插值运算提高到1 920×1 440 pixels，但当照片被洗印成为8寸照片时会不清晰。

2.5.4 分辨率与图像清晰度之间的关系

通过前面所讲述的插值理论可以看出，提高图像的分辨率时，Photoshop是通过插值的方法得到更多的像素，这些像素由于出自图像原有的像素，因此并不能提高图像的清晰度。如图2.29所示为一幅分辨率为72dpi的图像，通过提高分辨率的方法将其分辨率提高到300dpi时，其效果如图2.30所示。通过对比，可以看出来300dpi的图像并不比72dpi的图像清晰。

图2.29　　　　　　　　　　　　　　　图2.30

恰恰相反，对于一幅原本清晰的图像，如果通过插值的方法提高其分辨率，反而可能使图像更加模糊，如图2.31左图所示为截取的一幅图片，其分辨率为72dpi，右图所示为放大到300%的倍率下观察的效果。

图2.31

当通过提高分辨率的方法将其分辨率提高到300dpi后，其效果如图2.32左图所示，右图所示为放大后在300%显示比例下看到的图像效果，可以看出来图像的清晰度反而降低了。

> **提示**
>
> 观察提高分辨率前后的图像，提高分辨率前的图像虽然在放大观察状态下有马赛克现象，但仍然是清晰的，但提高分辨率后的图像在放大的状态下观察就会发现，图像已经模糊了，这与马赛克的状态完全不同。

图2.32

这是因为Photoshop在原本清晰锐利的像素旁边重新生成了新的像素，为了使这些像素与原图像中的像素过渡自然、平滑，Photoshop让其与原来的像素发生了混叠，这反而导致图像在较锐利清晰的边缘处出现模糊现象。

2.5.5 分辨率对印刷的影响

许多初学者心中都会有这样一个疑虑，即如果提高分辨率不能够提高图像的清晰度，有时还可能导致图像更加模糊，那么是不是在任何情况下都不再需要提高图像的分辨率了呢？结论当然是否定的。

虽然通过提高分辨率的方法无法提高图像的清晰度，但却可以通过提高分辨率使打印或者印刷出来的图像看上去细腻一些，下面仍然通过图示的方法来解释这一点。

如图2.33所示为一幅分辨率为30dpi的图像，从图像中可以看出非常清晰的块状痕迹。如图2.34所示为保持图像尺寸不变的情况下，将图像的分辨率提高到300dpi时的效果。可以看出，图像虽然仍然是模糊的，但细腻了不少。

图2.33　　　　　　　　　　　　　图2.34

出现这种情况的原因是当图像的分辨率低于输出设备的分辨率时，输出设备（如显示器屏幕、打印机、喷绘机等）将使用较多的点来描绘低分辨率图像的色块，因此观看最终得到的效果时会发现很明显的色块或者锯齿。

而对于高分辨率的图像而言，由于图像的分辨率足够高，换言之，在每一个测量单位上像素点足够多，则色块被Photoshop插值后生成的过渡像素所取代，从而得到较为细腻的效果。但细腻并不等于清晰，由于图像的原始质量很低，因此最终得到的图像仍然是不清晰的。

2.6 裁剪图像

数码相机的普及使拍摄照片的过程变得快捷、轻松、充满乐趣。但摄影爱好者经常会由于摄影构图的原因拍摄出主体不突出或者主体占画面比例过小的照片，这时就需要对其进行裁剪操作。

在Photoshop中可以使用下面两种方法进行裁剪操作。

2.6.1 使用"裁剪"命令裁剪图像

选择类工具配合"裁剪"命令是一种对图像进行裁剪的简单方法，具体操作步骤如下。

1. 打开随书所附光盘中的文件"第2章\2.6.1-素材.jpg"，利用"裁剪"命令进行操作。
2. 在工具箱中选择"矩形选框工具" 。
3. 围绕图像中需要保留或者突出的部分制作选区，效果如图2.35所示。
4. 选择"图像"|"裁剪"命令即可完成裁剪操作，按Ctrl+D键取消选区，得到如图2.36所示的效果。

图2.35

图2.36

2.6.2 使用裁剪工具裁剪图像

改变画布的大小及方向，最简单有效的方法是使用"裁剪工具" 来完成操作。要改变画布的大小，只需在工具箱中选择"裁剪工具" ，然后在图像上拖动，以得到一个裁剪框，此时其工具选项条变为如图2.37所示的状态。

图2.37

在裁剪工具选项条中，Photoshop CS5提供了裁剪框内部的网格控制，在"裁剪参考线叠加"下拉列表中，可以选择显示网格的方式。

- 无：在裁剪框中不显示网格。

- 三等分：在控制框中始终显示3×3的网格。
- 网格：在控制框中显示固定大小的网格，裁剪框越大，则其中的网格就越多。

如图2.38所示为裁剪过程中的状态，通过拖动裁剪框上的控制句柄来改变裁剪框的大小，然后按Enter键或在裁剪框内双击，即可得到裁剪后的图像，效果如图2.39所示。

图2.38

图2.39

如果在得到裁剪框后需要取消裁剪操作，则可以按Esc键。

2.6.3 使用"裁切"命令裁剪图像

选择"图像"|"裁切"命令，也可以进行快速裁剪操作。选择此命令后，弹出如图2.40所示的对话框。

- 基于：在此选项组中选择裁剪图像所基于的准则。如果当前图像的图层为透明，则单击"透明像素"单选按钮。
- 裁切：在此选项组中选择裁切的方位。

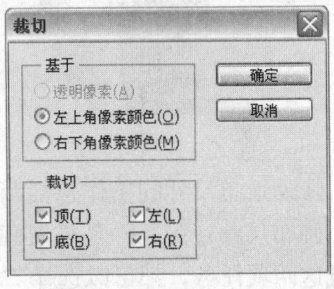
图2.40

2.7 设置画布的属性

2.7.1 修改画布的尺寸   视频路径：视频文件\2.7.1.avi

修改画布尺寸可能发生在下面两种情况下。

- 图像中存在多余的区域，这些区域可以通过修改画布尺寸的方法去除。如图2.41所示为原图像，图像分不出重点，通过修改画布的尺寸，可以去除多余的图像，如图2.42所示。
- 图像中没有空余的区域放置需要增加的图像或文字。如图2.43所示为原图像，如果要为其添加标题文字，会发现没有空余区域，此时也可以通过修改画布的尺寸来解决，如图2.44所示。

图2.41　　　　　　　　　　　　　　图2.42

图2.43　　　　　　　　　　　　　　图2.44

修改画布尺寸的操作包括两种：一种是缩小画布尺寸；另一种是扩展画布尺寸。要完成这两项任务，都可以选择"图像"|"画布大小"命令，或在弹出的快捷菜单中选择"画布大小"命令，设置如图2.45所示的对话框。

此对话框的重要参数解释如下。

- 当前大小：在此区域显示图像当前的大小、宽度及高度。
- 新建大小：在文本框中输入图像文件的新大小。刚打开"画布大小"对话框时，此区域的值与"当前大小"区域的值一样。
- 相对：选中此复选框，在"宽度"和"高度"文本框中显示图像新尺寸与原尺寸的差值。
- 定位：单击定位框中的箭头，可以设置新画布尺寸相对于原尺寸的位置，其中的空白方框为缩放的中心点，如图2.46所示为原图像，如图2.47所示为不同定位点对于扩展画布的影响。

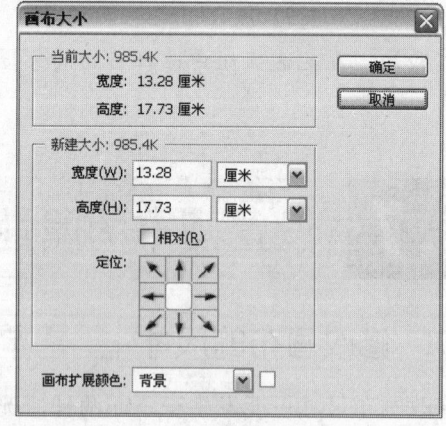

图2.45

图2.46　　　　　　　　　　　图2.47

- "画布扩展颜色"：单击其右侧的按钮，在弹出的下拉列表中可以选择扩展画布后新画布的颜色，也可以单击其右侧的色块，在弹出的"选择画布扩展颜色"对话框中选择一种颜色，以为扩展后的画布设置扩展区域的颜色。

2.7.2 修改画布的方向

图像旋转，就是旋转整个图像文件，使其在方向上发生变化。文件中每个图层的图像也会随之发生变换，旋转画布的命令集中在"图像"|"图像旋转"子菜单中，例如旋转180°、90°（顺时针）、90°（逆时针）、水平翻转画布及垂直翻转画布，如果要随意控制画布角度，则可以选择"任意角度"命令。

需要注意的是，旋转画布与前面讲解的变换图像中的旋转功能有着诸多的相似之处，但二者的操作对象有本质上的区别。旋转画布是针对当前图像中所有的图层、路径及通道对象，而变换图像（也包括变换路径及选区等对象）时，只针对当前所选图层中的图像进行处理。

以图2.48所示的图像为例，图2.49所示为使用"图像"|"图像旋转"|"水平翻转画布"命令进行处理后的效果。可见，当前文件所有图层中的图像都发生了水平翻转的变化，而此时选中人物所在的图层再应用"编辑"|"变换"|"水平翻转"命令，将得到如图2.50所示的效果，可以看出，只有选中的人物图像发生了变化。

 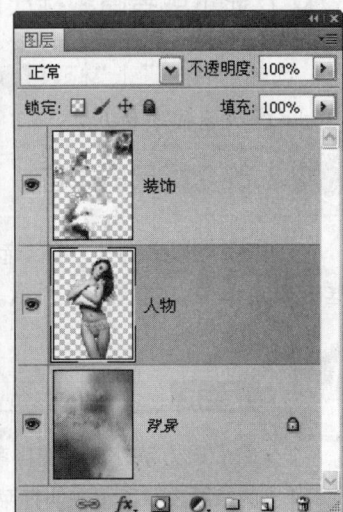

图2.48

图2.49

图2.50

2.8 Photoshop的辅助功能

在绘画时经常会用到三角板、直尺、圆规等辅助工具，同样，在Photoshop中进行操作时，辅助类工具的使用也必不可少，如使用标尺进行测量或者使用参考线进行对齐操作等。下面逐一介绍经常会使用到的标尺、参考线和网格等。

2.8.1 标尺

Photoshop可以在工作区的左侧及上方显示标尺以帮助用户对操作对象进行测量。利用标尺不仅可以测量对象的大小，还可以从标尺上拖出参考线，以帮助捕获图像的边缘。

 1. 显示或者隐藏标尺

选择"视图"|"标尺"命令，可以在工作的任何时候显示或者隐藏标尺，也可以按Ctrl+R键快速显示标尺。

 2. 改变标尺的单位

在需要的情况下，可以选择"编辑"|"首选项"|"单位与标尺"命令，在弹出的对话框中设定单位，如图2.51所示。

> **提示**
> 除上述方法外，改变当前操作文件度量单位最为快捷的操作方法是在文件标尺上右击，在弹出的如图2.51所示的快捷菜单中，选择所需要的单位以改变标尺的单位。

图2.51

3. 改变标尺的原点

在Photoshop中水平与垂直标尺的相交点被称为"原点"。在默认情况下标尺原点的位置在工作页面的左上角，但根据需要可以改变标尺原点的位置。

将鼠标指针放置在两个标尺的交界处即左上角处，此处有一个虚线构成的"+"字。在此处单击鼠标指针，在工作页面中进行拖动可显示一个"+"字相交线。

将"+"字相交线拖动至想要设置为标尺新原点的位置释放鼠标左键，即可重新定义原点的位置。打开随书所附光盘中的文件"第2章\2.8.1-素材.tif"，并进行操作，效果如图2.52所示（左图为原来的原点位置；中图为在标尺交界处拖动出相交线；右图为释放鼠标左键后定义的原点位置）。

 提示

双击标尺交界处的左上角，可以将标尺原点重新设置于默认位置处。

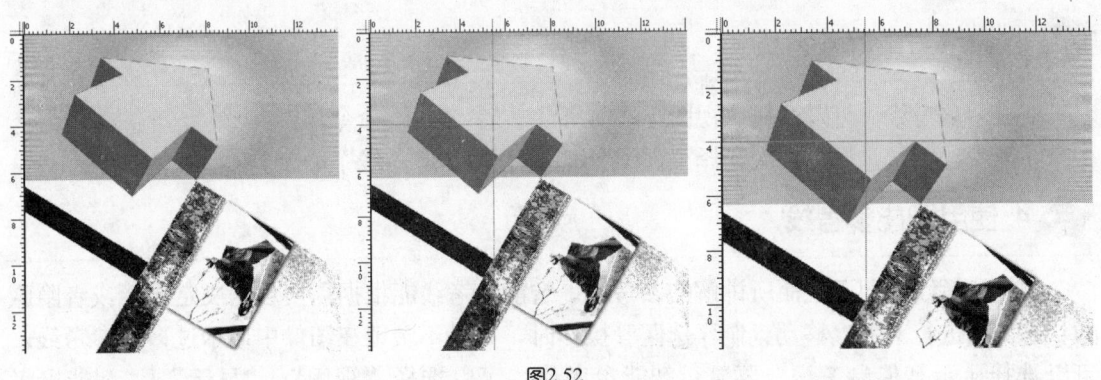

图2.52

2.8.2 参考线

参考线就像生活中用到的标尺一样，它能够帮助用户对齐并准确放置对象，根据需要可以在屏幕上放置任意多条参考线。参考线是不可以被打印的。

如果需要在画布中加入参考线，首先需要显示页面标尺，然后将鼠标指针放在水平或者

垂直标尺上，按住鼠标左键不放，向画布内部拖动，即可分别从水平或者垂直标尺上拖动出水平或者垂直的参考线，效果如图2.53所示。

　　　显示标尺　　　　　　　拖动出垂直参考线　　　　　再拖动出水平参考线

图2.53

 1. 锁定与解锁参考线

　　为防止在操作时无意中移动参考线的位置，可以将参考线锁定起来。选择"视图"|"锁定参考线"命令，则当前工作页面中的所有参考线被锁定。要解锁参考线，再次选择"视图"|"锁定参考线"命令，参考线被解除锁定状态。

 2. 清除参考线

　　要清除一条或者几条参考线，首先需要取消参考线的锁定状态，然后使用"移动工具" 将其拖回标尺上，释放鼠标左键即可。如果要一次性全部清除画布中的参考线，可以选择"视图"|"清除参考线"命令。

 3. 显示与隐藏参考线

　　要显示参考线，可以选择"视图"|"显示"|"参考线"命令。
　　要隐藏参考线，可以再次选择"视图"|"显示"|"参考线"命令。

 4. 使用智能参考线

　　智能参考线不同于上面所讲解的参考线，智能参考线能根据需要自动决定显示或者隐藏的状态。当进行对齐、移动、制作选区等操作时，如果不希望在图像中显示过多的参考线，可以选择显示智能参考线。要显示智能参考线，可以选择"视图"|"显示"|"智能参考线"命令。

　　如图2.54所示为移动"无限好"三个字所在的图层时，智能参考线所显示的状态。可以看出，当"无限好"三个字所在图层中的文字与"夕阳"文字产生某种对齐（如水平居中对齐、顶对齐、底对齐、左对齐等）时，智能参考线就会自动显示出来。如果满足几种对齐状态，则可能会同时显示出几条智能参考线。

Photoshop 的基本操作 第 2 章

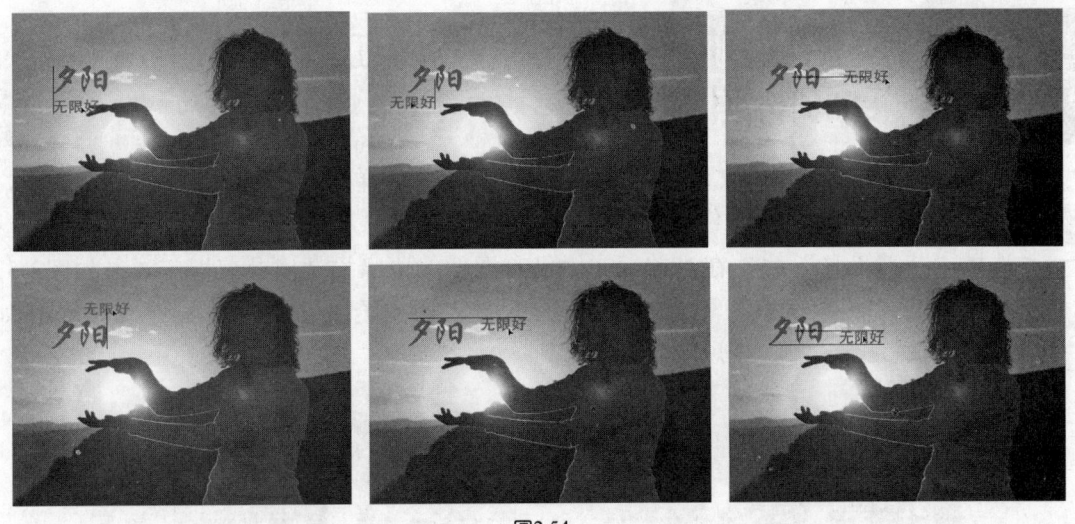

图2.54

2.8.3 网格

网格可以比参考线更有助于用户精确地对齐与放置对象，而且网格也是不可被打印的。如图2.55所示为原图像及显示网格后的效果。

原图像效果

显示网格后的效果

图2.55

1. 显示与隐藏网格

选择"视图"|"显示"|"网格"命令，将按系统默认的设置显示网格；再次执行此命令，可以隐藏网格。

2. 对齐网格

如果用户习惯于使用网格使自己的绘图更加规范、有效，可以选择"视图"|"对齐到"|"网格"命令。默认情况下该命令处于被激活的状态，这样在绘制或者移动对象时，选区或者被移动的路径、正在绘制的路径的锚点会自动捕捉其周围最近的一个网格点并与之对齐，此选项对于操作非常有帮助。

在日常生活中，常常会拍摄到透视变形的照片。本例将讲解如何使用"裁剪工具" 调整图像角度，从而得到更加完美的图像效果。

2.9 应用实例——使用"裁剪工具"校正透视变形的照片

1. 打开随书所附光盘中的文件"第2章\2.9-素材.jpg",单击"打开"按钮退出对话框,效果如图2.56所示,将其作为背景图层。

2. 选择"裁剪工具" ,在当前画布中沿着图像的边缘拖动出裁剪框,效果如图2.57所示,在"裁剪工具" 的工具选项条中选择"透视"选项,其他参数设置如 所示。

图2.56

图2.57

提示

在"裁剪工具" 的工具选项条中选择"透视"复选框后,可以对图像进行透视的调整操作。按住Shift键拖动控制手柄,可以沿水平或者垂直方向移动图像。

3. 将鼠标指针放置在裁剪框右上角的控制手柄上,待鼠标指针显示为如图2.58所示的状态时,按住Shift键向下拖动控制手柄,并将右下角的控制手柄向上拖动,直至得到如图2.59所示的效果。

图2.58

图2.59

4. 在裁剪框内双击,得到如图2.60所示的效果。至此,透视变形的照片得到了校正。

图2.60

第 3 章

使用选区

在Photoshop中,"选区"并非是最重要但却无法缺少的一项功能。在对图像进行处理时,需要通过选区来限制要调整的图像区域,从而避免对其他图像执行误操作。甚至可以说,如果没有正确的"选区"操作,无论多么强大的图像处理及混合功能,都会由于没有恰当的操作对象而变得没有任何意义。

3.1 了解选区

简单地说，选区就是对当前图像进行各种操作前，用于限定操作范围的一种操作。图3.1为原图像，图3.2是在没有任何选区的情况下，使用"胶片颗粒"滤镜对图像进行处理后的效果，可以看出，整个图像都被该滤镜进行了处理。

如果此时我们只想对人物图像进行滤镜处理，就需要使用选区。图3.3所示为通过绘制及简单地编辑后得到的选区状态，该选区选择了人物区域，也就是说，在使用滤镜对其进行处理时，处理的范围将被限制在该选区范围内。如图3.4所示为再次应用"胶片颗粒"滤镜进行处理后的效果，可以看出，人物以外的区域并没有被处理。

正因为选区对操作范围界定具有无比的重要性，因此应该养成操作前精确创建选区的好习惯。

图3.1

图3.2

图3.3

图3.4

3.2 制作基本形状的选区

Photoshop制作选区的工具与命令非常丰富，下面介绍各选框工具的使用方法。

3.2.1 使用矩形选框工具

> 视频路径：视频文件\3.2.1.avi

使用"矩形选框工具" 能建立矩形选区，要选择一个矩形对象，使用此工具是最方便、最简单的方法，其工具选项条如图3.5所示。

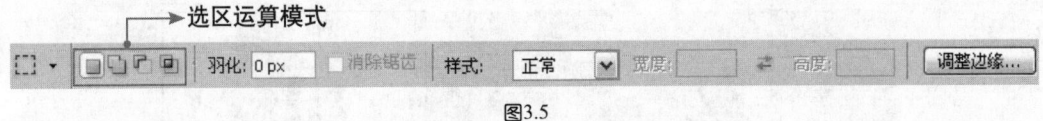

图3.5

在矩形选框工具选项条中，主要参数解释如下。
- 选区运算模式：在此处选择不同的按钮，可以设置在绘制选区时与原选区之间的不同运算方法。关于此功能的讲解，请参见第3.3节的讲解。
- 羽化：该参数是"矩形选框工具"、"椭圆选框工具" 及"套索工具" 都有的参数，其作用是使选区边缘的像素分散（或称混淆），使选区具有柔和的边缘。数值越大，选择区域的柔和程度越大，边缘越不明显。
- 样式：在此下拉列表中共包括了3种选区样式。选择"固定比例"样式，则后面的"宽度"和"高度"文本框将被激活，在其中输入数值可以固定选区"高度"与"宽度"的比例，此时利用"矩形选框工具" 可以创建大小不同但比例相同的选区；选择"固定大小"样式，在"宽度"和"高度"文本框中输入选区所需要的高、宽值，用"矩形选框工具" 在图像中单击，可创建大小固定的选区；选择"正常"样式，则可以随意地根据需要绘制矩形选区。
- 调整边缘：在当前已经存在选区的情况下，此按钮将被激活，单击即可弹出"调整边缘"对话框，以调整选区的状态。

要使用此工具创建矩形选区，只要选择该工具后，直接在图像中拖动即可。图3.6就是利用此工具将左侧大幅作品图像选中后的状态。

图3.6

3.2.2 使用椭圆选框工具

> 视频路径：视频文件\3.2.2.avi

若要制作圆形选区，可使用工具箱中的"椭圆选框工具"，在默认状态下此工具并未显示，要显示并选择此工具，可以在工具箱中单击"矩形选框工具"时，显示与其同处一组的隐藏工具，在其中选择"椭圆选框工具"即可。

此工具的使用方法与"矩形选框工具"相同，不再重述，图3.7所示为使用此工具所创建的圆形选区。

图3.7

3.2.3 使用单行/列选框工具

> 视频路径：视频文件\3.2.3.avi

使用"单行选框工具"或者"单列选框工具"，可以得到单行或者单列选区，这两个工具使用时直接单击即可。

提示

使用这两个工具制作选区后并填充颜色，可以快速得到直线。

3.2.4 使用套索/多边形套索工具

> 视频路径：视频文件\3.2.4–多边形套索工具.avi、3.2.4–套索工具.avi

可以使用"套索工具"创建不规则选区，其工作模式类似于使用"铅笔工具"来描绘被选择的区域，自由度非常大，但由于是手动拖移鼠标来创建选区，所以稍有不慎就达不到理想的选择效果，因此只有熟练操作且注意力高度集中时才能创建精度很高的选区。当然，由于要创建的选区通常是灵活多样的，因此也不必将使用此工具创建高精度选区作为练习的重点。

使用"套索工具"创建选区的操作步骤如下。

1. 选择"套索工具"，并在其工具选项条中设置适当的参数。
2. 围绕需要选择的图像拖动光标。
3. 释放鼠标左键即可闭合选区。

在实际操作中，通常用"套索工具"来创建精度不高的选区，如大面积的云彩、光影等效果以及对轮廓要求不高的形体，如图3.8所示。

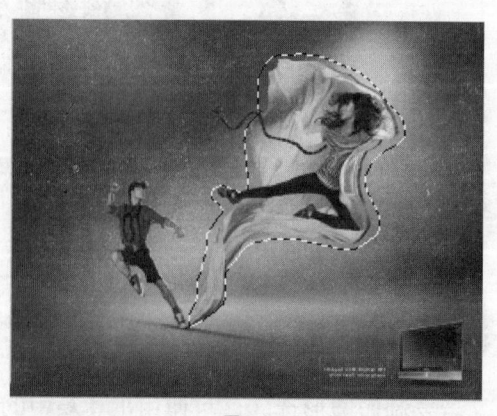

图3.8

提示

在很多时候，用户对所选择图像边缘的要求并不高，但至少边缘要看起来有一定的过渡，以便于很好地与背景图像融合起来，此时利用"套索工具"并设置适当的"羽化"参数进行处理，就是一个非常不错的选择。

如图3.9所示为选择"套索工具"并在其工具选项条中设置了一定"羽化"参数后创建的选区，可以看出，创建得到的选区非常圆滑，而不是通常手绘得到的边缘非常生硬的选区，这也说明所设置的"羽化"参数已经起到了作用。如图3.10所示是将该图像拖动至一幅背景图像后的效果，可以看出，由于边缘存在柔和的过渡，所以叠加的效果还不错。如图3.11所示则是通过对图像的一些色彩调整并设置混合模式后得到的效果。

图3.9

图3.10

图3.11

提示

很多读者习惯用"套索工具"来选择边缘较为精细的图像，这是一种错误的方法。因为"套索工具"完全通过感应鼠标的移动轨迹而产生选区，也就是说，鼠标的任何一点移动都会被记录成为选区，这样导致了选区的边缘极易出现锯齿，所以该工具仅适用于非常粗略地选择图像，或创建一个大致轮廓的选区。

使用"多边形套索工具"创建选区时，只需要在图像上单击，两点之间即可生成直线。当选区闭合后，所有直线自动变换为选区，这是创建多边形式不规则选区的最佳工具。

使用"多边形套索工具"创建不规则选区的操作步骤如下。

1 选择"多边形套索工具"，并在其工具选项条中设置适当的参数。

2 在图像中单击以设置选区的起始点。

3 围绕需要选择的图像，不断单击以确定节点，节点与节点之间将自动连接成为选择线。

4 如果在操作时出现误操作，按Delete键可删除最近确定的节点。

5 若要闭合选择区域，可将光标放在起点上，此时光标旁边会出现一个闭合的圆圈，单击即可闭合选区。如果光标在其他位置，双击也可以闭合选区。

如图3.12所示为使用"多边形套索工具" 创建的具有直边的选区。

图3.12

3.3 选区的运算模式

>> 视频路径：视频文件\3.3.avi

在工具箱中选择任意一种选择工具，工具选项条上都将显示4个选区工作模式按钮。选区模式是指在制作选区时加、减、交的操作，根据当前已存在的选择区域选择不同的选区模式，能够得到不同的选区。

下面分别讲解这4个按钮的作用。

3.3.1 新选区

单击"新选区"按钮，在工作界面中进行操作，可以创建新的选区，在创建新选区时，原选区被替换。

3.3.2 添加到选区

单击"添加到选区"按钮，在工作界面中进行操作，可以创建多个选区。换言之，当此按钮被按下时，原选区仍然被保留，而同时也能创建新的选区，其作用类似于按住Shift键进行选择。

如图3.13所示为原选区，如图3.14所示为在此选区模式下得到的新选区。

图3.13　　　　　　　　　　　　图3.14

3.3.3 从选区减去

单击"从选区减去"按钮,在工作界面中进行操作,可以从已存在的选区中减去当前绘制选区与原选区重合的部分,下面通过一个小实例来讲解。

1 打开随书所附光盘中的文件"第3章\3.3.3-素材.jpg",如图3.15所示。使用"磁性套索工具"创建一个如图3.16所示的选区。

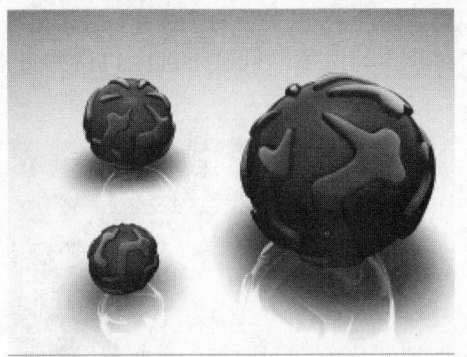

图3.15　　　　　　　　　　图3.16

2 在其工具选项条中单击"添加到选区"按钮,创建一个如图3.17所示的选区以将红球选取。

3 选择"矩形选框工具",并在其工具选项条中单击"从选区减去"按钮,此时光标变为如图3.18所示的状态,并创建一个如图3.19所示的选区,如图3.20所示为相减后的选区。

图3.17　　　　　　　　　　图3.18

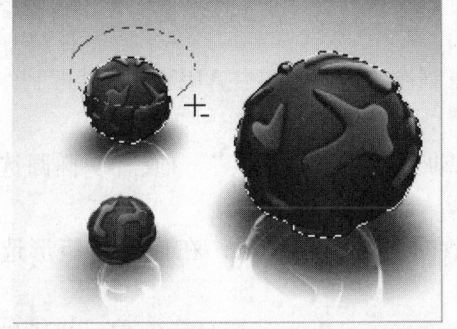 

图3.19　　　　　　　　　　图3.20

3.3.4 与选区交叉

单击"与选区交叉"按钮，在工作界面中进行操作，可以得到所创建选区与原选区相交叉重合部分的新选区。

1. 打开随书所附光盘中的文件"第3章\3.3.4-素材.jpg"，使用"椭圆选框工具"制作一个如图3.21所示的选区，在其工具选项条中单击"与选区交叉"按钮，此时的鼠标指针变为如图3.22所示的状态。

2. 再次使用"椭圆选框工具"，制作一个如图3.23所示的椭圆形选区，得到如图3.24所示的选区交叉效果。

图3.21

图3.22

图3.23

图3.24

除此以外，制作选区还可以使用以下快捷键。

（1）要添加到选区或者再选择图像中的另外一个区域，按住Shift键后再制作需要添加的选区，此时鼠标指针为 +. 形。

（2）要从一个已存在的选区中减去一个正在制作的选区，按住Alt键的同时再制作要减去的选区，此时鼠标指针为±形。

（3）要制作正方形或者正圆形选区，在拖动"矩形选框工具"或者"椭圆选框工具"的同时按住Shift键。

（4）要从当前的单击点处开始以向外发散的方式制作选区，在拖动"矩形选框工具"或者"椭圆选框工具"的同时按住Alt键。

（5）在拖动"矩形选框工具"或者"椭圆选框工具"的同时按住Alt+Shift键，可以从当前的单击点处出发，制作正方形及正圆形选区。

（6）要得到与已存在的选区交叉的部分，按住Alt+Shift键的同时制作新的选区，此时鼠标指针为+×形。

3.4 选区的基础操作

通过前面的讲解，读者已经了解了一些常用的选区创建方法，下面介绍一些与选区相关的基本操作。

 1. 选择所有像素

所谓的选择所有像素，即指将画布中所有的图像内容都选中，这也是Photoshop中创建选区最为简单的一种方式。

要选择图像中的所有内容，可以按Ctrl+A键或选择"选择"|"全部"命令。

 2. 取消选区

创建选区后，选择"选择"|"取消选择"命令或按Ctrl+D键，可取消选区。

 3. 再次选择选区

得到刚取消了的选区时，可以按Ctrl+Shift+D键或选择"选择"|"重新选择"命令。

 4. 移动选区

图3.25所示为原选区的状态，此时若要移动选区，可以按下述步骤进行操作。

1. 在工具箱中选择一种选择工具。
2. 将鼠标指针放在选区内。
3. 待鼠标指针的形状变为时，用鼠标指针拖动选区，如图3.26所示。

图3.25

图3.26

5. 反向选区

如果选择"选择"|"反向"命令或按Ctrl+Shift+I键，可以选择当前选区以外的区域，如图3.27所示为原选择区域，执行反选操作后，则可以选择鸽子图像外部的区域，如图3.28所示。

图3.27

图3.28

6. 显示和隐藏选区的边缘

在制作比较复杂、精细的图像时，闪烁的选区边缘会影响图像的观察效果，这时可以隐藏选区的边缘。

要隐藏选区的边缘，可以选择"视图"|"显示"|"选区边缘"命令或者按Ctrl+H键；再次选择此命令或者按Ctrl+H键，可以显示选区的边缘。

3.5 制作复杂形状的选区

3.5.1 依据图像边缘对比度制作选区——使用磁性套索工具

"磁性套索工具" 与"套索工具"的区别在于它可以根据图像的对比度自动跟踪图像的边缘，并沿图像的边缘生成选区。

"磁性套索工具"特别适合于选择背景较复杂、选择的区域与背景有较高对比度的图像。如图3.29所示的图像由于具有很高的对比度，因此使用"磁性套索工具"创建选区是比较理想的方法，如图3.30所示为创建的选区。

图3.29

图3.30

使用此工具创建选区的操作步骤如下。

1 选择"磁性套索工具"，设置其工具选项条如图3.31所示。

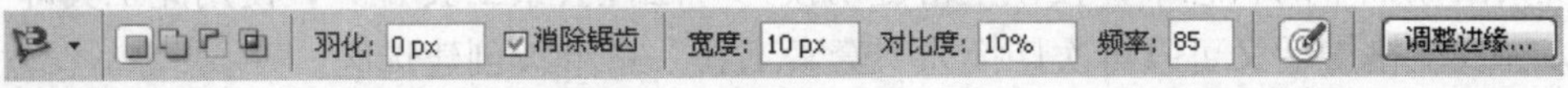

图3.31

2 如果要设置"套索工具"探索图像的宽度范围，在"宽度"文本框中输入数值即可。

3 如果要设置边缘的对比度，在"对比度"文本框中输入数值即可。数值越大，"磁性套索工具"对颜色对比反差的敏感程度越低。

4 如果要设置"磁性套索工具"在定义选择边界线时插入节点的数量，在"频率"文本框中输入数值即可。数值越高，插入的定位节点越多，得到的选区也越精确。

5 在图像中单击设置开始选择的位置，然后围绕需要选择图像的边缘移动光标。使用此工具进行工作时，Photoshop会自动插入定位节点，但如果希望手动插入定位节点，也可以单击完成操作。

6 如果要手动绘制线段，应将光标沿需要跟踪的边缘移动。移动光标时选择线会自动贴紧图像中对比最强烈的边缘。

7 如果出现错误操作，按Delete键删除最近绘制的线段和节点即可。

8 双击即可闭合选区。

> **提示**
> 在使用"磁性套索工具"时，如果要暂时切换为"多边形套索工具"，可按住Alt键，然后在图像上单击。如果要切换至"套索工具"，按住Alt键按套索方式创建选区即可。

> **提示**
> 在使用"磁性套索工具"的过程中，如果希望向前删除已确定下来的锚点，可以按Backspace键。

"磁性套索工具"对于边缘对比度强烈的图像效果比较好，因此在操作时注意当前操作的图像是否有良好的对比度。

这两种套索工具在创建不规则选区时都非常方便有效，只要注意区分要操作的图像更适用于哪种套索工具，就可以迅速地创建出更合乎要求的选区。

> **提示**
> 许多初学者在使用"磁性套索工具"时觉得不好控制和把握，因为该工具会自动进行选择来完成选区的创建，但如果用户谨记在色彩差别或者边缘不明显的地方可以切换使用"套索工具"或"多边形套索工具"，通过单击的方式来确定节点的位置，而不是完全依赖"磁性套索工具"，就能够获得令人满意的选区。

在较大的画面上进行选区的创建时，常常会遇到这样的问题：缩小画面将无法看清楚图像细节从而无法精确选择，而放大画面却看不到完整的图像。对于这种情况，可以在放大图像以观察图像细节的状态下，按住空格键切换为"磁性套索工具"，使用此工具即可移动画面，释放空格键后又可以再次切换为"套索工具"继续创建选区。

但是，如果使用"磁性套索工具"，则切记不要释放鼠标左键，否则系统就会自动完成选区的创建，而所创建出来的选区事实上并不是所希望得到的效果。

3.5.2 依据图像颜色分布制作选区——使用魔棒工具

> 视频路径：视频文件\3.5.2.avi

"魔棒工具"是依据图像的颜色分布来创建选区的，只需要在想选择的区域单击即可选择这些对象。"魔棒工具"的参数对选区有很大的控制作用，因此，设置合适的参数是创建选区的基础。选择"魔棒工具"后，其工具选项条如图3.32所示。

图3.32

1. 魔棒工具选项条的使用

通过灵活调整此工具的"容差"值并配合"选区工作模式"按钮，能够较好地将需要选择的图像从整个图像中选择出来，其操作步骤如下。

1 在工具箱中选择"魔棒工具"，并在其工具选项条中设置适当的参数值。

2 在"容差"文本框中输入0~255之间的一个像素值。如果在"容差"文本框中输入较低的数值，可以选择与单击像素非常相似的颜色；输入较高的数值，可以获得较大的颜色范围，从而扩大选择范围。如图3.33所示为原图像，如图3.34所示为设置"容差"数值为20时的效果，如图3.35所示为设置"容差"数值为60时的效果。

图3.33

图3.34

图3.35

3 勾选"消除锯齿"复选框，以得到平滑的选区边缘。

4 如果要选择使用所有可见图层中数据的颜色，应勾选"对所有图层取样"复选框，否则"魔棒工具"仅从当前图层中选择颜色。

5 如果希望连续选择，应勾选"连续"复选框，否则应取消其勾选状态。如图3.36所示为勾选"连续"复选框时，单击色块所得到的选区；如图3.37所示为未勾选该复选框时，单击同一位置所得到的选区，可以看到不相邻的颜色值在"容差"范围内的图像也会被同时选中。

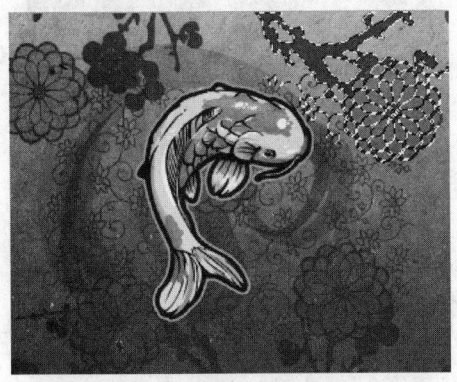 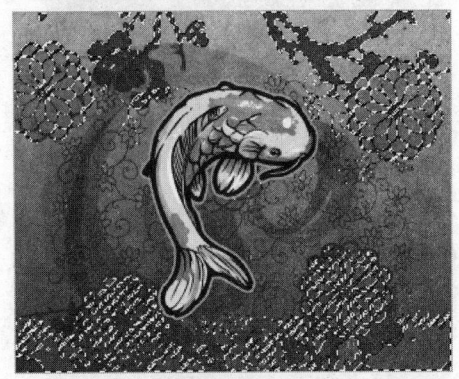

图3.36　　　　　　　　　　　　　图3.37

6 配合使用Shift键与Alt键可增加或减少选区，直至得到需要的选区。

 2. "魔棒工具"应用实例

"魔棒工具"与"套索工具"通常是相结合使用的，下面通过一个简单的实例来讲解。

1 打开随书所附光盘中的文件"第3章\3.5.2-素材.jpg"，如图3.38所示。在本例中将把图像中的人物选择出来。

2 在工具箱中选择"魔棒工具"，并在其工具选项条中设置适当的参数值。

3 在工具选项条中单击"添加到选区"按钮，单击人物内部区域，得到如图3.39所示的选区。

图3.38　　　　　　　　　　　　　图3.39

4 选择"套索工具"，将人物以内的部分全部选取，如图3.40所示。

5 仍然选择"套索工具"，在工具选项条中单击"从选区中减去"按钮，将人物以外的部分减选，如图3.41所示。

图3.40

图3.41

6 修整后得到如图3.42所示的效果，可以看出人物已被完全选中。

7 对人物图像执行"描边"命令，并按Ctrl+D键取消选区，得到如图3.43所示的效果。

图3.42

图3.43

> **提示**
>
> "魔棒工具" 是一个争议比较大的工具，原因就在于使用此工具创建出的选区极易带有锯齿边缘，导致选择出来的图像边缘非常粗糙，这也是很多人放弃使用此工具的原因之一，甚至在有些设计公司中，明令禁止使用该工具选择图像。

但是任何一个工具的存在都有着其不可替代的作用，"魔棒工具" 在选择边缘清楚、背景简单的图像时，其速度之快，简直可以说无可出其右者，这对于提高用户的工作效率有极大的帮助。而对于选出图像后有杂边的问题，可以试着将选区收缩1像素（视杂边的大小而定）左右，然后将选区以外的图像删除（反选原选区按Delete键），这样就可以简单、快速地选择出需要的图像。

当然，这样选择出来的图像通常仅适用于要求不太严格的设计作品中，建议使用"钢笔工具" 、"通道"等命令，来进行精细的图像选择操作。

3.5.3 依据图像颜色制作更精确的选区——使用"色彩范围"命令

>> 视频路径：视频文件\3.5.3.avi

使用"色彩范围"命令也可以依据颜色分布情况创建选区，但其操作比魔棒工具所讲述的操作更灵活、复杂。

1. "色彩范围"命令操作方法

使用"色彩范围"命令创建选区的操作步骤如下。

1 打开随书所附光盘中的文件"第3章\3.5.3-1-素材.jpg",如图3.44所示。选择"选择"|"色彩范围"命令,弹出如图3.45所示的"色彩范围"对话框。

图3.44

图3.45

2 确定需要选择的图像部分,如果要选择图像中的红色,可在"选择"下拉列表中选择"红色"选项。在大多数情况下用户若要自定义要选择的颜色,应该在"选择"下拉列表中选择"取样颜色"选项,默认情况下即使用此选项进行选择,此时用户可以在要选择的位置单击以吸取颜色。

3 选择"选择范围"单选按钮,使对话框预览窗口中显示当前选择的图像范围。

4 在对话框中选择"吸管工具" ,在需要选择的图像部分单击,观察预览窗口中图像的选择情况,白色代表已被选择的部分,白色区域越大表明选择的图像范围越大。例如在本例中,要选中人物的皮肤,即可在适当的位置单击,直至得到如图3.46所示的状态。

图3.46

5 拖动"颜色容差"滑块,直至所有需要选择的图像都在预览窗口中显示为白色(即处于被选中的状态)。

6 如果需要添加另一种颜色的选择范围,在对话框中选择"添加到取样"按钮 ,并用其在图像中要添加的颜色区域单击;如果要减少某种颜色的选择范围,在对话框中选择"从取样中减去"按钮 ,在图像中单击即可。

提示

按住Shift键可以切换为 以增加颜色;按住Alt键可以切换为 以减去颜色;颜色可从对话框预览窗口或图像中用吸管来拾取。

7 如果要保存当前设置，单击"存储"按钮将其保存为.axt文件。如图3.47所示为调整后的"色彩范围"对话框，单击"确定"按钮后得到的选区如图3.48所示。

图3.47　　　　　　　　　　　　　　　图3.48

8 此时，可以利用得到的选区对人物的皮肤进行美化。选择"选区"|"修改"|"羽化"命令，在弹出的对话框中设置"羽化半径"数值为25，单击"确定"按钮退出对话框。

9 选择"编辑"|"填充"命令，设置弹出的对话框如图3.49所示，单击"确定"按钮退出对话框，按照此方法再填充选区一次，按Ctrl+D键取消选区，得到如图3.50所示的效果。

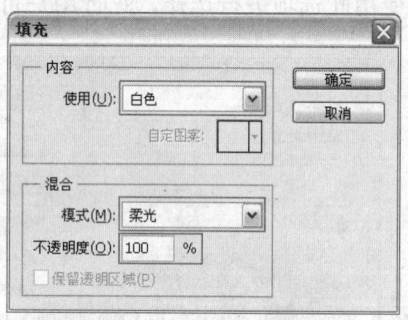

图3.49　　　　　　　　　　　　　　　图3.50

10 在步骤7创建选区并退出对话框以前，如果希望精确控制选区的大小，可勾选"本地化颜色簇"复选框，"范围"滑块将被激活。

11 在对话框的预览窗口中通过单击来确定选区的中心位置，如图3.51所示的预览状态表明选区位于图像的左下方，如图3.52所示的预览状态表明选区位于图像的右上方。

图3.51　　　　　　　　　　　　　　　图3.52

12 通过拖动"范围"滑块可以改变对话框预览窗口中的光点范围,光点越大表明选区越大,如图3.53所示为"范围"值为26%时的光点大小及得到的选区,如图3.54所示为"范围"值为65%时的光点大小及得到的选区。

图3.53

图3.54

2. 选择不同色调范围图像

"色彩范围"命令区别于"魔棒工具"与"快速选择工具"的一大特点是能够选择出图像的高光、中色调与暗调部分。

要完成这种选择,只需要在"色彩范围"对话框的"选择"下拉列表中选择"高光"、"中色调"或"阴影"选项即可。以如图3.55所示的图像为例,选择"高光"选项得到的选区如图3.56所示。

图3.55 　　　　　　　　　　　　图3.56

对于许多仅需要简单调整的图像而言,使用此命令选择图像的"高光"、"阴影"选项,再使用后面章节中将要学到的"色阶"、"曲线"命令就能够得到不错的调整效果。

如图3.57所示为在选择"中间调"选项得到的选区基础上,对图像进行提亮调整后得到的图像效果。在此基础上选择"高光"选项得到选区,对图像再次进行提亮调整,得到的图像效果如图3.58所示。

图3.57

图3.58

提 示

两次操作前,都对选区进行了20像素的羽化操作,以确保操作后没有明显的边缘。

3.5.4 使用快速蒙版制作任意形状的选区

快速蒙版是一种在操作方面非常灵活且功能非常强大的选区制作工具,常用于制作边缘比较复杂的选区。虽然快速蒙版与Alpha通道在原理上非常相似,但在操作方法上却更加简单、易懂。

下面讲解如何使用快速蒙版制作选区。

1 打开随书所附光盘中的文件"第3章\3.5.4-素材.tif",如图3.59所示。使用"套索工具" ,绘制一个任意的选择区域,如图3.60所示。

图3.59

图3.60

2 在工具箱中单击"以快速蒙版模式编辑"按钮 ,进入快速蒙版模式编辑状态;双击"以快速蒙版模式编辑"按钮 ,设置弹出的"快速蒙版选项"对话框,如图3.61所示,自定义其颜色和透明度,为了和卡通人物的颜色形成对比,我们将其设置为青色,其效果如图3.62所示,可以看到在此模式下除当前选择区域外的其他区域被一层淡淡的青色覆盖。

3. 设置前景色为白色，选择"画笔工具" ，并在其工具选项条中设置适当的画笔大小，在卡通人物上绘制，以消除其他区域所覆盖的青色，此步操作的目的在于通过消除青色增大选择区域，其效果如图3.63所示。

 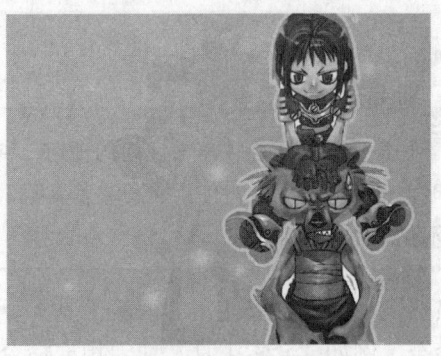

图3.62　　　　　　　　　　　　　　图3.63

4. 选择"画笔工具" ，并在其工具选项条中设置一个较小的画笔，沿卡通人物边缘进行绘画，从而去除绘画处的青色，在需要的情况下应该放大图像进行绘制，其效果如图3.64所示。

5. 如果在绘画过程中，消除不应该去除的青色，可以设置前景色填充为黑色，在不需要显示出来的多余位置进行绘画，从而再次以青色覆盖这些区域。

6. 继续进行绘画，直到卡通人物的所有区域包括卡通人物边缘的细节的青色都被去除，其效果如图3.65所示。

 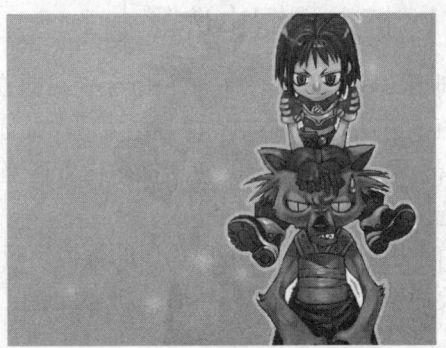

图3.64　　　　　　　　　　　　　　图3.65

7. 在工具箱中单击"以标准模式编辑"按钮 ，退出快速蒙版模式编辑状态，得到精确的选择区域，如图3.66所示。

图3.66

> **提示**
>
> 在快速蒙版模式下，几乎可以使用任何做图手段进行绘画，但其原则是要增加选择区域用白色作为前景色进行绘画，要去除选择区域用黑色作为前景色进行绘画。

> **提示**
>
> 如果使用介于黑色与白色间的任何一种具有不同灰色的颜色进行做图，可以得到具有不同透明度值的选择区域；使用"画笔工具"在要选择的对象的边缘处进行绘画时，可以得到具有羽化值的选择区域。

虽然，在本例中仅使用"画笔工具"进行操作，但是各位读者也可以尝试使用其他工具与命令，例如"套索工具"、填充命令，甚至可以尝试使用滤镜命令。

3.6 编辑选区的形态

多数情况下，用户无法一次性得到满意而复杂的选区，对于这样的选区，可以先创建一个基本选区，再对选区进行一定程度上的调整，以得到最终所需要的选区。本节将来了调整选区常用的知识与技巧。

3.6.1 扩大和缩小选区

利用"收缩"或"扩展"命令，可以在选区原形状的基础上，将其缩小或放大一定的像素值。方法是根据选区的需要（是收缩还是扩展），选择"选择"|"修改"|"收缩"或"扩展"命令，在弹出的对话框中设置适当的参数值，单击"确定"按钮退出对话框后，即可对选区进行收缩或扩展。

由于用户只能对收缩或扩展的数值进行目测，因此可能无法一次性得到满意的选区，此时需要撤销上一次操作，然后重新进行选区的收缩或扩展，直至得到满意的效果。

3.6.2 扩展选区

在操作时经常会遇到这样一类图像，相同的颜色区域间断地分布在图像的不同位置，而且边缘复杂难选。下面讲解的两个命令，可以解决在此类图像中进行选择时所遇到的问题。

选择"选择"|"扩大选取"命令，可以依据当前已有选区的图像颜色值，扩大当前的选区。选区扩大的程度与在魔棒工具选项条中指定的"容差"数值有关。如图3.67所示为原选区。如图3.68所示为将"魔棒工具"的"容差"数值设置为30时，选择"选择"|"扩大选取"命令得到的选区。当"容差"数值被设置为100时，按照同样的方法进行制作，则可以得到如图3.69所示的选区。可以看出，数值越大，操作后得到的选区的范围也越大。

选择"选择"|"选取相似"命令，可以将整个图像中容差范围内的像素而不仅仅是相邻像素加入到当前存在的选区中。仍以图3.67为例，如果选择"选择"|"选取相似"命令，可

以得到如图3.70所示的选区。

图3.67　　　　　　　　　　　　　　图3.68

图3.69　　　　　　　　　　　　　　图3.70

3.6.3　平滑选区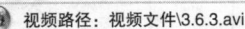

视频路径：视频文件\3.6.3.avi

当制作的选区要求精确度不高时，可以利用"平滑"命令对选区的锯齿或琐碎边缘进行处理。如图3.71所示就是利用"魔棒工具"创建的带有锯齿边缘的选区，如图3.72所示为选择"选择"|"修改"|"平滑"命令，并在弹出的对话框中设置参数为6时得到的选区。

图3.71　　　　　　　　　　　　　　图3.72

3.6.4　羽化选区

视频路径：视频文件\3.6.4.avi

选择"选择"|"修改"|"羽化"命令，可以将生硬边缘的选区处理得更加柔和，选择该命令后弹出的对话框如图3.73所示，设置的参数越大，选区的效果越柔和。

下面将通过制作晕边图像的实例来理解羽化值的作用，操作步骤如下。

1. 打开随书所附光盘中的文件"第3章\3.6.4-素材.psd",如图3.74所示。在本例中将为该图像制作一个晕边艺术照片效果。

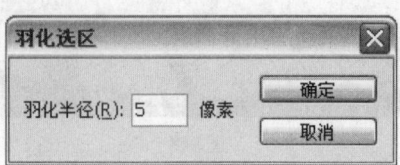

图3.73　　　　　　　　　　　　　　　图3.74

2. 选择"多边形套索工具"，在图像中大致绘制一个如图3.75所示的选区,以将人物主体图像选中。

3. 按Shift+F6键或选择"选择"|"修改"|"羽化"命令,打开"羽化选区"对话框,参数设置为10左右,单击"确定"按钮退出对话框,得到如图3.76所示的选区。

图3.75　　　　　　　　　　　　　　　图3.76

4. 由于需要在画布周围制作晕边效果,因此选区应该是选择相反的范围。按Ctrl+Shift+I键执行"反向"命令,此时选区的状态如图3.77所示。

5. 设置前景色为白色,按Alt+Delete键填充选区,按Ctrl+D键取消选区,得到如图3.78所示的效果。

图3.77　　　　　　　　　　　　　　　图3.78

实际上，除了使用"羽化"命令来柔化选区外，各个选区创建工具中也同样具备了羽化功能，例如"矩形选框工具"和"椭圆选框工具"，在这两个工具的工具选项条中都有一个非常重要的参数即"羽化"，如图3.79所示为矩形选框工具选项条，如图3.80所示为椭圆选框工具选项条。

图3.79

图3.80

另外，像"套索工具"、"多边形套索工具"、"磁性套索工具"等，都在其工具选项条中带有"羽化"参数，这里就不一一列举了。

需要注意的是，如果要使"选择工具"的"羽化"值有效，必须在绘制选区前在工具选项条中输入数值。即如果在创建选区后在"羽化"文本框中输入数值，该选区不会受到影响。

3.6.5 边界化选区

选择"选择"|"修改"|"边界"命令，在弹出的对话框中键入数值，可以将当前选区边界化。如图3.81所示为原选区。如图3.82所示为执行此命令后得到的选区。如图3.83所示为对选区填充黄色后的效果。

图3.81

图3.82

图3.83

3.6.6 调整边缘

视频路径：视频文件\3.6.6.avi

在Photoshop CS5中，"调整边缘"命令最大的特色就在于，它加入了"边缘检测"功能，并配合"调整半径工具"及"抹除调整工具"，对抠选的图像边缘进行较为精细的调整，从而在快速抠选半透明物品、头发等图像时更具实用性，从实际的应用效果上来看，虽然不能与使用通道等高级功能抠选出的结果相媲美，但在抠选的实用、方便程度上却非常突出。

创建一个选区，选择"选择"|"调整边缘"命令，或在各个选区绘制工具的工具选项条上单击"调整边缘"按钮，即可调出其对话框，如图3.84所示。

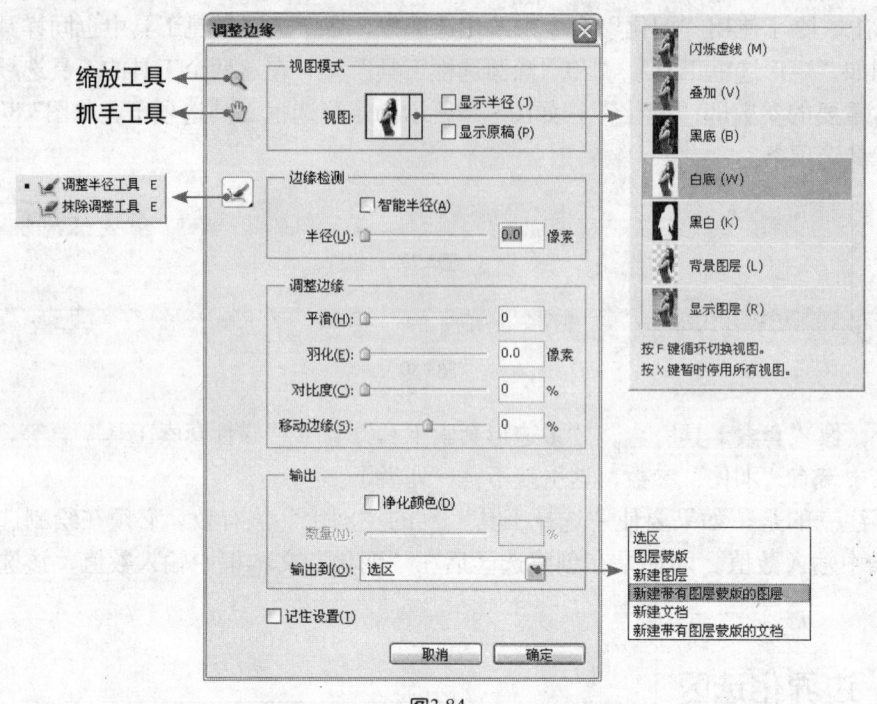

图3.84

下面分别来讲解一下"调整边缘"对话框中各个参数的含义。

1. 视图模式

此区域中的各参数解释如下。

- 视图列表：在此列表中，Photoshop依据当前处理的图像，生成了实时的预览效果，以满足不同的观看需求。根据此列表底部的提示，按F键可以在各个视频之间进行切换，按X键即只显示原图。
- 显示半径：选中此复选框后，将根据下面所设置的"半径"数值，仅显示半径范围以内的图像，如图3.85所示。
- 显示原稿：选中此复选框后，将依据原选区的状态及所设置的视图模式进行显示。如图3.86所示为原选区，图3.87所示为选中此复选框并设置预览模式为"黑底"时的预览状态。

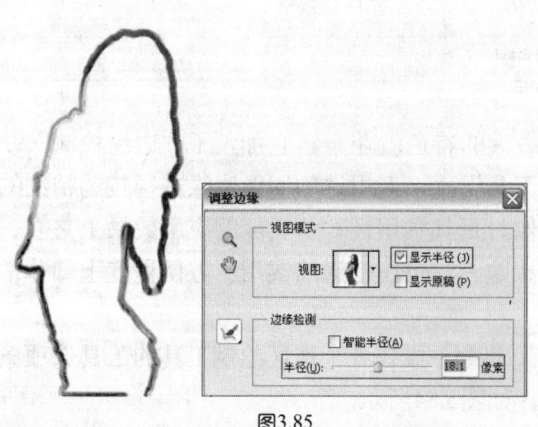

图3.85

图3.86

图3.87

2. 边缘检测

此区域中的各参数解释如下。
- 半径：此处可以设置检测边缘时的范围。
- 智能半径：选中此复选框后，将依据当前图像的边缘自动进行取舍，以获得更精确的选择结果。

以图3.88所示的参数进行设置后，图3.89所示为预览得到的结果。

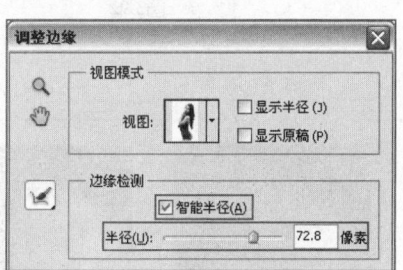

图3.88

图3.89

 3. 调整边缘

此区域中的各参数解释如下。
- 平滑：当创建的选区边缘非常生硬，甚至有明显的锯齿时，可使用此选项来进行柔化处理，如图3.90所示。
- 羽化：此参数与"羽化"命令的功能基本相同，都是用来柔化选区边缘的。
- 对比度：设置此参数可以调整边缘的虚化程度，数值越大则边缘越锐化。通常可以帮助用户创建比较精确的选区，如图3.91所示。

图3.90   图3.91

- 移动边缘：该参数与"收缩"和"扩展"命令的功能基本相同，向左侧拖动滑块可以收缩选区，而向右侧拖动则可以扩展选区。

4. 输出

此区域中的各参数解释如下。

- 净化颜色：选择此复选框后，下面的"数量"滑块被激活，拖动调整其数值，可以去除选择后的图像边缘的杂色。如图3.92所示为选择此选项并设置适当参数后的效果对比，可以看出，处理后的结果被过滤掉了原有的诸多绿色杂边。
- 输出到：在此下拉列表中，可以选择输出的结果。

图3.92

5. 工具

此区域中的各参数解释如下。

- "缩放工具"：使用此工具可以缩放图像的显示比例。
- "抓手工具"：使用此工具可以查看不同的图像区域。
- "调整半径工具"：使用此工具可以编辑检测边缘时的半径，以放大或缩小选择的范围。
- "抹除调整工具"：使用此工具可以擦除部分多余的选择结果。当然，

图3.93

在擦除过程中，Photoshop仍然会自动对擦除后的图像进行智能优化，以得到更好的选择结果。如图3.93所示为擦除前后的效果对比。

图3.94所示为继续执行了细节修饰后的抠图结果及将其应用于写真模板后的效果。

图3.94

需要注意的是，"调整边缘"命令相对于通道或其他专门用于抠图的软件及方法，其功

能还是比较简单的，因此无法苛求它能够抠出高品质的图像，通常可以作为在要求不太高的情况下，或图像对比非常强烈时使用，以快速达到抠图的目的。

3.7 变换选区

通过对选区进行缩放、旋转、镜像等操作，可以对现存选区二次利用，得到新的选区，从而大大降低制作新选区的难度。

变换选区的步骤如下。

1. 选择"选择"|"变换选区"命令。
2. 选区周围会出现变换控制框，如图3.95所示。
3. 拖动控制框的控制句柄即可完成调整选区的操作，如图3.96所示为顺时针旋转20°后的状态。

如果在变换控制框上右击，可以在弹出的快捷菜单中选择相应的变换命令，如图3.97所示。

图3.95

图3.96

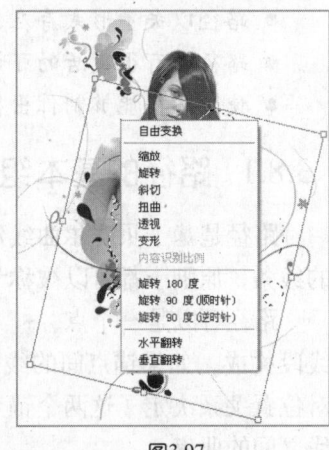
图3.97

提示

按住Shift键拖动控制句柄，可以保持选区边界的宽高比例；若旋转选区的同时按住Shift键，可以按15°的增量旋转选区。

如果要精确控制选区，可以在控制句柄存在的情况下，在如图3.98所示的工具选项条中设置参数。

图3.98

工具选项条各参数如下。

- 使用工具选项条中的图标可以确定操作参考点的位置。例如，要以选区左上角的点为参考点，单击图标使其显示为 即可。

- 如果要精确改变选区的位置,可以分别在X、Y数值框中键入数值。
- 如果要使键入的数值为相对于原选区所在位置移动的一个增量,单击"使用参考点相关定位"按钮△,使其处于被按下的状态。
- 如果要精确改变选区的宽度与高度,可以分别在W、H数值框中键入数值。
- 如果要保持选区的宽高比,应该单击"保持长宽比"按钮,使其处于被按下的状态。
- 如果要精确改变选区的角度,需要在"旋转"数值框中键入角度数值。
- 如果要改变选区水平及垂直方向上的斜切变形度,可分别在H、V数值框中键入角度数值。在工具选项条中完成参数设置后,可以单击"进行变换"按钮✓确认;如果要取消操作,可以单击"取消变换"按钮。

3.8 绘制与编辑路径

在Photoshop中,路径有两个作用,即制作选区与绘图。本节将针对路径的第一个作用进行详细讲解。关于路径的绘图功能,可以查看本书后面的章节。

使用路径制作选区具有以下优点。
- 路径以矢量形式存在,因此不受图像分辨率的影响。
- 路径具有很灵活的可调性,更容易被调整与编辑。
- 使用路径能够制作出很精确的选区。

3.8.1 路径的基本组成

路径是基于贝赛尔曲线建立的矢量图形,所有使用矢量绘图软件或者矢量绘图工具制作的线条,原则上都可以被称为"路径"。

路径可以是一个点、一条直线或者一条曲线,除了点外的其他路径均由锚点、锚点间的线段构成。如果锚点间的线段曲率不为0,锚点的两侧还有控制手柄。锚点与锚点之间的相对位置关系决定了这两个锚点之间路径线的位置,锚点两侧的控制手柄控制该锚点两侧路径线之间的曲率。

如图3.99所示为使用"钢笔工具" 描绘的一条路径,路径线、锚点和控制手柄是其基本组成元素。

在路径中通常有三类锚点存在,即直角型锚点、光滑型锚点和拐角型锚点。

- 直角型锚点:如果一个锚点的两侧为直线路径线且没有控制手柄,则此锚点为直角型锚点。移动此类锚点时,其两侧的路径线将同时发生移动。如图3.100所示为直角型锚点的调整示例。
- 光滑型锚点:如果一个锚点的两侧均有平滑的曲线形路径线,则该锚点为光滑型锚点。拖动此类锚点两侧的控制手柄中的一个时,另外一个会随之向相反的方向移动,路径线同时发生相应的变化。如图3.101所示为光滑型锚点的调整示例。

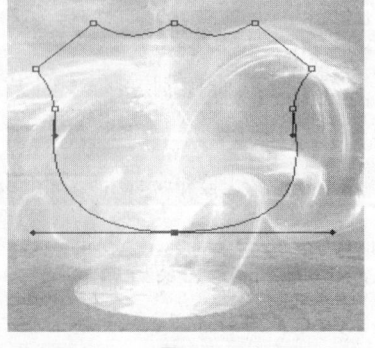

图3.99

图3.100

图3.101

- 拐角型锚点：此类锚点的两侧也有两个控制手柄，但两个控制手柄不在一条直线上，而且拖动其中一个控制手柄时，另一个不会随之一起移动。如图3.102所示为拐角型锚点的调整示例（右图均为局部放大效果）。

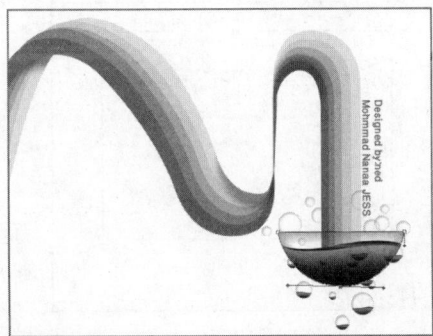 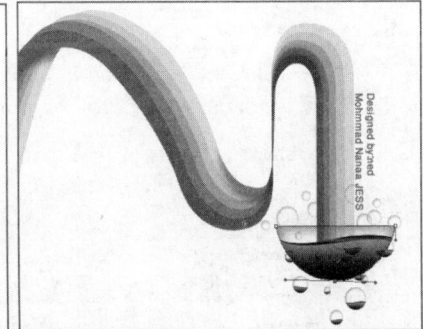

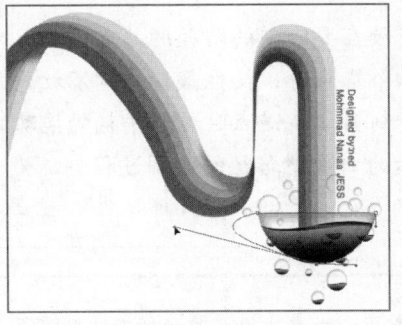 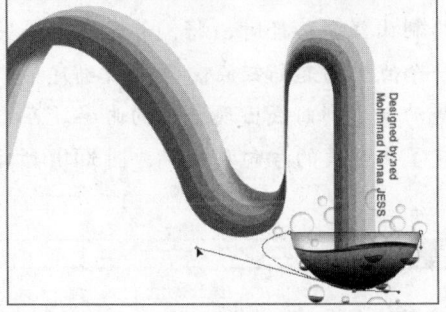

图3.102

3.8.2 绘制简单的路径

要绘制路径，应该使用以下两种工具，即"钢笔工具"和"自由钢笔工具"。选择两种工具中的任意一种，都需要在其工具选项条中选择适当的绘图方式。以"钢笔工具"为例，其工具选项条如图3.103所示，其中有两种方式可选。

图3.103

- "形状图层"按钮：可以绘制形状。
- "路径"按钮：可以绘制路径。

> **提示**
> 也可以使用矢量绘图类工具绘制简单规则形状的路径。关于这一点，请参考本书相关章节。

选择"钢笔工具"，在其工具选项条中单击"几何选项"按钮，弹出如图3.104所示的"钢笔选项"面板，在此可以选择"橡皮带"选项。在"橡皮带"选项被选中的情况下，绘制路径时可以依据锚点与钢笔光标间的线段，判断下一段路径线的走向。

- 如果需要绘制一条开放型路径，可以在绘制至路径结束点处时按Esc键，退出路径的绘制状态。
- 如果需要绘制一条闭合型路径，必须使路径的终点与起点重合，即在路径绘制结束时将钢笔光标放置在路径起点处，此时在钢笔光标的右下角处将显示一个小圆圈，单击该处即可使路径闭合，如图3.105所示。

图3.104

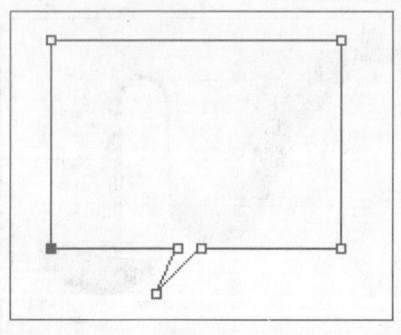

图3.105

- 在绘制曲线型路径时，将钢笔光标的笔尖放在要绘制的路径的起点位置，单击以定义第一个点作为起始锚点。当单击确定第二个锚点时，按住鼠标左键不放并向某方向进行拖动，直到曲线出现合适的曲率。在绘制第二个锚点时控制手柄的拖动方向及长度决定了曲线段的方向及曲率，图3.106所示为曲线型路径的绘制过程。

> **提示**
> 确定第二个锚点时按住Shift键，可以绘制出水平、垂直或呈45°角的直线型路径。

使用选区 第3章

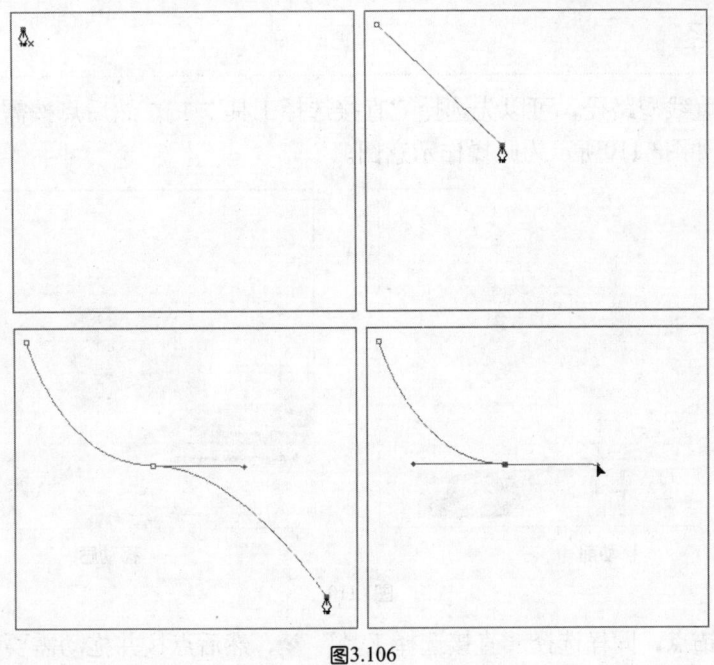

图3.106

1. 选择路径

要对当前路径进行编辑、描边、填充等操作，首先需要选择路径。要选择整条路径，在工具箱中选择"路径选择工具"，直接单击需要选择的路径即可将其选中。当整条路径处于选中状态时，路径线呈黑色显示，如图3.107所示。

如果要选择路径中的某一个路径线段，可以在工具箱中选择"直接选择工具"，然后单击需要选择的路径线段。

> **提示**
> 在使用上述方法选择曲线段时，曲线段两侧的锚点会显示出控制手柄，效果如图3.108所示。

要选择锚点，可以使用"直接选择工具"单击该锚点。如果需要选择的锚点不止一个，可以用拖动框选的方法进行选择，所选锚点显示为实心正方形，未选择的锚点显示为空心正方形，如图3.109所示。

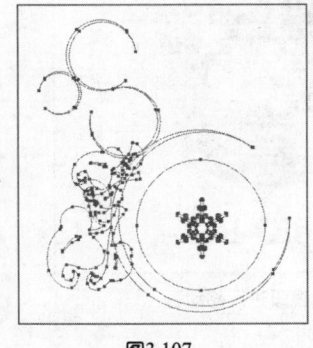
图3.107

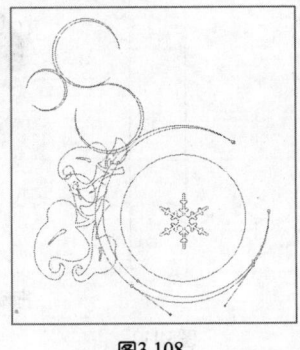
图3.108

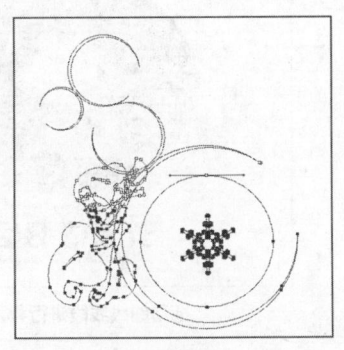
图3.109

2. 调整路径

如果要移动直线型路径，可以先选择"直接选择工具" ，然后点按需要移动的直线线段并进行拖动，如图3.110所示为此操作示意图。

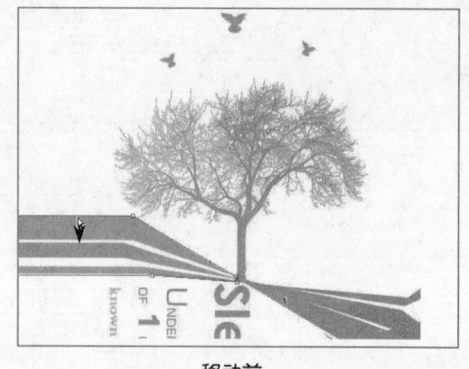
移动前

移动后

图3.110

如果要移动锚点，同样选择"直接选择工具" ，然后点按并拖动需要移动的锚点，如图3.111所示为此操作示意图。

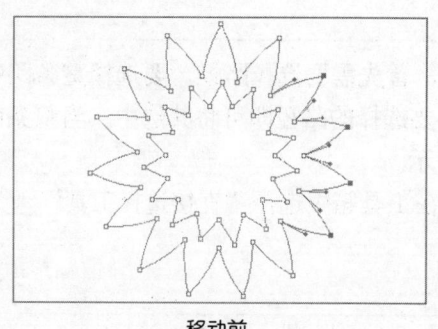
移动前

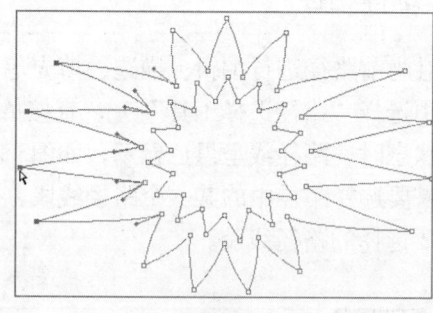
移动后

图3.111

如果要调整曲线型路径，先在工具箱中选择"直接选择工具" ，使用此工具点按需要调整的曲线线段并进行拖动，也可以拖动曲线线段上锚点的控制手柄，两种操作方法的示意图分别如图3.112、图3.113所示。

拖动曲线线段进行移动前

拖动曲线线段进行移动后

图3.112

拖动控制手柄进行移动前

拖动控制手柄进行移动后

图3.113

3. 添加、删除和转换锚点

使用"添加锚点工具" 和"删除锚点工具" ，可以从路径中添加或者删除锚点。

- 如果要添加锚点，选择"添加锚点工具" ，将鼠标指针放置在要添加锚点的路径上单击。
- 如果要删除锚点，选择"删除锚点工具" ，将鼠标指针放置在要删除的锚点上单击。

利用"转换点工具" ，可以将直角型锚点、光滑型锚点、拐角型锚点进行互相转换。

- 将光滑型锚点转换为直角型锚点时，利用"转换点工具" 单击此锚点；将直角型锚点转换为光滑型锚点时，利用"转换点工具" 单击并拖动此锚点。
- 利用"转换点工具" 单击并拖动锚点，即可在锚点两侧得到控制手柄，从而将直角型锚点转换为光滑型锚点。

4. 变换路径

变换路径与变换图像、变换选区的操作没有本质上的不同。如图3.114所示为原路径。如图3.115所示为旋转路径的操作实例。

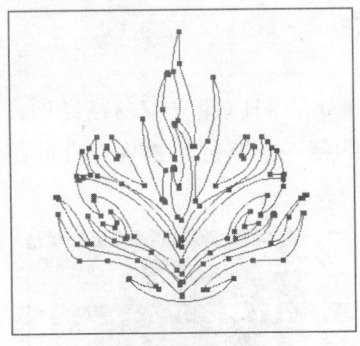
图3.114

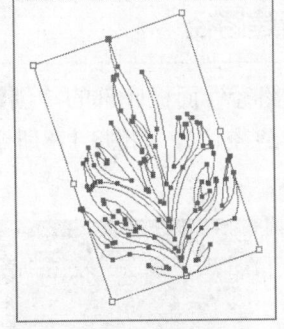
图3.115

- 要对路径进行自由变换操作，只需在路径被选中的情况下按Ctrl+T键或者选择"编辑"|"变换路径"命令，然后拖动路径变换控制框的控制手柄即可。
- 要进行精确操作，可以在路径变换控制框显示的情况下，在如图3.116所示的工具选项条相应的数值框中键入数值。

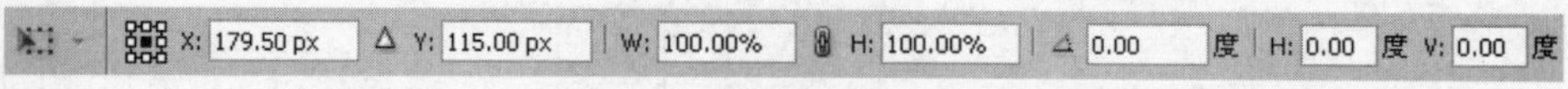

图3.116

提示

如果要对路径中的部分锚点执行变换操作，可以使用"直接选择工具"选中需要变换的锚点，然后选择"编辑"|"变换路径"命令下的各子菜单命令。如果按住Alt键的同时选择"编辑"|"变换路径"命令下的各子菜单命令，可以复制当前操作路径，并对复制对象执行变换操作。

3.8.3 了解"路径"面板

视频路径：视频文件\3.8.3-1.avi ~ 3.8.3-4.avi

与"钢笔工具"配合使用的是"路径"面板，每一条路径都会显示在"路径"面板中，利用"路径"面板可以对路径进行填充、勾勒等操作，还可以新建、删除路径。

通常"路径"面板与"图层"、"通道"面板同时显示，如图3.117所示。

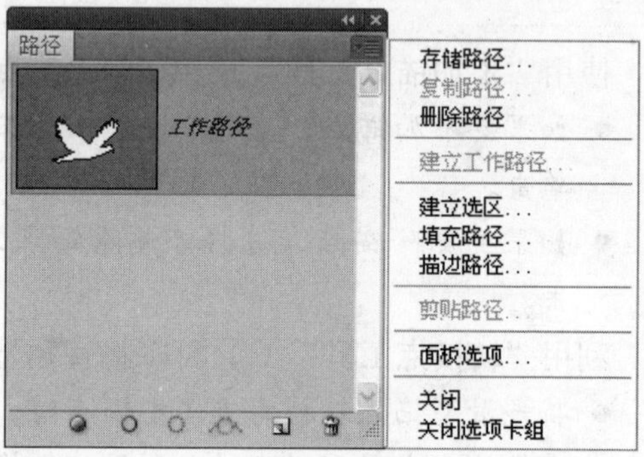

此面板底部的各个按钮含义如下。

- "用前景色填充路径"按钮：单击此按钮可用前景色填充路径。

图3.117

- "用画笔描边路径"按钮：单击此按钮可描边路径。
- "将路径作为选区载入"按钮：单击此按钮可将当前路径转换为选区。
- "从选区生成工作路径"按钮：单击此按钮可从选区建立工作路径。
- "创建新路径"按钮：单击此按钮新建路径。
- "删除当前路径"按钮：单击此按钮删除路径。

下面讲解有关"路径"面板的重要概念。

1. 新建路径

单击"路径"面板底部的"创建新路径"按钮，可以建立空白路径项，通常路径项被命名为"路径1"，如图3.118所示。以后所绘制的每一条路径均被保存在此路径项中，如图3.119所示。

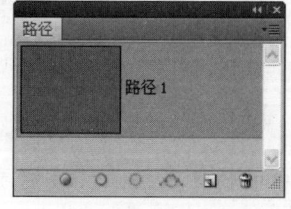

图3.118

图3.119

如果希望新绘制的路径保存在不同的路径项中，可以创建多个路径项，并绘制不同的路径，如图3.120所示。如果"路径"面板中保存有多个路径项，则在同一时间内仅能选择一个路径项,以显示该路径项中保存的路径。

要选择路径项,可在"路径"面板中单击该路径项的名称,使其处于选中状态,则同时该路径项保存的全部路径都会被显示在图像中,如图3.121所示。

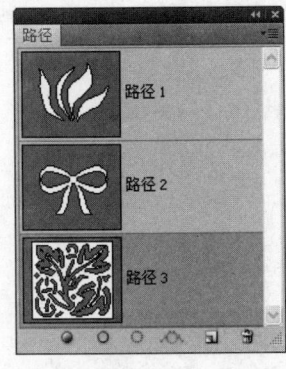
图3.120

图3.121

 2. 隐藏路径线

在通常状态下,我们绘制的路径将以黑色线显示于当前图像中,这种显示状态会影响其他大多数操作。因此,可以通过按Esc键隐藏路径来隐藏路径线,去除这种干扰因素。

 3. 删除路径

"删除路径"的目的是删除路径项中保存的所有路径,在"路径"面板中选择某一路径后,直接单击面板底部的"删除当前路径"按钮 ,在弹出的对话框中单击"是"按钮,即可删除路径项。

如果需要删除某一条路径,可以用"路径选择工具" 选择该路径后,然后按Delete键。

 4. 复制路径

"复制路径"的目的是为了更快地得到一个与原路径相同的路径,在"路径"面板中选择某一路径后,将其拖动至"路径"面板底部的"创建新路径"按钮 上,即可复制一条与原路径相同的路径。

如果需要复制某一条路径,可以用"路径选择工具" 选择该路径后,按住Alt键拖动路径,即可复制该路径。

3.8.4 将路径转换为选区

在前面小节中已经详细讲解了如何使用"钢笔工具" 创建自己所需要的路径,按所讲述的方法进行操作,得到围绕选择对象的路径后,再使用将路径转换为选区的方法,即可获得令人满意的选择区域。

图3.122所示为使用路径进行选择后得到的透明背景图像及局部放大图像,图3.123所示为使用"套索工具" 、"魔棒工具" 等选择得到的透明背景图像,可以看出使用路径进行选择,边缘会更加精确一些。

图3.122

图3.123

例如，图3.124所示为用于选择鸽子的路径，图3.125所示为转换路径后得到的选区。

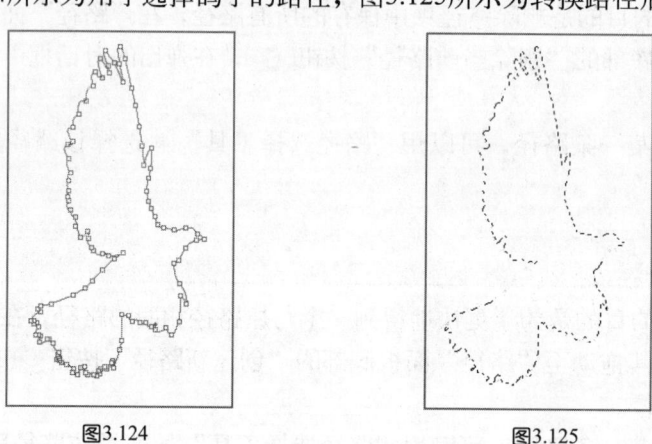

图3.124　　　　　　　　　图3.125

要将路径转换为选区，可以单击"路径"面板底部的"将路径作为选区载入"按钮 ，或单击"路径"面板右上角的面板按钮 ，在弹出的菜单中选择"建立选区"命令。

3.9 应用实例

3.9.1 制作矢量视觉作品

本例运用"套索工具" 、"钢笔工具" 、"椭圆工具" 等制作选区，并结合

"羽化"、"变换选区"、"描边"等命令来制作矢量作品。

1 ▶ 打开随书所附光盘中的文件"第3章\3.9.1-素材1.psd",效果如图3.126所示。选择"套索工具" ,在图像的顶部制作如图3.127所示的选区。

2 ▶ 按Shift+F6键调出"羽化选区"对话框,设置"羽化半径"数值为200,单击"确定"按钮退出对话框。设置前景色的颜色值为0a2561,按Alt+Delete键用前景色填充选区,按Ctrl+D键取消选区,得到如图3.128所示的效果。

3 ▶ 选择"套索工具" ,在图像的底部制作如图3.129所示的选区。设置前景色为黑色,按Alt+Delete键用前景色填充选区,按Ctrl+D键取消选区,得到如图3.130所示的效果。

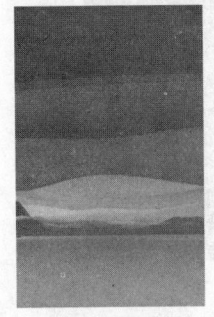 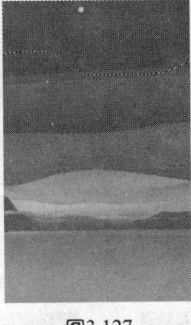 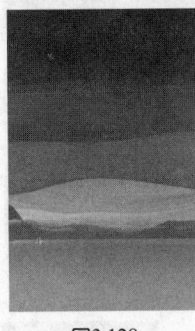  

图3.126　　　　图3.127　　　　图3.128　　　　图3.129　　　　图3.130

4 ▶ 打开随书所附光盘中的文件"第3章\3.9.1-素材2.tif",效果如图3.131所示。选择"钢笔工具" ,沿人物的边缘绘制如图3.132所示的路径,按Ctrl+Enter键将路径转换成选区。

图3.131　　　　　　　　　　　　　　图3.132

5 ▶ 选择"套索工具" ,将鼠标指针移动到上一步得到的选区中,此时鼠标指针显示为 形,将选区移动到本例步骤1打开的素材文件中。选择"选择"|"变换选区"命令,按住Shift键将其缩小并移动到如图3.133所示的位置,按Enter键确认变换操作。

6 ▶ 设置前景色为黑色,按Alt+Delete键用前景色填充选区,按Ctrl+D键取消选区,得到如图3.134所示的效果。

7 ▶ 选择"椭圆工具" ,在其工具选项条中单击"路径"按钮 ,按住Shift键以画布左上角为圆心,绘制如图3.135所示的正圆形路径,按Ctrl+Enter键将路径转换为选区。

8 ▶ 设置前景色的颜色值为99b5f3,选择"编辑"|"描边"命令,在弹出的"描边"对话框中设置相关参数,如图3.136所示,单击"确定"按钮退出对话框,按Ctrl+D键取消选区,得到如图3.137所示的效果。

9 选择"椭圆选框工具" ◯，按住Shift键，在刚才描边圆形的右下方制作如图3.138所示的正圆形选区。选择"编辑"|"描边"命令，在弹出的"描边"对话框中设置参数，如图3.139所示，单击"确定"按钮退出对话框，按Ctrl+D键取消选区，得到如图3.140所示的效果。

10 按照同样的方法，制作出如图3.141所示的效果。

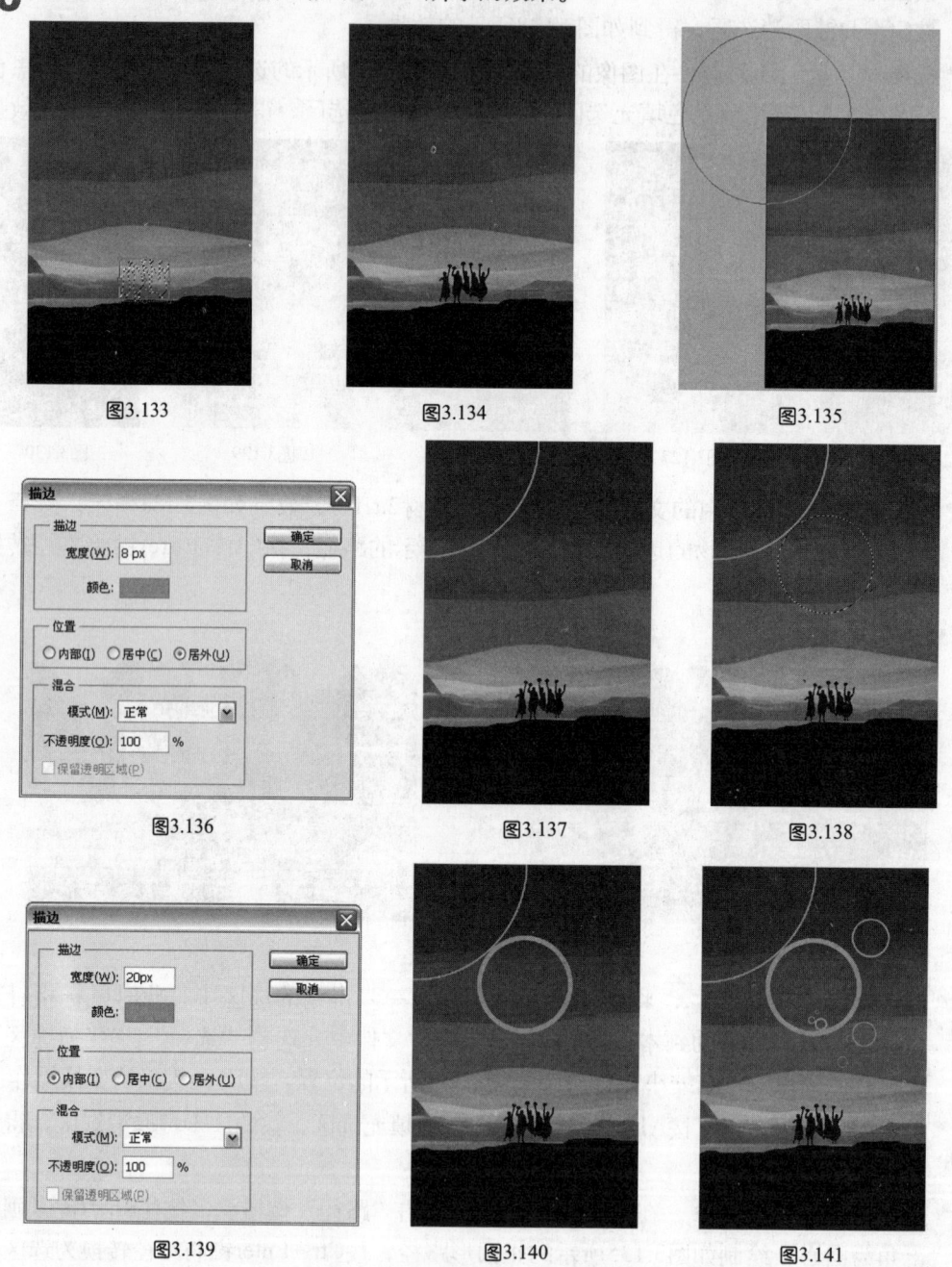

图3.133　　　　　图3.134　　　　　图3.135

图3.136　　　　　图3.137　　　　　图3.138

图3.139　　　　　图3.140　　　　　图3.141

11 打开随书所附光盘中的文件"第3章\3.9.1-素材3.psd"，效果如图3.142所示。使用"移动工具" ▶︎ 将其中的图像拖动至本例步骤1打开的素材文件中，并将其放置在画布的底部，得到如图3.143所示的最终效果。

图3.142

图3.143

3.9.2 制作梦幻剪影效果

本例使用"套索工具" 、"矩形选框工具" 、"色彩范围"命令和"变换选区"命令等来制作"飘浮的树"的效果。

1 打开随书所附光盘中的文件"第3章\3.9.2-素材1.tif、3.9.2-素材2.tif",效果如图3.144、图3.145所示。使用"套索工具" 在树的外围制作如图3.146所示的选区。

2 按Shift+Ctrl+I键执行"反向"命令,设置前景色为白色,按Alt+Delete键用前景色填充选区,按Ctrl+D键取消选区,得到如图3.147所示的效果。

图3.144

图3.145

图3.146

图3.147

3 选择"选择"|"色彩范围"命令,在弹出的对话框中使用 工具单击图像文件中的树,此时的"色彩范围"对话框显示如图3.148所示,单击"确定"按钮退出对话框,得到如图3.149所示的选区。

4 选择"套索工具" ,将鼠标指针移动到上一步得到的选区中,此时的鼠标指针显示为 形,将选区移动到文件"3.9.2-素材1.tif"中如图3.150所示的位置。设置前景色为黑色,按Alt+Delete键用前景色填充选区。

5 ▶ 选择"选择"|"变换选区"命令以调出选区变换控制框，在该控制框内单击鼠标右键，在弹出的菜单中选择"垂直翻转"命令，然后将其控制框拖动至如图3.151所示的位置，按Enter键确认变换操作。

图3.148

图3.149

图3.150

图3.151

6 ▶ 选择"矩形选框工具"，单击其工具选项条中的"从选区减去"按钮，按照图3.152所示减去选区，得到如图3.153所示的选区。设置前景色为黑色，按Alt+Delete键用前景色填充选区。

7 ▶ 选择"套索工具"，制作如图3.154所示的选区，按Alt+Delete键用前景色填充选区，得到如图3.155所示的最终效果。

图3.152

图3.153

图3.154

图3.155

第 4 章
颜色及颜色管理

本章将讲解Photoshop较为重要的理论知识，包括颜色的相关知识、图像的各种颜色模式及其工作原理、转换方法等。

4.1 了解颜色

颜色构成是平面设计三大构成中必不可少的一个，由此不难看出颜色对于视觉艺术的重要性。相对于物体其他特征，颜色是最容易被人的视觉所感知的，因此颜色不仅在绘画中被称为第一视觉语言，在现代设计和数码照片制作中也是最重要的构成元素之一。

不同颜色所表达的情感是截然不同的，并能够激发不同的联想与感受。图4.1所示为同一作品使用不同的颜色所带来的不同视觉感受。

图4.1

如果希望简单地将颜色与视觉艺术的关系讲解清楚，那么"颜色会影响人的心理感受，进一步影响人对于视觉作品的欣赏角度、方式与态度"是最为贴切的语句之一。很显然，人们的审美都是基于心理活动的，因此人们对于视觉作品的欣赏实际上就是心理活动的外在表露。

从这一点来看，要掌握关于颜色的各类理论知识，最直接的方法是从颜色对于人们心理的影响入手，这也是本章在讲解有关颜色理论时的主线，下面简单列举颜色在设计中的应用。

- 利用颜色产生基本心理感受：红色使人激奋，蓝色使人沉静，绿色使人感受到生机，黑色使人感受到肃穆、沉稳，这些颜色的基本属性能够使人产生基本的心理感受。
- 利用颜色产生冷暖感：红色、黄色等颜色能够产生温暖的感觉，而蓝色、青色会产生冰冷的感觉，这在许多设计中很常见。
- 利用颜色产生轻重感：饱和度大的深色在视觉上比饱和度小的浅色看上去更重一些，反之亦然。

已经有许多大部头著作深入探讨了颜色与视觉艺术创作的关系，在此仅以有限的文字与篇幅来讲解一些作为初学者应该了解的知识。另外，本书是一本黑白印刷的图书，在色彩表现方面存在很大的障碍，无法插入许多彩色图示，因此如果各位读者希望深入学习有关颜色理论方面的知识，可以参考相关专著。

4.2 浅谈颜色

从物理角度上讲，颜色是由三个实体，即光线、观察者及被观察的对象所组成的。光线照射到被观察的对象上，该对象吸收一定的光线并反射另一部分光线，这一部分被反射的光线进入人眼后便在人脑中产生了有颜色的物体的映像。

例如，一个黄色的香蕉之所以被人们认为是黄色的，是因为香蕉本身吸收了很多紫色、蓝色而反射了黄色，因此当黄色光线进入人眼后，便形成了黄色的印象。由于不同对象反射不同的光线，因此人们看到的世界是五彩缤纷的。

4.2.1 构成颜色的三要素

颜色主要是由色相、明度、色度这三个要素构成的，下面简单讲解这三个要素。

- 色相（Hue）：简写H，表示色的特质，是区别颜色的必要元素，也决定了颜色的命名法则，如红、橙、黄、绿、青、蓝、紫等，从而表现出颜色外观的差异。
- 明度（Value）：简写V，表示颜色的强度，不同的颜色反射的光量不一样，因而会产生不同程度的明暗。例如，人们经常说蓝色、浅蓝色、深蓝色，就是源于它们的明暗程度不同。明度对比程度的不同，赋予视觉体验的情感影响也有所不同。高明度基调给人以明亮、清爽、纯净、唯美等感受；中明度基调给人以朴素、稳重、平凡、亲和等感受；低明度基调给人以压抑、沉重、浑厚、神秘等感受。
- 色度（Chroma）：简写C，表示颜色的纯度，也称为"饱和度"。具体来说，就是表明一种颜色中是否含有白色或者黑色的成分。如果某种颜色不含白色或者黑色的成分，即"纯色"色度最高；含有较多白色或者黑色成分，它的色度便会逐步下降。与明度相同，色度的不同也会带来不同的心理感受。高色度颜色给人以积极、冲动、热烈、膨胀、外向、活泼等感受；低色度颜色给人以消极、无力、陈旧、安静、无争等感受；中色度颜色给人以中庸、可靠、温润等感受。

无论是在传统绘画还是在现代电脑艺术设计中，颜色的调配与使用都可以从这三个方面出发加以考虑。

4.2.2 色彩意象

当看到颜色时，除了会感受到其物理方面的影响，心里也会立即产生某种感觉，这种感觉被称为"色彩意象"。下面简单讲解几种常见、常用颜色的色彩意象。

- 红色：是一种热情奔放、活力四射的暖色。它象征着欢乐、祥和、幸福，如表示喜庆的灯笼、喜字、彩带等，同时也象征着革命与危险，容易使人产生焦虑和不安，如各类警示牌的颜色、消防车的颜色等。
- 黄色：也是一种暖色，在其色系中金黄色象征着财富与辉煌，是历代帝王的专用颜色，也象征着权力和地位。黄色是各种颜色中最容易改变的一种颜色，在黄色中少量混入其他任何一种颜色，都会使其色相发生较大程度的变化。
- 橙色：可见度相当高，因此在工业安全用色中，橙色常被用于警戒色，如火车头、登山服装、背包、救生衣等。
- 蓝色：是最容易使人安静下来的冷色，在商业领域中强调科技、效率的商品或者企业形象大多选用蓝色作为标准色，如电脑、汽车、影印机、摄影器材等。在情感上蓝色有一种忧郁的感觉，因此蓝色也常被运用在感性诉求的商业设计中。
- 绿色：是一种最接近自然的颜色，象征着生命、成长与和平，是农、林、畜牧业的象征颜色。在商业设计中绿色传达出清爽、希望、生长的意象，因此符合服务业、卫生保健业的形象诉求，常被应用在这些领域的商业设计中。
- 紫色：很容易产生高贵、典雅、神秘的心理感受，具有强烈的女性化特征，较受女士们的喜爱，因为紫色系的颜色能更好地衬托出她们的迷人和娇艳。

- 白色：给人以寒冷、严峻的感觉，纯白色的使用情况不太多，通常在使用白色时都会掺杂一些其他的颜色，如常见的象牙白、米白、乳白、苹果白等，都或多或少地掺杂了别的颜色。白色是一种较容易搭配的颜色，是永远流行的主色之一，可以与其他任何颜色搭配使用。
- 黑色：给人以高贵、稳重的感觉，生活用品和服饰设计大多利用黑色来塑造高贵的形象。黑色也是一种永远流行的主色，适合与其他任何颜色搭配使用。
- 灰色：具有柔和、高雅的感觉，属于典型的中性色，男女老少都很容易接受，因此灰色也是流行色之一。在使用灰色时也应该与其他颜色一起搭配使用，这样才不会在颜色方面显得单调。

4.2.3 颜色的冷暖感

人们对颜色的冷暖感受不是先天形成的，而是后天的经验积累。例如，每当看到火红的太阳与橙红色的火焰时都能够感受到其自身发出的热量，每当身处皑皑的白雪中与蓝色的大海边都会感受到凉爽等，这些感受经过一段时间的积累后就形成后天的条件反射，从而使人们在看到红色、橙色、黄色时从心里感觉到温暖，同样，当人们看到青色、蓝色、绿色、白色时会感觉到凉意。

如果要深究为什么这些颜色会使人感受到冷暖，可以从人的生理这个角度进行分析。当人们看到红色、橙色、黄色时，血压会升高，心跳也会加快，因此会产生热的心理感受；当人们看到蓝色、绿色、白色时，血压会降低，心跳也会变慢，因此会产生冷的心理感受。

4.2.4 颜色的进退与缩胀感

从色相方面来看，暖色给人以前进、膨胀的感觉，而冷色则给人以后退、收缩的感觉。

从明度方面来看，明度高给人以前进、膨胀的感觉，而明度低则给人以后退、收缩的感觉。

从纯度方面来看，纯度高给人以前进、膨胀的感觉，而纯度低则给人以后退、收缩的感觉。

4.2.5 颜色的轻重与软硬感

决定颜色轻重感觉的主要因素是明度。明度高的颜色感觉轻，明度低的颜色感觉重。纯度也能够影响颜色的轻重感觉，纯度高给人感觉轻，而纯度低则给人感觉重。

同样，不同的颜色还能够给人以不同的软硬感。一般情况下，轻的颜色给人感觉较为软，而重的颜色给人感觉较为硬。

4.2.6 颜色的华丽与朴素感

从色相方面来看，暖色给人以华丽的感觉，而冷色则给人以朴素的感觉。

从明度方面来看，明度高给人以华丽的感觉，而明度低则给人以朴素的感觉。

从纯度方面来看，纯度高给人以华丽的感觉，而纯度低则给人以朴素的感觉。

4.2.7 使用颜色表现味觉

在平面设计中，如果设计作品的内容是食品，则客户通常会要求设计师在设计时充分考虑到颜色对表现食品味觉方面的影响。

简单总结起来，在使用颜色表现味觉时具有以下一些规律。

- 红色的水果通常给人以甜美的味觉回忆，因此红色用在设计中能够传递甘甜的感觉。
- 中国传统节日的主要用色为喜庆的红色，因此在食品、烟、酒上使用红色，能够表现喜庆、热烈的感觉。
- 火辣辣是人们通常形容食品过于辣的词汇，因此在表现辣味时也通常使用红色，到超市中经常可以看到红色包装设计的辣椒酱。
- 刚烘焙出炉散发着诱人香味的糕点通常为黄色，因此表现烘焙类食品的香味时多用黄色。
- 橙黄色能够传递甜而略酸的味觉，让人联想到橙子。
- 如果希望表现嫩、脆、酸等味觉，一般可以使用绿色系列。
- 深棕色（俗称咖啡色）是咖啡、巧克力一类食品的专用色。

4.3 颜色的搭配

在设计的过程中除需要考虑色彩意象外，还要掌握颜色的搭配技巧。只有综合使用不同色相、明度、色度的颜色，才能够表达出各种丰富的视觉感受。下面就几种常见的颜色搭配进行讲解。

 1. 红色与其他颜色的常见搭配

在红色中加入少量的黄色，会使其表现的暖色感觉升级，产生浮躁、不安的心理感受。
在红色中加入少量的蓝色，会使其表现的暖色感觉降低，产生静雅、温和的心理感受。
在红色中加入少量的白色，会使其明度提高，产生柔和、含蓄、羞涩、娇嫩的心理感受。
在红色中加入少量的黑色，会使其明度与纯度同时降低，产生沉重、质朴、结实的心理感受。

 2. 黄色与其他颜色的常见搭配

在黄色中加入少量的红色，会使其倾向于橙色，产生活泼、甜美、敏感的心理感受。
在黄色中加入少量的蓝色，会使其倾向于一种稚嫩的绿色，产生娇嫩、润滑的心理感受。
在黄色中加入少量的白色，会使其明度降低，产生轻松、柔软的心理感受。

 3. 绿色与其他颜色的常见搭配

在绿色中加入少量的黑色，可以产生稳重、老练、成熟的心理感受。
在绿色中加入少量的白色，可以产生洁净、清爽、娇嫩的心理感受。

4. 紫色与其他颜色的常见搭配

在紫色中红色的成分较多时，会使其压抑感与华丽感并存，不同的表现手法与搭配技巧产生的效果也有所不同。

在紫色中加入少量的黑色，会使其感觉趋于沉闷、悲伤和恐怖。

在紫色中加入白色，会明显提高其明度，使其产生风雅、别致、娴静的心理感受，是一种明显的女性颜色。

5. 白色与其他颜色的常见搭配

在白色中加入少量的红色则成为淡粉色，给人以浪漫、轻柔的心理感受。

在白色中加入少量的黄色则成为乳黄色，给人以香甜、细腻的心理感受。

在白色中加入少量的蓝色，给人以凉爽、舒缓的心理感受。

可以看出，细微的颜色变化可以使人产生无数联想，加上组合搭配就会使其传达的信息更加丰富、微妙。如果想得到更好的画面效果，就要依赖于个人的艺术修养、自我感觉以及经验与想象力，希望读者在制作中细心体会。

4.4 计算机中的颜色表现

4.4.1 用计算机表现颜色

用计算机表现颜色存在着客观的数理基础。例如，如果只有两种颜色，即黑色、白色，可以分别用"0"和"1"来代表它们。如果一个图像的某一点是白色，将它记录为"1"并存储起来；反之，如果是黑色则记录为"0"。当需要重现这幅图像时，计算机根据此点的代号"1"或者"0"，将其显示为白色或者黑色。

虽然这里所举的例子较为简单，但用计算机表现两种颜色与表现千万种颜色的基本原理是一样的。从这一点可以看出，用计算机表现颜色存在着客观的数理基础。

4.4.2 颜色位数

需要在使用计算机的过程中了解什么是颜色位数，这有助于判断颜色的显示数量。

正如所知，计算机对数据的处理是二进制的，"0"和"1"是二进制中所使用的数字。要表示两种颜色，最少可以用1位来实现，一种对应"0"，另一种对应"1"；如果希望表示四种颜色，至少需要2位来表示，这是因为22=4，依此类推。要显示256种颜色则需要8位，而以24位来显示颜色，则可以得到通常意义上的千万层级"真彩色"。因为24位色已经能够如实反映颜色世界的真实状况，虽然自然界中的颜色远远不止24位色所包括的颜色，但是人眼所能分辨出的颜色仅限于此范围之内，所以从观察的角度来看更多的颜色没有实际意义。

了解了这一点，有助于在设置屏幕显示质量时选择正确的选项。在桌面上单击鼠标右键，在弹出的菜单中选择"属性"命令，弹出"显示 属性"对话框，在此对话框中单击

"设置"选项卡,则该对话框显示如图4.2所示。很明显,如果希望获得最好的显示质量,应该在"颜色质量"下拉列表中选择"最高(32位)"选项,用以获得最好的图像显示质量。

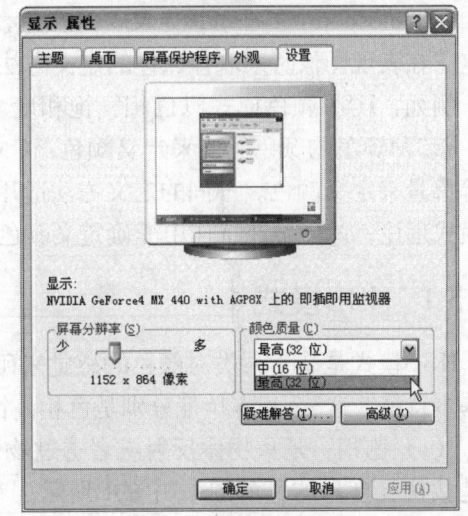

图4.2

4.4.3 屏幕分辨率和显卡显存

通过对颜色位数及屏幕分辨率的了解,进一步理解屏幕分辨率、颜色数目和显卡显存之间的关系就相对容易了很多。屏幕分辨率实际上是由屏幕上像素点的数目来确定的。要使像素正确显示颜色,则必须占用一定的显存空间。因此,显卡显存的数目由屏幕上的像素数与每个像素占用字节数的乘积所决定。

对于24位色,每个基色用8位(即1个字节)来表示。换言之,一种颜色是由3个字节确定的。因此,所需显存的数目可以通过屏幕像素数目和3的乘积来确定。

一般来说,显卡的显存以MB(兆字节)为单位,因此,要在800×600 pixels的屏幕上显示真彩色,需要2MB显存;要在1 024×768 pixels的屏幕上显示真彩色,则需要3MB显存。在购买显卡时可以根据此原理估算显卡的显存是否能够满足需要。

4.5 了解颜色模式

颜色模式不仅能够影响在图像中显示的颜色数量,还影响着图像文件的大小,因此必须了解并掌握Photoshop中的颜色模式。正确的颜色模式可以提供一种将颜色转换成数字数据的有效方法,从而使颜色在多种操作平台或者媒介中得到一致的描述。

每个人的经历与审美趣味都不同,自然对颜色的感觉也不尽相同。比如,对于一个有红绿色盲的人来说,他无法区分红色和绿色;而当提到墨绿色时,由于不同人具有对此颜色的不同感受,在表现此颜色时也各不相同。所以,如果要在不同人中协同工作,必须将每一种颜色量化,从而使这种颜色在任何时间、任何情况下都显示相同的颜色。

以墨绿色为例,如果以(R:34、G:112、B:11)来定义此颜色,则即使使用不同平台且由不同人操作,也可以得到一致的颜色。只是由于不同的人所使用的软件或者显示器不同,这种颜色看上去可能会不太相同,但如果排除这些客观因素,这种由数据定义颜色的方法保证了不同的人有可能得到相同的颜色。

在Photoshop中要准确地定义一种颜色，必须通过颜色模式来实现。选择不同的颜色模式决定了在表现图像时采取什么样的定义方法。

例如，HSB颜色模式以色相、饱和度、亮度等数值来定义颜色；RGB颜色模式以红、绿、蓝3种颜色的颜色数值来定义颜色；CMYK颜色模式以印刷时所使用的青、洋红、黄、黑等墨量来定义颜色。不同的定义方法适用于不同的工作领域，因此掌握下面讲解的各种颜色模式理论，就能够在工作中准确定义颜色。

4.5.1 HSB模式

HSB模式是基于人类对颜色的感觉来确立的（其原理如图4.3所示），它描述了颜色的3个基本特征。这3个基本特征分别是色相、饱和度和亮度。

（1）色相：是从物体反射或者透过物体传播的颜色。在0°～360°的标准色轮上，色相是按位置度量的，如图4.3中的B所示。在通常的使用中，色相是由颜色名称标记的，如红、橙、绿等。

（2）饱和度：有时也称"彩度"，是指颜色的强度或者纯度。饱和度表示色相中灰成分所占的比例，用0%（灰色）～100%（完全饱和）的百分比来度量。在标准色轮上，饱和度是从中心向边缘递增的，如图4.3中的A所示。

（3）亮度：是颜色的相对明暗程度，通常用0%（黑）～100%（白）的百分比来度量，如图4.3中的C所示。

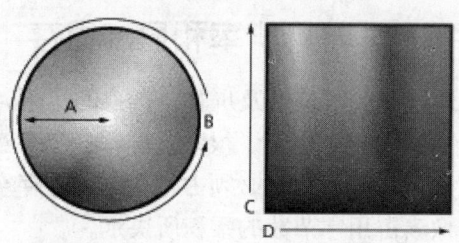

图4.3

A.饱和度　B.色相　C.亮度　D.所有色相

4.5.2 RGB模式

自然界中的各种颜色都可以在电脑中显示，但其实现方法却非常简单。正如大多数人所知道的，颜色是由红色、绿色和蓝色3种基色构成，电脑也正是通过调和这3种颜色来表现其他成千上万种颜色的。

电脑屏幕上的最小单位是像素点，每个像素点的颜色都由这3种基色来决定。通过改变每个像素点上每种基色的亮度，可以实现不同的颜色。例如，将3种基色的亮度都调整为最大就形成了白色；将3种基色的亮度都调整为最小就形成了黑色；如果某一种基色的亮度最大，而其他两种基色的亮度最小，可以得到基色本身；而如果这些基色的亮度不是最大也不是最小，则可以调和出其他成千上万种颜色。

这种基于三原色的颜色模式被称为RGB模式。RGB模式分别是红色、绿色和蓝色这3种颜色英文的首字母缩写。由于RGB颜色模式为图像中每个像素的R、G、B颜色值分配一个0～255范围内的强度值，因此可以生成超过1 670万种颜色。图4.4所示为RGB颜色模式的原理。

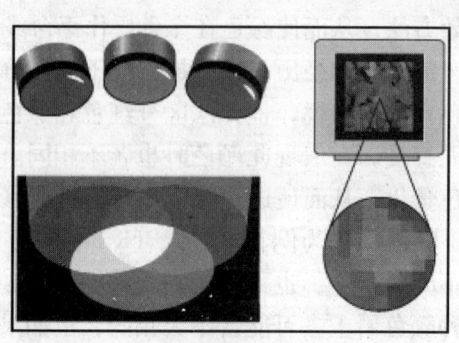

图4.4

4.5.3 CMYK模式

CMYK颜色模式以打印在纸张上的油墨的光线吸收特性为理论基础,是一种印刷所使用的颜色模式,由分色印刷时所使用的青色(C)、洋红(M)、黄色(Y)和黑色(K)这4种颜色组成。由于这4种颜色能够通过合成得到可以吸收所有颜色的黑色,因此使用CMYK生成颜色的模式也被称为减色模式。

虽然在理论上C、M、Y这3种颜色等量混合应该产生黑色,但由于所有打印油墨都会包含一些杂质,因此这3种油墨进行混合实际上产生的是一种土灰色,必须与黑色(K)油墨相混合才能产生真正的黑色,四色印刷色也正是由此而得名。

4.5.4 Lab模式

Lab颜色模式是Photoshop在不同颜色模式之间转换时所使用的内部格式。例如,当Photoshop从RGB颜色模式转换为CMYK颜色模式时,它首先会把RGB颜色模式转换为Lab颜色模式,再从Lab颜色模式转换为CMYK颜色模式。

Lab颜色模式的图像有3个通道,一个是亮度通道,还有两个是色彩通道,分别被指定为通道a(从绿色到洋红)和通道b(从蓝色到黄色)。图4.5所示为Lab模式的原理。

如果只需要改变图像的亮度而不影响其他颜色值,可以将图像转换为Lab颜色模式,然后在L通道中进行操作。

Lab颜色模式最大的优点是与设备无关的特性,无论使用什么设备(如显示器、打印机、电脑或者扫描仪)制作或者输出图像,这种颜色模式产生的颜色都可以保持一致。

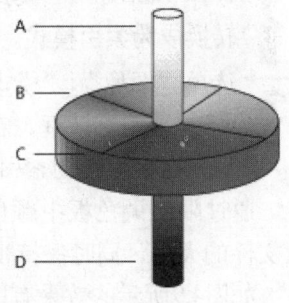

图4.5

4.5.5 位图模式

视频路径:视频文件\4.5.5.avi

位图(Bitmap)模式的文件只使用两种颜色值(即黑色和白色)表示图像中的颜色,因此位图模式下的图像也叫做黑白图像或者1位图像。此类图像要求的存储空间很少,但由于无法表现颜色丰富的画面,因此仅用于一些黑白对比强烈的图像。

要将图像转换成为位图模式,首先需要选择"图像"|"模式"|"灰度"命令,将其转换为灰度模式,然后再选择"图像"|"模式"|"位图"命令,在弹出的对话框中进行适当的参数设置即可,以图4.6所示的原图像为例,如图4.7所示为只能显示黑色和白色的位图图像。

图4.6

图4.7

4.5.6 双色调模式

双色调模式使用二至四种彩色油墨创建双色调（两种颜色）、三色调（三种颜色）和四色调（四种颜色）灰度图像。这些图像是8BPP（位/像素）的灰度、单通道图像。

4.5.7 索引模式

索引模式是单通道图像模式，使用256种颜色来表现图像，在这种模式中只能应用有限的编辑。当将一幅其他颜色模式的图像转换为索引模式时，Photoshop会构建一个颜色表（CLUT），它存放并索引图像中的颜色。如果原图像中的某种颜色没有出现在颜色表中，Photoshop会选取已有颜色中最相近的颜色或者使用已有颜色模拟该颜色。

要得到索引模式的图像，可以按下面的步骤操作。

1. 选择"图像"|"模式"|"灰度"命令，在弹出的提示对话框中单击"确定"按钮。
2. 选择"图像"|"模式"|"索引颜色"命令，将图像转换成为索引模式。
3. 选择"图像"|"模式"|"颜色表"命令，弹出如图4.8所示的对话框，在其中选择不同的索引颜色表，用来定义生成的索引模式的图像效果。

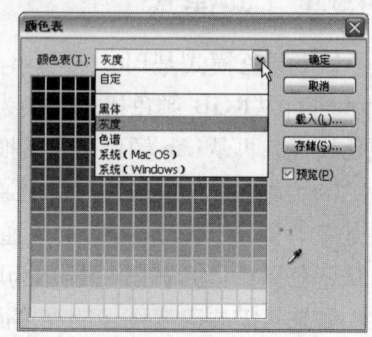

图4.8

通过限制调色板中颜色的数量，可以减小索引模式图像文件的大小，同时保持视觉上图像的品质基本不变，因此索引模式的图像常用于网页。

如图4.9所示的效果有助于读者理解索引模式。

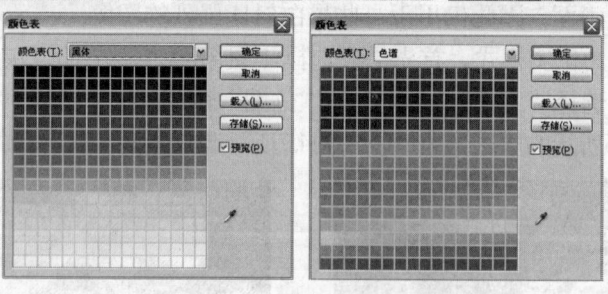

图4.9

4.5.8 灰度模式

灰度模式的图像由8BPP的信息组成，并使用256级的灰色来模拟颜色的层次。图像的每个像素都有一个0~255之间的亮度值。

将彩色图像转换成灰度图像，Photoshop会删除原图像中的所有颜色信息，被转换的像素用灰度级表示原像素的亮度。

4.6 选择与转换颜色模式

4.6.1 选择合适的颜色模式

在进行图像设计时所选择的颜色模式需要根据设计的目的而定。
- 如果设计的图像要在纸上打印或者印刷，最好用CMYK模式，这样在屏幕上所看见的颜色与输出打印颜色或者印刷颜色比较接近。
- 如果设计的图像用于屏幕显示（如网页、电脑投影、录像等），图像的颜色模式最好用RGB模式，因为RGB模式的颜色更鲜艳、丰富，且图像只有3个通道，数据量比较小。
- 如果图像是灰色的，则用灰度模式较好，因为即使是用RGB或者CMYK模式制作图像，虽然在视觉上图像是灰色的，但很可能在印刷时会由于灰平衡使灰色图像产生色偏。

4.6.2 转换颜色模式   视频路径：视频文件\4.6.2.avi

在工作中通常要不断地转换颜色模式，因为不同的颜色模式具有不同的色域及表现特点，一般会选择与需要的图像及其输出途径最为匹配的颜色模式。

> **提示**
> 将图像从一种模式转换为另一种模式，可能会永久性地损失图像中的某些颜色值。例如，将RGB模式的图像转换为CMYK模式的图像时，CMYK色域之外的RGB颜色值会经调整落入CMYK色域之内，换言之，其对应的RGB颜色信息可能丢失。

在转换图像前，应该执行以下操作，以阻止转换颜色模式所引起的不必要的损失。
- 在图像原来的模式下，进行尽可能多的编辑工作，然后再进行转换。
- 在转换之前保存一个备份。
- 在转换之前拼合图层，因为当颜色模式更改时，图层间的混合模式相互影响的效果可能会发生改变。

当前图像不可使用的颜色模式，在菜单中以灰色显示不可激活。

4.6.3 RGB模式与CMYK模式的转换

当图像由RGB模式转换到CMYK模式时，肉眼就能够在屏幕中观察到图像中某些局部的颜色产生了明显的变化，通常是一些鲜艳的颜色会变成较暗淡的颜色。

这是因为有些在RGB模式下能够表示的颜色在转换为CMYK模式后，就超出了CMYK所能表达的颜色范围，于是Photoshop将这些颜色用相近的颜色进行替代，从而使这些颜色所在的区域发生了较为明显的变化。

实际上，如果希望在RGB模式下查看是否有颜色超出了用于印刷的CMYK色域，可以选择"视图"|"色域警告"命令，此时如果图像的颜色超出色域，则会显示为灰色，如图4.10所示。

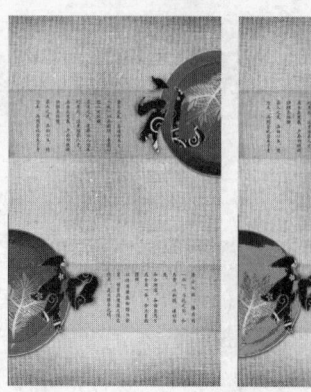

图4.10

4.7 应用实例

4.7.1 制作网点图像效果

网点图像效果在视觉上别有一番趣味。本例详细讲解了如何制作网点图像效果的过程，其操作步骤如下。

1 打开随书所附光盘中的文件"第4章\4.7.1-素材.png"，效果如图4.11所示。

2 选择"图像"|"模式"|"灰度"命令，在弹出的提示对话框中单击"扔掉"按钮，将图像转换为灰度模式。

3 选择"滤镜"|"模糊"|"高斯模糊"命令，然后在弹出的对话框中设置"半径"数值为2，单击"确定"按钮退出对话框。

> **提示**
> 使用"高斯模糊"命令模糊图像后，可以使转换为位图后的图像变得较为平滑。

4 选择"图像"|"模式"|"位图"命令，在弹出的对话框中设置参数，如图4.12所示，单击"确定"按钮退出对话框。

图4.11

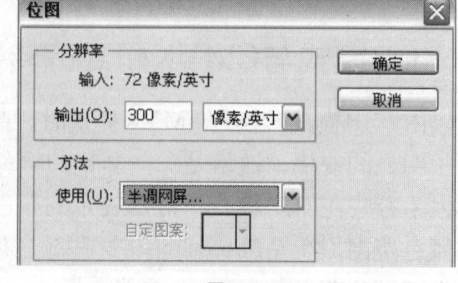

图4.12

> **提示**
> 在"输出"数值框中的数值通常应该被设置为"输入"右侧数值的3～4倍。

颜色及颜色管理 第4章

5 ▶ 在弹出的"半调网屏"对话框中设置参数，如图4.13所示，单击"确定"按钮退出对话框，得到如图4.14所示的效果。

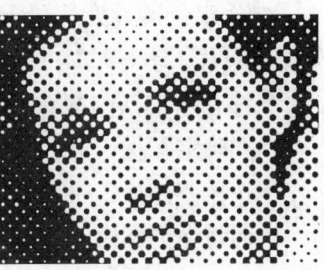

图4.13　　　　　　　　　　整体效果　　　　　　　　局部效果
　　　　　　　　　　　　　　　　　　图4.14

 **提示**

最终得到的网点的大小与"频率"数值框中的数值有很直接的关系。读者可以自己尝试键入不同的数值，以观察得到的不同效果。

6 ▶ 选择"图像"|"模式"|"灰度"命令，在弹出的对话框中设置"大小比例"为4。

 **提示**

这样操作的另外一个目的，是使位图模式生成的网点变得更加平滑。

各位读者也可以尝试在图4.15所示对话框的"形状"下拉列表中选择其他选项，以观察得到的效果。图4.16～图4.20展示了依次设置为"菱形"选项、"椭圆"选项、"直线"选项、"方形"和"十字线"选项后得到的不同效果。

 **提示**

为了方便读者清晰观看图像的效果，给出的效果图都是局部放大效果。

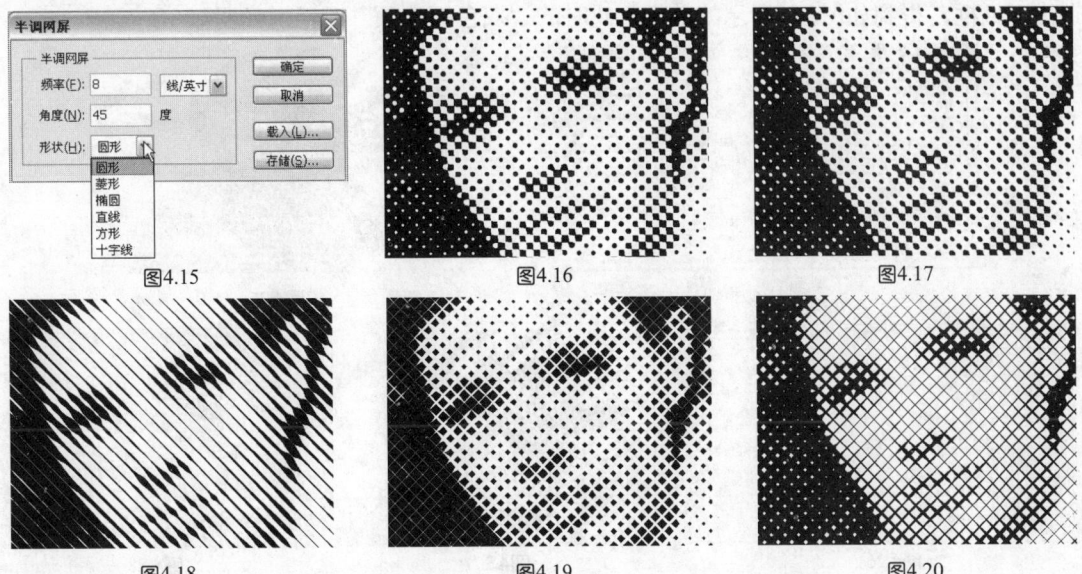

图4.15　　　　　　　　图4.16　　　　　　　　图4.17

图4.18　　　　　　　　图4.19　　　　　　　　图4.20

4.7.2 制作双色调图像效果

制作双色调效果是在处理图像时经常使用的一种手法。本例详细讲解了制作双色调图像效果的过程。

1 打开随书所附光盘中的文件"第4章\4.7.2-素材.png",在弹出的对话框中直接单击"确定"按钮退出,效果如图4.21所示。

2 选择"图像"|"模式"|"灰度"命令,在弹出的提示对话框中单击"扔掉"按钮,从而将当前图像转换为灰度模式。

3 选择"图像"|"模式"|"双色调"命令,在弹出的"双色调选项"对话框中设置参数,如图4.22所示。

> **提示**
>
> 在"双色调选项"对话框中,"油墨1"的颜色为黑色,"油墨2"的颜色值为ffd76d。这两种油墨的颜色也可以根据个人的喜好设置为不同的颜色。

4 确认调整完毕后,单击"确定"按钮退出对话框,得到如图4.23所示的最终效果。

图4.21

图4.22

图4.23

下面来查看添加油墨曲线变化时对图像的影响。如图4.24所示为双击"油墨1"曲线框,在弹出的对话框中所进行的设置,单击"确定"按钮退出对话框,得到如图4.25所示的效果。如图4.26所示为双击"油墨2"曲线框,在弹出的对话框中所进行的设置,单击"确定"按钮退出对话框,得到如图4.27所示的效果,此时的"双色调选项"对话框如图4.28所示。

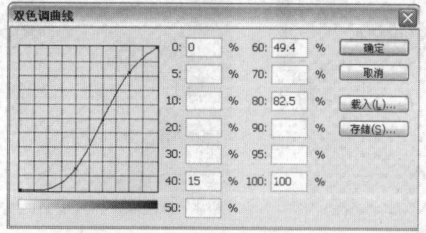
图4.24

图4.25

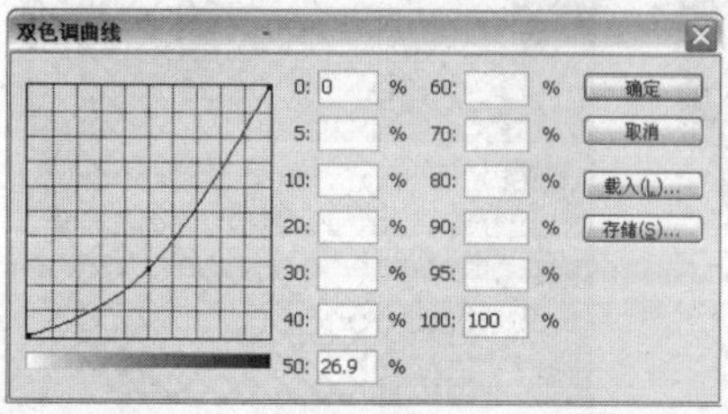

图4.26

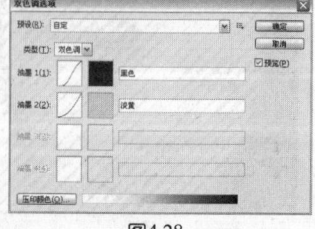
图4.28

图4.27

第 5 章

调整图像颜色

调色是在设计图形图像作品时一项常规的操作，良好的色彩搭配除了可以增加作品赏心悦目的程度外，还决定了一幅合成作品是否逼真、统一。本章主要介绍一些常用的调色命令，例如，可以统一图像色调的"匹配颜色"命令，既能减少颜色也能叠加颜色的"色彩平衡"命令，以及"去色"、"反相"及"色调分离"等可以快速编辑图像颜色的命令。

5.1 调色概述

在调整颜色方面，Photoshop提供了种类丰富、功能强大的命令。这些命令不仅使图像在修饰与处理方面获得了长足发展，而且也为设计师开拓了更为广阔的设计空间，使设计师的创意与设计思维无需为颜色所羁绊。

下面就从调整对象、调整类型两个方面进行讲解，从而全面认识调色操作。

5.1.1 调整对象

从本质上讲，素材图像与数码照片都可以归为"图像"这样一个大的概念中，两者之间没有明显的界限。在此之所以分别列举这两种对象，是建立在自己定义的界限的基础上。

很显然，在应用Photoshop进行调色方面，普通消费者、非设计领域专业人员、数码照相馆修图人员更多的是对自己或者消费者所拍摄的数码照片进行调色操作。由于对于调整效果的要求普遍不是很高，所使用的调色技术与手段也不会特别复杂。

大多数数码照片具有同样的问题（如曝光过度、曝光不足、层次不清、色彩不饱和等），如图5.1所示。在调整这些数码照片时，几乎能够总结出模式化的技术手段与处理步骤。

曝光不足

曝光过度

图5.1

从这一点来看，如果目的是调整数码照片，在学习本章时注意不同类型的图像在调整时的模式化步骤与注意事项就可以了。

而对于设计领域专业人员而言，更多情况下面临的是调整从专业图库找到的或者自己拍摄的素材图像。这些图像大多数是用于专业的商业设计作品，其调整的效果需要接受商业伙伴的考量与消费者的认可，因此调整的过程需要更加专业化，在调整技术与手段方面的要求也相对高出许多。

在如图5.2所示的几个广告作品中，所有素材图像都必须经过调色处理才能够与其他素材图像相互匹配，

图5.2

从而使整体效果看上去天衣无缝，这对设计人员提出了很高的要求。

在进行这样的调色操作时，设计人员不仅要考虑所有素材图像的整体配合问题，还需要考虑作品最终展示的方式，是屏幕显示还是纸媒体，是大幅写真喷绘还是丝网印刷，不同的展示方式会或多或少地影响到调色的手段与技术。

因此，如果目的是对素材图像进行专业调整，在学习本章时不仅要掌握调色命令的使用方法与技巧，还必须知其然并知其所以然，这样才能以不变应万变。

5.1.2 调整类型

可以简单地将调色操作分为调整颜色的色阶、色相、饱和度这三种不同类型的操作。换言之，可以分别调整一个图像中某一区域的色阶、色相，以及这一区域全部颜色或者某一种颜色的饱和度。

了解调色类型，有助于将学习数十个调色命令的复杂过程简化为学习分辨色阶、色相、饱和度这三种对象的简单过程。

由于Photoshop提供了大量调色命令，而这些命令在功能上有不少重合之处，许多初学者在学习这些命令后，如果遇到了多种调色命令都能够应对的调色任务，往往在选择调色命令时会感到茫然，有时还会盲目地选择调色命令，这无疑加大了完成调色任务的难度。

因此，在学习时不仅应该掌握每一类调色命令的调整步骤，还应该了解这一命令适合于调整色阶、色相、饱和度中的哪一种类型，从而使自己在执行调色操作时有的放矢。

5.2 使用"直方图"面板评估图像

> 视频路径：视频文件\5.2.avi

"对症下药"这个词不仅适用于现实生活中，对于使用Photoshop调整颜色也同样适用，不过其含义已经变为针对不同图像的色调使用不同的调整命令与方法。

要了解图像的色调类型，可以在图像处于打开的状态下时（如图5.3所示），选择"窗口"|"直方图"命令，打开"直方图"面板，如图5.4所示，可以看出其中包含一个直方图。

图5.3

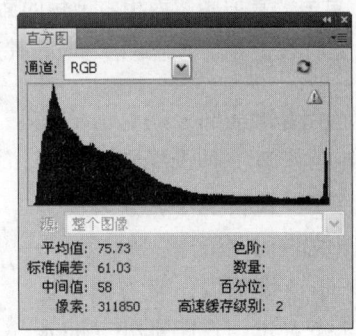

图5.4

直方图以256条垂直线来显示图像的色调范围。这些线从左向右延伸，分别代表从最暗到最亮的每一个色调。每条线的高度指示图像中该特殊色调具有多少像素。

通过观察图像的直方图，可以了解图像每个亮度色阶所含像素的数量及各种像素在图像中的分布情况，从而识别图像的色调类型并确定调整图像时的方式及方法。

有关当前图像的像素亮度值的统计信息出现在"直方图"面板的下方，释义如下。

- 平均值：表示平均亮度值。
- 标准偏差：表示亮度值的变化范围。
- 中间值：表示亮度值范围内的中间值。
- 像素：表示用于计算直方图的像素总数。
- 色阶：表示指针位置的亮度级别。
- 数量：表示相当于指针位置亮度级别的像素总数。
- 百分位：显示指针位置所处的级别或者该级别以下的像素累计数。该数值表示为图像中所有像素的百分数，从最左侧的0%到最右侧的100%。
- 高速缓存级别：表示图像高速缓存的设置。

除了按默认情况下的设置查看全部图像的亮度、RGB数值，也可以在面板的下拉列表中选择某一个通道，如"红"、"绿"等，以查看单通道图像的直方图。

要查看直方图中特定的色调信息，可以将鼠标指针放置在该点上，如图5.5所示。如果要查看某一特定范围内的色调信息，可以在直方图中拖动鼠标指针以突出显示该范围，如图5.6所示为查看红色通道中色调级数在56～170之间的像素信息。

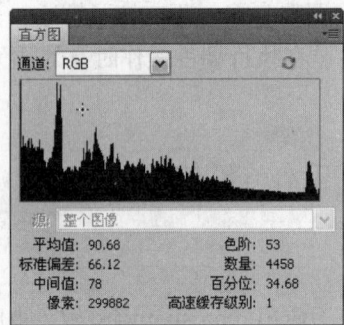
图5.5

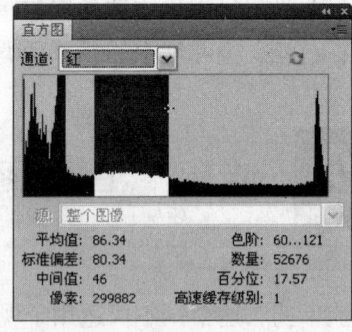
图5.6

提示

单击"直方图"面板右上角的面板按钮，在弹出的菜单中选择"用原色显示通道"命令，这样在查看红色通道信息时，其直方图显示为红色。

要显示图像某部分的直方图信息，先使用任意一种选择方法选择该部分。在默认情况下，直方图显示整个图像的色调范围。

对于暗色调图像，直方图将显示有过多像素集中在阴影处（即水平轴的左侧），如图5.7所示，而且其中间值偏低，对于此类图像应该根据像素的总量适当地调亮暗部区域。

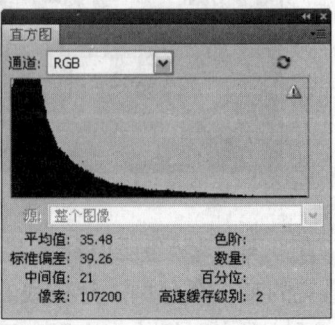
图5.7

对于亮色调图像，直方图将显示有过多像素集中在高光处（即水平轴的右侧），如图5.8所示，对于此类图像应该根据像素的总量适当地调暗亮部区域。

对于色调均匀且连续的图像，直方图将像素均匀地显示在图像的中间调处（即水平轴的中央位置），如图5.9所示，此类图像基本无需调整。

图5.8

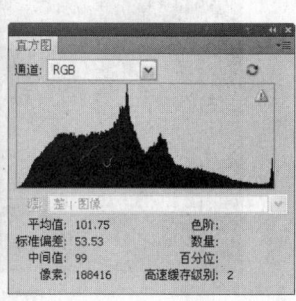
图5.9

以上所述的各种图像类型及调整方法并非绝对，因为在某些情况下由于构图（如夜景或者雪地等）原因，图像中存在大面积阴影及高光，同样会导致直方图的像素在水平轴的一侧大量聚集，但这样的图像可能无需调整。

如图5.10所示为暗调图像，因为图像本身表现的是夜景。图5.11所示为高调图像，因为图像背景有大面积白色的区域。

图5.10

图5.11

5.3 使用工具简单调整图像

5.3.1 加亮图像　　视频路径：视频文件\5.3.1.avi

"减淡工具"又被称为"提亮工具"，主要用于提高图像局部的亮度，其工具选项条如图5.12所示。

图5.12

- 在此工具选项条中的"范围"下拉列表中分别选择不同的选项，可以控制该工具在提亮图像时的处理区域，例如选择"高光"选项，则对图像中的高光范围进行处理。

● 如果希望在操作后图像的色调不发生变化，可选择"保护色调"复选框。

如图5.13所示为原图像，此照片由于拍摄原因导致人物主体的曝光不足，如图5.14所示就是对人物的高光区域、中间调区域以及阴影区域进行提亮处理，增强图像的亮度、对比度后的效果。

图5.13

图5.14

5.3.2 加暗图像

视频路径：视频文件\5.3.2.avi

"加深工具" 与上面讲解的"减淡工具" 功能相反，此工具用于使图像中被操作的区域变暗，以如图5.15所示的图像为例，画面中的光线使得人物图像上有一些"浮光"，整体看来显得对比度不足。图5.16所示为使用此工具分别在画面中进行涂抹后的结果。

图5.15

图5.16

对于"加深"和"减淡"这一对工具，除了用于提亮和降暗图像外，还广泛地应用于绘画中，如图5.17所示为使用这两个工具绘制得到的典型作品。

图5.17

5.3.3 修改图像的饱和度

使用"海绵工具" 可以修改图像局部的颜色饱和度，其工具选项条如图5.18所示。

图5.18

此工具的使用方法与"减淡工具" 基本相同，不同之处在于需要在"模式"下拉列表中进行选择。其中，选择"饱和"选项，可以增加操作区域的颜色饱和度；选择"降低饱和度"选项，可以去除操作区域的颜色饱和度。

图5.19和图5.20是选择不同选项对同一幅图像进行处理后的结果。

图5.19

图5.20

通过上面的示例可以看出，如果需要使图像中的景物更加鲜艳，可以选择"饱和"选项，然后，使用此工具在需要增加鲜艳度的区域进行涂抹；如果需要制作低饱和度图像效果，则可以选择"降低饱和度"选项。

选择"自然饱和度"选项后，可以在提高/降低饱和度的同时，针对图像的亮度进行适当的调整，从而使调整的结果更为自然。读者可以自行尝试涂抹并对比使用该选项前后的效果。

5.4 使用命令简单调整图像

Photoshop提供了一些简单、方便的图像调整命令，以方便处理一些特殊的图像效果，例如去除图像的色彩、反相图像色彩等，下面将分别对这些命令进行讲解。

5.4.1 去除图像的颜色 视频路径：视频文件\5.4.1.avi

选择"图像"|"调整"|"去色"命令，作用就是将图像中的色彩完全去除，只剩下灰色。有些情况下，这种无色彩的图像甚至比色彩斑斓的图像更具有美感和表现力。选择"去色"命令去除图像色彩的操作很简单，下面将讲解一个简单的实例。

1. 打开随书所附光盘中的文件"第5章\5.4.1-素材.jpg"，如图5.21所示。该实例将保留人物嘴部前面花朵的色彩，而将其以外的图像全部变为灰度图像，即完全地去除其颜色。

2. 使用"快速选择工具" 将人物嘴部前面的花朵选中，如图5.22所示。

3. 按Ctrl+Shift+I键执行"反向"操作，使选区反向选择图像。

4. 选择"图像"|"调整"|"去色"命令或按Ctrl+Shift+U键对选区中的图像进行去色。

5 按Ctrl+D键取消选区，得到如图5.23所示的效果。

图5.21　　　　　　　　　　　图5.22　　　　　　　　　　　图5.23

5.4.2 反相图像

> 视频路径：视频文件\5.4.2.avi

选择"图像"｜"调整"｜"反相"命令，可将反相图像的色彩，即将图像中的颜色改变为其补色，此命令没有参数和选项可设置。如图5.24所示为反相图像色彩前后的效果。

图5.24

当然，如果当前图像存在选区，可以仅反相选区中图像的色彩。

5.4.3 均化图像的色调

> 视频路径：视频文件\5.4.3.avi

应用"图像"｜"调整"｜"色调均化"命令，可以按亮度重新分布图像的像素，使其更均匀地分布在整个图像上。

使用此命令时，Photoshop要先查找图像最亮及最暗处像素的色值，然后将最暗的像素重新映射为黑色，最亮的像素映射为白色。然后，Photoshop对整幅图像进行色调均化，即重新分布处于最暗与最亮的色值中间的像素。

如图5.25所示为原图像，如图5.26所示为使用此命令后的效果。

图5.25　　　　　　　　　　　　　　　　　图5.26

如果在执行此命令前存在一个选择区域，选择此命令后将弹出如图5.27所示的对话框。

- 选择"仅色调均化所选区域"单选按钮，将仅均匀分布所选区域的像素。
- 选择"基于所选区域色调均化整个图像"单选按钮，则Photoshop基于选区中的像素的色调明暗程度来均匀分布图像的所有像素。

图5.27

5.4.4 制作普通黑白图像

视频路径：视频文件\5.4.4.avi

黑白图像不同于灰度图像，灰度图像有黑、白及黑到白过渡的256级灰，而黑白图像仅有黑色和白色两个色调。

要将一幅图像转换成为黑白色调图像，可以选择"图像"|"调整"|"阈值"命令，在弹出的如图5.28所示的对话框中拖动滑块以定义阈值。滑块越向右偏移，"阈值色阶"数值越大，所得到的图像中黑色区域越大；反之得到的图像中白色区域越大。

如图5.29所示为原图像的状态，如图5.30所示分别为设置不同的"阈值色阶"数值时，两种不同的黑白图像效果。

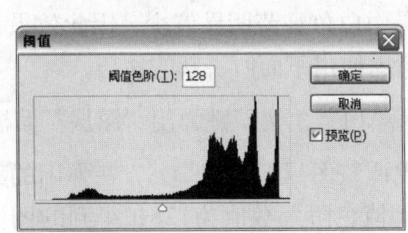

图5.28

图5.29

图5.30

5.4.5 制作完美黑白图像

使用"阈值"命令将图像转换为黑白效果时，会发现此命令由于提供的参数较少，往往无法得到黑白分布均匀、效果令人满意的黑白图像。

例如，对于图5.31所示的照片，如果直接使用此命令，则只能得到如图5.32所示的效果或者如图5.33所示的效果。

图5.31

图5.32

图5.33

前一种效果中黑色细节明显偏少，后一种效果中白色细节明显偏少，因此效果都不能够令人满意。要想得到完美的黑白图像效果，可以考虑使用下面所讲解的技巧。

1. 打开随书所附光盘中的文件"第5章\5.4.5-素材.tif"，按F7键弹出"图层"面板。

2. 单击"图层"面板底部的"创建新的填充或调整图层"按钮，在弹出的菜单中执行"阈值"命令，在弹出的面板中设置"阈值色阶"数值为128，得到的图像效果如图5.34所示，此时的"图层"面板如图5.35所示。

图5.34

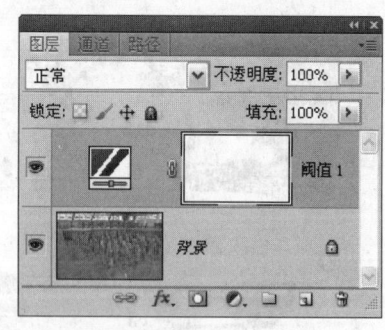

图5.35

3. 在工具箱中选择"减淡工具"，设置其工具选项条参数如图5.36所示。在"图层"面板中选择图层"背景"，在画布中黑色较多的区域进行涂抹，同时观察黑白图像的变化，在左侧比较黑的区域进行操作后，得到如图5.37所示的效果，如图5.38所示为操作前后的局部对比效果。

图5.36

调整图像颜色 第 5 章

图5.37

操作前　　　　　操作后
图5.38

4　在工具箱中选择"加深工具"，设置其工具选项条参数如图5.39所示。在画布中白色较多的区域进行涂抹，同时观察黑白图像的变化，在前景位置进行操作后，得到如图5.40所示的效果。

图5.39

5　重复步骤3～4的操作后，即可得到令人满意的黑白图像，效果如图5.41所示。

图5.40

图5.41

5.4.6　分离图像的色调

使用"色调分离"命令可以减少图像的颜色过渡层次，使图像的颜色过渡直接而又清晰。此命令的工作原理是通过设定色阶的数量以减少颜色的层次，并将近似的颜色归纳在一起。例如，如果将彩色图像的色调等级定义为六级，Photoshop可以在图像中找出六种基本颜色，并将图像中的所有颜色强制与这六种颜色相匹配，其操作步骤如下所述。

1　打开随书所附光盘中的文件"第5章\5.4.6-素材.tif"。

2　选择"图像"|"调整"|"色调分离"命令，弹出如图5.42所示的"色调分离"对话框。

3　在对话框中的"色阶"数值框中键入数值，按向上或者向下箭头键，直至得到所需要的效果。

如图5.43所示为原图像效果。如图5.44所

图5.42

111
Photoshop CS5

示为设置"色阶"数值为15时的效果。如图5.45所示为设置"色阶"数值为10时的效果。如图5.46所示为设置"色阶"数值为4时的效果。

图5.43

图5.44

图5.45

图5.46

通过设置不同的"色阶"数值,可以控制各类图像颜色的丰富程度,从而得到一种特别的艺术化效果,因此此命令在设计中也经常被用到。

5.4.7 调整图像的亮度与对比度

>> 视频路径:视频文件\5.4.7.avi

"亮度/对比度"命令是一个非常简单易用的命令,使用它可以方便快捷地调整图像明暗度,选择该命令后,弹出的对话框如图5.47所示。

在"亮度/对比度"对话框中,各参数的解释如下。

- 亮度:用于调整图像的亮度。数值为正时,增加图像的亮度;数值为负时,降低图像的亮度。

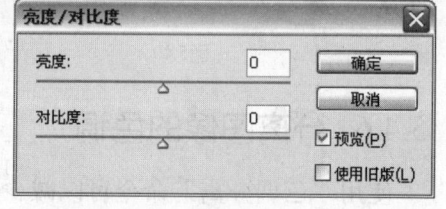
图5.47

- 对比度:用于调整图像的对比度。数值为正时,增加图像的对比度;数值为负时,降低图像的对比度。
- 使用旧版:选中此复选框,可以使用早期版本的"亮度/对比度"命令来调整图像,而默认情况下,则使用新版的功能进行调整。在调整图像时,新版命令将仅对图像的亮度进行调整,而色彩的对比度保持不变。

下面将通过一个简单的实例,来讲解使用"亮度/对比度"命令调整图像的方法。

1 打开随书所附光盘中的文件"第5章\5.4.7 -素材.jpg",如图5.48所示。选择"图像"|"调整"|"亮度/对比度"命令,弹出"亮度/对比度"对话框。

2 拖动对话框中的各个滑块进行调整,对于本例的图像,所使用的参数设置如图5.49所示。

调整图像颜色 第 5 章

图5.48

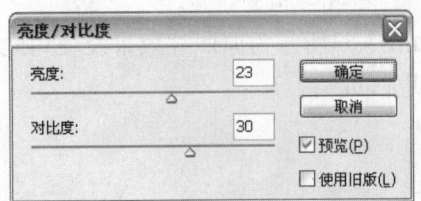

图5.49

3 设置参数后，单击"确定"按钮，图像明暗度会发生相应的改变，如图5.50所示。

如果选中"使用旧版"复选框，并按照上面对话框中的参数进行设置，将得到如图5.51所示的效果，可以明显地看出，图像的色彩也发生了变化，由此可以证明新、旧版软件之间的区别。

图5.50

图5.51

5.5 图像的高级调整

"去色"、"色调分离"等都是对图像色彩所做的一些简易的操作，并没有过多的选项来调节图像局部细节，往往不能满足用户对图像处理效果的要求。而利用以下将要讲述的命令，则可以使图像彻底改头换面，使每个颜色细节都更加完美。

5.5.1 调整图像的阴影及高光区域

使用"阴影/高光"命令，可以处理在拍摄中由于用光不当而出现过亮或者过暗问题的数码照片。选择"图像"｜"调整"｜"阴影/高光"命令，弹出如图5.52所示的对话框。

- 阴影：在此拖动"数量"滑块或者在此数值框中键入相应的数值，可以改变暗部区域的明亮程度。其中，数值越大（即滑块的位置越偏向右侧），则调整后的图像的暗部区域也相应越亮。

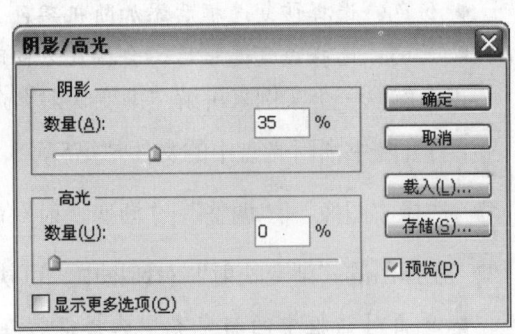

图5.52

● 高光：在此拖动"数量"滑块或者在此数值框中键入相应的数值，可以改变高亮区域的明亮程度。其中，数值越大（即滑块的位置越偏向右侧），则调整后的图像的高光区域也会相应越暗。

如图5.53所示为原照片效果及使用此命令调整后的效果。可以看出，局部过暗的照片得到了明显的改善。

原照片效果

调整后的效果

图5.53

5.5.2 为图像映射渐变

视频路径：视频文件\5.5.2.avi

利用"渐变映射"命令可以将渐变效果作用于图像，此命令将图像的灰度范围映射为指定的渐变填充色。

例如，如果指定了一个双色渐变，则图像中的阴影映射到渐变填充的一个端点颜色，高光映射到另一个端点颜色，中间调映射到两个端点间的层次。

选择"图像"|"调整"|"渐变映射"命令，弹出如图5.54所示的"渐变映射"对话框。

"渐变映射"对话框中的各参数解释如下。

● 灰度映射所用的渐变：在该区域中单击渐变类型选择框，即可弹出"渐变编辑器"对话框，然后自定义要应用的渐变类型。也可以单击右侧的三角按钮，在弹出的渐变预设框中选择一个预设的渐变。

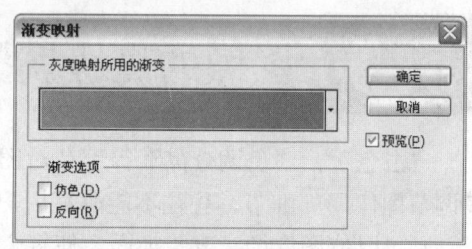
图5.54

● 仿色：选择该复选框后添加随机杂色，以平滑渐变填充的外观并减少宽带效果。
● 反向：选择该复选框后，会按反方向映射渐变。

下面就以一个实例来讲解"渐变映射"命令的操作方法，其操作步骤如下。

1 打开随书所附光盘中的文件"第5章\5.5.2-素材.jpg"，如图5.55所示。

2 选择"图像"|"调整"|"渐变映射"命令。

3 在弹出的"渐变映射"对话框中，可执行下面的操作之一。

● 单击对话框中的渐变类型选择框，在弹出的"渐变编辑器"对话框中自定义渐变的类型。

● 单击渐变类型选择框右侧的三角按钮，在弹出的"渐变预设框"中选择一种预设的渐变。

4 根据需要选择"仿色"、"反向"复选框后，单击"确定"按钮退出对话框即可。

如图5.56所示为应用不同的渐变映射后的效果。

图5.55　　　　　　　　　　　　　　　　图5.56

5.5.3　调整图像的色阶层次

视频路径：视频文件\5.5.3.avi

"色阶"命令是绝大多数Photoshop使用者调整图像色调时最常用的命令之一，其功能非常强大，不仅能够调整图像的高光和阴影显示，还可以通过改变黑白场的形式修改图像色调。选择"图像"|"调整"|"色阶"命令，可弹出如图5.57所示的"色阶"对话框。

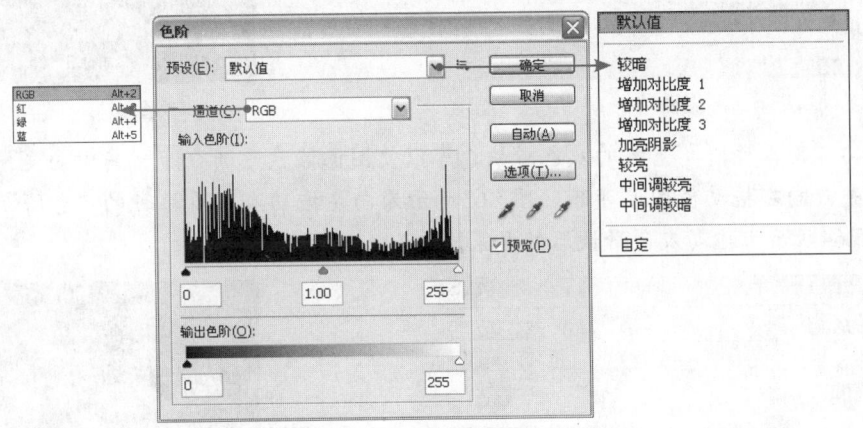

图5.57

使用此命令调整图像的准则如下所述。

● 如果要对图像的全部色调进行调节，在"通道"下拉列表中选择"RGB"选项，否则仅选择其中之一，以调节该色调范围内的图像。

● 如果要增加图像的对比度，可拖动"输入色阶"下方的滑块；如果要减少图像的对比度，可拖动"输出色阶"下方的滑块。

● 拖动"输入色阶"下方的白色滑块可将图像加亮。图5.58所示为原图像，图5.59所示为拖动对话框的白色滑块时的"色阶"对话框，图5.60所示为加亮后的效果。

● 拖动"输入色阶"下方的黑色滑块可将图像变暗。图5.61所示为拖动对话框的黑色滑块时的"色阶"对话框，图5.62所示为变暗后的效果。

图5.58

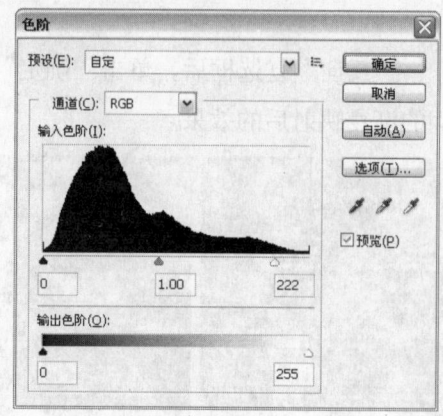
图5.59

图5.60

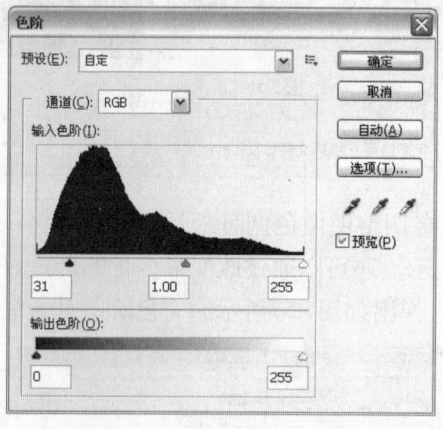
图5.61

图5.62

- 拖动"输入色阶"下方的灰色滑块，可以使图像像素重新分布，其中向左拖动使图像变亮，向右拖动使图像变暗。图5.63所示为向左拖动灰色滑块时的"色阶"对话框，图5.64所示为拖动灰色滑块后的效果。

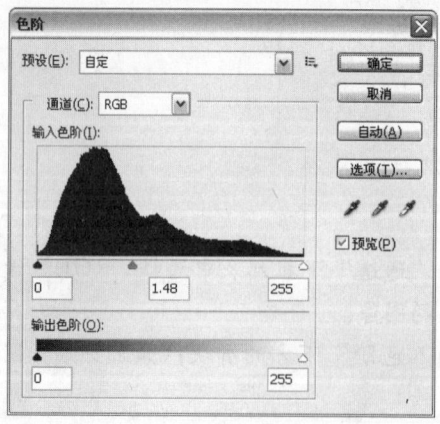
图5.63

图5.64

- 如果需要将对话框中的设置保存为一个文件，在以后的工作中使用，可以单击"预设选项"按钮，选择"存储预设"选项，在弹出的对话框中输入文件名称。

- 如果要调用"色阶"命令的设置文件,可以单击"预设选项"按钮,选择"载入预设",在弹出的"文件选择"对话框中选择该文件。
- 单击"自动"按钮,可使Photoshop自动调节图像的对比度及明暗度。

除上述方法外,利用对话框中的"滴管工具"也可以对图像的明暗度进行调节,其中使用黑色"滴管工具"可以使图像变暗,而使用白色"滴管工具"可以加亮图像,灰色"滴管工具"用于去除图像的偏色,3个"滴管工具"的功用如下所述。

- 黑色"滴管工具":可以将图像中的单击位置定义为图像中最暗的区域,从而使图像的明阴影重新分布,大多数情况下,可以使图像更暗一些,此操作即为重新定义黑场。
- 灰色"滴管工具":可以将图像中的单击位置的颜色定义为图像的偏色,从而使图像的色调重新分布,用于去除图像的偏色情况。
- 白色"滴管工具":可以将图像中的单击位置定义为图像中最亮的区域,从而使图像的明阴影重新分布,大多数情况下,可以使图像更亮一些,此操作即为重新定义白场。

如图5.65所示为原图像及"色阶"对话框处于打开状态下黑色"滴管工具"所在的位置,如图5.66所示为使用黑色"滴管工具"单击图像后图像整体变暗的效果。

图5.65　　　　　　　　　　　　　　　图5.66

如图5.67所示为原图像及"色阶"对话框处于打开状态下使用白色"滴管工具"所在的位置,如图5.68所示为使用白色"滴管工具"单击图像后图像整体变亮的效果。

图5.67　　　　　　　　　　　　　　　图5.68

如图5.69所示为原图像,如图5.70所示为"色阶"对话框处于打开状态下,使用灰色滴管在图像中辅助线相交位置进行单击后的效果,可以看出由于去除了部分黄色像素,图像中的人像面部呈现出红润的颜色。

图5.69

图5.70

在"色阶"对话框顶部的"预设"下拉列表中,提供了一些常用的预设调整方案,以如图5.71所示的原图像为例,如图5.72所示为分别选择不同的预设时得到的不同调整效果。

图5.71

图5.72

5.5.4 精确调整图像的色调 视频路径:视频文件\5.5.4.avi

利用"曲线"命令可以精确调整图像高光、阴影和中间调区域中任意一点的色调与明暗。其调整图像的原理与"色阶"调整方法基本一样,只是调整会更加精细。

选择"图像"|"调整"|"曲线"命令,将显示如图5.73所示的"曲线"对话框。

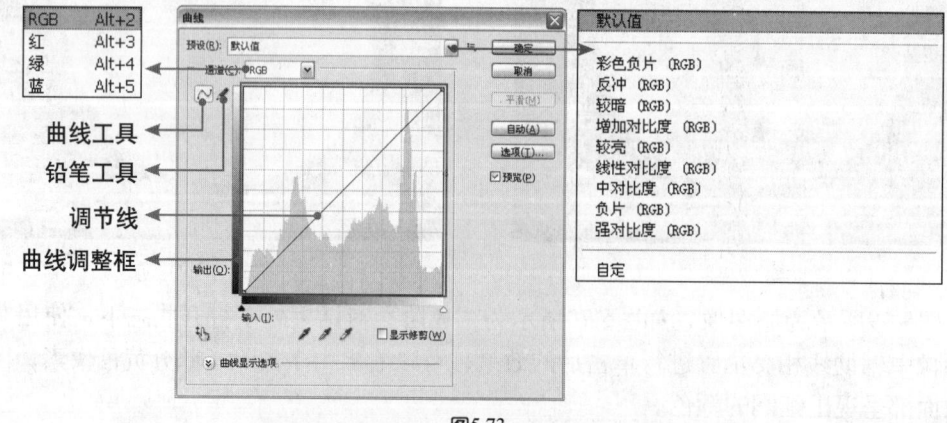
图5.73

1. "曲线"对话框中的参数含义

在"曲线"对话框中,比较特殊的参数含义如下。

- 预设:在此下拉列表中,可以选择一个预设的调整方案,以快速调整图像效果。
- 通道:在此处可以选择要调整的通道对象,根据图像颜色模式的不同,此处所列的项目也不尽相同。
- 曲线调整框:该区域用于显示当前对曲线所进行的修改,按住Alt键在该区域中单击,可以增加网格的显示数量,从而便于对图像进行精确的调整。
- 明暗度显示条:即曲线调整框左侧及底部的渐变条。横向的显示条为图像在调整前的明暗度状态,纵向的显示条为图像在调整后的明暗度状态,图5.74所示为向下拖动节点时,调整前后的对应关系。
- 调节线:在该直线上可以添加最多不超过14个节点,当鼠标置于节点上并变为✥状态时,就可以拖动该节点对图像进行调整。
- "曲线工具"～:使用该工具可以在调节线上添加控制点,并以曲线方式调整调节线。
- "铅笔工具"✐:使用该工具可以使用手绘方式在曲线调整框中绘制曲线。
- 平滑:当使用"铅笔工具"✐绘制曲线时,该按钮才会被激活,单击该按钮可以让所绘制的曲线变得更加平滑。

> **提示**
>
> 如果需要使对话框中的网格更加精细,可以按住Alt键单击网格,此时对话框如图5.75所示,再次按住Alt键单击网格可使其恢复至原状态。

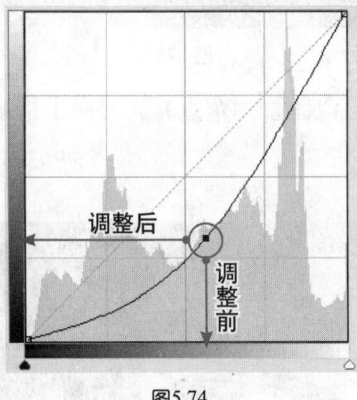

图5.74

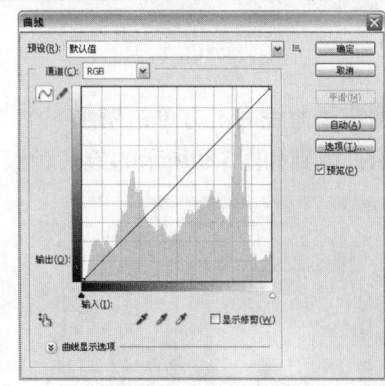

图5.75

在此对话框中最重要的工作是调节曲线,曲线的水平轴表示像素原来的色值,即输入色阶;垂直轴表示调整后的色值,即输出色阶。

> **提示**
>
> 对于RGB图像对话框显示的是从0～255之间的亮度值,其中阴影(数值为0)位于左边,而对于CMYK图像对话框显示的是0～100之间的百分数,高光(数值为0)在左边。但点按曲线下面的双箭头可以反转亮部与暗的分布顺序。

2. 手工编辑曲线以调整图像

使用此命令调整图像，可以按照下述步骤操作。

1. 打开随书所附光盘中的文件"第5章\5.5.4-1-素材.jpg"，如图5.76所示。在此图像中需要将暗部区域适当加亮。

2. 选择"图像"|"调整"|"曲线"命令，显示"曲线"对话框，如图5.77所示。

3. 由于本例需要调整整幅图像的暗部，因此在"通道"下拉列表中选择"RGB"选项，然后在调节线的右上方单击以添加一个节点，并向右上方拖动，以提亮图像整体，如图5.78所示。

图5.76

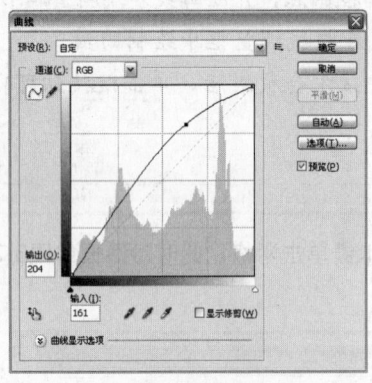

图5.77

图5.78

4. 在调节线曲线右上方单击增加一个节点（最多可以添加14个点），并向上拖动如图5.79所示，得到如图5.80所示的效果。

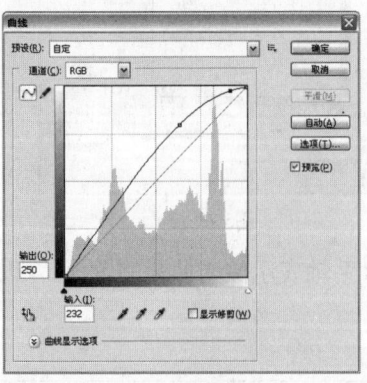

图5.79

图5.80

5. 为了保持一定的对比度，在曲线下方增加一个节点并向上拖动，效果如图5.81所示，最终得到的图像效果如图5.82所示。

很多读者曾经遇到过这样的情况，即在"曲线"对话框中向上拖动曲线以调亮图像时，结果图像却变暗了,而向下拖动曲线时图像反而变亮了,实际上,这个问题主要是出在图像的颜色模式上,对于RGB模式图像来说,向上拖动曲线则调亮图像,在本书所有的图片示例中,除特别强调外,都是使用RGB模式的图像进行展示的;而对于CMYK模式的图像来说,则刚好与之相反,所以就出现了上述操作时的问题。

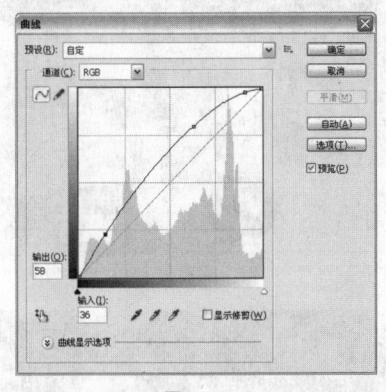
图5.81

图5.82

 3. 手工绘制曲线以调整图像

调整曲线的第二种方法是使用铅笔绘制曲线,然后通过平滑曲线来达到调节图像的目的,其操作步骤如下。

1 单击"曲线"对话框底部的"铅笔"按钮 。

2 拖动鼠标,在"曲线"图表区绘制需要的曲线。

3 单击"平滑"按钮以平滑曲线,此操作使图像的色调由于剧烈而频繁的变化而光怪陆离,如图5.83所示的原图像,如图5.84所示为使用此方法调整后的效果。

图5.83

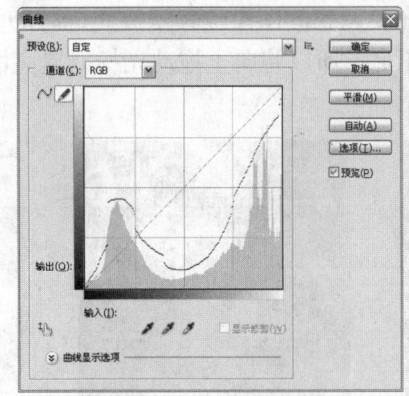

图5.84

 4. 使用预设调整图像

除了用手工编辑曲线来调整图像外,还可以单击"预设选项"按钮 ,直接选择一个Photoshop自带的调整方案。

如图5.85所示为原图像,图5.86、图5.87和图5.88所示则是分别设置为"反冲"、"负片"和"强对比度"以后的效果。

对于那些不需要得到较精确的调整效果的用户而言，此功能大大简化了操作步骤。

图5.85

图5.86

图5.87

图5.88

 5. 使用在图像中拖动的方式调整图像

"曲线"命令可以在图像中通过拖动的方式快速调整图像的色彩及亮度。如图5.89所示为选择拖动调整工具后在要调整的图像位置摆放光标时的状态，如图5.90所示，由于当前摆放光标的位置显得曝光不足，所以将向上拖动光标以提亮图像，此时的"曲线"对话框如图5.91所示。

图5.89

图5.90

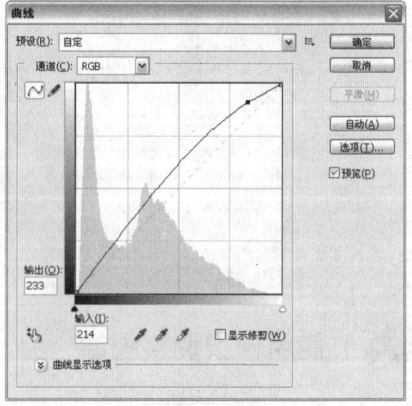
图5.91

在前面处理的图像基础上，再将光标置于阴影区域要调整的位置，如图5.92所示，按照前面所述的方法，向下拖动鼠标以调整阴影区域，如图5.93所示，此时的"曲线"对话框如

图5.94所示。

图5.92

图5.93

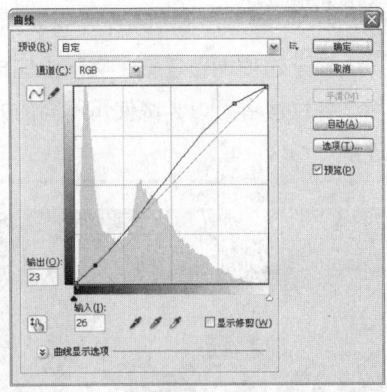
图5.94

通过上面的示例可以看出，实际上拖动调整工具只不过是在操作方法上有所不同，而在调整原理上是没有任何变化的，就像刚才的示例中，只是利用了S形曲线增加图像的对比度，而这种形态的曲线也完全可以在"曲线"对话框中通过编辑曲线的方式创建得到，所以读者在实际运用过程中，可以根据自己的喜好，选择使用何种方式来调整图像。

5.5.5 平衡图像的色彩

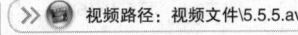
视频路径：视频文件\5.5.5.avi

利用"色彩平衡"命令，可以在图像或选择区中增加或减少处于高亮度色\中间色以及阴影色区域中特定的颜色，适用于调整图像中大面积区域的情况。

选择"图像"|"调整"|"色彩平衡"命令，弹出如图5.95所示的对话框。

在"色彩平衡"对话框中，有如下选项可调整图像的颜色平衡。

图5.95

- 颜色调节滑块：颜色调节滑块区显示互补的CMYK和RGB色。在调节时可以通过拖动滑块增加该颜色在图像中的比例，同时减少该颜色的补色在图像中的比例。例如，要减少图像中的蓝色，可以将"蓝色"滑块向"黄色"方向拖动。

- 阴影、中间调、高光：选中对应的单选按钮，然后拖动滑块可以调整图像中这些区域的颜色值。

- 保持明度：选中该复选框，可以保持图像的亮调，即在操作时只有颜色值可被改变，像素的亮度值不可改变。

使用"色彩平衡"命令调整图像的操作步骤如下所述。

1 打开随书所附光盘中的文件"第5章\5.5.5-素材.jpg"，如图5.96所示。在此需要将偏冷的图像色调调整成为偏暖的感觉。

2 选择"图像"|"调整"|"色彩平衡"命令，在打开的对话框中选择"阴影"单选按钮，设置对话框中的参数如图5.97所示。

> **提示**
>
> 对于这项调整任务，实际上完成的方法有很多，在此仅展示了其中一种，在本章学习结束后，各位读者可以尝试使用不同的方法进行调整，并在调整时进行对比，以加深对调整命令的理解。

图5.96

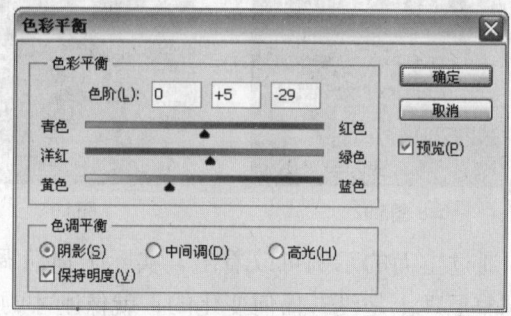
图5.97

3 再选择"中间调"单选按钮，设置对话框中的参数如图5.98所示。

4 单击"确定"按钮退出对话框，得到如图5.99所示的效果。

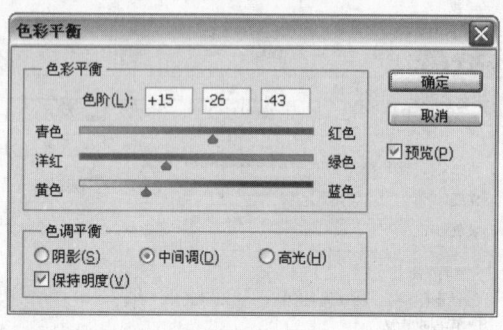
图5.98

图5.99

采用同样的方法，还可以将图像调整成为如图5.100所示的色调效果。

图5.100

5.5.6 调整图像的色相或者饱和度

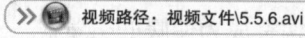

利用"色相/饱和度"命令可以调节图像或选区的色相、饱和度以及亮度，此命令的特点在于可以根据需要调整某一个色调范围内的颜色。

选择"图像"|"调整"|"色相/饱和度"命令，显示如图5.101所示的"色相/饱和度"对话框。

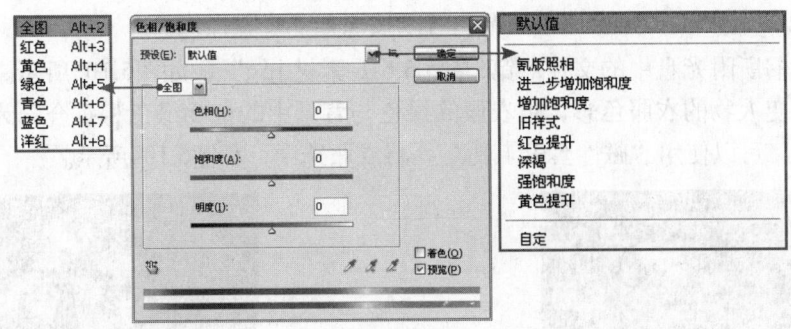

图5.101

此对话框中各参数及选项的意义如下所述。

- 编辑区：在对话框的弹出菜单中选择"全图"选项，可以同时调节图像中所有的颜色，或者选择某一颜色成分单独调节。
- "吸管工具"：用于选择图像颜色并修改颜色范围。使用"吸管加工具"可以扩大范围；使用"吸管减工具"可以减小范围。

  提示：可以在选择吸管时按住Shift键加大范围，按住Alt键减少范围。
- 色相：使用"色相"调节滑块可以调节图像的色调，无论向左拖动滑块还是向右拖动，都可以得到一个新的色相。
- 饱和度：使用"饱和度"调节滑块可以调节图像的饱和度。向右拖动增加饱和度，向左拖动减少饱和度。
- 明度：使用"明度"调节滑块可调节像素的亮度，向右拖增加亮度，向左拖减少亮度。
- 颜色条：在对话框的底部显示有两个颜色条，代表颜色在颜色轮中的次序及选择范围。上面的颜色条显示调整前的颜色，下面的颜色条显示调整后的色相。
- 着色：此复选框用于将当前图像转换成为某一种色调的单色调图像。
- "拖动调整工具"：在对话框中单击选中此工具后，在图像中单击某一种，并在图像中向左或向右拖动，可以减少或增加包含所单击像素的颜色范围的饱和度；如果在执行此操作时按住了Ctrl键，则左右拖动可以改变相对应区域的色相。与前面讲解的"曲线"对话框中的拖动调整工具类似，此处的工作也是不同操作方式、但调整原理相同的一个替代功能，读者可以在后面学习此命令基本的颜色调整方法后，再尝试使用此工具对图像颜色进行调整。

如果在颜色选择下拉列表中选择的不同是"全图"选项，颜色条则显示对应的颜色区域，如图5.102所示。

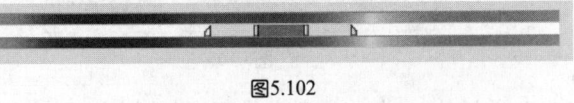

图5.102

提示

在图5.101中，拖动颜色条间的深灰色区域也可以实现确定颜色调整范围的功能。如果使用色相调节滑块作出调整，并将颜色条拖到一个新的范围，下面的色条则会在色盘中移动，以标定新的调整颜色。

1. 改变图像色彩

使用"色相/饱和度"命令调整图像，可以按照如下步骤操作。

1 打开随书所附光盘中的文件"第5章\5.5.6-1-素材.jpg"，如图5.103所示。在本例中，将要改变人物的衣服色彩，但衣服的绿色与背景中的植物绿色相重合，为避免不必要的调整，可以使用"磁性套索工具" 将衣服选中，如图5.104所示。

图5.103

图5.104

2 按Ctrl+U键或选择"图像"|"调整"|"色相/饱和度"命令，以调出其对话框。

3 由于人物的衣服表现为绿色，所以要先对图像中的绿色进行调整。在"编辑"下拉列表中选择"绿色"选项，然后拖动"色相"及"饱和度"滑块至如图5.105所示的状态，以将图像中的绿色转换成为紫色，如图5.106所示。

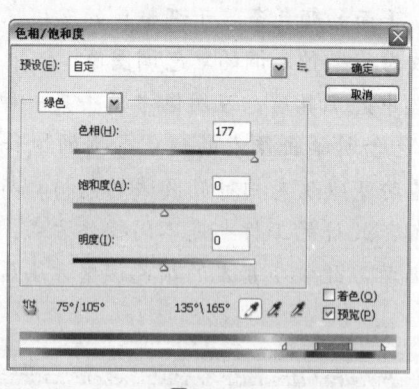

图5.105

图5.106

4 通过上一步的调整，发现调整绿色后对衣服颜色的影响并不大，此时更容易看出的是，衣服中带有的青色更多一些，因此下面在"编辑"下拉列表中选择"青色"选项，调整颜色并提高其饱和度，如图5.107所示，得到如图5.108所示的效果。

5 确认调整完毕后，单击"确定"按钮退出对话框即可。图5.109所示为按Ctrl+D键取消选区后，并使用"自然饱和度"命令对照片整体色彩进行调整的结果。

调整图像颜色 第5章

图5.107

图5.108

图5.109

2. 为图像叠加单色

利用"色相/饱和度"命令可以为图像叠加颜色,从而处理得到艺术化的摄影图像效果。下面可以用一个简单的实例来讲解其操作。

1 打开随书所附光盘中的文件"第5章\5.5.6-2-素材.jpg",如图5.110所示。

2 按Ctrl+U键或选择"图像"|"调整"|"色相/饱和度"命令,打开相应的对话框,选择"着色"复选框,如图5.111和图5.112所示。

图5.110

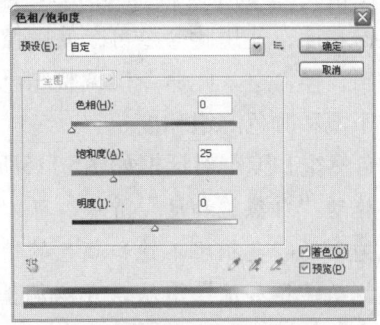
图5.111

3 拖动滑块调节图像的色相及饱和度,得到如图5.113所示的效果。

图5.112

图5.113

> **提示**
> 利用"色相/饱和度"命令的着色功能,可以在广告摄影中使只有一种色调的物体通过着色表现出丰富的颜色。

127
Photoshop CS5

3. 使用预设调整图像

使用"色相/饱和度"命令的预设，能够快速得到一些特殊的效果，例如以如图5.114所示的图像为例，如图5.115所示为使用其中不同预设所调整得到的效果。

图5.114

图5.115

5.5.7 调整图像的自然饱和度

视频路径：视频文件\5.5.7.avi

"图像"|"调整"|"自然饱和度"命令用于调整图像饱和度，使用此命令可以使图像颜色的饱和度不会溢出，换言之，此命令仅调整与已饱和的颜色相比那些不饱和颜色的饱和度。

"自然饱和度"对话框如图5.116所示。

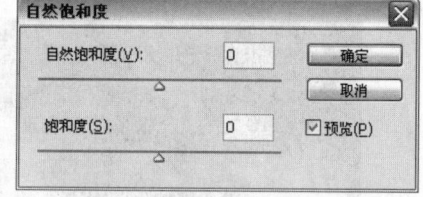

- 拖动"自然饱和度"滑块，可以调整那些与已饱和的颜色相比不饱和颜色的饱和度，从而获得更加柔和自然的图像饱和度效果。

图5.116

- 拖动"饱和度"滑块，可以调整图像中所有颜色的饱和度，使所有颜色获得等量饱和度调整，因此使用此滑块可能导致图像的局部颜色过度饱和。

使用此命令调整人像照片时，可以防止人像的肤色过度饱和。图5.117所示为原图像，选中人脸以外的区域进行色彩调整，图5.118所示为使用此命令调整后的效果，图5.119所示为使用"色相/饱和度"命令提高图像饱和度时的效果，经过对比可以看出，此命令在调整颜色饱和度方面的优势。

图5.117　　　　　　　　图5.118　　　　　　　　图5.119

5.5.8 替换图像的局部颜色

>> 视频路径：视频文件\5.5.8.avi

利用"替换颜色"命令可以将选中的图像颜色用另外的颜色替换。用户可以在图像中基于特定颜色创建暂时的选区，以调整该区域的色相、饱和度及亮值，从而以自己需要的颜色替换图像中不需要的颜色。如果有其他颜色改变的区域，可以使用"历史画笔工具"将其消除。

如果在图像中选择多个颜色范围，则应该选择"本地化颜色簇"复选框，以得到更加精确的选择范围。

选择"图像"|"调整"|"替换颜色"命令后，打开如图5.120所示的对话框。

"替换颜色"命令的操作方法如下所述。

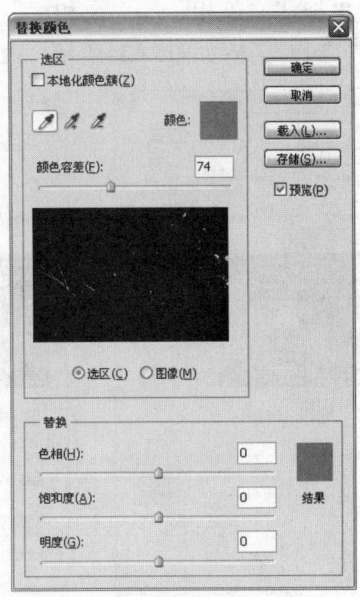

图5.120

1 打开随书所附光盘中的文件"第5章\5.5.8-素材.jpg"，如图5.121所示。在此需要将广告中的黄色瓶调整为紫红色。

2 选择"图像"|"调整"|"替换颜色"命令，打开"替换颜色"对话框。

3 在该对话框的预览框中用"吸管工具"单击需要调整的区域，在此单击瓶子上的黄色区域，此时对话框的预览区域如图5.122所示。

图5.121

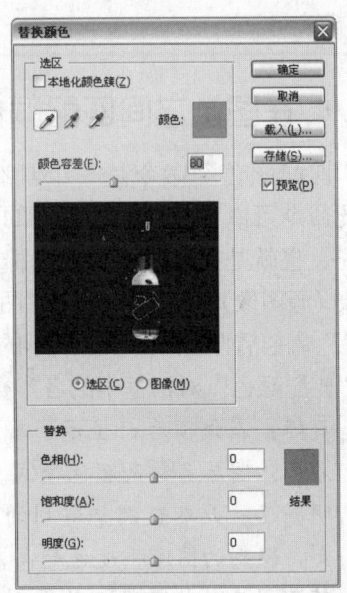

图5.122

> **提示**
> 如果要增加颜色区域，可以按住Shift键单击，或使用"添加到取样工具"单击要添加的区域；要减少颜色选区可按住Alt键单击，或使用"减少取样工具"单击要减少的区域。

4　向右拖动"颜色容差"滑块调整所选区域，直至预览区域如图5.123所示。

5　拖移"色相"、"饱和度"、"明度"滑块，直至将所选的颜色区域改变为青色，此时对话框如图5.124所示，改变后的图像如图5.125所示。

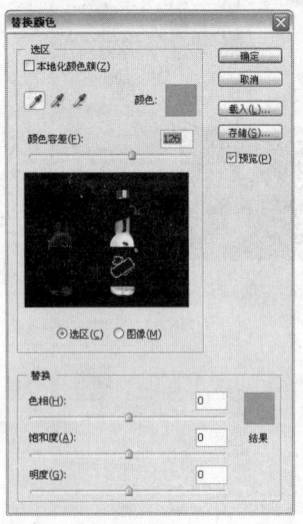

图5.123

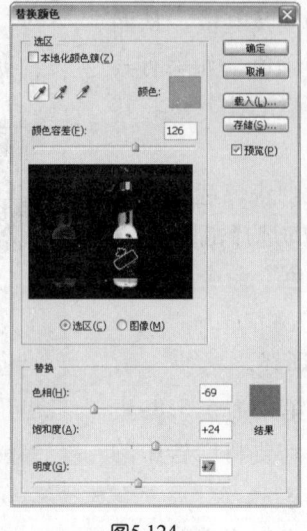

图5.124

图5.125

提 示

在"替换颜色"对话框中可以通过按住Ctrl键，然后在预览区域切换"选区"、"图像"显示模式。

5.5.9　在图像之间匹配颜色

视频路径：视频文件\5.5.9.avi

"匹配颜色"命令是一个具有较高智能化的命令，此命令可以在相同的或不同的图像之间进行颜色的匹配，也就是使一幅图像（目标图像）具有另外一幅图像（源图像）的色调。选择"图像"|"调整"|"匹配颜色"命令后弹出如图5.126所示的对话框。

"匹配颜色"对话框中的各参数解释如下。

- 目标：在该项后面显示了当前操作的图像文件名称、图层名称及颜色模式。
- 明亮度：此参数调整得到的图像亮度，数值越大，得到的图像亮度也越高，反之则越低。
- 颜色强度：此参数调整得到的图像颜色的饱和度，此数值越大，则得到的图像所匹配的颜色饱和度越大，反之则越低。

图5.126

- 渐隐：此参数控制了得到的图像颜色与图像的原色相近的程度，此数值越大则得到的图像越接近于颜色匹配前后的效果，反之，匹配的效果越明显。
- 中和：选择该复选框可自动去除目标图像中的色痕。

- 应用调整时忽略选区：如果目标图像中存在选区，则此复选框将被激活，此时可以忽略选区对操作的影响。
- 使用源选区计算颜色：选择此复选框，在匹配颜色时仅计算源文件选区中的图像，选区外图像的颜色不计算入内。
- 使用目标选区计算调整：选择此复选框，在匹配颜色时仅计算目标文件选区中的图像，选区外图像的颜色不计算入内。
- 源：在该下拉列表中可以选择源图像文件的名称。如果选择"无"选项则目标图像与源图像相同。
- 图层：在该下拉列表中将显示源图像文件中所具有的图层。如果选择"合并的"选项，则将源图像文件中的所有图层合并起来，再进行匹配颜色。

"匹配颜色"命令可以很方便地在两个图像文件之间进行颜色匹配，下面同样通过一个实例来展示如何使两幅图像具有相同的色调，其操作步骤如下。

1 打开随书所附光盘中的文件"第5章\5.5.9-1-素材1.jpg"和"第5章\5.5.9-1-素材2.jpg"，如图5.127和图5.128所示，从左至右依次为源图像和目标图像。在下面的操作中，会将目标图像的暖色调调整成为与源图像相同的正常光照效果。

图5.127

图5.128

2 确定目标图像为当前操作的图像文件，选择"图像"|"调整"|"匹配颜色"命令，在弹出对话框底部的"源"下拉列表中选择源图像的名称，此时的"匹配颜色"对话框如图5.129所示，预览的图像效果如图5.130所示。

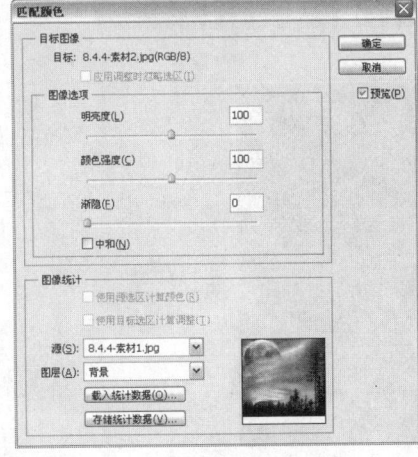
图5.129

图5.130

3 在"匹配颜色"对话框中拖动各个参数的滑块，或在对应的数值输入框中输入数值，设置对话框如图5.131所示。

4 参数设置完毕后，单击"确定"按钮退出对话框，得到如图5.132所示的效果。

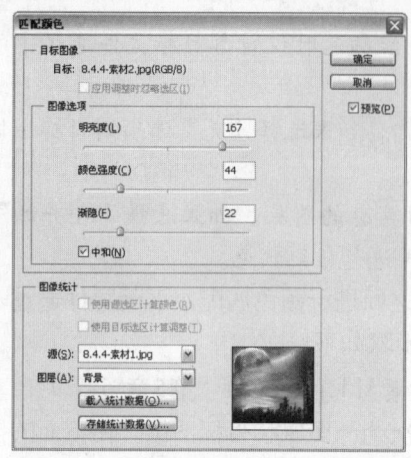
图5.131

图5.132

当然，有的时候，使用"匹配颜色"命令处理的结果并非都如我们想象的那样。以图5.133所示的两幅图像为例，原本是想让左图拥有右侧那样的冷色调，但简单设置参数后才发现，得到了如图5.134所示的效果，虽然并没有得到冷色调效果，但却得到了一种非主流的色调，而且效果还不错。

图5.133

图5.134

5.5.10 制作滤色镜效果

视频路径：视频文件\5.5.10.avi

选择"图像"|"调整"|"照片滤镜"命令，用于模拟传统光学滤镜特效，能够使照片呈现暖色调、冷色调及其他颜色的色调，其对话框如图5.135所示。

下面介绍此对话框中较为重要的参数。

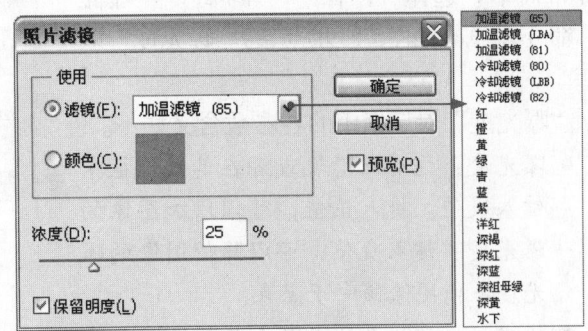

图5.135

- 滤镜：在"滤镜"下拉列表中选择相应的选项，可以按照所选选项改变照片的色调，其中比较重要的选项如下。
- 暖调滤镜（85）和冷调滤镜（80）：这些滤镜用来调整图像中白平衡的颜色转换滤镜。如果图像是使用色温较低的光（微黄色）拍摄的，则冷调滤镜（80）使图像的颜色更蓝，以便补偿色温较低的环境光。相反，如果照片是用色温较高的光（微蓝色）拍摄的，则暖调滤镜（85）会使图像的颜色更暖，以便补偿色温较高的环境光。
- 暖调滤镜（81）和冷调滤镜（82）：这些滤镜是光平衡滤镜，它们适用于对图像的颜色品质进行较小的调整。暖调滤镜（81）使图像变暖（变黄），冷调滤镜（82）使图像变冷（变蓝）。
- 颜色：如果希望照片呈现其他颜色的色调，可在"滤镜"下拉列表中选择相应的颜色选项，例如"红"、"黄"等，也可以选中"颜色"单选按钮，并单击其右侧的色块，在弹出的"拾色器"对话框中选择一种颜色。
- 浓度：通过调整滑块或在此文本框中输入数值，可以调整照片色调的浓淡度，此数值越大，照片具有的目标色调的浓度也越大。

图5.136所示为原图像，图5.137所示为经过调整后照片色调偏暖的效果，图5.138所示为经过调整后照片色调偏冷的效果。

图5.136

图5.137

图5.138

5.5.11 调整图像的曝光度

"曝光度"命令用于模拟数码相机内部对照片的曝光处理，也常用于调整图像中的曝光

不足或者曝光过度等现象。此命令的使用方法非常简单，选择"图像"|"调整"|"曝光度"命令，弹出如图5.139所示的"曝光度"对话框。

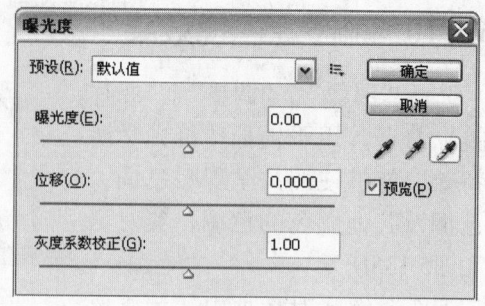

图5.139

"曝光度"对话框中的各参数含义如下。

- 曝光度：拖动此滑块或者在其数值框中键入数值。键入正值，可以增加图像的曝光度；键入负值，可以降低图像的曝光度，使图像倾向于黑色。
- 位移：拖动此滑块或者在其数值框中键入数值。键入正值，可以增加图像中曝光度的范围；键入负值，可以降低图像中曝光度的范围。
- 灰度系数校正：拖动此滑块或者在其数值框中键入数值。键入正值，可以减少图像中的灰度；键入负值，可以提高图像中的灰度。

如图5.140所示为原图像。可以看出，图像偏灰且曝光严重不足。如图5.141所示为调整后的图像效果。

图5.140

图5.141

5.5.12 制作细腻灰度或者单色调图像

视频路径：视频文件\5.5.12.avi

"黑白"命令可以将图像处理成为灰度图像效果，也可以选择一种颜色，将图像处理成为单一色彩的图像。选择"图像"|"调整"|"黑白"命令，即可弹出如图5.142所示的对话框。

在"黑白"对话框中，各参数的解释如下。

- 预设：在此下拉列表中，可以选择Photoshop自带的多种图像处理方案，从而将图像处理成不同程度的灰度效果。
- 颜色设置：在对话框中间的位置存在6个滑块，拖动各个滑块，即可对原图像中相应色彩的图像进行灰度处理。
- 色调：选中该复选框后，对话框底部的两个色条及右侧的色块将被激活，如图5.143所示。其中两个色条分别代表了"色相"与"饱和

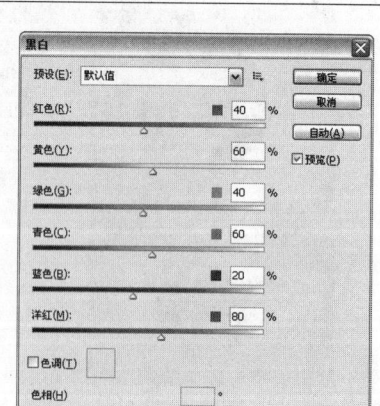

图5.142

度",在其中调整出一个要叠加到图像上的颜色,即可轻松地完成对图像的着色;另外,也可以直接单击右侧的颜色块,在弹出的"选择目标颜色"对话框中选择一种需要的颜色即可。

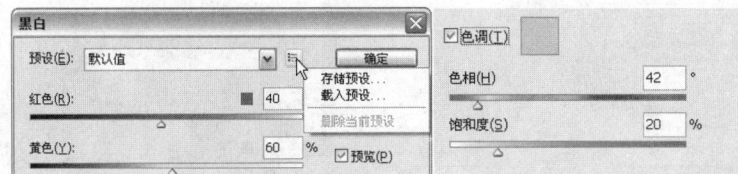

图5.143

- 预设管理:要将对话框中的参数设置保存为一个设置文件,以备在日后的工作中使用,可以单击 按钮,在弹出的菜单中选择"存储预设"命令,然后在弹出的对话框中输入文件名称。如果要调用参数设置文件,可以单击 按钮,在弹出的菜单中选择"载入预设"命令,在弹出文件选择对话框中选择该文件。

下面将通过一个实例,讲解一下如何使用"黑白"命令。先制作灰度图像,再为图像叠加颜色,从而处理得到艺术化的摄影效果。

1 打开随书所附光盘中的文件"第5章\5.5.12-素材.jpg",如图5.144所示。

2 选择"图像"|"调整"|"黑白"命令,在弹出的对话框中,可以在"预设"下拉列表中选择一种处理方案,或直接在中间的颜色设置区域中拖动各个滑块,调整图像的效果。

3 在"预设"下拉列表中选择"中灰密度"命令,如图5.145所示,此时图像的状态如图5.146所示。

图5.146

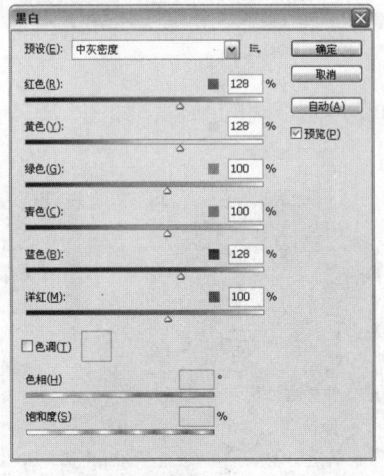

图5.145

图5.146

4 由于图像中主要是由红色、黄色和绿色构成,因此在对话框中分别拖动这3个对应的滑块,直至恢复人物面部的细节,并将背景调亮为止。如图5.147所示为所设置的参数,图像的效果如图5.148所示。

 图5.147　　　　　　　　　　　图5.148

5 至此，已经将图像处理成满意的灰度效果了，下面将在此基础上为图像叠加一种艺术化的色彩。选中对话框底部的"色调"复选框，此时下面的颜色设置区域将被激活，分别拖动"色相"及"饱和度"滑块，同时预览图像的效果，直至效果满意为止。如图5.149所示为所设置的颜色参数，如图5.150所示为得到的图像效果。

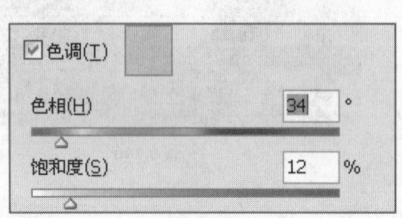

图5.149　　　　　　　　　　　图5.150

除了上面讲解的为图像叠加橙红色以外，还可以调整其他不同的颜色，如图5.151所示分别为图像叠加了青色和绿色后得到的效果。

图5.151

5.6 人物类数码照片的调整技巧

如果所拍摄的人物数码照片要进行印刷,则需要对照片进行仔细调整以取得最好的表现效果,但实际上多数人仍然是基于自己观看电脑屏幕的感觉进行调整的,因此往往得不到特别理想的印刷效果。

其实在这种调整操作方面,还是有一些经验可以借鉴的。下面针对不同年龄的人物,讲解一些在调整时可以参考的经验数值。

5.6.1 年轻人数码照片

年轻人的皮肤红润、有光泽。通常情况下,在最大范围出现的中间调区域,M数值与Y数值低于45%,这样的区域应该占到整体肤色面积的70%左右,C数值应该控制在15%以下,仅在面部的暗调区域才应该出现K数值,否则都应该为0%。

例如,在图5.152所示的年轻人数码照片中,4个颜色取样点所测量出来的数值就基本满足上面所列举的颜色值。

图5.152

5.6.2 老年人数码照片

老年人的皮肤较粗糙,由于有色素沉着,多数人看上去肤色较深。因此,在中间调区域的C值与K值会相应增大,但C值还是应该控制在30%以下,K值最好只在中间调和暗调区域出现为好,且不可太高。

例如,在图5.153所示的老年人数码照片中,4个颜色取样点所测量出来的数值就基本满足上面所列举的颜色值。

图5.153

5.6.3 儿童数码照片

儿童肤质细腻柔软,在大面积出现的中间调区域中,M值和Y值在30%以下的部分应多一些,C值应控制在10%以下,K值尽量不要大于0%(黑种人和逆光、侧光的暗面除外),

这样儿童的肤色才会呈现粉红色，看起来细腻、健康。

例如，在图5.154所示的儿童数码照片中，4个颜色取样点所测量出来的数值就基本满足上面所列举的颜色值。

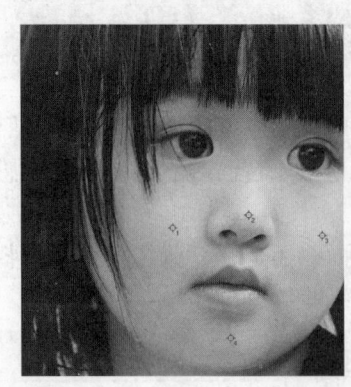

图5.154

5.7 应用实例——制作梦幻色彩照片

本例主要利用"色彩范围"、"色彩平衡"、"色相/饱和度"、"曲线"和"照片滤镜"等命令，使照片呈现梦幻般的色彩。

1. 打开随书所附光盘中的文件"第5章\5.7-素材.psd"，效果如图5.155所示。选择"选择"|"色彩范围"命令，在其对话框中使用 ✏ 工具单击图像中较暗的位置，此时对话框显示如图5.156所示，单击"确定"按钮，得到如图5.157所示的选区。

图5.155

图5.156

2. 选择"磁性套索工具" ⌥，在其工具选项条中单击"从选区减去"按钮 ⌘，围绕人物四周制作选区，减去选区后的效果如图5.158所示。

图5.157

图5.158

3. 按Ctrl+B键调出"色彩平衡"对话框，在弹出的对话框中分别设置"阴影"、"中间调"、"高光"参数，如图5.159～图5.161所示，单击"确定"按钮，得到如图5.162

所示的效果。

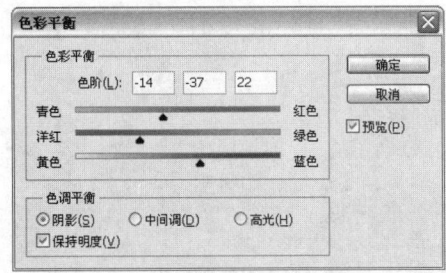

图5.159

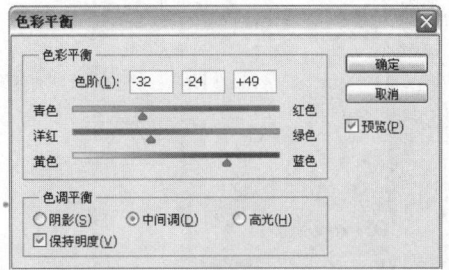

图5.160

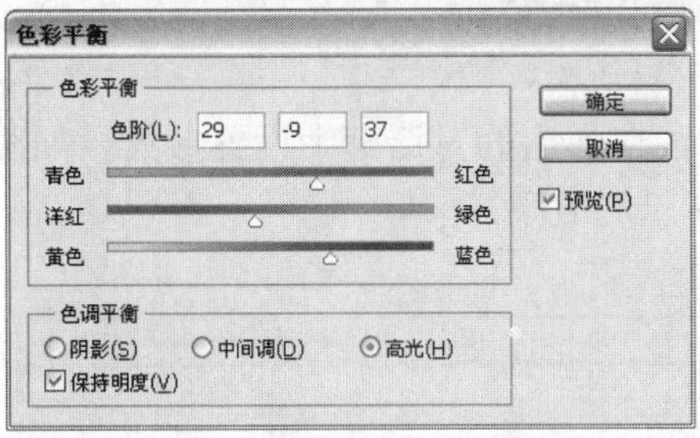

图5.161

图5.162

4 按Ctrl+U键调出"色相/饱和度"对话框，在弹出的对话框中不进行任何设置，单击"确定"按钮，按Shift+Ctrl+F键调出"渐隐"对话框，其参数设置如图5.163所示，单击"确定"按钮，按Ctrl+D键取消选区，得到如图5.164所示的效果。

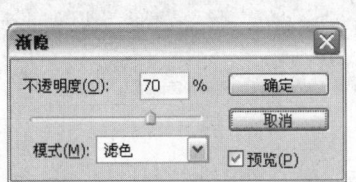

图5.163

图5.164

5 选择"磁性套索工具" ，围绕人物四周制作选区。按Shift+Ctrl+I键执行"反向"命令，得到如图5.165所示的选区。

6 按Ctrl+M键调出"曲线"对话框，在对话框中分别设置"RGB"、"红"参数，如图5.166、图5.167所示，单击"确定"按钮，得到如图5.168所示的效果。

图5.165

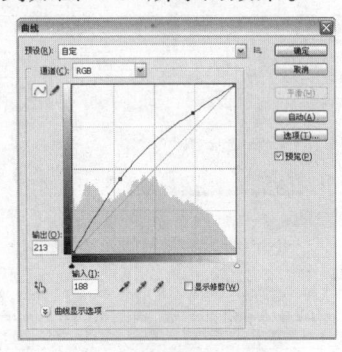

图5.166

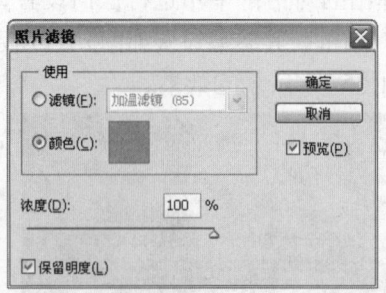

图5.167

图5.168

7 选择"图像"|"调整"|"照片滤镜"命令,在弹出的对话框中设置参数,如图5.169所示,单击"确定"按钮,得到如图5.170所示的效果。

 注 意

设置"照片滤镜"对话框中色块的颜色值为ff99ff。

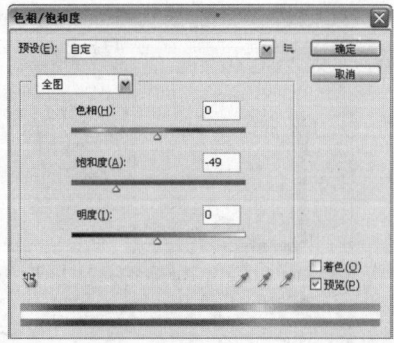

图5.169

图5.170

8 按Ctrl+U键调出"色相/饱和度"对话框,其参数设置如图5.171所示,单击"确定"按钮,按Ctrl+D键取消选区,得到如图5.172所示的最终效果。

 **注 意**

为了便于读者查看,在原文件中使用了调整图层。

图5.171

图5.172

第 6 章

绘制矢量图形

Photoshop不仅仅是一个图像处理与合成的软件,它还提供了极为丰富的绘图功能,在国内外也涌现出大量使用Photoshop绘制出的优秀插画及CG作品。正因为如此,Photoshop逐渐成为受许多插画师及CG爱好者所青睐的软件。

6.1 使用Photoshop绘画

相当一部分Photoshop学习者在学习此软件之后，不会从事使用此软件进行绘画的相关工作，但这并不能成为在学习上忽视甚至跳过本章及下一章的理由。因为在这两章中所讲解的绘画操作并不完全是指为绘制出一张完整的插画或者是一个具象的写实性作品所进行的操作。本书所讲解的绘画操作内涵很宽泛，其表现形式不仅仅局限于使用"画笔工具"、"铅笔工具"等进行作品式的绘制，还包括使用"钢笔工具"、矢量绘图类工具、"渐变工具"等进行的操作。

实际上，除非是专业的绘画人员，绝大多数Photoshop使用者在使用此软件进行操作时，进行的都是这种绘画形式的操作。例如，图6.1中的圆环就是这种简单绘画操作的效果，图6.2中规则分布的放射线也都是通过简单绘画操作得到的。

图6.1

图6.2

虽然与图6.3所示的绘画作品相比，图6.1、图6.2中的绘画操作显得微不足道，但却是大多数正在使用Photoshop的人员所经常进行的操作。

图6.3

绘制矢量图形　第 6 章

本章讲解了对于任何一种绘画操作而言都非常重要的一些知识，包括画笔、笔尖、钢笔、路径等。

其中画笔与笔尖属于支撑性知识，因为无论是使用"画笔工具"或是"铅笔工具"等进行绘画操作，还是使用"加深工具"、"减淡工具"、"涂抹工具"、"模糊工具"等进行修饰类操作，都会使用到本章所讲解的支撑性知识。

使用"钢笔工具"绘制矢量路径是 Photoshop 重要的矢量特性之一。路径不仅能够用于描边、填充等操作，还能够用于精确选择图像，因此在实际工作中的应用也非常广泛。图 6.4 所示的作品中盘旋上升的线条与图 6.5 所示的作品中的线条都是使用"钢笔工具"进行绘制的结果。

图 6.4

图 6.5

6.1.1　Photoshop 绘画与传统绘画的比较

理解 Photoshop 的绘画原理并不难。可以这样说，传统绘画的画笔相当于 Photoshop 中的各种绘图类工具，传统绘画用的画布相当于 Photoshop 中的图像文件，传统绘画用的调色盘则相当于 Photoshop 中的拾色器。

另外，传统绘画中的画笔类型如毛笔、水粉笔、油画笔、喷枪等在 Photoshop 中都可以借助于"画笔"面板、画笔样式、画笔的透明度、流量等参数来模拟，而传统绘画使用的油画布、水彩纸、素描纸等的纹理在 Photoshop 中则可以通过滤镜中的"纹理化"命令来实现。

通过上面的讲解，可以看出传统绘画与使用 Photoshop 进行绘画只是在实现手段上存在差异，两者在绘画的本质、绘画的技法等方面基本上是没有区别的。

6.1.2　认识绘画色与画布色

要在 Photoshop 中进行绘画，必须了解绘画色与画布色的区别，并掌握选择绘画色与画布色的技能。

实际上，Photoshop 中的绘画色就是指在绘画时使用的颜色，这种颜色又被称为"前景色"。例如，当设置前景色为黑色时，使用任何绘图类工具进行绘画，所得到的效果都是黑色的；同样，如果设置前景色为红色，则当使用绘图类工具进行绘画时会得到红色的效果。

"画布色"这个概念在 Photoshop 中并不存在，这是为了便于各位读者理解而提出的。要理解这个概念，可以先想象一下在黄色的画纸上进行传统绘画的情景。如果擦去了在这种颜色的画纸上绘制的线条或者笔划，则会露出黄色的画纸颜色，即"画布色"。

在Photoshop中画布色等同于背景色，因此当改变背景色时就等同于修改了画布的颜色。例如，将背景色设置为黑色后，如果擦去了在背景图层上绘制的线条，就会露出黑色的背景色（画布色）。由于在Photoshop中可以随时修改背景色，因此每一次擦除操作实际上等同于使用背景色在图像中进行绘画，这听起来有些令人费解，但只要各位读者在Photoshop中多进行若干次绘画操作就能够理解这一点。

在Photoshop中设置前景色或背景色的操作基本上是相同的，下面讲解如何设置前景色。单击工具箱中的"设置前景色"图标■，在弹出的如图6.6所示的"拾色器（前景色）"对话框中设置前景色。

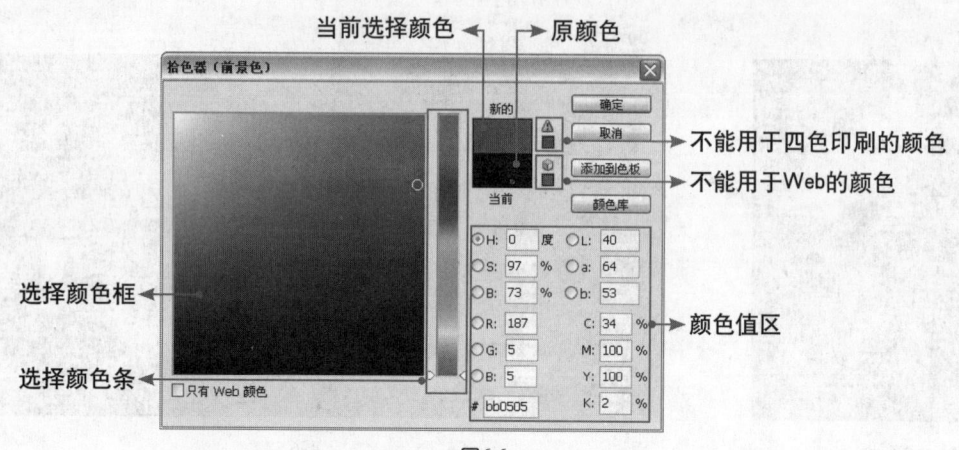

图6.6

- 拖动颜色选择条中的滑块，以设置一种基色。例如，如果要设置的前景色的颜色属于红色系，则应该将滑块拖动至颜色选择条的红色区域。
- 在颜色选择框中单击，用以选择所需要的颜色。
- 如果明确知道所需颜色的颜色值，可以在颜色值区的数值框中直接键入颜色值或者颜色代码。
- 如果出现⚠标记，表示当前选择的颜色不能用于四色印刷。单击该标记，Photoshop自动选择可用于印刷并与当前选择最接近的颜色。
- 如果出现◎标记，表示当前选择的颜色不能用于Web显示。单击该标记，Photoshop自动选择可用于Web显示并与当前选择最接近的颜色。
- 单击选中"只有Web颜色"选项，"拾色器（前景色）"对话框显示如图6.7所示，其中的颜色均可用于Web显示。

根据需要设置颜色后，单击"确定"按钮，工具箱中的前景色图标即显示相应的颜色。

要设置背景色，则应该在工具箱的下方单击"设置背景色"图标，弹出"拾色器（背景色）"对话框，在此对话框中可以进行同样的操作以确定背景色。

在Photoshop中，前景色与背景色的颜色不是固定的，可以通过一定的操作进行相互转换。例如，当前景色是红色而背景色是蓝色时，可以通

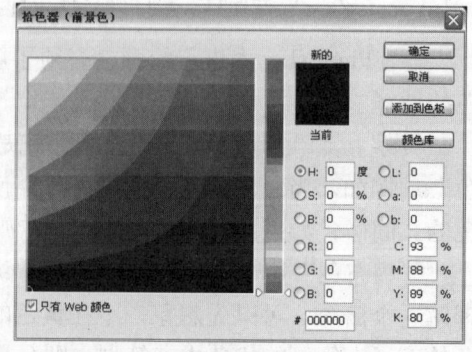

图6.7

过按X键相互转换前景色与背景色，转换后前景色将成为蓝色，而背景色将成为红色。

另外，可以通过非常简单的方法，即按D键得到黑色的前景色与白色的背景色。

6.1.3 使用Pantone色

在"拾色器"对话框中单击 颜色库 按钮，弹出如图6.8所示的对话框，在此对话框中可以通过使用Photoshop内置的颜色库来定义颜色。

此对话框中的颜色大部分是Pantone色。Pantone是美国著名的油墨品牌，已经成为印刷颜色的一个标准。该厂商将自己生产的所有油墨都做成了色谱、色标，需要某种颜色直接按色标标定即可。

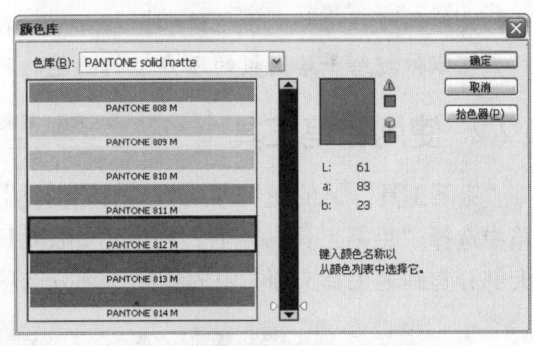

图6.8

由于Pantone色标的使用非常广泛，电脑设计软件基本都有Pantone色库，以便于设计师使用它来定义颜色。

6.2 使用绘画工具

在掌握绘画色与画布色的设置方法后，还需要掌握在Photoshop中用于进行自由绘画操作的工具，其中最为重要的自由绘画工具包括"画笔工具" 和"铅笔工具" 。

6.2.1 使用画笔工具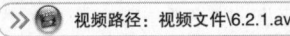

"画笔工具" 是绘制图形时使用最多的工具之一，利用"画笔工具" 可以绘制边缘柔和的线条，且画笔的大小、边缘柔和的程度都可以灵活调节。

选择工具箱中的"画笔工具" ，在如图6.9所示的画笔工具选项条中设置相关参数，即可进行绘图操作。

图6.9

- 画笔：在此下拉列表中选择一个合适的画笔。
- 模式：在此下拉列表中选择用"画笔工具" 绘图时的混合模式。
- 不透明度：此数值用于设置绘制效果的不透明度，其中100%表示完全不透明，而0则表示完全透明，不同"透明度"值的对比效果如图6.10所示。可以看出不透明度数值越大，绘画后前景色的覆盖力越强，反之越弱。

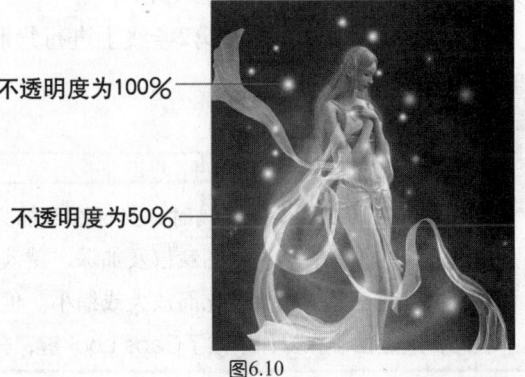

图6.10

- 流量：此选项可以设置绘图时的速度，数值越小，用笔刷绘图的速度越慢。
- "喷枪"按钮：如果在工具选项条中单击"喷枪"按钮，可以用"喷枪"模式工作。
- "绘图板压力控制画笔尺寸"按钮：在使用绘图板进行涂抹时，选中此按钮后，将可以依据给予绘图板的压力控制画笔的尺寸。
- "绘图板压力控制画笔透明"按钮：在使用绘图板进行涂抹时，选中此按钮后，将可以依据给予绘图板的压力控制画笔的不透明度。

6.2.2 使用铅笔工具　　视频路径：视频文件\6.2.2.avi

"铅笔工具"的使用方法与"画笔工具"相似，可以绘制自由手画线式线条。在工具箱中选择"铅笔工具"后，将显示如图6.11所示的工具选项条，铅笔工具选项条中的选项大部分与画笔工具选项条中的相同。部分选项的含义如下。

图6.11

- 画笔：在此下拉列表中可以选择画笔的形状，如果画笔全部是硬边效果，绘制的线条也是硬边效果，其绘制效果如图6.12所示（在此使用与图6.9相同的画笔及设置）。
- 自动抹除：选择此复选框后，在利用"铅笔工具"绘图时，当光标的起点单击在以前使用"铅笔工具"绘制的线条上时，可以将光标经过的地方填充背景色。

图6.12

> **提示**
> 许多初学者发现在绘画时无法得到柔和的图像边缘，这是因为选择了"铅笔工具"而不是"画笔工具"。

如图6.13所示，前景色为红色，背景色为黄色。勾选"自动抹除"复选框，绘制两条平行线，线条颜色为红色，得到如图6.14所示的效果。

在第2条线的终点上再绘制第3条线，因为第3条线的起点与第2条线的终点重合，所以第3条线的颜色为背景色，如图6.15所示。

使用"铅笔工具"在第2条线上进行绘制，则Photoshop将使用背景色黄色覆盖红色，如图6.16所示。

> **提示**
> 通常在选择不同的工具时，光标都会随之发生变化，当选择"画笔工具"以及其他类似于画笔的工具，如仿制图章以及加深、减淡等工具时，光标通常随画笔笔尖样式的变化而变化，并且随画笔大小的变化而放大或缩小。但有些时候却并非如此，光标会呈现出十字线光标状态，这是由于在操作中按了Caps Lock键，只需再次按Caps Lock键即可。

图6.13　　　　　　图6.14　　　　　　　　图6.15　　　　　　　　图6.16

6.2.3　使用混合器画笔工具

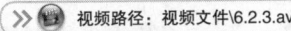

Photoshop CS5新增了一个可用于绘图的"混合器画笔工具"，更准确地说，它可以模拟绘画的笔触进行艺术创作，如果配合手写板进行操作，将会变得更加自由、更像在自己的画板上绘画，其工具选项条如图6.17所示。

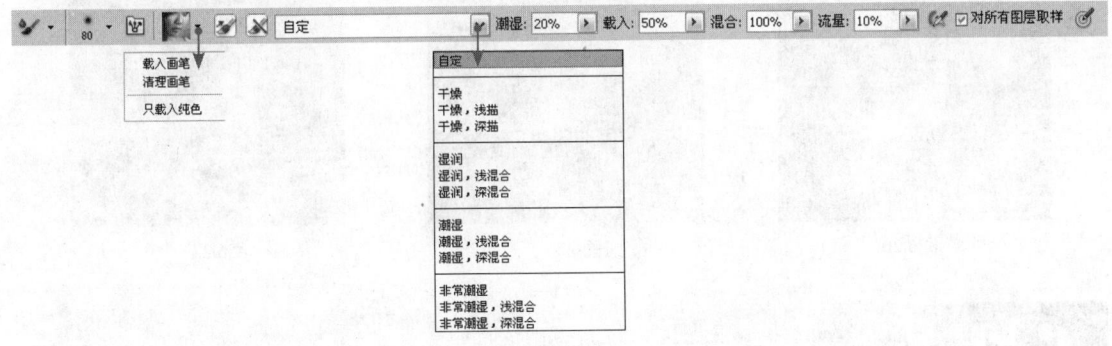

图6.17

下面来讲解一下各参数的含义。

- 当前画笔载入：在此可以重新载入或者清除画笔。在此下拉列表中选择"只载入纯色"命令，此时按住Alt键将切换至"吸管工具"，吸取要涂抹的颜色，如果没有选中此命令，则可以像"仿制图章工具"一样，定义一个图像作为画笔进行绘画。直接单击此缩览图，可以调出"选择绘画颜色"对话框，选择一个要绘画的颜色。
- "每次描边后载入画笔"按钮：选中此按钮后，将可以自动载入画笔。
- "每次描边后清理画笔"按钮：选中此按钮后，将可以自动清理画笔，也可以将其理解成为画家绘画一笔之后，是否要将画笔洗干净。
- 画笔预设：在此下拉列表中可选择多种预设的画笔，选择不同的画笔预设，可自动设置后面的"潮湿"、"载入"以及"混合"等参数。
- 潮湿：此参数可控制绘画时从画布图像中拾取的油彩量。例如图6.18所示为原始图像，图6.19所示是分别设置此参数为10和100时的不同涂抹效果。
- 载入：此参数可控制画笔上的油彩量。
- 混合：此参数可控制色彩混合的强度，数值越大混合得越多。

例如图6.20所示为原图像，图6.21所示为使用"混合器画笔工具"涂抹后的效果，图6.22所示为仅显示涂抹内容时的状态。

图6.18

图6.19

图6.20

图6.21

图6.22

6.3 使用"画笔"面板

　　Photoshop的画笔功能在CS5版本中得到了空前的扩展,在"画笔"面板的参数区,可以控制画笔的"形状动态"、"散布"、"颜色动态"、"传递"、"杂色"、"湿边"等数种动态属性参数,组合这些参数,可以得到千变万化的效果。

　　要使用好"画笔工具" ,掌握如图6.23所示的"画笔"面板是必要条件之一,在该面板中不仅有很多不同类型的画笔,还有许多工具共用该面板。

　　下面对"画笔"面板中各区域的作用进行简单的介绍。

- "画笔预设"按钮:单击该按钮可以调出Photoshop CS5中新增的"画笔预设"面板,以管理画笔预设。
- 动态参数区:在该区域中列出了可以设置动态参数的选项,其中包含"画笔笔尖形状"、"形状动态"、"散布"、"纹理"、"双重画笔"、"颜色动态"和"传递"7个选项。
- 附加参数区:在该区域中列出了一些选项,选择它们可以为画笔增加杂色及湿边等效果。
- 锁定参数区:在该区域中单击锁形图标 使其变为 状态,就可以将该动态参数所做的设置锁定起来,再次单击锁形图标 使其变为 状态即可解锁。
- 参数区:该区域中列出了与当前所选的动态参数相对应的参数,在选择不同的选项时，该区域所列的参数也不相同。
- 预览区：在该区域可以看到根据当前的画笔属性生成的预览图。
- "切换硬毛刷画笔预览"按钮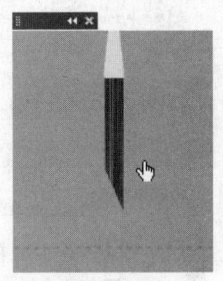：选中此按钮后，默认情况下将在画布的左上方显示笔刷的形态，如图6.24所示。需要注意的是，读者必须启用OpenGL才能使用此功能。

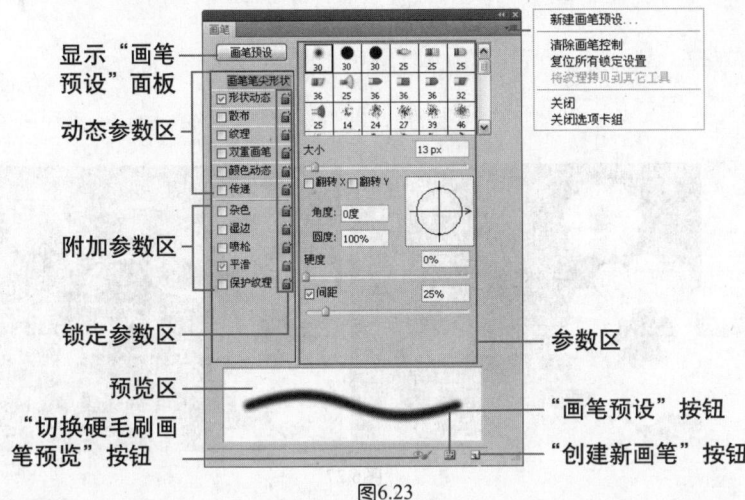

图6.23　　　　　　　　　　　　　图6.24

提示

要启用OpenGL功能，可选择"编辑"|"首选项"|"性能"命令，在弹出对话框的右下角位置进行选择，如图6.25所示，此功能需要显卡支持。

- "画笔预设"按钮：单击此按钮，将可以调出画笔的"预设管理器"对话框，用于管理和编辑画笔预设。
- "创建新画笔"按钮：单击此按钮，在弹出的对话框中单击"确定"按钮，按当前所选画笔的参数创建一个新画笔。

图6.25

6.3.1 在面板中选择画笔

若要在"画笔"面板中选择画笔，可以单击"画笔"面板的"画笔笔尖形状"选项，此时在画笔显示区将显示当前"画笔"面板中的所有画笔，单击需要的画笔即可。

6.3.2 设置画笔笔尖形状 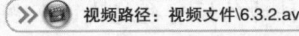 视频路径：视频文件\6.3.2.avi

"画笔"面板中的每一种画笔都有数种基本属性可以编辑，包括"大小"、"角度"、"间距"、"圆度"等，对于圆形画笔，还可对其"柔和度"参数进行编辑。

要编辑上述常规参数，可以单击"画笔"面板参数区的"画笔笔尖形状"选项，此时"画笔"面板如图6.26所示，上述参数均显示在参数显示区。

若要编辑上述参数，拖动相应的滑块或在文本框中输入数值即可，在调节的同时，可在预览区观察调节后的效果。例如，图6.27所示为调整"大小"参数为不同数值时的效果，图6.28所示为调整"硬度"参数为不同数值时的效果。

在"间距"文本框中输入数值或调节滑块，可以设置绘图时组成线段的两点间的距离，数值越大间距越大。为画笔的间距设置不同的数值，则可以得到不同的效果，如图6.29所示。

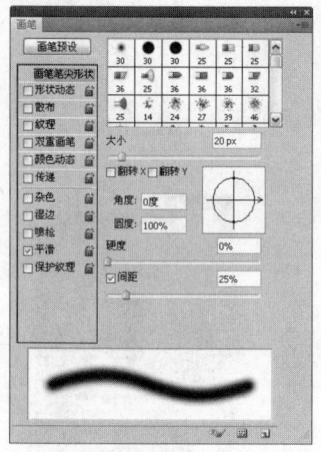

图6.26

图6.27

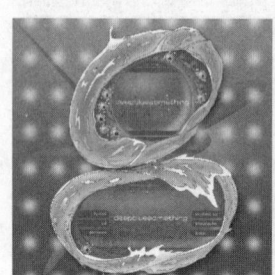 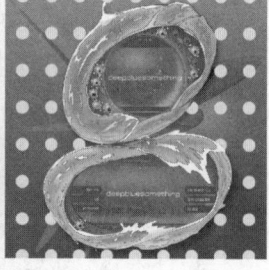

图6.28

图6.29

6.3.3 形状动态参数

视频路径：视频文件\6.3.3.avi

通过在"画笔"面板上选中"形状动态"选项，可以进入画笔的动态形状参数设置区，此时面板如图6.30所示，通过设置这些参数，可使画笔在大小、角度及圆度方面发生变化。

- 大小抖动：此参数控制画笔在绘制过程中尺寸上的抖动幅度，其数值越大，抖动的幅度也越大，如图6.31左图所示为此数值为50%时的画笔效果，如图6.31右图所示为数值为100%时的画笔效果。
- 控制：该下拉列表中的选项控制抖动发生的方式，其中有"关"、"渐隐"、"钢笔压力"、"钢笔斜度"和"光笔轮"5种方式可选。比较常用的是"渐隐"选项，选择此选项后，其右侧将激活一个文本

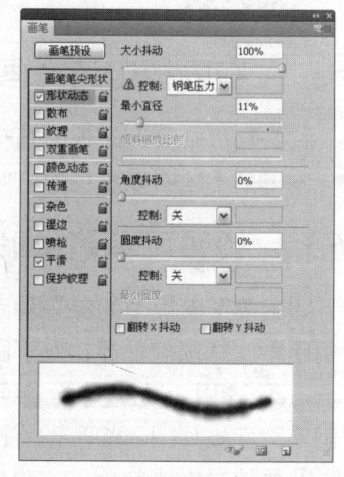

图6.30

框，在此输入数值可以改变渐隐步长，如图6.32所示。

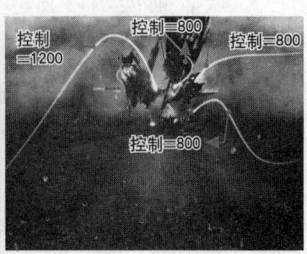

图6.31　　　　　　　　　　　　图6.32

通过上面标示出的参数可以看出，在画笔大小相同的情况下，"渐隐"数值越大，则画笔从初始大小渐隐到无的长度就越大，反之则越小，这就可以帮助读者在一定程度上理解其作用，并能够在以后的设计过程中应用到实处。

- 最小直径：此数值控制在画笔尺寸发生抖动时画笔的最小尺寸值，此数值越大，则发生抖动的范围越小，抖动的幅度也会相应变小。如图6.33所示为此数值为0%和50%时的画笔对比效果，可以看出当数值越大时，画笔尺寸的抖动变化幅度越不明显。

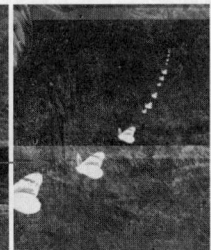

图6.33

- 角度抖动：此参数可以控制画笔在绘制过程中角度上的抖动幅度，其数值越大，则角度变化的幅度也越大，如图6.34所示为此数值为15%和85%时的画笔效果。

图6.34

- 圆度抖动：此参数控制画笔在绘制过程中的圆度抖动幅度，其数值越大，则画笔圆度变化范围就越大。

6.3.4 散布参数

视频路径：视频文件\6.3.4.avi

通过设置画笔的"散布"参数，可以控制画笔偏离画笔路径线的程度。在"散布"参数选项被选中的情况下,"画笔"面板如图6.35所示。

- 散布:此参数控制组成线条的点在绘制时距离画笔所掠过的路径的离散度。此数值越大,则绘画时画笔偏离绘制路径的程度越大。如图6.36所示为此数值为200%和700%时绘制的不同效果。

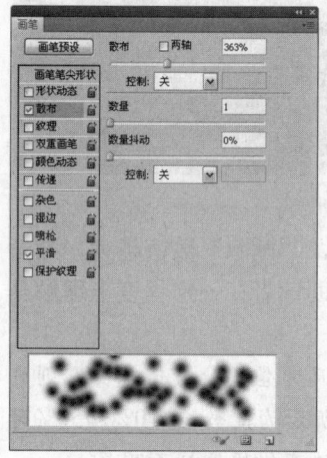

图6.35

图6.36

- 两轴:在此复选框被选中的情况下,画笔点在x、y两个轴向上发生分散,否则仅在一个方向上发生分散,如图6.37所示。

图6.37

- 数量:此参数控制构成的点在绘制时的数量,此数值越大,则有越多的画笔点聚集在一起。如图6.38所示为此数值为1和3时的画笔效果,如果此参数设置得越小,则绘制时所得到的点越少;反之如果此参数设置得越大,则得到的点越多。

图6.38

绘制矢量图形 第6章

- 数量抖动：此参数控制构成线条的点在绘制时的抖动幅度，此数值越大，则得到的画笔效果越不规则，如图6.39所示。

图6.39

6.3.5 颜色动态参数

视频路径：视频文件\6.3.5.avi

在"画笔"面板上选中"颜色动态"选项时，"画笔"面板如图6.40所示，可以动态地改变画笔颜色效果。

选中"颜色动态"选项后，"画笔"面板中重要的参数解释如下。

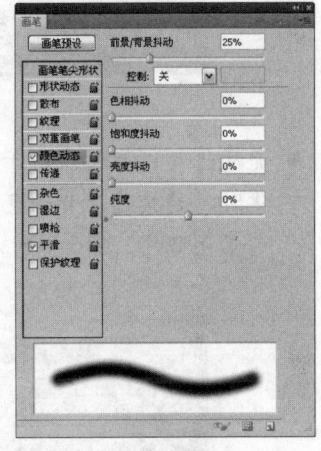

- 前景/背景抖动：在此输入数值或拖动滑块，可以在应用画笔时控制画笔的颜色变化情况。数值越大，画笔的颜色发生随机变化时，越接近于背景色，反之数值越小，画笔的颜色发生随机变化时，越接近于前景色，图6.41所示为使用"前景/背景抖动"不同数值时的前后效果对比。

图6.40

- 色相抖动：此选项用于控制画笔色调的随机效果，数值越大，画笔的色调发生随机变化时，越接近于背景色；反之数值越小，画笔的色调发生随机变化时，越接近于前景色，图6.42所示为设置不同数值的"色相抖动"效果。
- 饱和度抖动：此选项用于控制画笔饱和度的随机效果，数值越大，画笔的饱和度发生随机变化时，越接近于背景色的饱和度；反之数值越小，画笔的饱和度发生随机变化时，越接近于前景色的饱和度。图6.43所示为设置不同数值的"饱和度抖动"效果。

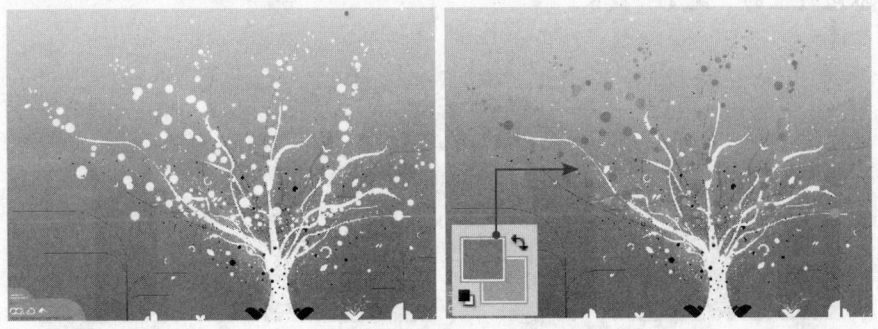

图6.41

图6.42

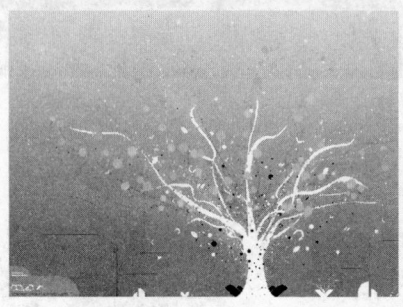

图6.43

- 亮度抖动：此选项用于控制画笔亮度的随机效果，数值越大，画笔的亮度发生随机变化时，越接近于背景色亮度；反之数值越小，画笔的亮度发生随机变化时，越接近于前景色亮度，图6.44所示为设置不同数值的"亮度抖动"效果。

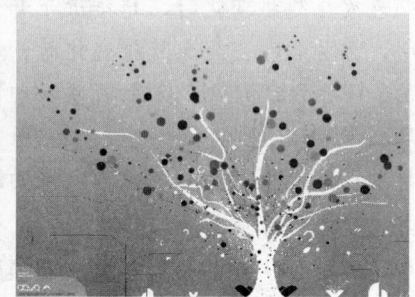

图6.44

- 纯度：在此输入数值或拖动滑块，可以控制笔画的纯度，数值为-100%时，笔画呈现饱和度为0的效果；反之数值为100%时，笔画呈现完全饱和的效果。图6.45所示为设置不同数值的"纯度"效果。

图6.45

6.3.6 传递参数

视频路径：视频文件\6.3.6.avi

"传递"动态参数的前身即Photoshop CS4中的"其它动态"，在CS5中，除了在名称上的变化外，其中的参数也从原来的"不透明度抖动"与"流量抖动"两个主要参数，增加了"湿度抖动"与"混合抖动"两个参数，其对话框如图6.46所示。

> **提示**
> "湿度抖动"与"混合抖动"参数主要是针对CS5新增的"混合器画笔工具" 使用的。

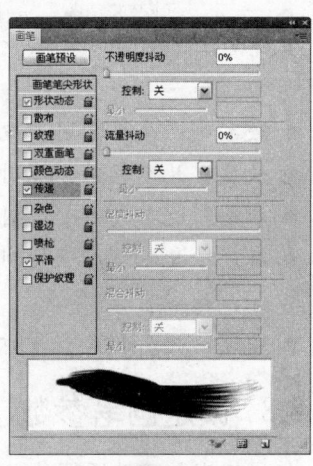

图6.46

- **不透明度抖动**：在此输入数值或拖动滑块，可以在应用画笔时控制画笔的不透明变化情况，如图6.47、图6.48所示为数值分别设置为10%和100%时的效果。
- **流量抖动**：此选项用于控制画笔速度的变化情况。
- **湿度抖动**：在混合器画笔工具选项条上设置了"潮湿"参数后，在此处可以控制其动态变化。
- **混合抖动**：在混合器画笔工具选项条上设置了"混合"参数后，在此处可以控制其动态变化。

图6.47

图6.48

6.3.7 硬毛刷画笔设置

视频路径：视频文件\6.3.7.avi

在Photoshop CS5中，提供了一些新的画笔类型，即硬毛刷画笔，它可以控制硬毛刷上硬毛的数量，以及硬毛的长度等，从而改变绘画的效果。默认情况下，在"画笔"面板中就已经显示了一部分该画笔，选择此画笔后，会在"画笔笔尖形状"区域中显示相应的参数控制，如图6.49所示。

下面分别介绍一下关于硬毛刷画笔的相关参数功能。

- **形状**：在此下拉列表中可以选择硬毛刷画笔的形状，图6.50所示为在其他参数不变

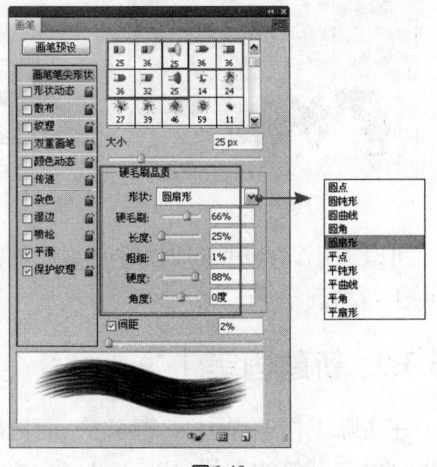

图6.49

的情况下，分别设置其中10种形状后得到的绘画效果。

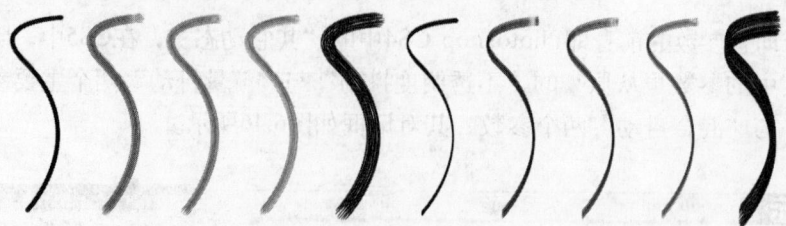

图6.50

- 硬毛刷：此参数用于控制当前笔刷硬毛的密度。
- 长度：此参数用于控制每根硬毛的长度。
- 粗细：此参数用于控制每根硬毛的粗细，最终决定了整个笔刷的粗细。
- 硬度：此参数用于控制硬毛的硬度。越硬则绘画得到的结果越淡、越稀疏，反之则越深、越浓密。
- 角度：此参数用于控制硬毛的角度。

6.3.8 锁定画笔参数

如果将当前画笔设置的参数应用给其他画笔，可以在"画笔"面板中单击该参数右侧的 形标志，使其成为锁定状态。例如，为当前所使用的画笔设置了形状动态及散布参数，当锁定这两个参数后，在画布中右击，从弹出的"画笔"面板中选择其他画笔，则被选择的画笔将自动具有这些参数设置。

如图6.51所示是为蝴蝶画笔设置了形状动态、散布、颜色动态和传递参数，锁定形状动态、散布两种参数的状态。如图6.52所示为右击选择另一种画笔时的状态。

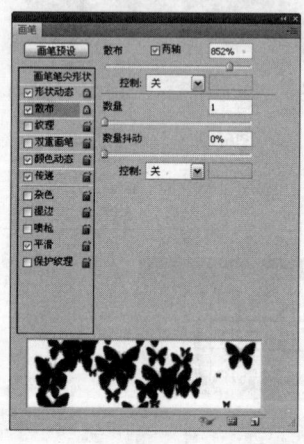

图6.51

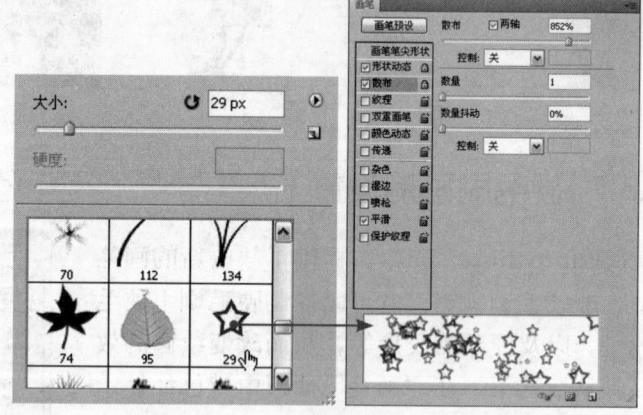

图6.52

可以看出，此时未被锁定的参数已被新画笔默认的参数所替代，但被锁定的参数则自动应用于新的画笔。

6.3.9 新建画笔

在实际工作过程中，"画笔"面板所列的画笔远远不能满足各种任务的需要，因此必须掌握创建新画笔的方法。Photoshop定义画笔的方法非常灵活，其操作步骤如下所述。

① 绘制所需要的画笔形状。
② 用任何一种选择工具选中步骤1中绘制的画笔形状。
③ 选择"编辑"|"定义画笔"命令，在弹出的"画笔名称"对话框中输入画笔名称。

除了通过绘制新图像得到画笔外，还可以将一个素材图像定义为画笔。

例如，图6.53所示为一幅素材图像，在选中后选择"编辑"|"定义画笔预设"命令，在弹出的对话框中输入新画笔的名称，然后单击"确定"按钮后，即可在"画笔"面板中找到使用素材图像定义的画笔，如图6.54所示。图6.55所示为利用刚刚定义的画笔来装饰图像后得到的效果。

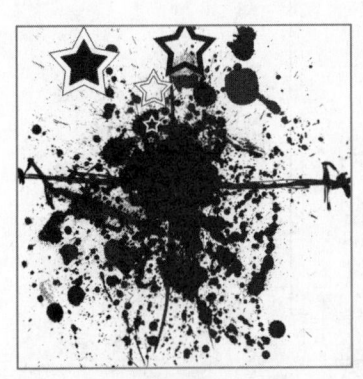
图6.53

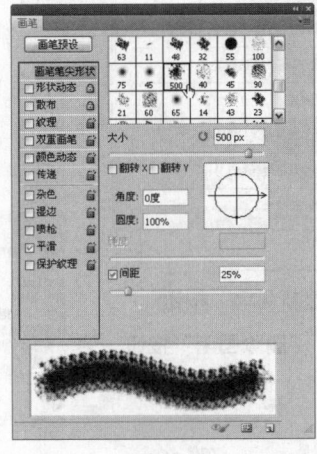
图6.54

图6.55

6.3.10 清除画笔控制

要将某一个设置了特殊参数的画笔属性恢复至默认的状态，可以单击"画笔"面板右上角的面板按钮，在弹出的菜单中选择"清除画笔控制"命令。

需要注意的是，如果当前的"画笔"面板中锁定了某个动态参数，则选择此命令后，将隐藏该动态选项，并复位所有的动态参数，但其锁定状态仍然保留，直至手工将其取消为止。

6.4 使用"画笔预设"面板管理预设画笔

>> 视频路径：视频文件\6.4.avi

在Photoshop CS5中，原来"画笔"面板中用于管理画笔预设的功能，被集成至一个新的面板中，即"画笔预设"面板，如图6.56所示。

"画笔预设"面板及其面板菜单中的参数解释如下。

● 画笔管理：在此区域可以创建、重命名及删除画笔。
● 视图控制：此处可以设置画笔显示的缩览图状态。
● 预设管理：在此区域可以进行载入、存储等画笔管理操作。
● "切换硬毛刷画笔预览"按钮 ：选中此按钮后，默认情况下将在画布的左上方显示笔刷的形态，必须启用OpenGL才能使用此功能。

- "画笔预设"按钮 ■:单击该按钮,将可以调出画笔的"预设管理器"对话框,用于管理和编辑画笔预设。
- "创建新画笔"按钮 :单击该按钮,在弹出的对话框中单击"确定"按钮,按当前所选画笔的参数创建一个新画笔。
- "删除画笔"按钮 :在选择"画笔预设"选项的情况下,选择了一个画笔后,该按钮就会被激活,单击该按钮,在弹出的对话框中单击"确定"按钮即可将该画笔删除。

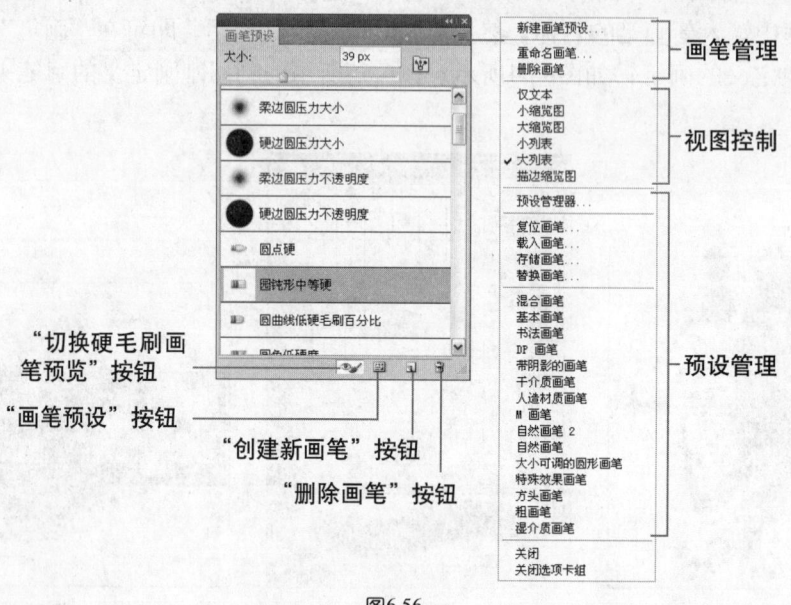

图6.56

6.5 使用"预设管理器"管理各种预设

"预设管理器"是管理画笔、色板、渐变、样式、图案、等高线、自定形状和工具等所有预设的功能,使用它可以完成更改当前的预设项目集、创建新库等操作。

选择"编辑"|"预设管理器"命令后,显示如图6.57所示的"预设管理器"对话框。

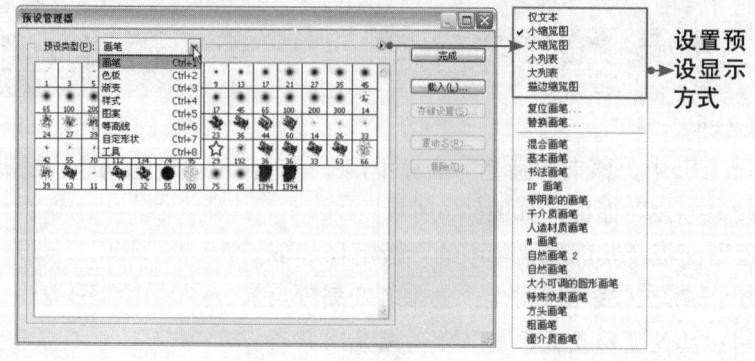

图6.57

对于"预设管理器"中的所有对象来说,基本操作方法都是相同的,下面将以"画笔工具" 的预设为例,讲解"预设管理器"对话框的基本使用方法。

6.5.1 载入预设项目库

在"预设管理器"对话框中,要载入预设项目库,可以执行以下操作之一。

- 从"预设管理器"选项框底部选择一个库文件,在随后弹出的对话框中单击"确定"按钮,替换当前列表,或单击"追加"按钮,将预设项目追加到当前列表。
- 要将外部或自定义的项目库添加到当前列表中,可以单击预设管理器右侧的"载入"按钮,在弹出的对话框中选择要添加的库文件,然后单击"载入"按钮,即可将所选的项目追加至当前列表中。
- 要用其他库替换当前列表,可从"预设管理器"选项框中选择"替换预设类型",选择要使用的库文件,然后单击"载入"按钮。

另外,对于不同的预设类型,Photoshop都提供了不同的预设,以"画笔工具"为例,在此对话框中就可以看到如图6.58所示的一系列预设,选择各个预设命令,将弹出提示对话框,单击"确定"按钮,则使用所选的预设替换当前的预设,单击"追加"按钮,则在当前预设的基础上添加所选的预设。

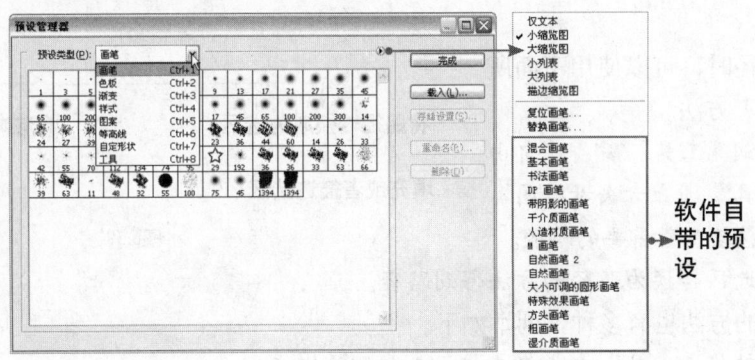

图6.58

6.5.2 重命名预设项目

要为预设项目重命名,可以执行以下操作之一。

- 选择一个需要重命名的预设项目,单击"预设管理器"对话框右侧的"重命名"按钮,在弹出的对话框中输入新名称,单击"确定"按钮即可。
- 在需要重命名的预设项目上右击,在弹出的快捷菜单中选择"重命名"命令,在弹出的对话框中输入新名称,单击"确定"按钮即可。
- 如果当前的显示方式被设置为小缩览图、大缩览图或描边缩览图(限"画笔工具"),双击需要重命名的预设项目缩览图,在弹出的对话框中输入新名称,单击"确定"按钮即可。
- 如果当前的显示方式被设置为纯文本、小列表或大列表,则双击预设项目的名称,然后直接输入新名称,按Enter键确认即可。

6.5.3 删除预设项目

要删除预设项目,可以按照以下方法之一进行操作。

- 选择需要删除的预设项目,单击"预设管理器"右侧的"删除"按钮即可。

- 在需要删除的预设项目上右击，在弹出的快捷菜单中选择"删除预设"命令即可。
- 按住Alt键单击要删除的项目。

6.6 绘制及编辑自由路径

6.6.1 路径绘画流程

正如在第3章中所介绍的，使用路径不仅可以制作精确的选区，还可以用于绘画。使用任何工具绘制的路径都是没有像素信息的，换言之，在打印时路径不会被打印出来，最终将图像发布在屏幕上欣赏的作品，路径也会被忽略。因此，必须通过将路径转换为选区后进行描边、填充等操作，或者直接对路径进行描边、填充等操作，才能真正达到使用路径进行绘画的目的。

使用路径进行绘画的基本流程如图6.59所示。

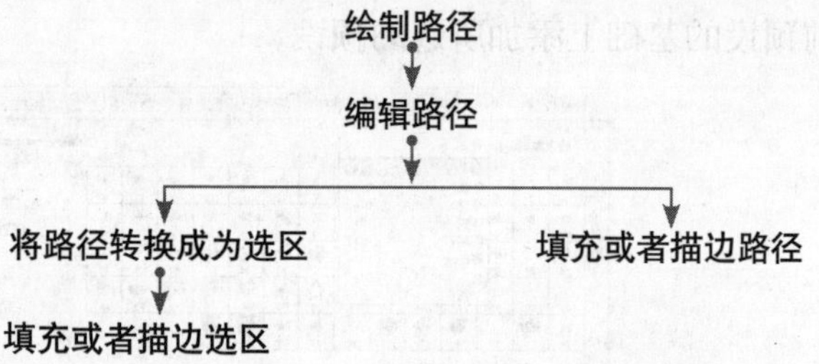

在绘制路径时，可以使用下面所列举的工具或者方法。

- 使用"钢笔工具" 、"自由钢笔工具" 或者矢量绘图类工具直接绘制所需要的路径。
- 通过将选区转换为路径的方法得到路径。

编辑路径的方法也有多种，列举如下。

- 使用"转换点工具" 或者直接添加、删除锚点。
- 运用路径运算的方法制作不容易绘制的路径。

图6.59

6.6.2 使用"自由钢笔工具"绘制自由路径

"自由钢笔工具" 是钢笔工具组中另一个用于绘制路径的工具。相对于"钢笔工具" ，此工具具有很强的操作灵活性，类似于"铅笔工具" 。与"铅笔工具" 不同的是，使用此工具绘制图形时，得到的是路径线而不是笔划线条。

在使用此工具之前也需要单击工具选项条中的"几何选项"按钮 ，在弹出的面板中进行参数设置，如图6.60所示。

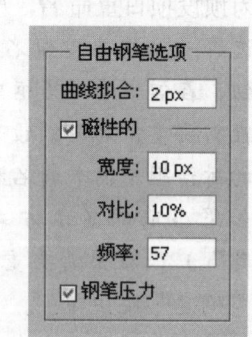

图6.60

此面板中的各参数义如下。

- 曲线拟合：此参数控制绘制路径时对鼠标移动的敏感性。键入的数值越高，所创建的路径的锚点越少，路径也越光滑。
- 磁性的：在自由钢笔工具选项条中选择"磁性的"复选框，可以激活"磁性钢笔工具" ，并可以设置"磁性钢笔工具" 的相关参数。

- 宽度：在此键入数值，以定义"磁性钢笔工具"探测的距离。此数值越大，"磁性钢笔工具"探测的距离越大。
- 对比：在此键入百分比数值，以定义边缘像素间的对比度。
- 频率：在此键入数值，以定义使用"磁性钢笔工具"绘制路径时锚点的密度。此数值越大，得到的路径上的锚点数量越多。

选择"磁性的"复选框后，钢笔光标变为形状，在此状态下可以使用"磁性钢笔工具"进行操作。此工具能够自动捕捉边缘对比度强烈的图像，并自动跟踪边缘，从而形成一条能够制作精确选区的路径线，在工作原理上与"磁性套索工具"很类似，只是一个制作的是路径而另一个制作的是选区。

使用"磁性钢笔工具"进行操作时，只需要在要选择的对象的边缘处单击以确定起点，然后沿图像的边缘移动"磁性钢笔工具"，即可得到所需的钢笔路径。如图6.61所示为原图像效果。如图6.62所示为闭合后的路径效果。

图6.61

图6.62

6.6.3 将选区转换为路径

视频路径：视频文件\6.6.3.avi

在理论上可以应用"钢笔工具"或其他形状工具绘制出任何形状的路径，但在某些情况下，这并不是最简捷的方法。例如，绘制围绕某图层非透明区域的路径，这时可以由选区直接得到路径。

要由选区生成路径，可以按照下列步骤操作。

1. 按住Ctrl键单击某一个图层，调出其非透明的选区，或使用工具箱中的选框工具来创建一个选区。

2. 单击"路径"面板底部的"从选区生成工作路径"按钮，或者单击"路径"面板右上角的面板按钮，在弹出的菜单中选择"建立工作路径"命令，此时将弹出如图6.63所示的对话框。

图6.63

- 容差：容差值决定路径所包括的定位点数，默认的容差值为两个像素，可指定的容差值范围是0.5～10个像素。如果输入一个较高的容差值，用于定位路径形状的锚点就较少，得到的路径就较平滑。如果选用一个较低的容差值，则可用的定位点就较多，产生的路径也就不平滑。如图6.64所示为原选区，如图6.65所示为分别使用容差值为0.5与2时生成的路径。

  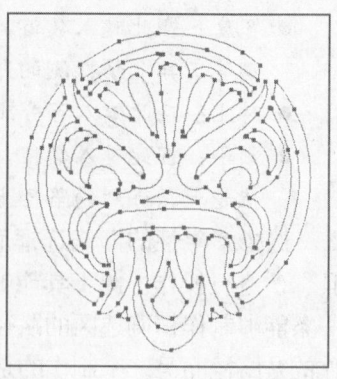

图6.64　　　　　　　　　　　图6.65

6.6.4 转换路径的锚点　　视频路径：视频文件\6.6.4.avi

直角型锚点、光滑型锚点与拐角型锚点是路径中的三大类锚点。通过转换这几类锚点的类型，可以对路径很好地进行编辑，下面简述转换锚点的三类操作。

- 要将直角型锚点转换为光滑型锚点，可以选择"转换点工具" ，将鼠标指针放置在需要转换的锚点上，然后拖动锚点，如图6.66所示。

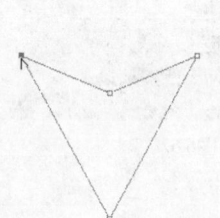  

将鼠标指针放置在要转换的锚点上　　拖动鼠标即可使其变得平滑　　按照同样的方法处理另一侧的锚点

图6.66

- 要将光滑型锚点转换为直角型锚点，直接用"转换点工具" 单击此锚点即可。
- 要将光滑型锚点转换为拐角型锚点，可以用"转换点工具" 拖动锚点两侧的控制手柄，如图6.67所示。

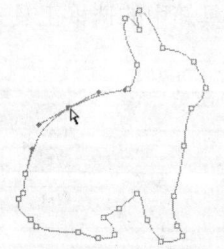 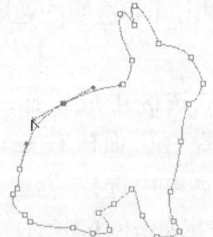 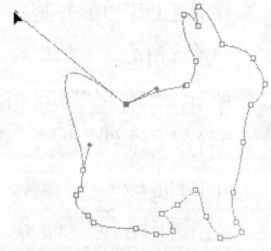

选择要编辑的锚点以显示控制手柄　　将鼠标指针放置在要编辑一侧的控制手柄上　　拖动鼠标将其转换为拐角型锚点

图6.67

6.6.5 删除锚点或线段　　视频路径：视频文件\6.6.5.avi

通过删除路径上的锚点或者线段，同样能够编辑路径。

要删除路径上的锚点，可以使用"删除锚点工具" 。选择此工具后，只需要在锚点上单击即可完成删除锚点的操作。

要删除路径线段，可以用"直接选择工具"选择要删除的线段，然后按Backspace键或者Delete键。

6.6.6 路径的运算

路径运算是一项强大的功能，如果当前图像中已经存在一条被选中的路径，则再次绘制路径时，工具选项条中的运算按钮将被激活，如图6.68所示。通过单击这些按钮，可确定新绘制的路径与原路径之间的运算关系，从而通过运算得到新的路径。

需要说明的是，路径（包括后面讲解的形状）运算是一个比较抽象的概念。在本次讲解中，我们采用一种逆向的学习方法，下面将通过一个典型的实例，先来实际体验一下路径运算的功能，如图6.69所示，后面讲解形状工具时，再详细讲解各个运算按钮的功能。

1 绘制一条如图6.70所示的基本形状路径。

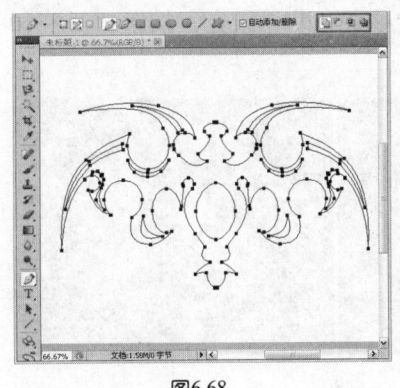
图6.68

图6.69

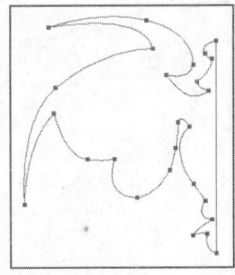
图6.70

2 在工具箱中选择"椭圆工具"，在工具选项条中单击"绘制路径"按钮，并单击"选择添加到路径区域"按钮，绘制如图6.71所示的7条圆形路径。

3 使用"路径选择工具"选择全部路径，单击工具选项条中的"组合"按钮，得到如图6.72所示的路径。

4 在工具箱中选择"钢笔工具"，然后在工具选项条中单击"选择从路径形状区域中减去"按钮，绘制如图6.73所示的被选中的路径。

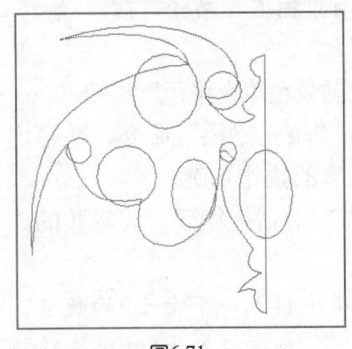
图6.71

图6.72

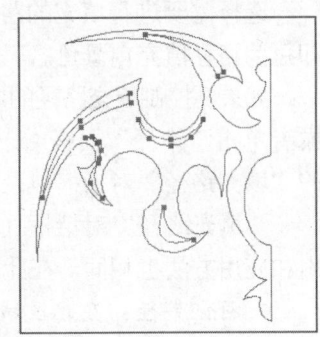
图6.73

5 使用"路径选择工具"选择全部路径，单击工具选项条中的"组合"按钮。

6 使用"路径选择工具" 选择全部路径，执行复制并水平翻转的操作，直至得到如图6.74所示的效果。

7 使用"直接选择工具" 选择两条路径中间位置的垂直路径线段，并相向拖动直至相互重叠，得到如图6.75所示的效果。

图6.74

图6.75

8 使用"路径选择工具" 选择全部路径，单击工具选项条中的"组合"按钮，得到如图6.76所示的效果，如图6.77所示为填充效果。

图6.76

图6.77

6.6.7 对路径进行填充或者描边操作

 视频路径：视频文件\6.6.7.avi

从使用路径进行绘画的角度来说，无论是绘制路径还是编辑路径，都是为最后一步即填充或者描边路径进行准备。

 1. 为路径内部填充颜色或者图案

选择需要进行填充的路径，单击"路径"面板底部的"用前景色填充路径"按钮，即可为路径填充前景色。

如果要控制填充路径的参数及样式，可以按住Alt键单击"用前景色填充路径"按钮，或者单击"路径"面板右上角的 按钮，在弹出的菜单中选择"填充路径"命令，在弹出的"填充路径"对话框中设置参数。如图6.78所示为路径填充图案的操作示例。

"填充路径"对话框（如图6.79所示）的上半部分与"填充"对话框相同，其参数的作用和应用方法也相同，在此不一一赘述。

- 羽化半径：在此区域中可以控制填充的效果。在此数值框中键入一个大于0的数值，可以使填充具有柔边效果。如图6.80所示为将"羽化半径"数值设置为6时填充路径的效果。
- 消除锯齿：选择此选项，可以消除填充时的锯齿。

填充前　　　　　　　　　　　　　　填充后

图6.78

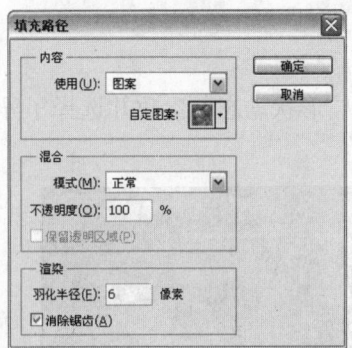

图6.79　　　　　　　　　　　　　图6.80

提 示

填充路径时如果当前图层处于隐藏状态，则"用前景色填充路径"按钮 ● 及"填充路径"命令均不可用。

2. 为路径描边

通过为路径进行描边的操作，可以得到类似于白描的效果。在Photoshop中为路径描边的操作步骤如下所述。

1 打开随书所附光盘中的文件"第6章\6.6.7-2-素材.tif"，在"路径"面板中选择需要用于描边的路径。如果"路径"面板中有多条路径，可以用"路径选择工具" ▶ 选择要描边的路径。

2 在工具箱中设置前景色，作为描边的颜色。

3 在工具箱中选择用于描边的工具，可以是"铅笔工具" ✎、"钢笔工具" ✎、"涂抹工具" ☞、"模糊工具" ●、"锐化工具" △、"减淡工具" ●、"加深工具" ●、"海绵工具" ●以及橡皮擦工具组、图章工具组、历史画笔工具组中的工具等。

4 在工具选项条中设置用来描边的工具的参数。

5 在"路径"面板底部单击"用画笔描边路径"按钮 ○，当前路径得到描边效果。

如图6.81所示是选择"画笔工具" ✎为路径描边的效果。

用于描边的路径

进行描边后得到的效果

图6.81

如果在执行描边操作时，为"画笔工具" 设置了"形状动态"参数并选择了异形画笔笔尖，则可以得到如图6.82所示的效果。

用于描边的路径

进行描边后得到的效果

图6.82

6.7 应用实例——模拟散落的晶莹气泡

本例讲解如何制作晶莹气泡效果。在制作过程中，用到的技术为"画笔工具" 的使用、"画笔"面板参数的调整。

1. 按Ctrl+N键新建文件，在弹出的"新建"对话框中设置参数，如图6.83所示，选择"椭圆选框工具" ，按住Shift键在画布的右侧制作如图6.84所示的选区。

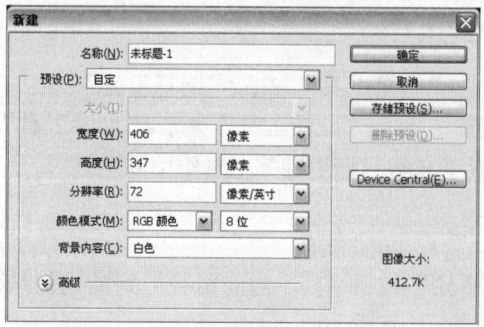
图6.83

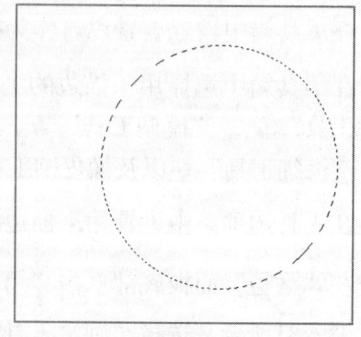
图6.84

2 新建图层，得到"图层 1"。设置前景色为黑色，选择"画笔工具"，在其工具选项条中设置画笔的"不透明度"数值为50%，设置适当的画笔大小，对选区的边缘进行涂抹，直至得到如图6.85所示的效果，按Ctrl+D键取消选区。

3 新建图层，得到"图层 2"。设置前景色为黑色，选择"画笔工具"，在其工具选项条中设置"不透明度"数值为100%，"大小"数值为175，"硬度"数值为0%，在上一步绘制的圆形的左侧单击，得到如图6.86所示的效果。

4 新建图层，得到"图层 3"。选择"画笔工具"，按F5键调出"画笔"面板，设置"画笔"面板参数如图6.87所示，在圆形的右下方单击，得到如图6.88所示的效果。

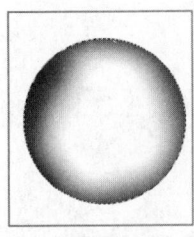
图6.85
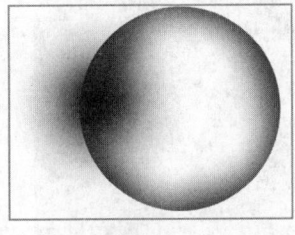
图6.86
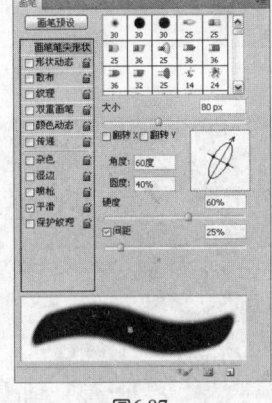
图6.87
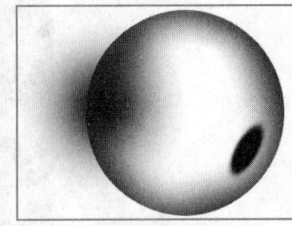
图6.88

5 在"画笔"面板中更改"大小"数值及"角度"数值，在其他位置处进行单击，得到如图6.89所示的效果。

6 选择"编辑"|"定义画笔预设"命令，在弹出的"画笔名称"对话框中可以任意为画笔命名，单击"确定"按钮退出对话框，保存并关闭文件。

7 打开随书所附光盘中的文件"第6章\6.7-素材.tif"，效果如图6.90所示。设置前景色为白色，选择"画笔工具"，按F5键调出"画笔"面板，选择上一步定义的画笔并设置"画笔"面板参数，如图6.91所示，在画布中进行涂抹，直至效果如图6.92所示。

8 将"画笔工具"的"不透明度"数值设置为50%，将画笔大小缩小到原来的50%左右，在画布中远一些的位置进行涂抹，得到如图6.93所示的效果，从而模拟远处的气泡效果。

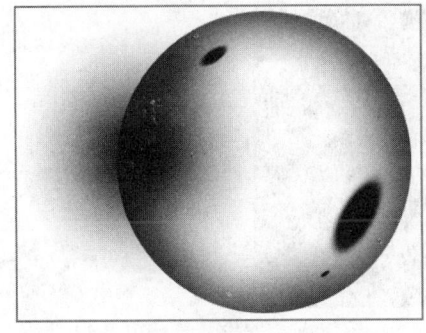
图6.89

图6.90

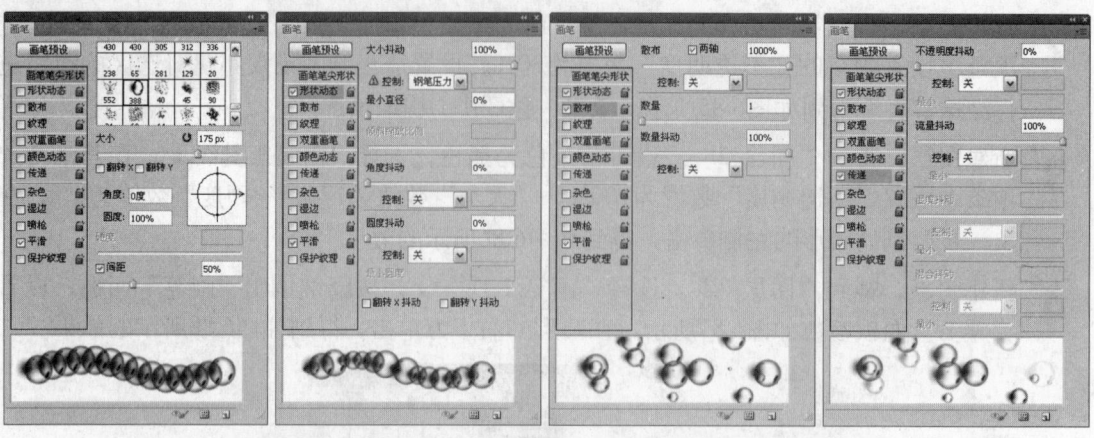

图6.91

图6.92

图6.93

9 将"画笔工具"的"不透明度"数值设置为20%，再次缩小画笔的大小，在画布的右上角位置进行涂抹，从而模拟最远处的气泡效果，得到如图6.94所示的最终效果。

图6.94

第 7 章
绘制形状及着色

在Photoshop软件操作中,路径及形状是非常重要的技术,其特点是可以自由绘制不受图像的影响,比如图像纹理、图像大小等。同样在可编辑性上也具有相当大的空间,绘制完成的路径或形状可以自由修改外形,此功能是选区不可及的。

7.1 绘画与设计

本章延续了第6章的主题，仍然讲解与绘画操作相关的知识与技能，但与第6章不同的是绘画的方式、方法有所变化。在第6章中所有绘画操作使用的工具与方法都相对自由许多，而在本章中所讲解的绘画工具与方法则相对规则一些。

矢量绘图类工具在学习难度方面并不十分高。学习矢量绘图类工具的重点不是掌握每一种工具如何使用（因为工具的使用方法其实非常简单），而是通过学习这些工具从而掌握在什么样的情况下应该使用矢量绘图类工具进行绘制，而不是使用上一章学习过的自由绘画工具进行绘制。例如，在图7.1所示的作品中，心形与垂直线都是使用矢量绘图类工具绘制的。

除了面对简单的形状能够联想到使用矢量绘图类工具外，面对稍微复杂的形状也应该具有分析的能力。如图7.2所示的作品中，月亮与云朵实际上是组合使用矢量绘图类工具所绘制的。

图7.1　　　　　　　　　　　　　　　图7.2

通过上面的示例可以看出，在工作中灵活使用矢量绘图类工具能够降低绘画的难度，从而提高工作的效率。

下面简单介绍一下"渐变工具"■和"油漆桶工具"■。

对于进行产品造型设计、插图绘制的人员而言，"渐变工具"■是非常重要的绘制工具，图7.3与图7.4所示的作品中都大量使用了"渐变工具"■。

 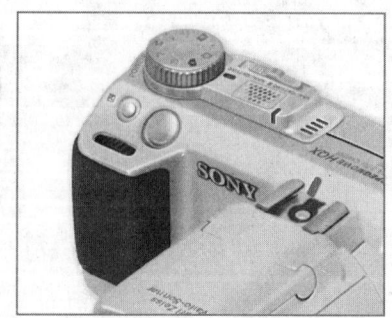

图7.3　　　　　　　　　　　　　　　图7.4

但对于大多数使用Photoshop进行工作的普通设计者而言，"渐变工具"■的使用往往集中在制作如图7.5所示的背景效果以及利用图层蒙版创建柔和的过渡效果等方面。

图7.5

> **提示**
> 利用"油漆桶工具" 可以在图像中填充实色或者图案,在本章中将有详细讲解。

7.2 绘制规则形状

> 视频路径:视频文件\7.2.avi

在Photoshop中要绘制规则的形状,需要使用绘制规则形状的工具,其中使用最为广泛的是矢量绘图类工具,包括"矩形工具"■、"圆角矩形工具"■、"椭圆工具"●、"多边形工具"■、"直线工具"╱及"自定形状工具"♣等,使用这些工具可以快速绘制出矩形、圆形、多边形、直线及自定义的规则形状等。

7.2.1 认识矢量绘图类工具

在工具箱中"矩形工具"■的图标上右击,弹出如图7.6所示的矢量绘图类工具组。使用这些工具可以快速绘制出矩形、圆角矩形、椭圆形、多边形、直线以及各类自定形状。

无论选择哪一种矢量绘图类工具,工具选项条中都将显示如图7.7所示的参数及选项。

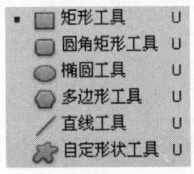

图7.6

图7.7

在此工具选项条中首先必须掌握的是绘画模式按钮 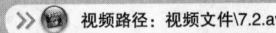,下面分别讲解这3个按钮所定义的绘画模式以及其他重要参数。

- "形状图层"■:在工具选项条中单击此按钮,再使用矢量绘图类工具进行绘制操作,可以创建形状图层。
- "路径"■:在工具选项条中单击此按钮,再使用矢量绘图类工具进行绘制操作,可以创建路径。
- "填充像素"■:在工具选项条中单击此按钮,再使用矢量绘图类工具进行绘制操作,可以在当前图层中创建一个填充前景色的图形。
- 模式:在工具选项条中单击"填充像素"按钮■后,"模式"选项被激活,在此下拉列表中可以选择一种图形的混合模式。
- 不透明度：在工具选项条中单击"填充像素"按钮 后，"不透明度"选项被激活，在此数值框中可以键入百分比数值，设置绘画时的不透明度效果。
- 消除锯齿：在工具选项条中单击"填充像素"按钮 后，"消除锯齿"选项被激活，选择此选项可以消除图形的锯齿。

7.2.2 使用矩形工具

"矩形工具" 用于在各类设计作品中创建正方形及矩形，如图7.8所示。

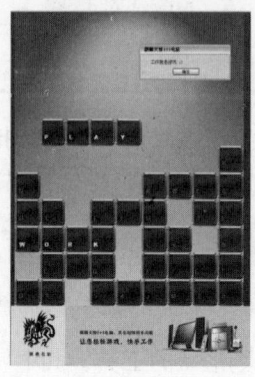

图7.8

单击"形状工具"右侧的三角按钮，打开如图7.9所示的"矩形选项"面板，在其中可以设置与此工具相关的选项。

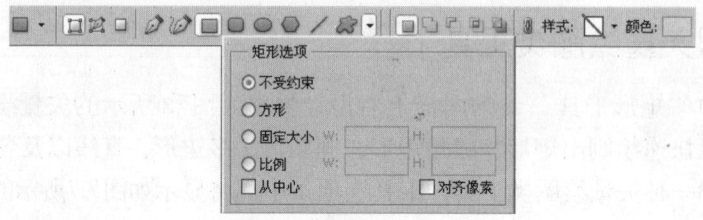

图7.9

7.2.3 使用圆角矩形工具

与"矩形工具" 不同，此工具所创建的矩形具有圆角，这在一定程度上消除了矩形坚硬、方正的感觉，使矩形具有光滑及时尚感，此工具的应用示例如图7.10所示。

图7.10

在工具箱中选择"圆角矩形工具"■，可以绘制圆角矩形，其工具选项条与"矩形工具"■的相似，选项设置与"矩形工具"■的完全一样，如图7.11所示。

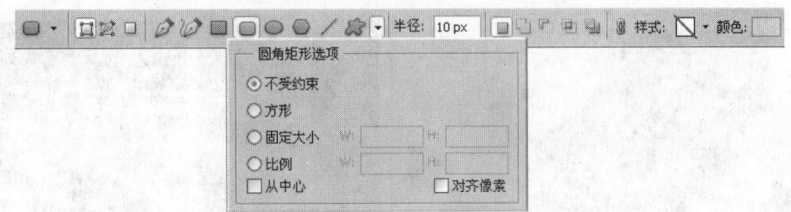

图7.11

与"矩形工具"■不同的是，该工具多了一个"半径"选项，在该文本框中输入数值，可以设置圆角的半径值，数值越大，角度越圆滑。

7.2.4 使用椭圆工具

使用此工具能够绘制圆形或椭圆形，应用示例如图7.12所示。

图7.12

在工具箱中选择"椭圆工具"■，可以绘制圆和椭圆，该工具的使用方法及其工具选项条选项设置与"矩形工具"■的基本相同，如图7.13所示，故不再重述。

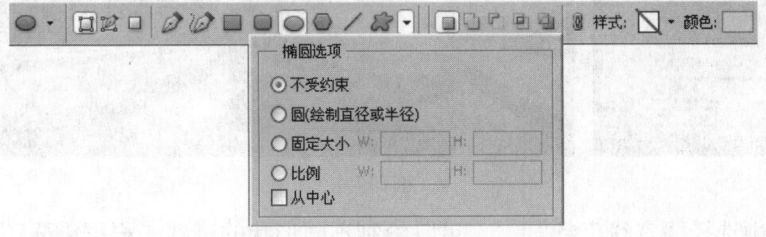

图7.13

7.2.5 使用多边形工具

"多边形工具"■应用很广泛，因为使用此工具既能够绘制星形，也能够绘制多边形，此工具的应用示例如图7.14所示。

在工具箱中选择"多边形工具"■，可绘制不同边数的多边形，其工具选项条及选项面板如图7.15所示。

在工具选项条的"边"文本框中输入数值，以设置多边形或星形的边数，边数范围在3～100之间。如图7.16所示的三角形和六边形都可以使用此工具绘制。

图7.14

图7.15　　　　　　　　　　　　　　　　　　　　图7.16

7.2.6　使用直线工具

直线是设计元素中很重要的一种，在各类设计作品中直线的应用非常频繁，如图7.17所示的设计作品中均使用了直线。

图7.17

在工具箱中选择"直线工具"，可以绘制不同形状的直线，根据需要还可以为直线增加箭头，其工具选项条及选项面板如图7.18所示。

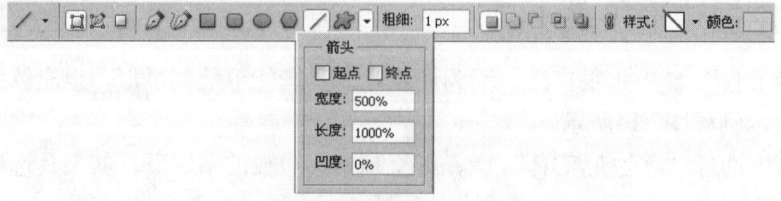

图7.18

7.2.7 使用自定形状工具

与上述形状工具有确定的形状这一特点不同,"自定形状工具"  是一种形状不确定的工具,使用此工具可以创建多种多样的形状,如图7.19所示。

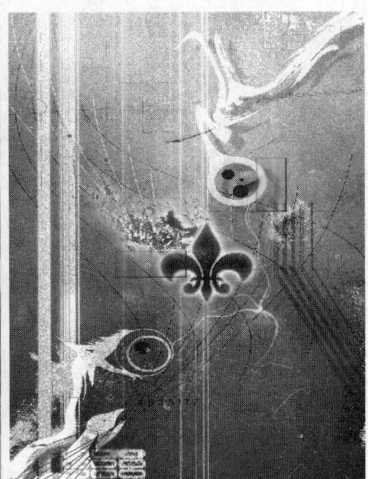

图7.19

单击工具选项条"形状"右侧的下三角按钮,在弹出的形状列表中可以选择许多形状来创建所需要的效果。

7.3 使用渐变工具绘制柔和过渡色

"渐变工具"用于创建不同颜色间的混合过渡效果,但对于此工具的理解不能仅仅限于制作过渡色。

在实际工作中,此工具的应用范围非常广泛。许多作品中呈现出的朦胧、立体、混合等效果,都需要使用此工具来实现。

Photoshop可以创建5类渐变效果(即"线性渐变"、"径向渐变"、"角度渐变"、"对称渐变"和"菱形渐变"),图7.20展示了几个应用了渐变效果的优秀作品。

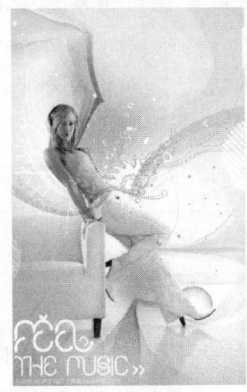

图7.20

7.3.1 渐变工具选项条

选择"渐变工具" ■，其工具选项条如图7.21所示。

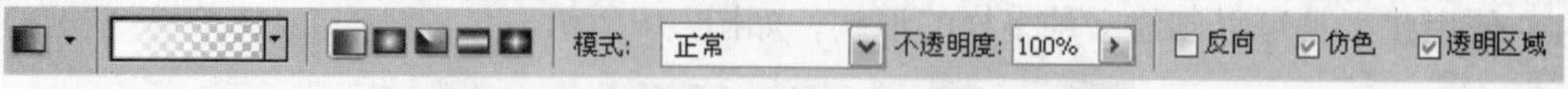

图7.21

"渐变工具" ■的使用方法较为简单，其操作步骤如下所述。

1 在工具箱中选择"渐变工具" ■。

2 在工具选项条中 ■■■■■ 所示的5种渐变方式中，选择合适的渐变方式。

3 单击渐变预览框的▼按钮，在弹出的如图7.22所示的"渐变拾色器"面板中选择合适的渐变效果。

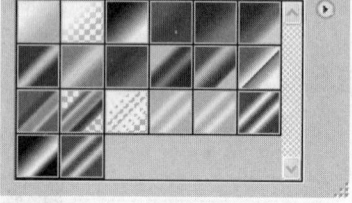

图7.22

4 设置渐变工具选项条中的其他参数。

5 在画布中拖动各个渐变工具，即可创建渐变效果。在拖动过程中，拖动的距离越长，则渐变过渡越柔和；反之，渐变过渡越急促。按住Shift键，可以在水平、垂直或者45°方向应用渐变。

下面介绍工具选项条中的几个重要参数。

- ■■■■■：在Photoshop中可以创建5种方式的渐变，如图7.23所示。

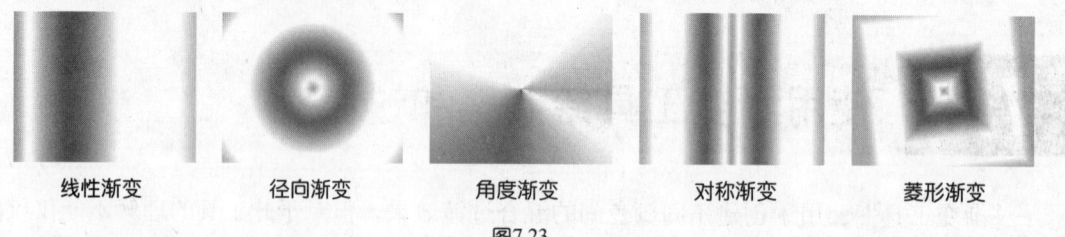

线性渐变　　　径向渐变　　　角度渐变　　　对称渐变　　　菱形渐变

图7.23

- 模式：选择其下拉列表中的选项，可以设置渐变颜色与底图的混合模式。
- 不透明度：在此键入的数值可以设置渐变的不透明度。数值越大，则渐变越不透明；反之，越透明。
- 反向：选择此选项，可以使当前的渐变反向填充。
- 仿色：选择此选项，可以平滑渐变中的过渡色，以防止在输出混合色时出现色带效果，从而导致渐变过渡出现跳跃现象。
- 透明区域：选择此选项，可以使当前渐变按设置呈现透明效果；反之，即使此渐变具有透明效果也无法显示出来。

7.3.2 创建实色渐变　　视频路径：视频文件\7.3.2.avi

单击工具选项条中的渐变效果显示框，将弹出"渐变编辑器"对话框。使用此对话框，可以修改当前渐变的颜色设置，并创建新的渐变效果。

虽然Photoshop自带的渐变类型足够丰富，但在有些情况下，还是需要自定义新渐变，以配合图像的整体效果。

要创建实色渐变,可按下述步骤操作。

1. 在渐变工具选项条中选择任意一种渐变工具。
2. 单击渐变类型选择框,如图7.24所示,打开如图7.25所示的"渐变编辑器"对话框。

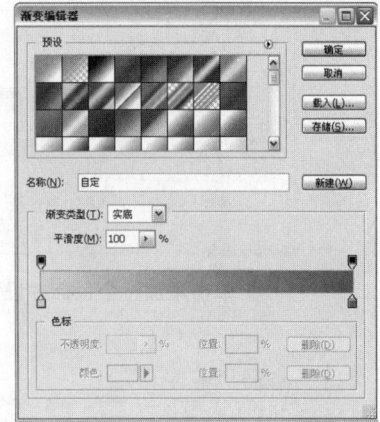

图7.24　　　　　　　　　　图7.25

3. 单击"预设"区域中的任意一种渐变,以基于该渐变来创建新的渐变。
4. 在"渐变类型"下拉列表中选择"实底"选项,如图7.26所示。
5. 单击起点颜色色标,使该色标上方的三角形变黑,以将其选中,如图7.27所示。

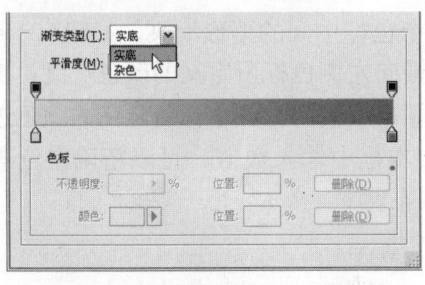 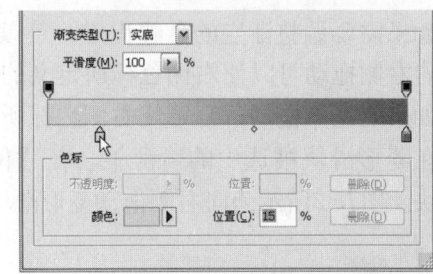

图7.26　　　　　　　　　　图7.27

6. 单击对话框底部"颜色"右侧的三角按钮▶,会弹出选项菜单,该菜单中各选项的含义如下。
   - 前景:选择该选项可以将选中的色标定义为前景色,色标所定义的颜色将随前景色的变化而变化。
   - 背景:选择该选项可以将选中的色标定义为背景色,色标所定义的颜色将随背景色的变化而变化。
   - 用户颜色:如果需要选择其他颜色来定义选中的色标,可选择"用户颜色"选项或双击色标,在弹出的"选择色标颜色"对话框中选择颜色。
7. 按照本实例步骤5~6中所述的方法为其他色标定义颜色。
8. 如果需要在起点与终点色标中添加色标,以将该渐变类型定义为多色渐变,可以直接在渐变条下面的空白处单击,如图7.28所示,然后按照步骤5~6中所述的方法定义该色标的颜色。
9. 若要调整色标的位置,可以按住鼠标左键将色标拖动到目标位置,如图7.29所示,或在色标被选中的情况下,在"位置"文本框中输入数值,以精确定义色标的位置。图7.30所示为改变色标位置后的状态。

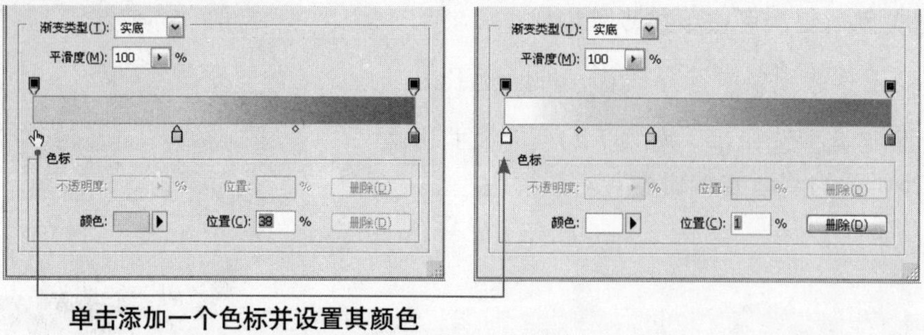

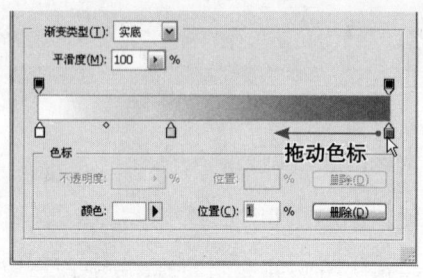

单击添加一个色标并设置其颜色

图7.28

图7.29

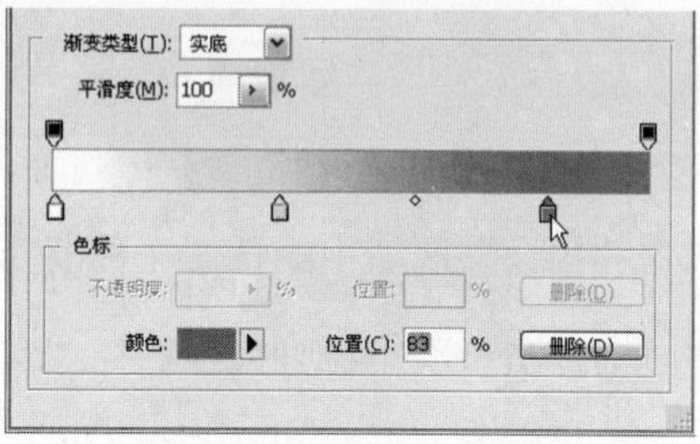

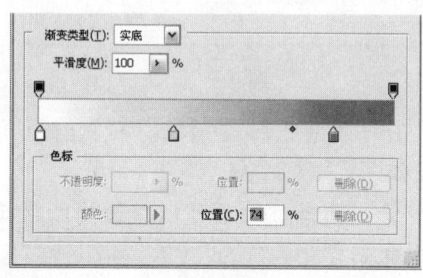

图7.30

10 如果需要调整渐变的急缓程度，可以拖动两个色标中间的菱形滑块，如图7.31所示。向右侧拖动可以使右侧色标所定义的颜色缓慢向左侧色标所定义的颜色过渡；反之，如果向左侧拖动，则可使右侧色标所定义的颜色缓慢向左侧色标所定义的颜色过渡。在菱形滑块被选中的情况下，在"位置"文本框中输入数值，可以精确定位菱形滑块。图7.32所示为向右侧拖动菱形滑块后的状态。

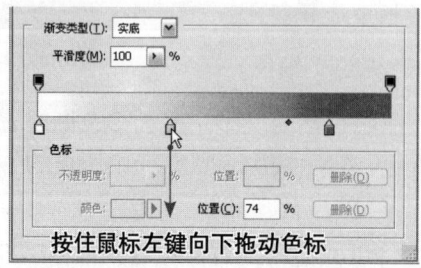

图7.31

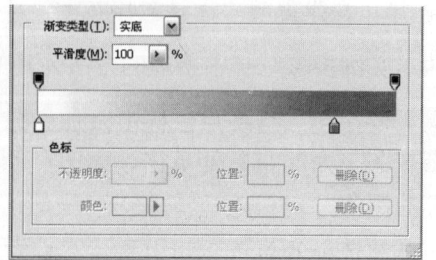

图7.32

11 如果要删除处于选中状态下的色标，可以直接按Delete键，或者按住鼠标左键向下拖动，直至该色标消失为止。如图7.33所示为将色标删除后的状态。

图7.33

12 拖动菱形滑块定义该渐变的平滑程度。

绘制形状及着色 第7章

13 完成渐变颜色设置后，在"名称"文本框中输入该渐变的名称。

14 如果要将渐变存储在"预设"区域中，单击"新建"按钮即可。

15 单击"确定"按钮退出"渐变编辑器"对话框，新创建的渐变默认处于被选中状态。

7.3.3 创建透明渐变　　视频路径：视频文件\7.3.3.avi

在Photoshop中，用户除了可以创建不透明的实色渐变外，还可以创建具有透明效果的渐变。创建具有透明效果的渐变时，可以按下述步骤操作。

1 按照创建实色渐变的方法创建一个实色渐变。

2 在渐变条上方需要产生透明效果处单击，以增加一个不透明色标，如图7.34所示。

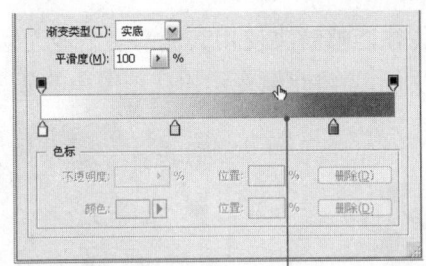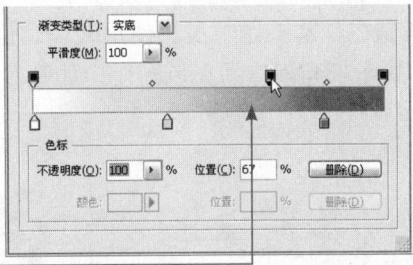

单击添加一个渐变色标

图7.34

3 在该透明色标处于被选中状态时，在"不透明度"数值框中输入数值以定义其透明度。

4 如果需要在渐变条的多处产生透明效果，可以在渐变条上多次单击，以增加多个不透明色标。

5 如果需要控制由两个不透明色标所定义的透明效果间的过渡效果，可以拖动两个色标中间的菱形滑块。

如图7.35所示为一个非常典型的具有多个不透明色标的透明渐变，如图7.36所示为原图像，如图7.37所示为应用此渐变后的效果，如图7.38所示为另外两种效果。

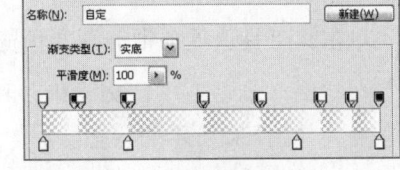

图7.35

图7.36　　　　　　　　　　　图7.37

图7.38

7.3.4 创建多色渐变

杂色渐变在日常工作中虽然使用较少,但往往能够解决使用其他两类渐变无法解决的问题。如图7.39所示为创建的杂色渐变。如图7.40所示为将此渐变运用在图像中的效果。

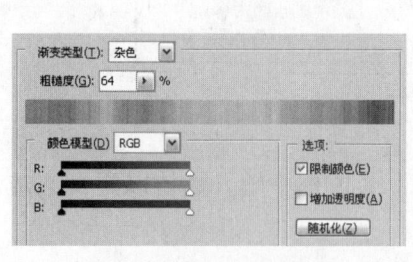  

图7.39　　　　　　　　　运用前　　　　　　　运用后
　　　　　　　　　　　　　　　　图7.40

要创建杂色渐变,可以按如下步骤进行操作。

1 打开随书所附光盘中的文件"第7章\7.3.4-素材.tif",选择"渐变工具" 。

2 单击其工具选项条中的渐变预览框,以调出"渐变编辑器"对话框。

3 在"渐变类型"下拉列表中选择"杂色"选项,如图7.41所示,选择该选项后对话框变为如图7.42所示的状态。

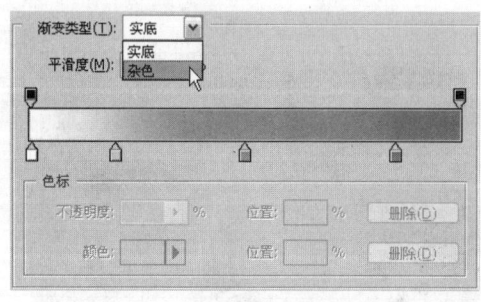 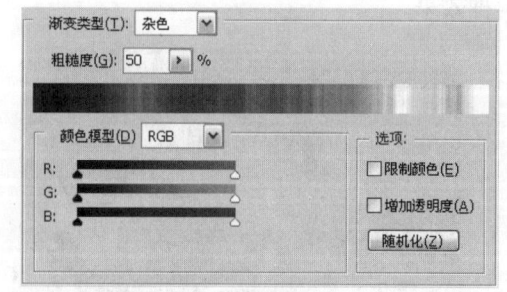

图7.41　　　　　　　　　　　　　　　　图7.42

4 在"粗糙度"数值框中键入数值或者拖动其滑块,可以控制渐变的粗糙程度。数值越大,则颜色的对比效果越明显。如图7.43所示为设置不同"粗糙度"数值时呈现的渐变效果。

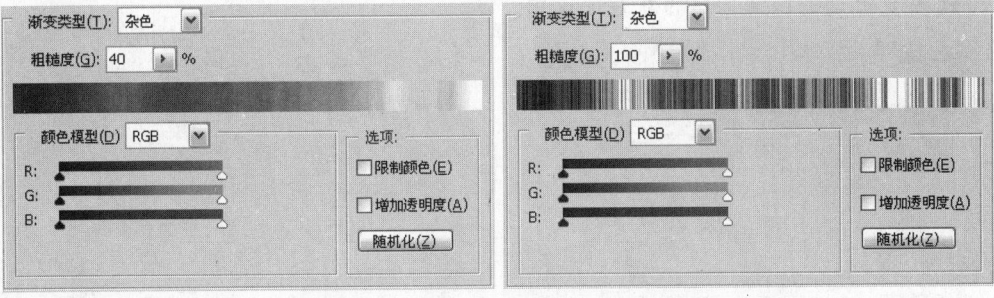

图7.43

5 在"颜色模型"下拉列表中可以选择渐变颜色在取样时的色域。

6 要调整颜色范围,可以拖动各个颜色滑块。对于所选颜色模型中的每个颜色组件,都可以通过拖动滑块以定义其可接受值的范围。

7 选择"限制颜色"选项,可以避免杂色渐变中出现过饱和的颜色。

8 选择"增加透明度"选项,可以创建出具有透明效果的杂色渐变。

9 单击"随机化"按钮,可以随机得到不同的杂色渐变。

7.3.5 存储渐变设置

要将一组预设渐变存储为渐变库,可以按照如下步骤进行操作。

1 单击"渐变编辑器"对话框右侧的"存储"按钮。

2 在弹出的"存储"对话框中选择文件保存的路径并键入文件名称。

3 设置完毕后,单击"保存"按钮。

7.3.6 载入渐变

要载入以文件形式保存的预设渐变,可以执行下列操作之一。

- 单击"渐变编辑器"对话框右侧的"载入"按钮,在弹出的对话框中选择要载入的渐变,单击"载入"按钮。
- 单击"渐变编辑器"对话框右上方的 按钮,在弹出的菜单中选择"替换渐变"命令,在弹出的对话框中选择要载入的渐变,单击"载入"按钮。

> **提示**
> 选择"替换渐变"命令后,会弹出提示对话框,询问是否保存对当前渐变预设的修改,并且使用"替换渐变"命令载入的渐变会将原"渐变编辑器"对话框中的渐变替换掉。

- 单击"渐变编辑器"对话框右上方的 按钮,在弹出的菜单底部选择需要的渐变预设,如图7.44所示,弹出类似图7.45所示的提示对话框,单击"确定"按钮则替换当前的渐变预设；单击"取消"按钮则放弃载入渐变预设；单击"追加"按钮可以将所选渐变预设追加至当前的渐变预设中。

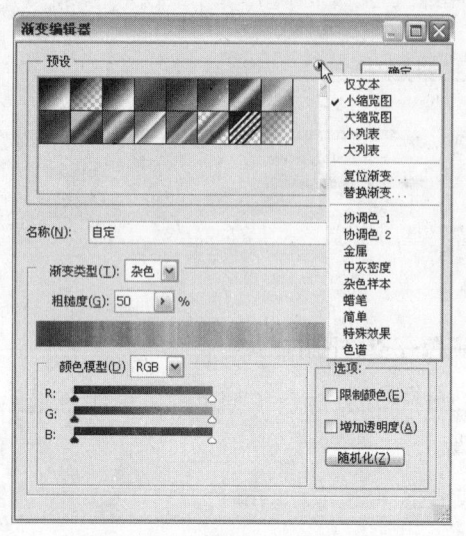

图7.44

图7.45

7.3.7 复位默认渐变

要将当前的渐变预设复位至默认的渐变，可以单击"渐变编辑器"对话框右上方的按钮，在弹出的菜单中选择"复位渐变"命令，在弹出的提示对话框中单击"确定"按钮。

7.4 使用油漆桶工具填充图像

利用"油漆桶工具"可以在图像中为单击区域填充实色或者图案，被填充的区域由工具选项条中的"容差"数值而定。此数值越大，被填充的区域也越大；反之，则越小。选择"油漆桶工具"，其工具选项条如图7.46所示。

图7.46

- "设置填充区域的源" 前景 ：在此下拉列表中可以选择一种填充方式。选择"前景"选项，以前景色进行填充；选择"图案"选项，则以图案进行填充。
- ：当在"设置填充区域的源"下拉列表中选择"图案"选项时，此选项才被激活，单击其右侧的 按钮，弹出"图案拾色器"面板，可以在其中选择一种图案进行填充。

油漆桶工具选项条中的其他参数在以前均有所讲解，在此不再赘述。

"油漆桶工具"的工作原理相当于先使用"魔棒工具"选择需要的区域，然后再选择"编辑"|"填充"命令填充实色或者图案。

7.5 自定义图案

在Photoshop虽然自带了一些图案，然而这些图案在很多时候并不能满足需求，这时可以通过操作来创建图案，以实现自己创作的目的，这样就为用户提供了更自由和更广阔的空间。

定义图案的操作步骤如下。

1. 打开随书所附光盘中的文件"第7章\7.5-素材.psd"，如图7.47所示。
2. 在工具箱中选择"矩形选框工具"，并在其工具选项条中设置"羽化"值为0。
3. 在打开的图像文件中，框选区域作为图案的局部图像，如图7.48所示。

图7.47

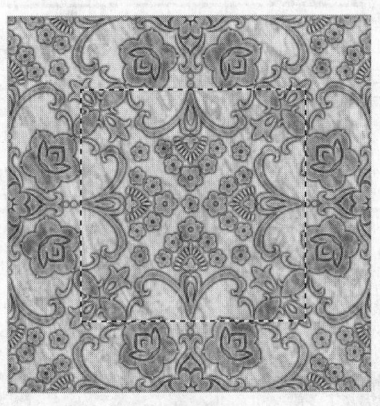
图7.48

4. 选择"编辑"|"定义图案"命令，打开如图7.49所示的"图案名称"对话框，在"名称"文本框中输入图案的名称后单击"确定"按钮，完成自定义图案操作。这样即可在以后的操作中从"图案选择"列表框中选择自定义的图案进行操作，如图7.50所示。

图7.49

如图7.51所示为一幅图案图像，如图7.52所示为原图像，如图7.53所示为在背景中填充了该图案并设置适当混合模式后的效果。

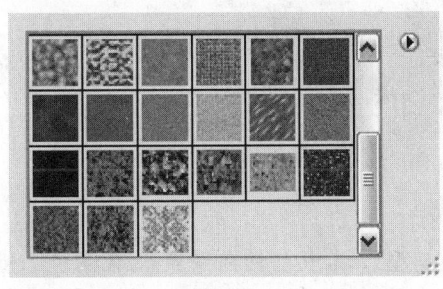
图7.50

图7.51

图7.52　　　　　　　　　　　　　　图7.53

> **提示**
>
> 很多初学者常常犯以下两个错误：第一，不知道一定要用"矩形选框工具" 创建选区；第二，在用"矩形选框工具" 创建选区时，在其工具选项条中设置了"羽化"数值，即使只设成1像素的羽化，也无法完成定义图案的操作。所以遇到此问题时，一定要注意两点：第一，必须用"矩形选框工具" ；第二，"矩形选框工具" 的羽化值必须为0像素。

此节所讲述的自定义图案的方法，对于使用"图案图章工具" ，以及后面将要学习到的"图案填充"有重要的意义。

7.6　为对象填充和描边

7.6.1　为选区填充图像

如前面所述，对选区内部可以填充前景色或背景色，而利用"填充"命令还可以选择更多的填充效果。

在存在选区的状态下，选择"编辑"|"填充"命令，将弹出如图7.54所示的"填充"对话框。

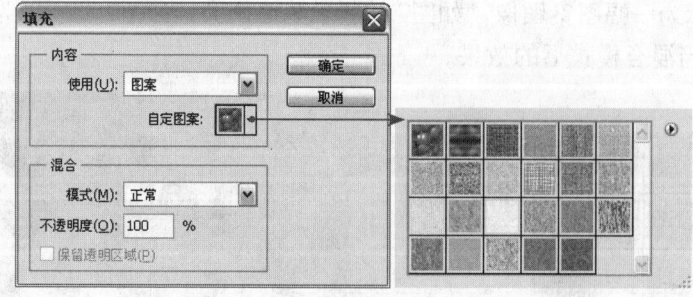

图7.54

- 内容：在"使用"下拉列表中可以选择填充的类型，其中包括前景色、背景色、颜色、内容识别、图案、历史记录、黑、50%灰色和白色9种类型。当选择"前景色"

或"背景色"选项时,可在选区内相应填充为前景色或背景色。当选择"图案"选项时,其下面的"自定图案"选项被激活,单击右侧的三角按钮,在弹出的下拉列表中选择一种图案进行填充。
- 模式:在此选择填充对象与背景的混合模式,其中的混合模式效果与图层混合模式相同。
- 不透明度:设置填充效果的不透明度。
- 保留透明区域:选中此复选框,可以保证在有透明区域的图层中填充时,保留图层中的透明区域不被填充。

选择一种填充方式并设置混合效果后单击"确定"按钮,即可完成填充操作。如图7.55所示为制作的选择区域,如图7.56所示为填充默认图案后的效果。

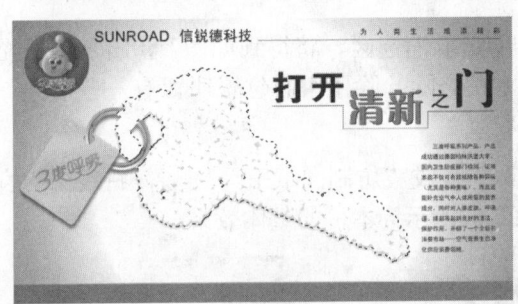

图7.55　　　　　　　　　　图7.56

提示

要快速调出"填充"对话框,应按Shift+Backspace键;要为选区填充前景色,应按Alt+Delete键;要为选区填充背景色,应按Ctrl+Delete键。

在Photoshop CS5中,"填充"的"使用"下拉列表中新增了一个名为"内容识别"的智能填充方式,即在填充选定的区域时,可以根据所选区域周围的图像进行修补,甚至可以在一定程度上"无中生有"。从实际的使用效果上来说,也确实为用户的图像处理工作提供了一个更智能、更有效率的解决方案。

下面通过一个简单的实例,讲解一下此功能的使用方法。

1 打开随书所附光盘中的文件"第7章\7.6.1-2-素材.jpg",如图7.57所示。在本例中,将修除画面中多余的一只手。

2 使用"多边形套索工具"绘制选区,以将要修除的手图像选中。在绘制选区时,可尽量地精确一些,这样填充的结果也会更加准确,但也不要完全贴着手的边缘绘制,这样可能会让填充后的图像产生杂边,如图7.58所示。

3 按Shift+Backspace键或选择"编辑"|"填充"命令,设置弹出的对话框如图7.59所示。

图7.57

图7.58

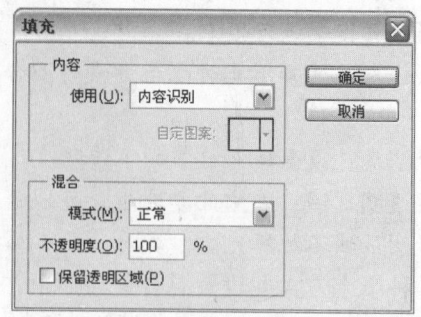
图7.59

4 单击"确定"按钮退出对话框后,按Ctrl+D键取消选区,将得到如图7.60所示的填充结果。可以看出,多余的手臂图像已经基本被修除,除了中心位置还留有一些痕迹,其他区域已经基本替换成为较接近的图像内容。

5 如果效果不满意的话,可以使用"修补工具" 或"仿制图章工具" ,将残留的痕迹修补干净,得到如图7.61所示的效果,图7.62所示为本例的整体效果。

图7.60

图7.61

图7.62

另外,在拼合全景图像时,常常会在图像四周出现大量的空白,如图7.63所示。此时可以尝试使用前面讲解的"内容识别"选项进行填充,以恢复更多的图像内容。例如图7.64所示就是将空白的位置选中,为了避免填充后产生杂边,还将选区扩展了2px,然后进行"内容识别"填充后的结果,可以看出,画面中还是有相当一部分内容恢复得不错。

图7.63

图7.64

图7.65所示为对边缘进行深入地修饰及润色等处理后的结果。

图7.65

提示

关于拼合全景图的讲解，请参见本书第14.4.2小节的内容。

7.6.2 为选区中的图像描边

当存在选区的状态下，选择"编辑"|"描边"命令，弹出如图7.66所示的"描边"对话框。利用此对话框，可以根据需要对选区进行描边操作，在此可以控制描边的宽度、颜色、不透明度、位置等属性。

- 宽度：在此文本框中输入数值，以设置描边线条的宽度，数值越大线条越宽。
- 颜色：单击色块，在弹出的对话框中为描边线条选择一种合适的颜色。
- 位置：此区域中的3个选项，可以设置描边线条相对于选择区域的位置，其中包括内部、居中和居外。如图7.67所示分别为单击三个单选按钮后所得到的描边效果。

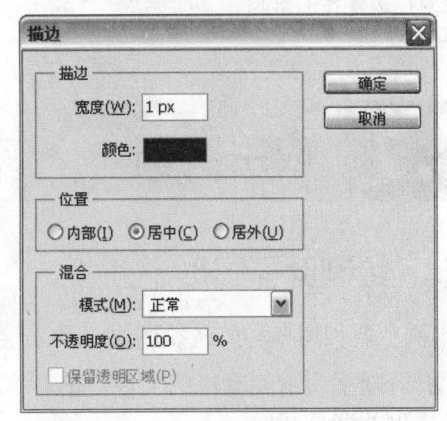

图7.66

单击"内部"单选按钮　　　　单击"居中"单选按钮　　　　单击"居外"单选按钮

图7.67

在"描边"对话框中,"混合"区域中的选项与"填充"对话框中对应部分的含义相同,在此不再赘述。

如图7.68所示为原选区及进行描边操作后的效果。

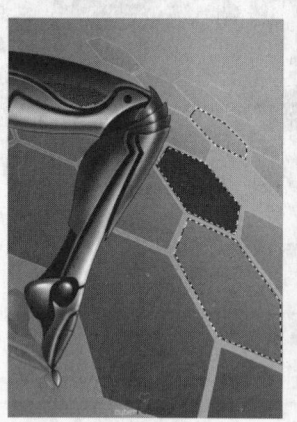 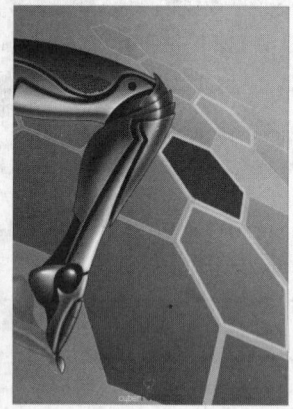

图7.68

> **提示**
>
> 读者可以尝试先对选区进行不同程度的羽化操作,再执行描边操作,并观察不同的羽化数值对描边操作的影响。

7.7 应用实例

7.7.1 绘制叶子图形

本例主要利用各种矢量绘图类工具来绘制矢量图形。

1 打开随书所附光盘中的文件"第7章\7.7.1-素材1.psd",效果如图7.69所示,将其作为本例的背景图像。

注 意

下面结合矢量绘图类工具、"直接选择工具"等进一步制作背景图像效果。

2. 设置前景色的颜色值为ff009c，选择"钢笔工具"，在其工具选项条中单击"形状图层"按钮，在画布左侧绘制如图7.70所示的形状，得到图层"形状1"。

3. 按住Alt键将图层"形状1"拖动至其下方，得到图层"形状1副本"。双击其图层缩览图，在弹出的对话框中设置颜色值为fc1028。在工具箱中选择"直接选择工具"，选中路径并调整各个锚点的位置，直至得到如图7.71所示的效果。

图7.69

图7.70

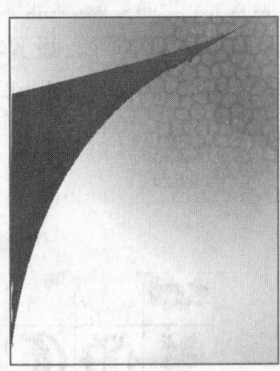
图7.71

4. 选择图层"背景"，按照步骤2～3的操作方法，结合使用矢量绘图类工具、复制图层以及使用"直接选择工具"等操作，制作画布右上方的图像效果，如图7.72所示，同时得到图层"形状2"以及图层"形状2副本"。

5. 按Ctrl+Alt+A键选择除图层"背景"以外的所有图层，按Ctrl+G键进行图层编组，得到"组1"，并将其重命名为"背景"，此时的"图层"面板如图7.73所示。

图7.72

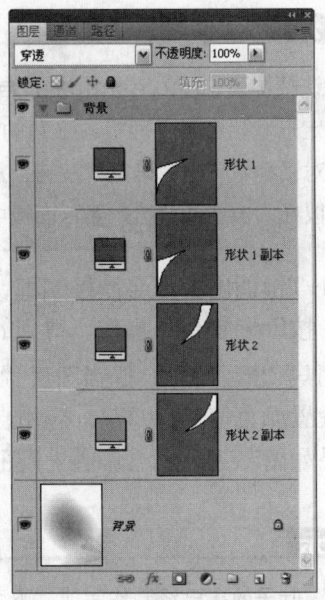
图7.73

> **提示**
>
> 为了方便管理图层，在此对制作背景的图层进行了编组操作。在下面的操作中，也将对各部分进行编组操作，在步骤中不再赘述。

> **提示**
>
> 在本步操作过程中，没有给出图像效果的颜色值，读者可以依据自己的审美意向进行颜色搭配。在下面的操作中，不再进行颜色的提示。下面来制作叶子效果。

6 选择组"背景"，设置前景色为黑色，选择"自定形状工具"，在其工具选项条中单击"路径"按钮，单击"形状"右侧的 按钮，在弹出的"自定形状拾色器"面板中选择"叶子2"，如图7.74所示，在画布中绘制如图7.75所示的形状，得到图层"形状3"。

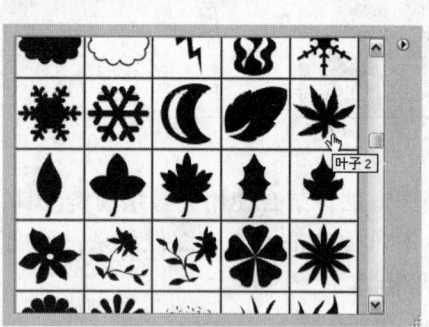

图7.74　　　　　　　　　　　图7.75

> **提示**
>
> 在默认情况下，Photoshop的"自定形状拾色器"面板中并不包括刚刚使用的形状，可以单击"自定形状拾色器"面板右上角的 按钮，在弹出的菜单中选择"全部"命令，然后在弹出的提示对话框中单击"确定"按钮，从而将所有Photoshop自带形状载入进来以便以后使用，此时就可以在"自定形状拾色器"面板中找到刚刚所使用的形状了。

7 按Ctrl+T键调出自由变换控制框，向内拖动控制手柄以缩小图像并调整图像的角度及位置，按Enter键确认操作，得到的效果如图7.76所示。

8 复制图层"形状3"，得到图层"形状3副本"，双击其图层缩览图，在弹出的对话框中，设置颜色值为fe0274，应用自由变换控制框调整图像的大小、角度及位置，得到的效果如图7.77所示，此时的"图层"面板如图7.78所示。

> **提示**
>
> 至此，叶子效果已经制作完成。下面来制作线条效果。

  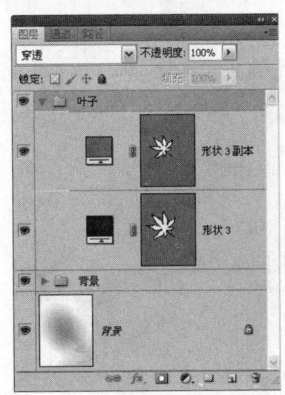

图7.76　　　　　　　　图7.77　　　　　　　　图7.78

9 选择"钢笔工具"，在其工具选项条中单击"路径"按钮，在画布右侧绘制如图7.79所示的路径。选择组"背景"，新建图层，得到"图层1"，设置前景色的颜色值为ff53bc。

10 选择"画笔工具"，在其工具选项条中设置画笔为"尖角2像素"，"不透明度"为100%。切换至"路径"面板，单击"用画笔描边路径"按钮，隐藏路径后的效果如图7.80所示。

11 选择"钢笔工具"，在其工具选栏中单击"路径"按钮，在画布右侧绘制如图7.81所示的路径。打开随书所附光盘中的文件"第7章\7.7.1-素材2.abr"。

图7.79　　　　　　　　图7.80　　　　　　　　图7.81

12 新建图层，得到"图层2"，设置前景色的颜色值为ff009a。在画布中右击，并在弹出的画笔显示框中选择上一步打开的画笔，切换至"路径"面板，单击"用画笔描边路径"按钮，隐藏路径后的效果如图7.82所示。

13 打开随书所附光盘中的文件"第7章\7.7.1-素材3.psd"，使用"移动工具"将其图像拖动至制作文件中，并与当前画布相吻合，效果如图7.83所示，同时得到组"其他线条"，此时的"图层"面板如图7.84所示。

> **提示**
>
> 本步骤是以组的形式给出的素材，读者可以参考本例随书所附光盘最终效果文件进行参数设置（图层名称上有相关的文字信息），展开组即可观看到操作的过程。下面制作其他装饰效果。

图7.82

图7.83

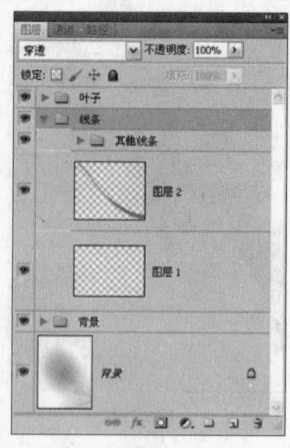
图7.84

14 选择组"叶子",结合矢量绘图类工具、复制图层以及变换图像等操作,制作其他装饰效果,最终效果如图7.85所示,此时的"图层"面板如图7.86所示。

图7.85

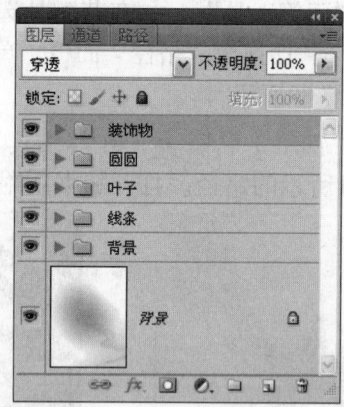
图7.86

> **提示**
> 由于本步骤涉及的图层过多,没有给出详细的"图层"面板,读者可以打开本例随书所附光盘最终效果文件,展开组即可观看到操作的过程。

> **提示**
> 在绘制第一个形状后,会得到一个对应的形状图层。为了保证后面所绘制的形状都是在该形状图层中进行,在绘制其他形状时,需要在工具选项条中选择适当的运算模式,如"添加到形状区域"🗖或者"从形状区域减去"🗖等。

7.7.2 设计LOGO图形

1 按Ctrl+N键新建文件,在弹出的对话框中设置参数,如图7.87所示。设置前景色的颜色值为e9e9e9,按Alt+Delete键填充图层"背景"。

2 新建图层，得到"图层1"。设置前景色为黑色，选择"矩形工具"，在其工具选项条中单击"填充像素"按钮，在画布中绘制如图7.88所示的黑色矩形。

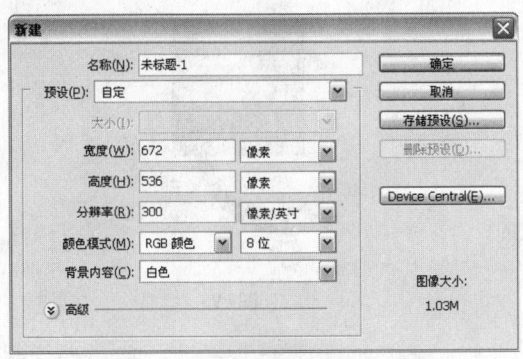

图7.87　　　　　　　　　　　　　　　图7.88

3 新建图层，得到"图层2"。使用"椭圆选框工具"，按住Shift键制作一个比黑色矩形略小一些的正圆形选区，并将其放置在黑色矩形的中心，效果如图7.89所示。

4 设置前景色为白色，设置背景色的颜色值为2e0146。选择"渐变工具"，在其工具选项条中单击"径向渐变"按钮，设置渐变类型为从前景色至背景色，从选区的右上角至左下角绘制渐变，按Ctrl+D键取消选区，得到如图7.90所示的效果。

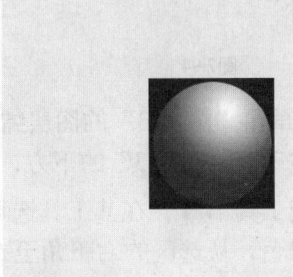

图7.89　　　　　　　　　　　　　　　图7.90

5 新建图层，得到"图层3"。按照步骤3～4的方法，制作一个更大的渐变球体，使用"移动工具"将其放置在如图7.91所示的位置。

6 按住Ctrl键单击"图层3"的图层缩览图以调出其选区，选择"选择"|"变换选区"命令以调出自由变换控制框，按住Shift键将选区缩小为原来的80%左右。

7 按Enter键确认变换操作，并将该选区放置在如图7.92所示的位置，按Delete键删除选区中的图像内容，得到如图7.93所示的效果。

图7.91

8 使用"多边形套索工具"制作一个如图7.94所示的选区，按Delete键删除选区中的图像内容，再按Ctrl+D键取消选区，得到如图7.95所示的效果。

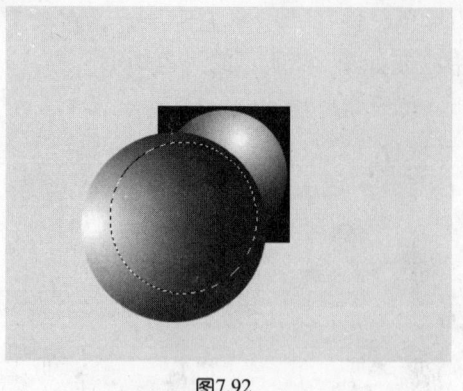

图7.92

图7.93

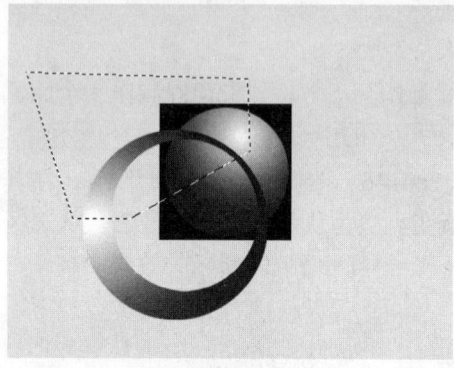

图7.94

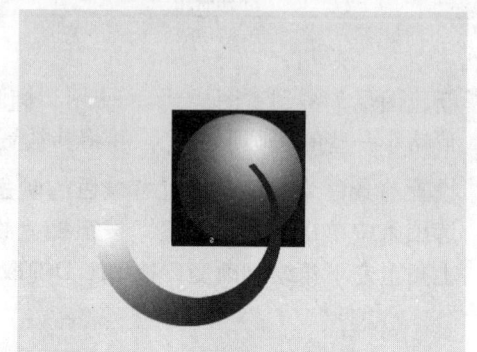

图7.95

9 按住Ctrl键单击"图层 3"的图层缩览图以调出其选区,新建图层,得到"图层 4",将该图层拖动至"图层 3"的下方,隐藏"图层 3"。

10 选择"渐变工具" ,在其工具选项条中单击"径向渐变"按钮 ,设置渐变类型为从白色至黑色,从选区的右下角至左下角绘制渐变,再按Ctrl+D键取消选区,得到如图7.96所示的效果。

11 显示"图层 3",按住Shift键,使用"移动工具" 将"图层4"中的图像向右侧拖动,并将其放置在如图7.97所示的位置。

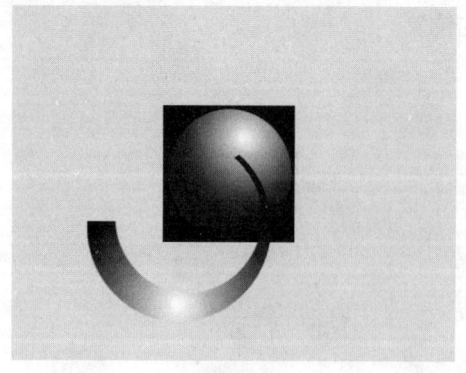

图7.96

图7.97

12 选择"橡皮擦工具" ,在其工具选项条中设置适当的画笔大小,将"图层 4"中右半部分的图像内容擦除,直至得到如图7.98所示的效果。

13 将"图层 3"和"图层 4"链接起来,按 Ctrl+E键合并链接图层,将合并后的图层命名为"图层 4"。

14 使用"矩形选框工具" 制作如图7.99所示的矩形选区,选择"选择"|"变换选区"命令以调出自由变换控制框,按住Shift键将选区顺时针旋转75°,并将其放置在如图7.100所示的位置。

15 按Enter键确认变换操作,再按Delete键删除选区中的图像内容,然后按Ctrl+D键取消选区,得到如图7.101所示的效果。

16 按照步骤14~15的方法,制作得到如图7.102所示的效果。

图7.98

图7.99

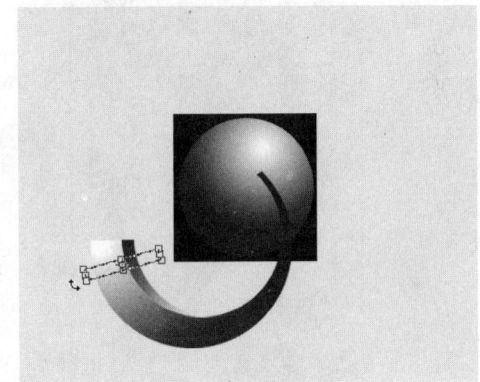

图7.100

图7.101

图7.102

17 复制"图层 4",得到"图层 4 副本"。选择"编辑"|"变换"|"旋转90度(顺时针)"命令,将变换后的图像放置在如图7.103所示的位置。按照同样的方法,制作出如图7.104所示的效果,此时的"图层"面板如图7.105所示。

18 使用"横排文字工具" ,在其工具选项条中设置适当的文字颜色、字体和字号,在画布的底部键入相关的文字,得到如图7.106所示的最终效果。

图7.103

图7.104

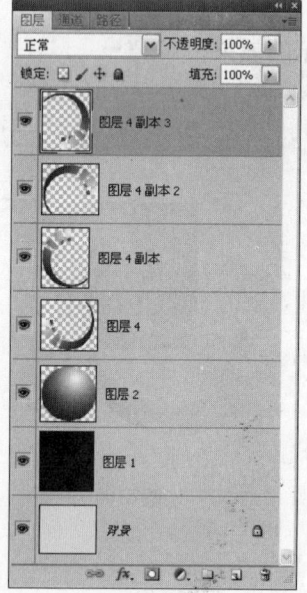

图7.105

图7.106

第 8 章

图像的编辑

无论是Photoshop初学者还是Photoshop软件使用高手,都不可避免地会在图像合成与处理过程中,遇到由于失误或者其他原因而需要回退操作的情况。本章将对Photoshop中的纠错功能、图像修饰及调整进行详细讲解。

8.1 修饰和编辑对象

在许多情况下，人的进步是建立在错误的基础上的，因此犯错并不可怕，可怕的是不知道如何纠正错误，重新回到正确的道路上。本章8.2节重点讲解了如何使用工具或者面板来纠正在Photoshop中执行的错误操作。

需要注意的是，利用这些命令或者面板来纠正错误仅仅是学习这些知识的第一层次，实际上使用8.2节所讲解的"历史记录"面板，还能够获得十分特殊的图像效果；而灵活掌握8.2.3节所讲解的"历史记录艺术画笔工具" ，还可以绘制出极具艺术感的图像效果。简单地总结来说，通过学习8.2节至少能够完成以下任务。

- 纠正操作错误。
- 保存图像文件状态。
- 生成新的图像文件。
- 制作特效图像效果。
- 绘制具有艺术笔触感觉的图像效果。

本章8.3节详细讲解了在Photoshop中如何利用各种工具对图像进行修饰与处理，从而达到化腐朽为神奇或者锦上添花的目的。

从应用角度来看，在掌握8.3节所讲解的技术后，非设计专业人员或者数码照相馆相关工作人员可以使用这些技术处理数码照片；而设计行业专业人员则不仅能够对素材图像进行处理，还能够完成专业的修图工作。如图8.1所示为两幅素材图像。如图8.2所示为利用"仿制图章工具" 将长颈鹿身上的图案仿制到犀牛身上的效果。

图8.1

图8.2

第 8 章 图像的编辑

要完成图8.2所示的具有一定创意含量的修图工作，对设计人员的创意思维与软件应用水平都提出了较高的要求。

对图像进行放大、缩小、旋转等变换操作，是每一个Photoshop使用者都会遇到的问题，本章8.4节详细讲解了这类操作的步骤与技术要点。

由于变换操作具有通用性，因此在学习了本章所讲解的知识与技能后，至少应该掌握以下操作方法。

- 变换图像的操作方法。
- 变换路径的操作方法。
- 变换选区的操作方法。

8.2 纠正错误

8.2.1 了解"历史记录"面板

视频路径：视频文件\8.2.1-1.avi、8.2.1-3.avi

使用"编辑"菜单中的"还原"、"后退一步"和"前进一步"命令，可以在上一步、下一步或连续操作步骤内实现向前或向后的转换，这与Word、Illustrator等大多数软件相同。但在Photoshop中，可以利用"历史记录"面板，更为直观地执行回退或前进操作。

选择"窗口"|"历史记录"命令，可以打开如图8.3所示的"历史记录"面板。

"历史记录"面板中记录着当前图像的所有可记录操作步骤，从而为后退一步或前进一步操作提供了直观的视觉依据。例如，对于图8.3所展示的面板而言，可以非常直观地看到在当前图像被打开后，执行了高斯模糊、混合选项和USM锐化等多步操作。

下面分别对"历史记录"面板及其相关的操作进行讲解。

图8.3

 1. 使用面板执行回退操作

在进行一系列操作后，如果需要后退至某一个历史状态，则直接在历史记录列表区中单击该历史记录的名称，即可使图像的操作状态返回至此，此时在所选历史记录后面的操作都将灰度显示。例如，要回退至"混合选项"的状态，可以直接在此面板中单击"混合选项"历史记录，如图8.4所示。

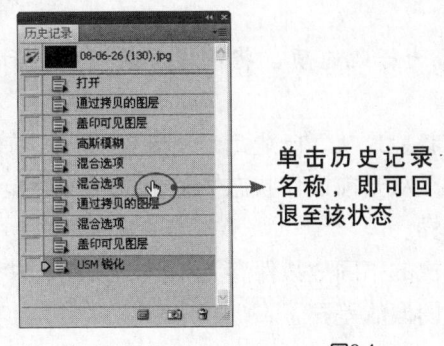

单击历史记录名称，即可回退至该状态

图8.4

2. 修改历史记录的步骤数

默认状态下，"历史记录"面板只记录最近20步的操作，要改变记录步骤，可选择"编辑"|"首选项"|"性能"命令或按Ctrl+K键，在弹出的"首选项"对话框中改变默认参数值，如图8.5所示。

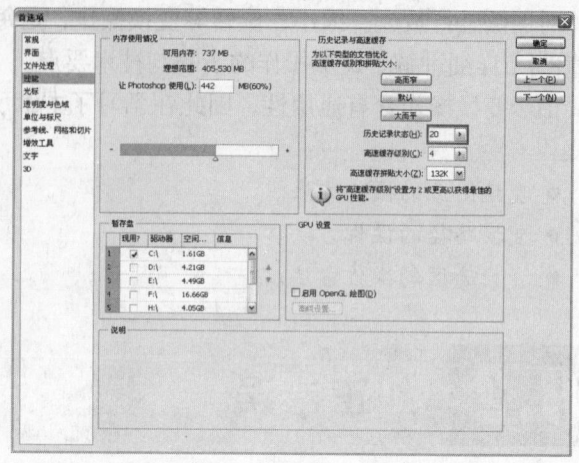

图8.5

3. 快照功能

除了直接利用"历史记录"面板的回退功能外，"快照"也是一项常用功能。

使用快照功能，用户可以在编辑图像的过程中，将某一操作状态保存起来，以方便在需要时进行恢复，快照能够保存的当前状态包括选区、图层、通道、路径等各种信息。

（1）建立快照

要建立快照，只需单击"历史记录"面板底部的"创建新快照"按钮 ，即可按照默认状态创建一个新的快照，或者按住Alt键单击"创建新快照"按钮 ，设置如图8.6所示的对话框后，单击"确定"按钮，即可创建一个新快照。

图8.6

"新建快照"对话框的"自"下拉列表中各选项的含义如下。
- 全文档：选择此选项，将为整个文件的内容（包括所有图层、通道、路径）建立快照。
- 合并的图层：选择此选项，将在建立快照的同时，合并图像中除隐藏图层外的所有层。
- 当前图层：选择此选项，所建立的快照仅包括当前图层的状态。

使用快照不仅可以从当前操作状态恢复至保存时的操作状态，也可以更容易地对比不同操作状态下的图像差异。

用户只需要将图像的不同效果保存为不同的快照，并在这些快照之间相互切换，就可以查看不同操作状态下图像的差异了。

（2）删除快照

若要删除不需要的快照，可在选中快照后，单击"历史记录"面板底部的"删除当前状态"按钮，然后在弹出的对话框中单击"是"按钮。

（3）重命名快照

若要更改快照名称，可在"历史记录"面板中双击要改名的快照，名称处即显示为文本框。在其中输入新名称后按Enter键，或单击文本框以外的其他任意地方即可。

8.2.2 使用历史记录画笔工具恢复图像内容

"历史记录画笔工具"需要结合"历史记录"面板来使用，其主要功能是可以将图像的某一区域恢复至某一历史状态，从而形成特殊效果。

由于使用"历史记录"面板将使整幅图像恢复到以前记录的某一个历史记录状态，因此在实际工作中往往需要结合使用能够局部恢复图像的"历史记录画笔工具"。

下面以一个实例讲解如何使用"历史记录画笔工具"，其操作如下所述。

1 打开随书所附光盘中的文件"第8章\8.2.2-素材.tif"，效果如图8.7所示。

2 选择"滤镜"|"艺术效果"|"海报边缘"命令，在弹出的对话框中设置参数，如图8.8所示，单击"确定"按钮退出对话框，得到如图8.9所示的效果。

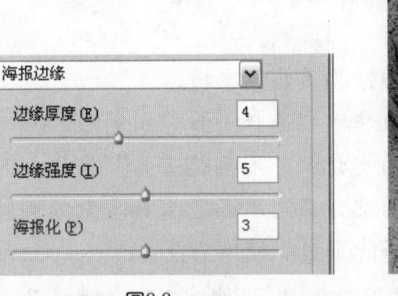

图8.7　　　　　　　　　　图8.8　　　　　　　　　　图8.9

3 打开"历史记录"面板，将"历史记录画笔工具"的源切换为执行"海报边缘"命令前的状态，如图8.10所示。

4 在工具箱中选择"历史记录画笔工具"，在其工具选项条中设置适当的参数，如图8.11所示。

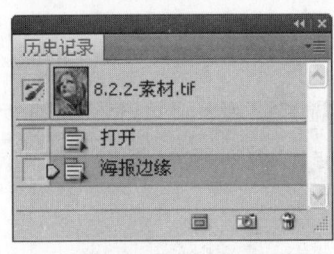

图8.10　　　　　　　　　　　　　　图8.11

5 使用"历史记录画笔工具"在图像的周围进行涂抹，即可将此部分图像的状态恢复至执行"海报边缘"命令前的状态，得到如图8.12所示的效果。

使用"历史记录画笔工具"后的效果　　　　　局部放大效果

图8.12

8.2.3 使用历史记录艺术画笔工具制作艺术效果

"历史记录艺术画笔工具"与"历史记录画笔工具"的功能基本相同，区别在于此工具更具有创造性。使用此工具进行操作时，能够绘制出极具艺术感且令人意想不到的效果。此工具的使用重点在于不断调节参数的设置及画笔的样式，其工具选项条如图8.13所示。

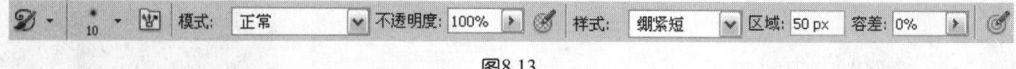

图8.13

下面讲解工具选项条中较为重要的参数。
- 样式：在此下拉列表中可以选择一种艺术笔触。
- 区域：用于设置"历史记录艺术画笔工具"绘制时所覆盖的像素范围。
- 容差：用于设置"历史记录艺术画笔工具"绘制时的间隔空间。

下面以一个实例来讲解此工具的使用方法。

1. 打开随书所附光盘中的文件"第8章\8.2.3-素材.tif"，效果如图8.14所示。设置前景色为白色，按Alt+Delete键用前景色进行填充。

2. 选择"窗口"|"历史记录"命令，弹出"历史记录"面板，在"打开"栏前面的方框中单击以定义源状态，如图8.15所示。

素材图像　　　　　　　局部放大效果

图8.14　　　　　　　　　　　　　　图8.15

3 选择"历史记录艺术画笔工具" ，设置其工具选项条中的参数，如图8.16所示。使用此工具在白色区域中快速拖动，得到如图8.17所示的效果。

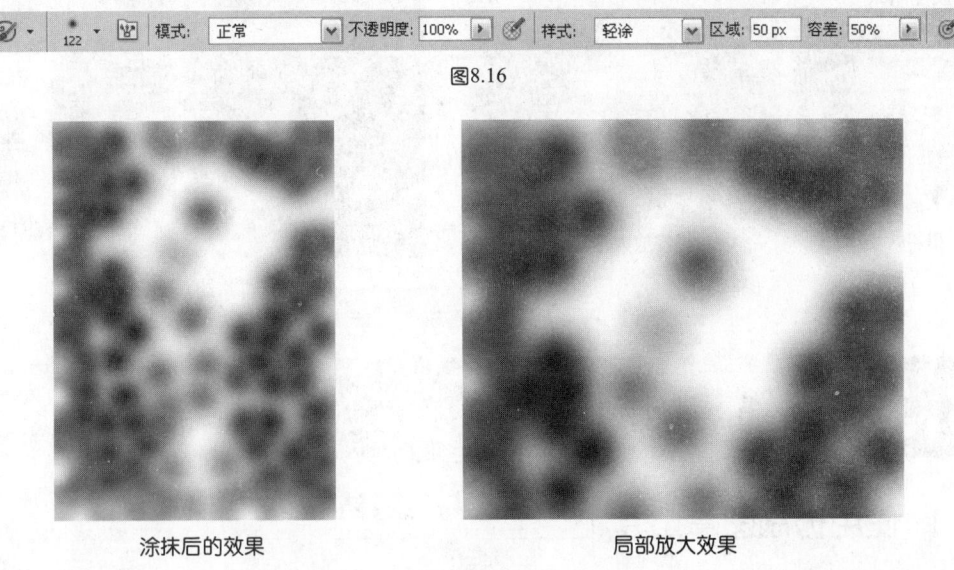

图8.16

涂抹后的效果　　　　　　　局部放大效果

图8.17

4 设置历史记录艺术画笔工具选项条中的参数，如图8.18所示。使用此工具在白色区域中涂抹，可以得到如图8.19所示的效果。

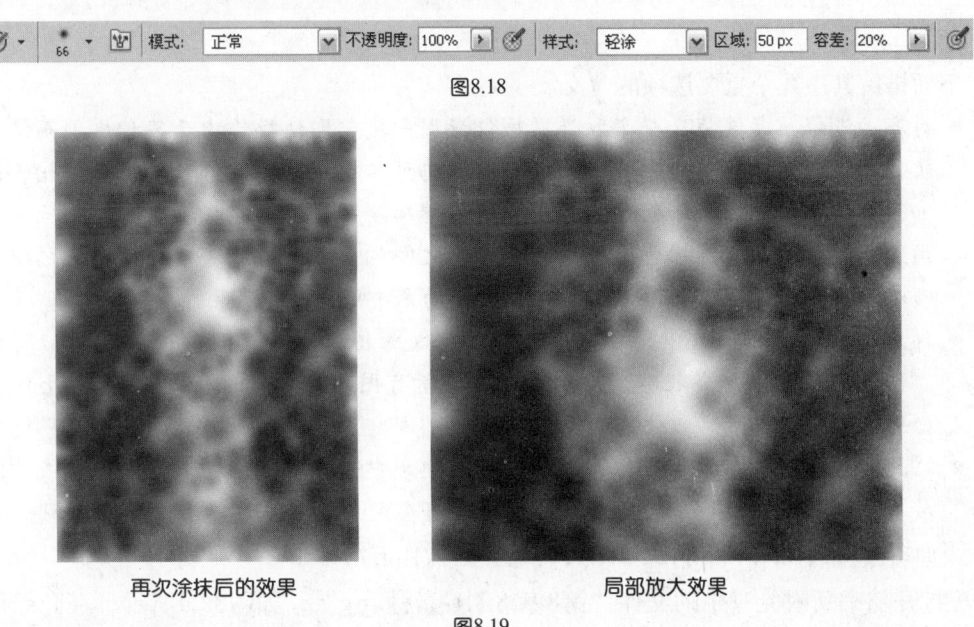

图8.18

再次涂抹后的效果　　　　　　　局部放大效果

图8.19

5 再次改变历史记录艺术画笔工具选项条中的参数，如图8.20所示。使用此工具在画布中的人像部分进行涂抹，得到如图8.21所示的效果。如图8.22所示为使用不同画笔样式进行绘画时所得到的效果。

图8.20

最终效果　　　　　局部放大效果

图8.21　　　　　　　　　　　　　　　　图8.22

8.3　修饰与仿制图像

8.3.1　使用仿制图章工具　　视频路径：视频文件\8.3.1.avi

"仿制图章工具"是图像中对象复制操作时非常适用的工具，利用它可以将想复制的对象原封不动地复制一个或多个。选择"仿制图章工具"后，其工具选项条如图8.23所示。

图8.23

下面讲解其中几个重要选项的含义。

- 对齐：选择该复选框，整个取样区域仅应用一次，即使操作由于某种原因而停止，再次使用"仿制图案工具"进行操作时，仍可从上次结束操作时的位置开始。反之，如果未选择该复选框，则每次停止操作再继续绘画时，都将从初始参考点位置开始应用取样区域。因此在操作过程中，参考点之间的位置与角度关系处于变化之中，该选项对于在不同的图像上应用图像同一部分的多个副本时很有用。

- 样本：在此下拉列表中，用户可以选择定义源图像时所选取的图层范围，其中包含"当前图层"、"当前和下方图层"及"所有图层"3个选项，从其名称上便可以轻松理解在定义样式时所使用的图层范围。

- "忽略调整图层"按钮：在"样本"下拉列表中选择"当前和下方图层"或"所有图层"选项时，该按钮将被激活，按下以后将在定义源图像时忽略图层中的调整图层。

下面讲解如何使用"仿制图章工具"，其操作方法如下。

1 打开随书所附光盘中的文件"第8章\8.3.1-素材.jpg"，如图8.24所示。在此照片中，背景墙上的一些饰品使照片整体显得有些杂乱，本例就来讲解一下使用"仿制图章工具"将其修除的操作方法。

2 选择"仿制图章工具"，在其工具选项条中选择合适的笔刷，设定"模式"、"不透明度"参数，选择"对齐"选项。

3 按住Alt键（此时光标变为⊕形状），单击女孩头部右侧的相框下方，以定义源图像，如图8.25所示。

图像的编辑 第8章

图8.24

图8.25

4 释放Alt键，在要得到复制图像的区域按住鼠标左键并拖动鼠标，此时图像中将出现十字光标与圆圈光标两个光标，其中十字光标为取样点，而圆圈光标为复制处，调整适当的画笔大小并摆放至要修除的位置，注意对齐位置，此时画笔内部将显示预览图像，如图8.26所示。

5 不断在新的位置拖动光标，即可复制取样处的图像，得到如图8.27所示的效果。

6 按照步骤3~5的方法，继续在其他多余图像的部位定义源图像，并进行擦除，直至得到如图8.28所示的效果。

图8.26

图8.27

图8.28

> **提示**
>
> 进行复制操作时，如果按住Shift键，将会使橡皮图章以直线方式复制图像。多数初学者不会在开始使用"仿制图章工具"时选择"对齐"选项，因此在操作时切记不要在完成仿制前释放鼠标按键，这样会重新开始一个新的仿制操作。当然在工具选项条中选择"对齐"选项，可以避免此类错误的发生。

> **提 示**
>
> 初学者在进行仿制操作时，往往不能得到大面积的仿制图像，其原因就是没有在工具选项条中设置恰当的"画笔"参数，实际上这一参数的设置与画笔类型的选择决定着是否能够得到令人满意的仿制效果。

8.3.2 使用图案图章工具

在操作方法与效果方面，"图案图章工具"与"仿制图章工具"基本相同。与"仿制图章工具"不同的是，"图案图章工具"使用一个自定义或者预设的图案覆盖操作区域。

图案图章工具选项条如图8.29所示，其中的参数不再赘述。

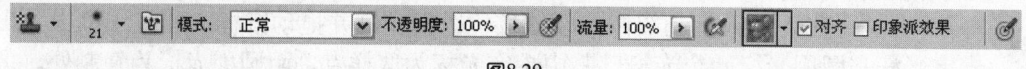

图8.29

8.3.3 使用修复画笔工具

"修复画笔工具"是选取图像中的"好"区域来修复"不好"的区域，并使整幅图像保持完好的状态。利用"修复画笔工具"修复图像的具体操作步骤如下。

1. 打开随书所附光盘中的文件"第8章\8.3.3-素材.jpg"，如图8.30所示。
2. 在工具箱中选择"修复画笔工具"，并在其工具选项条中进行如图8.31所示的设置。

修复画笔工具选项条中的重要参数的含义如下。

- 取样：用取样区域的图像修复需要改变的区域。
- 图案：用图案修复需要改变的区域。
- 样本：在此下拉列表中，读者可以选择定义源图像时所选取的图层范围，其中包含"当前图层"、"当前和下方图层"以及"所有图层"3个选项。
- "忽略调整图层"按钮：在"样本"下拉列表中选择"当前和下方图层"或"所有图层"选项时，该按钮将被激活，按下以后将在定义源图像时忽略图层中的调整图层。

图8.30

图8.31

3. 按住Alt键在背部的其他完好区域取样，在有图案的区域进行涂抹，其效果如图8.32所示，操作过程如图8.33所示。按照此方法去除其他位置的文字，得到如图8.34所示的效果。

4 按住Alt键，继续在背部皮肤肌理较好的区域进行取样，然后在需要加强皮肤质感的区域进行涂抹，即可得到如图8.35所示的最终效果。

> **提示**
> 在使用"修复画笔工具" 时，十字点为取样点，小圆圈区域为当前涂抹区域。

图8.32

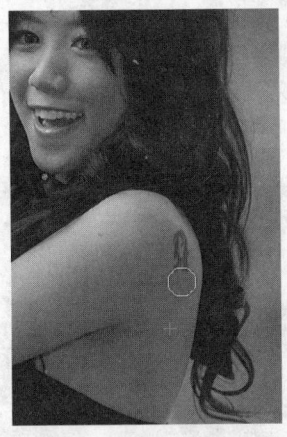
图8.33

图8.34

图8.35

8.3.4 使用污点修复画笔工具　　视频路径：视频文件\8.3.4.avi

"污点修复画笔工具"可以用于去除照片中的杂色或污斑，此工具与前面讲解到的"修复画笔工具"非常相似，但不同的是使用方法。

使用此工具时不需要进行采样操作，只需要用此工具在图像中有杂色或污斑的地方单击，即可去除此处的杂色或污斑，这是由于Photoshop能够自动分析单击处图像的不透明度、颜色与质感，从而进行自动采样，最终完美地去除杂色或污斑。

如图8.36所示为素材图像及局部细节效果，如图8.37所示为使用"污点修复画笔工具"去除处色斑后的效果。

图8.36

图8.37

在Photoshop CS5中,新增了一项"内容识别"选项,选中此选项后,可以在修复时依据周围的场景进行智能化的修复处理。以图8.38所示的原图像为例,图8.39所示为选择此选项进行涂抹时的状态,图8.40所示为自动修复后的效果(修复后的边缘有些瑕疵,可使用"仿制图章工具" 进行修除),可以看出,Photoshop根据周围的图像,自动填充了原来人物手中的笔所在的区域。

如果不是使用"内容识别"功能,那么很可能得不到这么完美的修复结果,例如图8.41所示就是在其工具选项条上选择"近似匹配"选项后的修复结果。

图8.38　　　　　图8.39　　　　　图8.40　　　　　图8.41

8.3.5 使用修补工具

>> 视频路径：视频文件\8.3.5.avi

"修补工具" 用于将图像中所需要的部分选择并移动到需要覆盖的区域，类似于现实生活中的植皮术，且Photoshop能将移植过来的部分图像与该区域中的原图像很好地融合在一起。

在此以一个实例来讲解"修补工具" 的使用方法，其操作步骤如下。

1 打开随书所附光盘中的文件"第8章\8.3.5-1-素材.jpg"，如图8.42所示。选择"修补工具" ，并在其工具选项条中进行如图8.43所示的参数设置。

图8.42

图8.43

2 使用"修补工具" 选择人像脸部的痣点，其使用方法与"套索工具" 类似，图8.44所示是将要修补的匹配选中后的状态。

3 将鼠标置于选择区域内，将选区拖动至如图8.45所示的位置，释放鼠标并按Ctrl+D键取消选区，得到如图8.46所示的效果。

图8.44   图8.45

> **提示**
>
> 在使用"修补工具" 时，也可以使用其他选择工具制作一个精确的选区，然后选择"修补工具" ，将选区拖动至无瑕疵的图像上，以便更好地对图像进行完善。

4 按Ctrl+D键取消选区，得到如图8.47所示的最终效果。如图8.48所示为修补前后的对比效果。

图8.46

图8.47

图8.48

利用修补工具选项条上的"透明"选项，可以在修复图像的基础上实现半透明效果。下面以一个简单的实例来讲解此选项的功能。

1 打开随书所附光盘中的文件"第8章\8.3.5-2-素材.jpg"，如图8.49所示。选择"修补工具"，并按照人物嘴巴的轮廓创建选区，如图8.50所示。

图8.49

图8.50

2 设置修补工具选项条中的各项参数，如图8.51所示。

图8.51

3 直接将选区拖至眼角的部位，按Ctrl+D键取消选区，得到如图8.52所示的效果。

4 为了突出对比效果，按Ctrl+Z键回退一步，在修补工具选项条中取消"透明"复选框的勾选，重复步骤3的操作，得到如图8.53所示的效果。

第 8 章 图像的编辑

图8.52

图8.53

通过对比两幅图像，相信读者能够看出"透明"选项的功能。

8.3.6 使用红眼工具

> 视频路径：视频文件\8.3.6.avi

利用"红眼工具" 可以去除照片上人物的红眼。选择"红眼工具" 后，其工具选项条如图8.54所示。

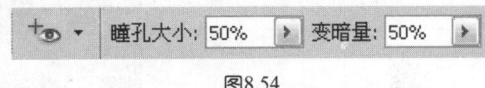

图8.54

下面用一个小实例来讲解其具体操作方法。

1 打开随书所附光盘中的文件"第8章\8.3.6-素材.tif"，效果如图8.55所示。选择"红眼工具" ，在其工具选项条中设置"瞳孔大小"、"变暗量"等参数，也可以采用默认的设置。

2 在人物眼睛的位置处拖动鼠标制作一个类似矩形选区的选框以将眼睛框选，释放鼠标左键后，即可得到如图8.56所示的没有红眼的效果。

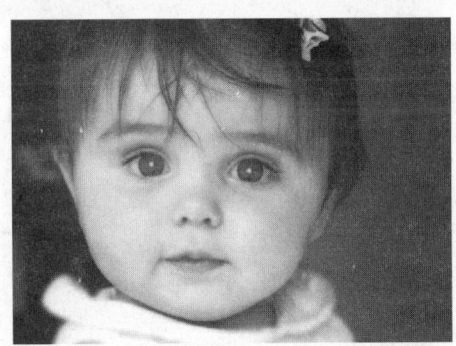

图8.55

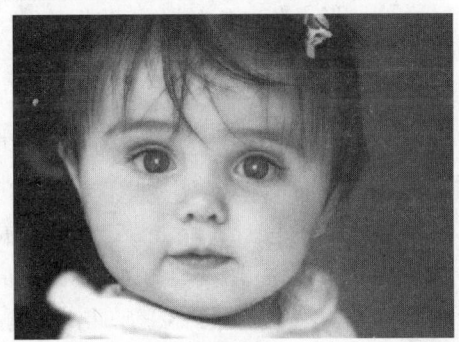

图8.56

> **提示**
>
> 限于本书的印刷方式，此处去除红眼前后的对比效果可能并不明显，读者可以打开随书所附光盘中该实例的素材及最终效果文件进行对比，以便了解操作前后的差异。

8.3.7 使用"仿制源"面板

前面已经对"仿制源"面板做了简单的介绍。下面通过实例使读者了解"仿制源"面板的使用方法及其在实际工作中的应用。

1 打开随书所附光盘中的文件"第8章\8.3.7-素材.psd",如图8.57所示,其对应的"图层"面板如图8.58所示。

> **提示** 本例为了更好、更方便地进行仿制操作,将利用图层功能来进行制作。

2 将"图层1"拖动到"创建新图层"按钮  上复制图层,得到"图层1副本",配合自由变换控制框将"图层1副本"中的图像调整到画布的左下角位置,"图层1副本"中的图像状态如图8.59所示。

图8.57

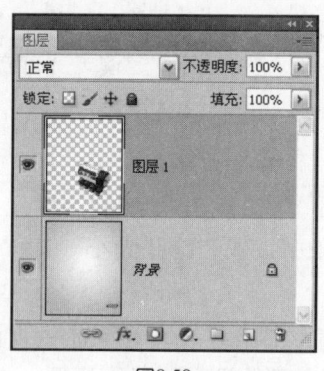
图8.58

图8.59

3 在工具箱中选择"仿制图章工具" ,其工具选项条参数设置如图8.60所示。

图8.60

4 选择"图层1",将"仿制图章工具" 拖动到"图层1"中电池图像上如图8.61中红色圆圈所示的位置,按住Alt键单击鼠标左键,以创建一个仿制源点,此时的"仿制源"面板如图8.62所示,其中红色框内的文字代表当前的文件名称,而蓝色框内的文字则代表当前定义源图像的图层名称。

> **提示** 由于当前还没有使用此源图像进行图像的复制操作,所以在"位移"区域中显示的数值都为0。

5 由于在后面需要复制得到略小且带有一定角度的电池图像,所以需要按照如图8.63所示的参数进行设置,同时选择"显示叠加"选项来显示出调整后的状态,设置参数后的图像效果如图8.64所示。

6 单击"仿制源"面板的第2个仿制源点(如图8.65所示),选择"图层1副本",将"仿制图章工具" 拖动到画布左下角的电池图像上,效果如图8.66所示,按Alt键单击,定义仿制源点。

图8.61

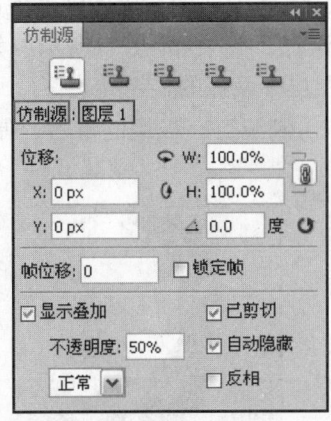
图8.62

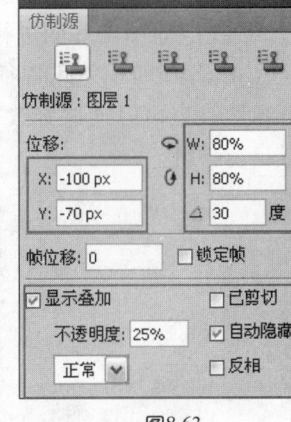
图8.63

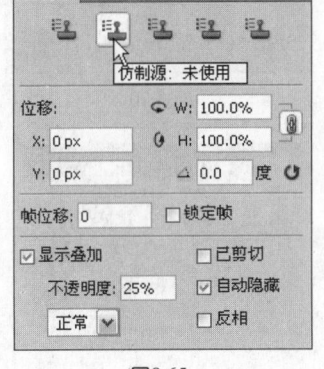
图8.64   图8.65

图8.66

7 在"仿制源"面板中设置参数如图8.67所示,此时的图像效果如图8.68所示。

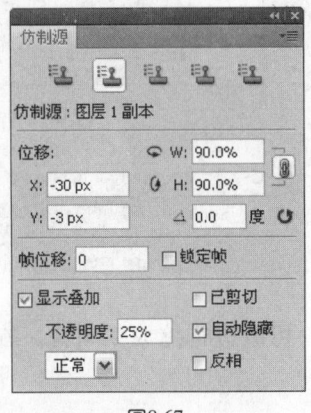
图8.67

图8.68

8 在"仿制源"面板中选择第1个仿制源点,选择"图层1",按住Ctrl键单击"图层1"的图层缩览图,以载入该图层中图像的选区,然后按Shift+Ctrl+I键反选选区。

9 使用"仿制图章工具" 在电池图像后面的虚影上进行涂抹,效果如图8.69所示,继续在后面的虚影上进行涂抹,效果如图8.70所示。

10 在"仿制源"面板中选择第2个仿制源点,选择"图层1副本",按住Ctrl键单击"图层1 副本"的图层缩览图,以载入该图层中图像的选区,按Shift+Ctrl+I键反选选区,然后在电池图像后面进行涂抹,效果如图8.71所示。如图8.72所示为取消选区后的效果,如图8.73所示为此时"图层"面板的显示状态。

当然,也可以通过修改"仿制源"面板中的参数,制作得到如图8.74所示的效果,读者可以自行尝试。

图8.69

图8.70

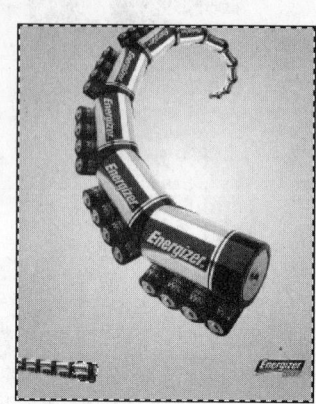
图8.71

图8.72

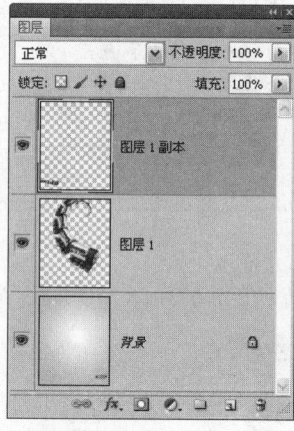
图8.73

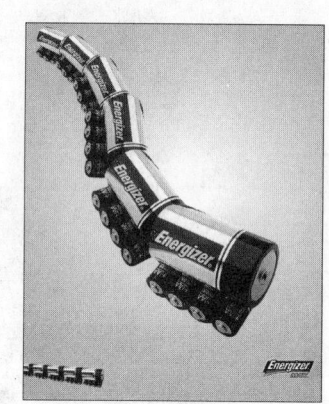
图8.74

8.4 变换图像

变换图像针对的是某个图层或选择区域中的图像,可以进行缩放、倾斜、旋转、翻转或扭曲等操作。

1 打开随书所附光盘中的文件"第8章\8.4-素材.psd",使用任意一种选择工具,选择需要进行变换的图像。

2 在"编辑"|"变换"子菜单命令中选择需要使用的变换命令,此时被选择图像四周出现变换控制框,其中包括8个控制句柄以及一个控制中心点,如图8.75所示。

3 拖动8个控制句柄中的任意一个,即可对图像进行变换。

图像的编辑 第8章

4. 得到需要的效果后，在变换控制框中双击鼠标以确定变换效果，如果要在操作中取消变换操作，则按Esc键直接退出变换操作。

5. 在操作中可以移动变换控制中心点，以改变变换控制基准点。

图8.75

8.4.1 缩放图像

要缩放图像可以按照如下所述进行操作。

1. 选中要缩放的图像，选择"编辑"|"变换"|"缩放"命令或按Ctrl+T键调出自由变换控制框。

2. 将鼠标指针放至变换控制框中的变换控制句柄上，当光标变为双箭头形状 ⟷ 时拖动鼠标，即可改变图像的大小。其中拖动左侧或右侧的控制句柄，可以在水平方向改变图像大小；拖动上方或下方的控制句柄，可以在垂直方向上改变图像大小；拖动角部控制句柄，可以同时在水平或垂直方向改变图像大小。

3. 得到需要的效果后释放鼠标，并双击变换控制框以确认缩放操作。如图8.76所示为水平缩放图像的操作实例。

图8.76

> **提示**
> 按住Shift键拖动控制框句柄，可以按比例缩放图像。

8.4.2 旋转图像

要旋转图像可以按照下面所述步骤进行操作。

1. 选中要旋转的图像，选择"编辑"|"变换"|"旋转"命令或按Ctrl+T键。

2. 将鼠标指针移至变换控制框附近，当光标变为一个弯曲箭头时拖动鼠标，即可以中心点为基准旋转图像。

3. 得到需要的效果后释放鼠标，并双击变换控制框以确认旋转操作。

> **提示**
> 如果需要按15°的倍数旋转图像，可以在拖动鼠标的时候按住Shift键，得到需要的效果后，双击变换控制框即可。

- 如果要将图像旋转180°，可以选择"编辑"|"变换"|"旋转180度"命令。
- 如果要将图像顺时针旋转90°，可以选择"编辑"|"变换"|"旋转90度（顺时针）"命令。
- 如果要将图像逆时针旋转90°，可以选择"编辑"|"变换"|"旋转90度（逆时针）"命令。

如图8.77所示为旋转图像实例，其中将变换控制中心点移至右下角处。

图8.77

8.4.3 斜切图像

要斜切图像可以按照如下所述进行操作。

1. 选中要斜切的图像，选择"编辑"|"变换"|"斜切"命令。

2. 将鼠标指针移至变换控制框附近，当光标变为一个箭头形状时拖动鼠标，即可使图像在光标移动的方向上发生斜切变形。

3. 得到需要的效果后释放鼠标，并双击变换控制框以确认斜切操作。

如图8.78所示为斜切图像操作实例。

图8.78

8.4.4 翻转图像

翻转图像操作包括将水平翻转和垂直翻转两种，操作如下所述。
- 如果要水平翻转图像，可以选择"编辑"|"变换"|"水平翻转"命令。
- 如果要垂直翻转图像，可以选择"编辑"|"变换"|"垂直翻转"命令。

如图8.79所示为水平翻转和垂直翻转图像的操作实例。

图8.79

很多读者对于翻转图像与翻转画布的概念不是很清楚，事实上它们有着本质的区别。翻转图像仅针对当前所选中图层中的图像进行操作，而翻转画布则是对当前所有的图像进行翻转处理。例如图8.80所示为原图像，在选择"图层1"的情况下，选择"编辑"|"变换"|"垂直翻转"命令，将得到如图8.81所示的效果，如果此时选择的是"图像"|"旋转画布"|"垂直翻转"命令，那么得到的将是如图8.82所示的效果。

 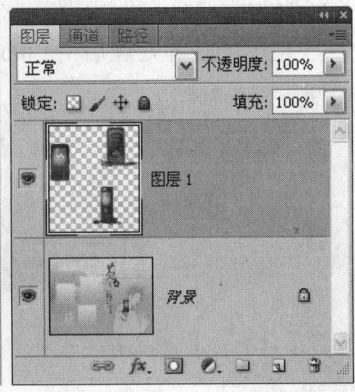

图8.80

图8.81　　　　　　　　　　　图8.82

8.4.5 扭曲图像

> 视频路径：视频文件\8.4.5.avi

扭曲图像是应用非常频繁的一类变换操作，通过此类变换操作，可以使图像在任意一个控制句柄处发生变形，其操作方法如下所述。

1 打开随书所附光盘中的两个文件"第8章\8.4.5-素材1.jpg"和"第8章\8.4.5-素材2.psd"，如图8.83所示，选择"编辑"｜"变换"｜"扭曲"命令。

图8.83

2 将鼠标指针移至变换控制框附近或控制句柄上，当光标变为一个箭头形状▷时拖动鼠标，即可使图像发生拉斜变形。

3 得到需要的效果后释放鼠标，并双击变换控制框以确认扭曲操作。

如图8.84所示为通过对处于选择状态的图像执行扭曲操作的过程，如图8.85所示则是对图像进行一些亮度调整等处理后得到的最终整体效果。

图8.84　　　　　　　　　　　　　　图8.85

8.4.6 透视图像

> 视频路径：视频文件\8.4.6.avi

通过对图像应用透视变换命令，可以使图像获得透视效果，其操作方法如下所述。

1 打开随书所附光盘中的文件"第8章\8.4.6-素材.psd"，如图8.86所示。选择"编辑"｜"变换"｜"透视"命令，进行透视操作。新建图层，得到"图层1"，选择"编辑"｜"填充"命令，设置弹出的对话框如图8.87所示，单击"确定"按钮退出对话框，得到如图8.88所示的效果。

图像的编辑 第8章

2 将鼠标指针移至变换控制句柄上,当光标变为一个箭头形状▶时拖动鼠标,即可使图像发生透视变形。

3 得到需要的效果后释放鼠标,并双击变换控制框以确认透视操作。

如图8.89所示效果为使用此命令并结合图层操作制作出的具有空间透视效果的图像,如图8.90所示为在变换时的自由变换控制框状态及设置图层混合模式后的效果。

图8.86

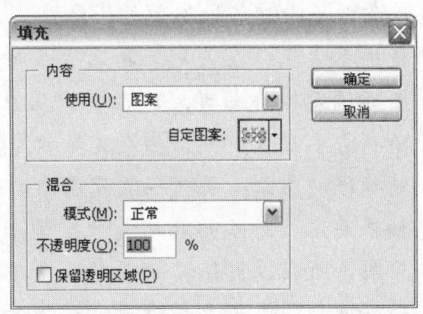

图8.87

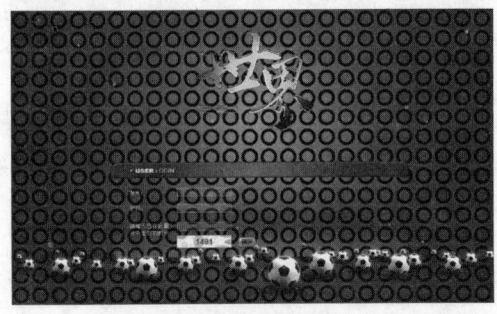

图8.88

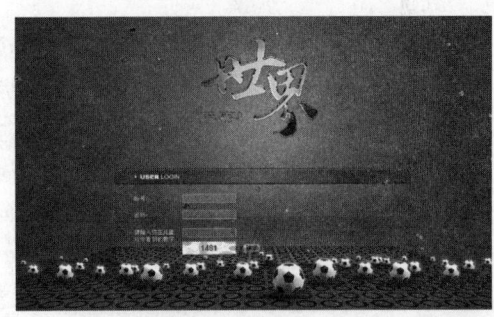

图8.89

图8.90

提 示

执行此操作时,应该尽量缩小图像的观察比例,尽量多显示一些图像外周围的灰色区域,以便于拖动控制句柄。

8.4.7 精确变换 视频路径:视频文件\8.4.7.avi

通过以上所述的各种变换操作,可以对图像进行粗放型变换,如果要对图像进行精确变换操作,则需要使用变换工具选项条中的参数项。

要对图像进行精确变换操作,可以按下述操作指导进行操作。

1. 选中要执行精确变换的图像，按Ctrl+T键调出自由变换控制框。
2. 在其工具选项条中设置如图8.91所示的变换工具选项条中的参数项。

图8.91

工具选项条中的各项参数如下所述。

- 使用参考点：在使用工具选项条对图像进行精确变换操作时，可以使用工具栏中的图标确定操作参考点，在其中用户可以确定9个参考点位置。例如，要以图像的左上角点为参考点，单击使其显示为形即可。
- 精确移动图像：要精确改变图像的水平位置，分别在X、Y数值输入框中输入数值。
- 如果要定位图像的绝对水平位置，直接输入数值即可；如果要使填入的数值为相对于原图像所在位置移动的一个增量，应该单击按钮，使其处于被按下的状态。
- 精确缩放图像：要精确改变图像的宽度与高度，可以分别在W、H数值输入框中输入数值。
- 如果要保持图像的宽高比，应该单击按钮，使其处于被按下的状态。
- 精确旋转图像：要精确改变图像的角度，需要在数值输入框中输入角度数值。
- 精确斜切图像：要改变图像水平及垂直方向上的斜切变形，可以分别在H、V数值输入框中输入角度数值。在工具选项条中完成参数设置后，可以单击按钮确认，如果要取消操作可以单击按钮。

8.4.8 再次变换   视频路径：视频文件\8.4.8.avi

如果已进行过任何一种变换操作，可以选择"编辑"|"变换"|"再次"命令，以相同的参数值再次对当前操作图像进行变换操作，使用此命令可以确保两次变换操作效果相同。例如，如果上一次变换操作为将操作图像旋转90°，执行此命令则可以对任意操作图像完成旋转90°的操作。

如果在执行此命令的时候按住Alt键，则可以对被操作图像进行变换的同时进行复制，如果要制作多个副本连续变换操作效果，此操作非常见效，下面通过一个小实例讲解此操作。

1. 打开随书所附光盘中的文件"第8章\8.4.8-素材1.psd"，如图8.92所示。此时的"图层"面板如图8.93所示。

图8.92

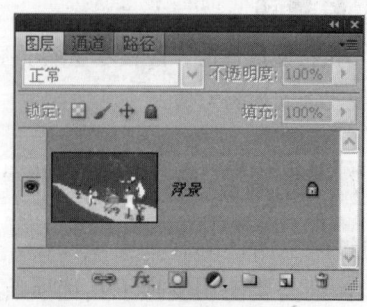

图8.93

2 在工具箱中选择"钢笔工具"，设置前景色值为fbed9e，在工具选项条中选择"形状图层"按钮，绘制如图8.94所示的形状。

3 按Ctrl+Alt+T键，将旋转变换的中心点移至辅助线相交的位置，按住Shift键将图像旋转至如图8.95所示的位置，按Enter键确认变换操作。

图8.94　　　　　　　　　　　　　图8.95

4 按住Alt键，选择"编辑"|"变换"|"再次"命令，得到如图8.96所示的效果。

5 按下Alt+Ctrl+Shift+T键（"编辑"|"变换"|"再次"命令的快捷键）若干次，得到如图8.97所示的完整效果，此时的"图层"面板如图8.98所示。

图8.96　　　　　　　　　　　　　图8.97

如图8.99所示为添加图层蒙版及添加文字图像后的效果。

图8.98　　　　　　　　　　　　　图8.99

如果旋转的角度不同，经上面的步骤操作后，得到的效果也不同，如图8.100所示为旋转角度为-45°时的效果。

如果在执行步骤2的操作时，对操作图像同时进行旋转与缩放操作，则可以得到如图8.101所示的效果，此效果各位读者可以自己尝试操作。

图8.100

图8.101

8.4.9 变形图像　　视频路径：视频文件\8.4.9.avi

使用变形功能，可以对图像进行更为灵活和细致的变形操作，选择"编辑"|"变换"|"变形"命令，即可调出变形网格，同时工具选项条将变为如图8.102所示的状态。

图8.102

在调出变形控制框后，可以采用两种方法对图像进行变形操作。
- 直接在图像内部、节点或控制句柄上拖动，直至将图像变形为所需的效果。
- 在工具选项条上的"变形"下拉列表中选择合适的形状，如图8.103所示。

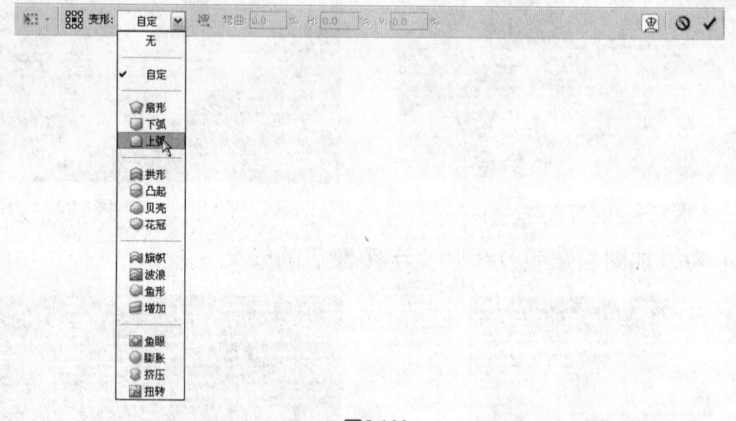
图8.103

变形工具选项条上的各个参数解释如下。
- 变形：在该下拉列表中可以选择15种预设的变形选项，如果选择自定选项，则可以随意对图像进行变形操作。

提 示

在选择了预设的变形选项后，则无法再随意地对图形控制框进行编辑，需要在"变形"下拉列表中选择"自定"选项后才可以继续编辑。

- "更改变形方向"按钮▣：单击该按钮，可以改变图像变形的方向。
- 弯曲：在此输入正或负值，可以调整图像的扭曲程度。
- H、V输入框：在此输入数值，可以控制图像扭曲时在水平和垂直方向上的比例。

下面将以一个实例讲解变形控制框的使用方法。

1 打开随书所附光盘中的文件"第8章\8.4.9-素材.jpg"，如图8.104所示。在本例中，将利用变形功能对一系列的路径线进行变形，从而得到一组韵律曲线，以增加整体的装饰效果。

2 选择"钢笔工具" ，并在其工具选项条上选择"路径"按钮 ，然后沿一定的倾斜角度绘制一条路径，如图8.105所示。

3 按Ctrl+Alt+T键调出自由变换并复制控制框，然后向下移动该控制框一定的距离，如图8.106所示，按Enter键确认变换操作。

图8.104

图8.105

图8.106

4 连续按Ctrl+Alt+Shift+T键执行连续变换并复制操作多次，直至得到如图8.107所示的效果。

5 按Ctrl+T键调出自由变换控制框，在控制框内部右击，在弹出的快捷菜单中选择"变形"命令，分别拖动各个控制句柄，使这些路径看起来更有韵律一些，如图8.108所示。按Enter键确认变换操作，此时路径的状态如图8.109所示。

图8.107

图8.108

图8.109

6 下面再来复制一些路径线。使用"路径选择工具" 选中所有的路径线，按Ctrl+Alt+T键调出自由变换并复制控制框，按住Shift键缩小图像，并选择"编辑"|"变换路径"|"水平翻转"命令，然后调整路径至如图8.110所示的位置，按Enter键确认变换操作。

7. 再使用"路径选择工具" 选中所有的路径线,按Ctrl+Alt+T键调出自由变换并复制控制框,水平翻转,按住Shift键缩小路径并置于红色飘带的底部位置,如图8.111所示。

图8.110

图8.111

8. 在控制框内部右击,在弹出的快捷菜单中选择"变形"命令,按照本例步骤5的方法对路径进行变形处理,直至得到如图8.112所示的效果,按Enter键确认变换操作,此时路径的状态如图8.113所示。

图8.112

图8.113

9. 在制作完成路径线以后,下面来描边路径以获取韵律线条。在"图层"面板中新建一个图层,得到"图层1",设置前景色为白色,选择"画笔工具" 并设置画笔大小为尖角1px,切换至"路径"面板中,在底部单击"用画笔描边路径"按钮 ,再单击面板中的空白位置以隐藏"路径",得到如图8.114所示的效果。

10. 设置"图层1"的混合模式为"叠加",此时将得到如图8.115所示的效果。

图8.114

图8.115

11 在"图层"面板底部单击"添加图层蒙版"按钮 为"图层1"添加蒙版，设置前景色为黑色，选择"画笔工具"并设置此工具的"不透明度"为20%左右，然后在线条上进行涂抹，使整体具有若隐若现的效果，尤其对于线条的两端，更要尽量将其隐藏，得到如图8.116所示的效果，此时蒙版中的状态如图8.117所示。

图8.116

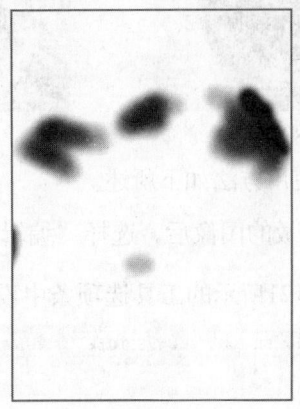

图8.117

提 示

在上面步骤10～11的操作中涉及到了混合模式及图层蒙版两项新知识，本书将在第10章中讲解相关内容，如果读者在此处无法制作出最终效果，也可以暂时先停留在步骤9的操作，待学习了后面的功能后，再来继续完成步骤10～11的工作，这样也可以算上是一次练习了。

另外，虽然在本实例中所变形的对象是路径，但其操作原理与操作方法实际上与变换图像相同。

提 示

在对图像进行自由变换操作时，推荐可以使用Ctrl+T键，首先这样在操作时比较方便，另外自由变换命令在操作中比较灵活，可以自由应用缩放、斜切等命令，而不会像变换命令中那么单一。

8.4.10 使用内容识别比例进行变换

使用内容识别比例变换功能对图像进行缩放处理，可以在不更改图像中重要可视内容（如人物、建筑、动物等）的情况下调整图像大小。

如图8.118所示为原素材，如图8.119所示为使用常规变换缩放操作的结果，如图8.120所示为使用内容识别比例变换对图像进行水平放大操作后的效果，可以看出来原图像中的人物基本没有受到影响。

提 示

此功能不适用于处理调整图层、图层蒙版、各个通道、智能对象、3D图层、视频图层、图层组，或者同时处理多个图层。

图8.118　　　　　　　　图8.119　　　　　　　　图8.120

此功能的使用方法如下所述。

1 选择要缩放的图像后，选择"编辑"|"内容识别比例"命令。

2 在如图8.121所示的工具选项条中设置相关选项。

图8.121

- 数量：在此可以指定内容识别缩放与常规缩放的比例。
- 保护：如果要使用Alpha通道保护特定区域，可以在此选择相应的Alpha通道。
- "保护肤色"按钮：如果试图保留含肤色的区域，可以单击选中此按钮。

3 拖动围绕在被变换图像周围的变换控制框，则可得到需要的变换效果。

8.4.11　更精细的变形处理方案——操控变形　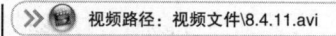视频路径：视频文件\8.4.11.avi

在Photoshop CS5中，又增加了一个对图像进行变形处理的功能，即操控变形命令，它以更细腻的网格、更自由的编辑方式，提供了极为强大的图像变形处理功能。下面通过一个简单的实例来讲解此命令的使用方法。

1 打开随书所附光盘中的文件"第8章\8.4.11-素材.jpg"，如图8.122所示。在本例中，将使用操控变形功能，将人物的裙子变形为花朵形状。

2 使用"磁性套索工具"绘制选区，将人物裙子的下半部分选中，如图8.123所示。

3 按Ctrl+J键将选区中的图像复制到新图层中，得到"图层1"，以便于下面单独对其中的图像进行处理。

4 选择"编辑"|"操控变形"命令，可调出如图8.124所示的变形网格，此时的选项条参数如图8.125所示。

图8.122　　　　　　　图8.123　　　　　　　　　图8.124

图8.125

"操控变形"命令选项条的参数介绍如下。

- 模式：在此下拉列表中选择不同的选项，变形的程度也各不相同。例如图8.126所示为分别选择不同选项，将人物手臂拖至相同位置时的不同变形效果。

图8.126

- 浓度：在此可以选择网格的密度。越密的网格占用的系统资源就越多，但变形也越精确，在实际操作时应注意根据情况进行选择。
- 扩展：在此输入数值，可以设置变形风格相对于当前图像边缘的距离，该数值可以为负数，即可以向内缩减图像内容。
- 显示网格：选中此选项时，将在图像内部显示网格，反之则不显示网格。
- "将图钉前移"按钮：单击此按钮，可以将当前选中的图钉向前移一个层次。
- "将图钉后移"按钮：单击此按钮，可以将当前选中的图钉向后移一个层次。
- 旋转：在此下拉列表中选择"自动"选项，则可以手工拖动图钉以调整其位置，如果在后面的输入框中输入数值，则可以精确地定义图钉的位置。
- "移去所有图钉"按钮：单击此按钮，可以清除当前添加的图钉，同时还会复位当前所做的所有变形操作。

5. 在调出变形网格后，光标将变为状态，此时在变形网格内部单击即可添加图钉，用于编辑和控制图像的变形，如图8.127所示。此处添加的图钉主要是用于固定裙子图像的位置，以避免下面对其他裙子图像变形时，整体都发生变化。

6. 按照上一步的方法，继续在要变形的位置添加图钉，并拖动图钉以变形裙子图像，直至得到如图8.128所示的效果。

图8.127　　　　图8.128

7 确认变形完成之后,可以按Enter键确认操作,得到如图8.129所示的最终效果。

> **提示**
>
> 在进行操控变形时,可以将当前图像所在的图层转换成为智能对象图层,这样所做的操控变形就可以记录下来,以供下次继续进行编辑。

图8.129

8.5 应用实例——让面部变得光洁

照片中人物脸上的斑点及眼中的红血丝等会令原本可爱的面容多了些许瑕疵,使美貌大打折扣。下面讲解使用"污点修复画笔工具" 、"修复画笔工具" 以及"仿制图章工具" 等修复瑕疵的方法。

1 打开随书所附光盘中的文件"第8章\8.5-素材.psd",效果如图8.130所示,局部放大后的效果如图8.131所示。

图8.130   图8.131

2 在工具箱中选择"污点修复画笔工具" ,设置其工具选项条参数,如图8.132所示。将鼠标指针放置在人物脸上有斑点的区域,如图8.133所示,单击鼠标左键后的效果如图8.134所示。

3 按照上一步的操作方法,使用"污点修复画笔工具" 修除人物脸部其他区域的斑点,直至得到如图8.135所示的效果。

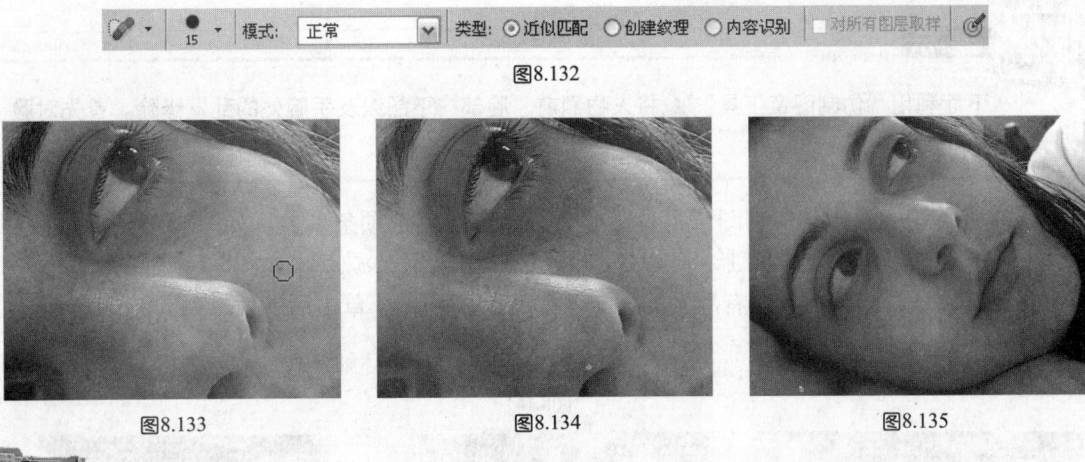

图8.132

图8.133　　　　　　图8.134　　　　　　图8.135

> 提示
> 下面应用"修复画笔工具" ![icon] 去除人物眼中的血丝。

4 选择"修复画笔工具" ![icon]，设置其工具选项条参数，如图8.136所示。按住Alt键，将鼠标指针放置在人物眼睛中白色无血丝的区域单击以定义源点，如图8.137所示。释放Alt键，然后在人物眼睛有血丝的区域进行涂抹，直至得到如图8.138所示的效果。

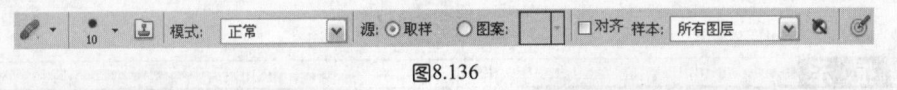

图8.136

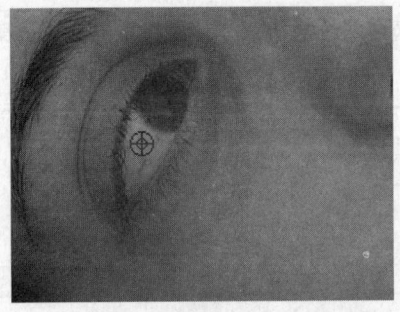 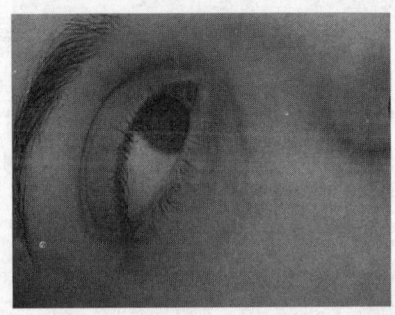

图8.137　　　　　　　　　　　图8.138

5 按照上一步的操作方法，使用"修复画笔工具" ![icon] 将另外一只眼睛中的血丝修除，得到如图8.139所示的效果，此时图像的整体效果如图8.140所示。

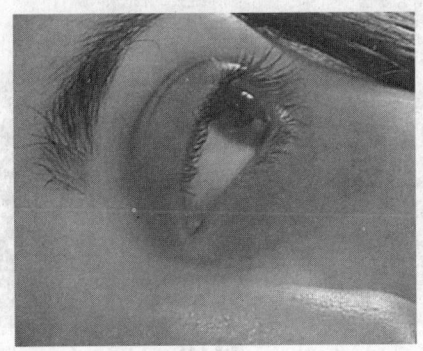 

图8.139　　　　　　　　　　　图8.140

提示

下面利用"仿制图章工具" 将人物额前、脸部、下颌以及手腕处的乱发修除。首先对脸部的乱发进行处理。

6 在工具箱中选择"仿制图章工具" ，设置其工具选项条参数，如图8.141所示。按Alt键，将鼠标指针放置在脸部无乱发的区域单击以定义源点，如图8.142所示。释放Alt键，将鼠标指针放置在有乱发的区域，如图8.143所示，单击后的效果如图8.144所示。

图8.141

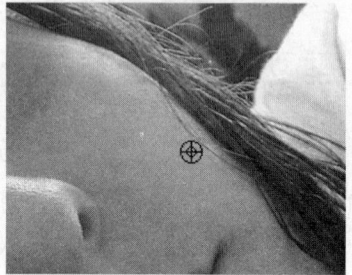 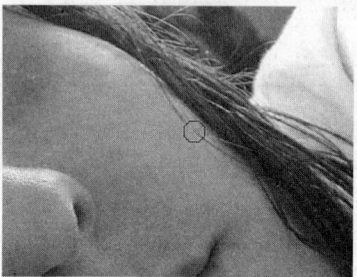 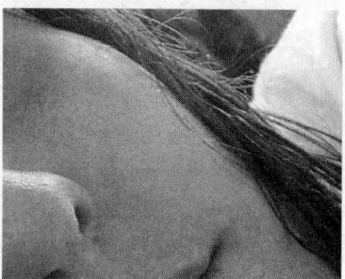

图8.142　　　　　　　　　图8.143　　　　　　　　　图8.144

提示

本步在定义源点的时候，最好在要修复的乱发区域附近进行取样，这样修复后的效果显得更自然。

7 按照上一步的操作方法，利用"仿制图章工具" ，将其他区域的乱发修除，直至得到类似图8.145所示的效果。

提示

人物眼部下方的黑眼圈非常明显，下面利用"仿制图章工具" 将黑眼圈修除。

8 选择"仿制图章工具" ，在其工具选项条中设置适当的画笔大小及"不透明度"数值，按照步骤6的操作方法，使用"仿制图章工具" 淡化黑眼圈，得到如图8.146所示的效果，修复前后的局部对比效果如图8.147所示。

图8.145

图8.146

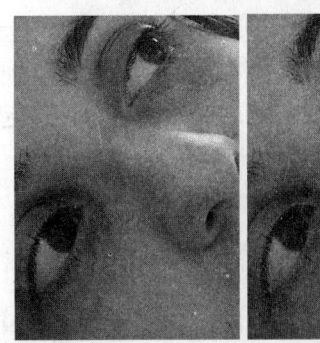
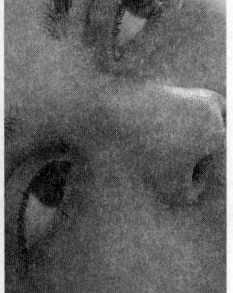
图8.147

提示

至此，对脸部的细节处理已基本完成，但脸部的皮肤显得不是很光滑，下面结合"减少杂色"命令及图层蒙版来处理这个问题。

9 将图层"背景"拖动至"图层"面板底部的"创建新图层"按钮 上，得到图层"背景 副本"。选择"滤镜"|"杂色"|"减少杂色"命令，在弹出的对话框中设置参数，如图8.148～图8.151所示，单击"确定"按钮退出对话框，得到如图8.152所示的效果。

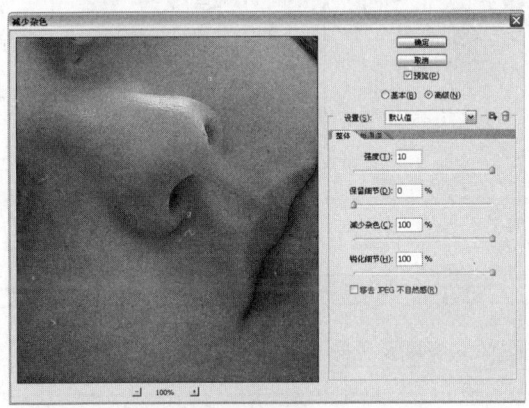
设置"整体"参数
图8.148

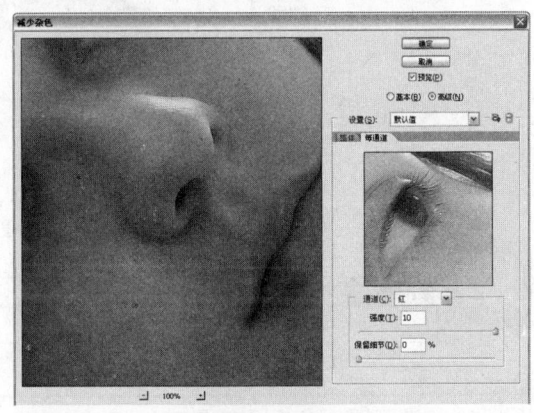
设置通道"红"参数
图8.149

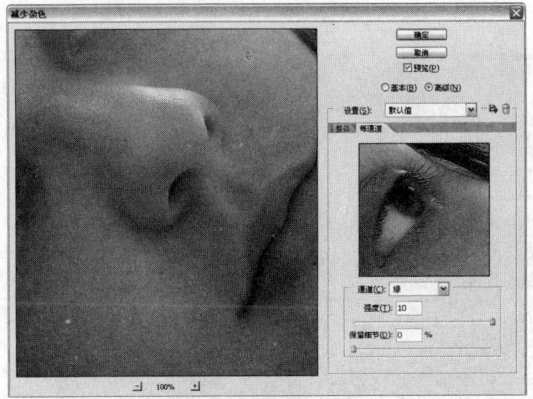
设置通道"绿"参数
图8.150

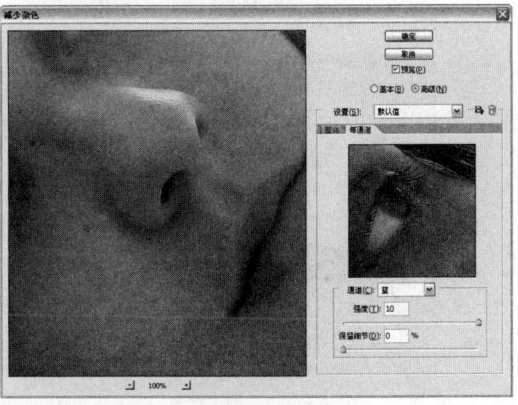
设置通道"蓝"参数
图8.151

10 单击"图层"面板底部的"添加图层蒙版"按钮 ,为图层"背景 副本"添加图层蒙版。选择"历史记录画笔工具" ,在图层蒙版中进行涂抹,将人物眉毛、眼睛、鼻子及嘴唇等区域的模糊效果隐藏起来,直至得到如图8.153所示的效果,此时图层蒙版中的状态如图8.154所示。

图8.152

图8.153

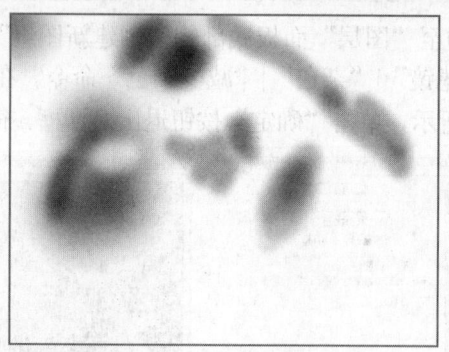
图8.154

提示 下面结合"色阶"及"色彩平衡"命令调整图像的亮度及色彩。

11 单击图层"背景 副本"的图层缩览图,选择"图像"|"调整"|"色阶"命令,在弹出的对话框中设置参数,如图8.155所示,单击"确定"按钮退出对话框,得到如图8.156所示的效果。

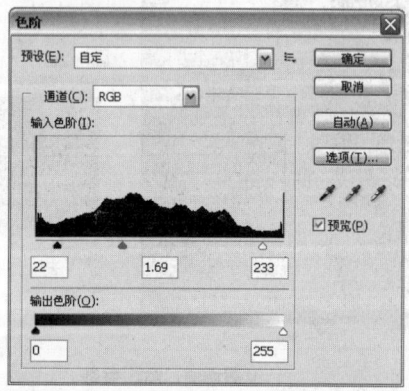
图8.155

图8.156

12 选择"图像"|"调整"|"色彩平衡"命令，在弹出的对话框中设置参数，如图8.157和图8.158所示，单击"确定"按钮退出对话框，得到如图8.159所示的效果，此时的"图层"面板如图8.160所示。

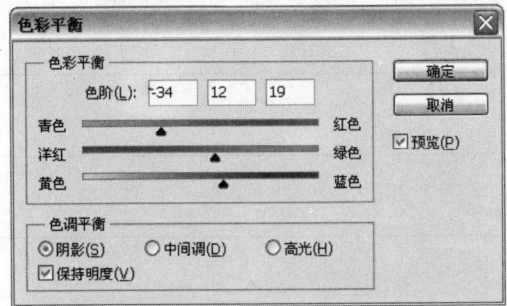
图8.157

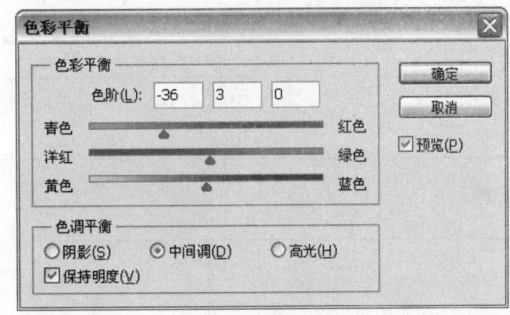
图8.158

图8.159

图8.160

读书笔记

第 9 章

图层基础应用

简单地说,任何一件作品都是图像与图像之间搭配处理的结果。图层的出现,为这种搭配处理提供了更广阔的平台,从而可以获得更多、更炫丽的效果。可以这样说,如果Photoshop没有提供该功能,它可能就只能沦为一个二流甚至三流的图像处理软件了。本章将讲解图层的一些基础应用知识。

9.1 了解图层特性

简单地说,每一个图层都可以看做是一张透明的胶片,将图像分类绘制在不同的透明胶片上,最后将所有胶片按顺序叠加起来观察,便可以看到完整的图形。在Photoshop中胶片实际上就是"图层",而存放胶片的地方就是"图层"面板,通过图9.1可以看到,图层、面板及最终合成图像之间的关系。

通过使用图层来管理图像,不仅能够分别处理不同图层上的不同图像,而且不会影响位于其他图层上的图像,除此之外,图层之间还具有上下次序,相互之间具有覆盖关系。

图9.1

观察如图9.1所示的图像,可以看出最上层的图像将遮住下层同一位置的图像,而在其透明区域(即灰白相间的网格区域),则可以看到下层的图像。

实际上,分层显示只是使用图层进行工作的一个优点。以分层形式进行工作,便于用户分层编辑,并可为图层设置不同的混合模式及透明度。由于各个图层图像的相对独立性及可移动性,用户还可以向上或向下移动各个图层,从而改变图层相互覆盖关系,得到各种不同效果的图像。

9.2 使用"图层"面板

视频路径:视频文件\9.2.avi

Photoshop中的所有图层都被保存在"图层"面板中,因此对图层进行的各种操作也基本上都在"图层"面板中完成。例如,选择图层进行分层编辑、创建新图层、删除图层、隐藏图层等操作。使用"图层"面板可以方便地控制图层、组或图层效果的显示与隐藏状态,并进行新建、删除、改变图层透明度、改变图层混合模式、设置图层显示颜色等方面的操作。

选择"窗口"|"图层"命令,则可以显示如图9.2所示的"图层"面板。

- "混合模式" 正常 :在此下拉列表中可以选择图层的混合模式。
- "不透明度" 不透明度:100%▶ :在此键入数值,可以设置图层的不透明度。
- "锁定" 锁定:☐/+ⓐ :在此单击不同的按钮,可以锁定图层的位置、可编辑性等属性。
- "填充" 填充:100%▶ :在此键入数值,可以设置图层中绘图笔划的不透明度。
- "指示图层可视性" 👁 :用于标记当前图层是否处于显示状态。
- "图层组" :用于标记图层组。

- "链接图层"按钮 ：在选中多个图层的情况下，单击此按钮可以将选中的图层链接起来，以方便对图层中的图像执行对齐、统一缩放等操作。
- "添加图层蒙版"按钮 ：单击此按钮，可以为当前选择的图层添加图层蒙版。
- "创建新组"按钮 ：单击此按钮，可以新建一个图层组。
- "创建新的填充或调整图层"按钮 ：单击此按钮并在弹出的菜单中选择一个调整命令，可以新建一个调整图层。
- "创建新图层"按钮 ：单击此按钮，可以新建一个图层。
- "删除图层"按钮 ：单击此按钮，可以删除一个图层。

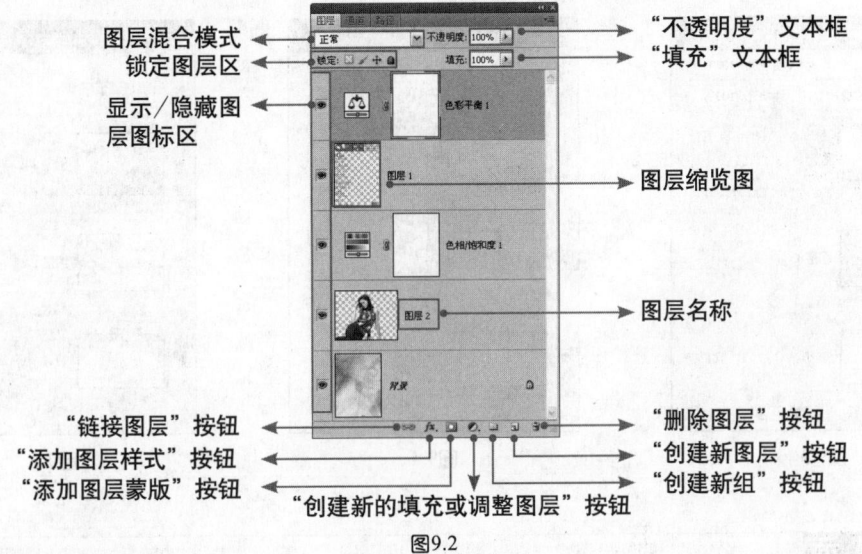

图9.2

"图层"面板的功能还有许多，在此不能一一列出，有关内容将在后面的章节中详细讲解。

9.3 图层基本操作

9.3.1 选择图层 视频路径：视频文件\9.3.1.avi

当前操作图层必须是被选择的图层，只有图层被选中后，才能对其中的图像进行编辑。

提示

不同的图层具备不同的特性，例如，对文字图层、调整图层无法使用"画笔工具" 及滤镜命令编辑，因此，在操作时需确定要操作图层是否被选中且处于显示状态，否则就可能会出现各种错误和问题。

1. 选择某一个图层

要选择某一图层，只需在"图层"面板中单击需要操作的图层即可，如图9.3所示。处于选择状态的图层与普通图层有一定的区别，即被选择的图层以灰底显示。

2. 同时选择多个图层

可以同时选择多个图层进行操作，其方法如下。
- 如果要选择连续的多个图层，在选择一个图层后，按住Shift键在"图层"面板中单击另一图层的名称，则两个图层间的所有图层都会被选中，如图9.4所示。
- 如果要选择不连续的多个图层，在选择一个图层后，按住Ctrl键在"图层"面板中单击另一图层的名称，如图9.5所示。

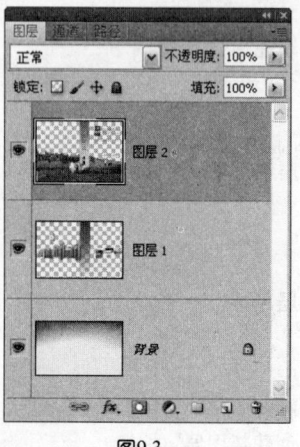
图9.3

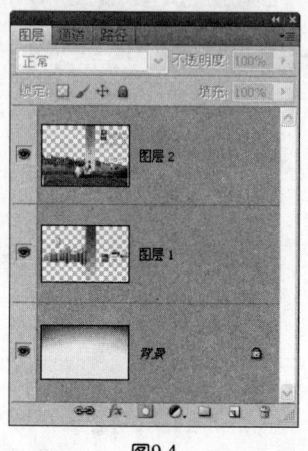
图9.4

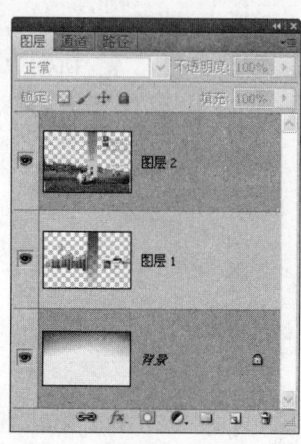
图9.5

提 示

在按住Ctrl键选择多个图层时，注意一定要单击图层的名称区域，这样才可以达到选择该图层的目的，如果是在某图层、图层蒙版或矢量蒙版的缩览图上单击，那么得到的就是该图层的选区了。

3. 从图像中选择图层

除了在"图层"面板中选择图层外，还可以直接在图像中使用"移动工具" 来选择图层，其方法如下。
- 选择"移动工具" ，直接在图像中按住Ctrl键单击要选择的图层中的图像，如果已经在此工具的选项条中选择了"自动选择图层"复选框，则不必按住Ctrl键。
- 如果要选择多个图层，可以按住Shift键，直接在图像中单击要选择的其他图层中的图像，则可以选择多个图层。

提 示

更快捷的选择图层方法是选择"移动工具" 并在图像中右击，在弹出的快捷菜单中选择希望选中的图层名称，如图9.6所示。

图9.6

提示

很多初学者有过这样的疑惑,在使用"移动工具"时明明已经在"图层"面板中选择了要移动的图层,但是在实际操作中被移动的却并不是所希望的图层,感觉就像选中了的图层会自动跑掉一样。此时可以在移动工具选项条中检查,看是否勾选了"自动选择"复选框和选择了"图层"选项,如图9.7所示。

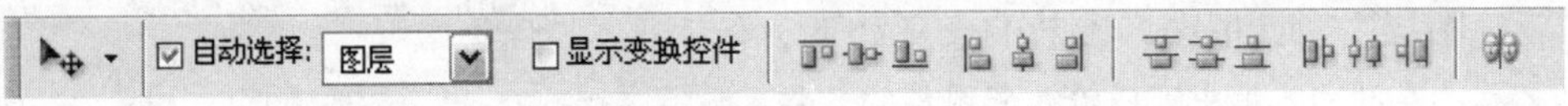

图9.7

使用"自动选择"复选框除了可以自动选择图层外,还可以设置为自动选择图层组。当选择"图层"选项时,可以自动选择图像文件中的任意图层;在选择"组"选项的情况下,用光标在图像上进行选择时,会一次性选择整个图层组中的全部图层。用户可以根据实际情况对工具选项条中的选项进行设置。勾选"自动选择"复选框和选择"组"选项的工具选项条如图9.8所示。

图9.8

9.3.2 显示和隐藏图层

由于在Photoshop中图层的排列顺序是自上而下层叠式的,因此对于一幅图像而言,最终看到的是所有已显示图层的最终叠加效果。通过显示或隐藏某些图层,可以改变这种叠加效果,从而只显示某些特定的图层。

在"图层"面板中单击图层左侧的眼睛按钮即可隐藏此图层,再次单击可重新显示该图层,如图9.9所示。

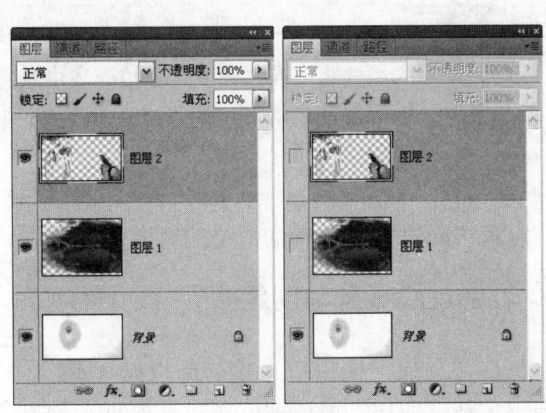

图9.9

> **提示**
>
> 要只显示某一个图层隐藏其他多个图层，可以按住Alt键单击此图层的眼睛按钮。再次单击则可重新显示所有图层。

> **提示**
>
> 在按住Alt键单击某图层的眼睛按钮以显示或隐藏其他图层后，如果还希望通过再次按住Alt键单击该区域返回之间的图层显示或隐藏状态，那么在此期间就不能再显示或隐藏其他的任意一个图层，否则便无法返回之前的图层显示状态了。

9.3.3　5种新建图层的方法   视频路径：视频文件\9.3.3.avi

创建新图层的操作方法如下。

1. 通过命令菜单创建图层

选择"图层"|"新建"|"图层"命令，即可弹出如图9.10所示的"新建图层"对话框。

"新建图层"对话框中各参数的含义如下。

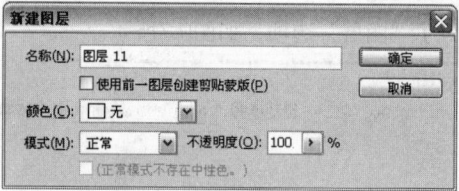

图9.10

- 名称：在此文本框中可以输入新图层的名称。
- 使用前一图层创建剪贴蒙版：如果选择此复选框，新图层将与当前选择图层形成剪贴蒙版组。
- 颜色：在该下拉列表中选择一种颜色名称，以定义新图层在"图层"面板中显示的颜色。
- 模式：在该下拉列表中可以为新图层选择一种图层混合模式。
- 不透明度：在该文本框中可以输入新图层的不透明度。
- 填充中性色：如果在"模式"下拉列表中选择一种适当的模式，则此复选框可被激活。选择该项后，可以创建一个以"模式"下拉列表中所选模式为图层模式并填充灰色的图层。

> **提示**
>
> 此选项的模式将与在"模式"下拉列表中选择的模式相同，因此如果选择"变亮"模式，则此选项名为"填充变亮中性色（黑）"，而如果选择"柔光"模式，则选项为"填充柔光中性色（50%灰）"。

设置"新建图层"对话框中的选项后，单击"确定"按钮，即可创建一个新图层。

2. 通过面板菜单创建图层

单击"图层"面板右上角的面板按钮，在弹出的菜单中选择"新建图层"命令，就会弹出"新建图层"对话框，然后按照第一种方法对该对话框进行设置即可。

图层基础应用 第9章

3. 使用按钮创建图层

单击"图层"面板底部的"创建新图层"按钮 ，可直接创建一个Photoshop默认值的新图层，这也是创建新图层最常用的方法。

> **提示**
>
> 按此方法创建新图层时如果需要改变默认值，可以按住Alt键单击"创建新图层"按钮 ，然后在弹出的对话框中进行修改；按住Ctrl键的同时单击"创建新图层"按钮 ，则可在当前图层下方创建新图层。

4. 通过拷贝和剪切创建图层

如果当前存在选区，还有两种方法可以从当前选区中创建新的图层，即选择"图层"|"新建"|"通过拷贝的图层"、"通过剪切的图层"命令新建图层。

- 在选区存在的情况下，选择"图层"|"新建"|"通过拷贝的图层"命令，可以将当前选区中的图像拷贝至一个新的图层中，该命令的快捷键为Ctrl+J。
- 在没有任何选区的情况下，选择"图层"|"新建"|"通过拷贝的图层"命令，可以复制当前选中的图层。
- 在选区存在的情况下，选择"图层"|"新建"|"通过剪切的图层"命令，可以将当前选区中的图像拷贝至一个新的图层中，该命令的快捷键为Ctrl+Shift+J。

例如，图9.11所示为原图像及其"图层"面板，在图像中绘制一个选区，并选择"通过拷贝的图层"命令，此时的"图层"面板如图9.12所示。而如果选择"通过剪切的图层"命令，则"图层"面板如图9.13所示。可以看到，由于执行了剪切操作，背景图层上的图像被删除并使用当前所设置的背景色进行填充（当前所设置的背景色为白色）。

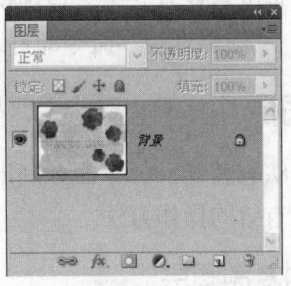

图9.11

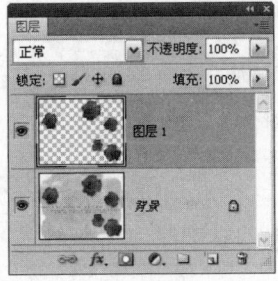
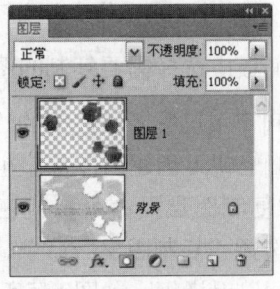

图9.12　　　　　　　　　图9.13

5. 使用快捷键新建图层

使用快捷键新建图层，可以执行以下操作之一。

- 按Ctrl+Shift+N键，则弹出"新建图层"对话框，设置适当的参数，单击"确定"按钮即可在当前图层上新建一个图层。
- 按Ctrl+Alt+Shift+N键，即可在不弹出"新建图层"对话框的情况下，在当前图层上方新建一个图层。

9.3.4 修改背景图层

在默认情况下，新建的Photoshop图像文件都具有一个背景图层。背景图层具有其他图层所不具有的特性，如不可移动、无法设置混合模式与不透明度等。

通过选择"图层"|"新建"|"背景图层"命令，可以将背景图层转换为普通图层，使其具有与普通图层相同的属性。使用此命令后，背景图层将转换为"图层0"，如图9.14所示。

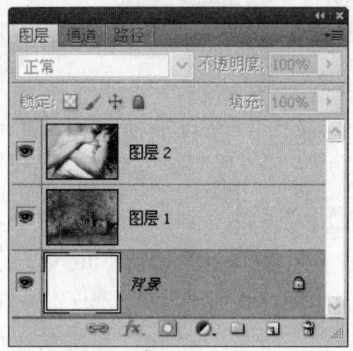　　　　　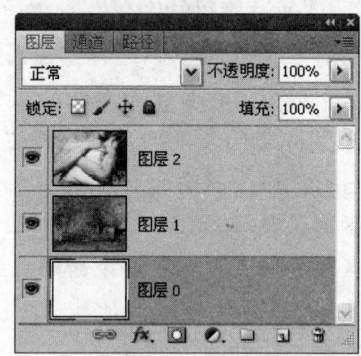

　　将背景图层转换为"图层0"前　　　　　将背景图层转换为"图层0"后

图9.14

与此相反，也可以将任意一个普通图层转换为背景图层，只需要选择该图层，然后选择"图层"|"新建"|"图层背景"命令即可。

9.3.5 复制图层　　视频路径：视频文件\9.3.5.avi

复制图层的方法有若干种，下面分别讲解几种不同的方法，读者可以根据当前操作环境选择一种最为快捷有效的操作方法。

1. 在图像内复制图层

在同一图像中复制图层的操作方法如下。

1 在"图层"面板中选择需要复制的图层。

2 将图层拖动到"图层"面板底部的"创建新图层"按钮 上即可创建新图层。也可以选择"图层"|"复制图层"命令，或在"图层"面板菜单中选择"复制图层"命令，设置弹出的"复制图层"对话框，如图9.15所示。

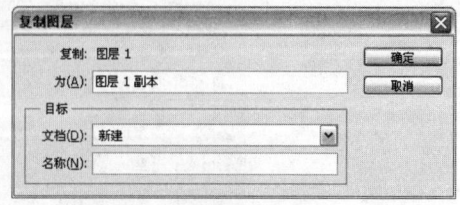

图9.15

> **提示**
>
> 在Photoshop CS5中,可以直接按住Alt键拖动某图层至一个位置,如图9.16所示,以达到复制图层的目的,如图9.17所示。

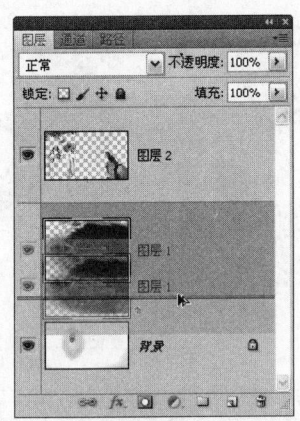

图9.16

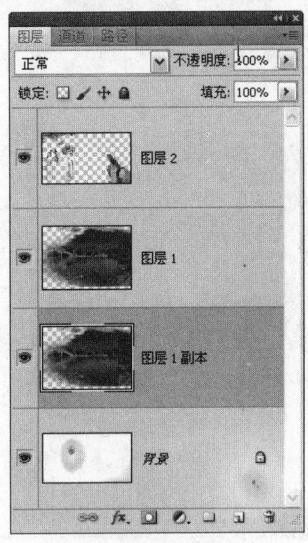

图9.17

> **提示**
>
> 如果在"复制图层"对话框的"文档"下拉列表中选择"新建"选项,并在"名称"文本框中输入一个文件名称,可以将当前图层复制为一个新的文件。

2. 在图像间复制图层

在两个图像间复制图层的操作方法如下。

1 在源图像的"图层"面板中选择要复制的图层。

2 选择"选择"|"全选"命令,按Ctrl+C键执行复制操作。

3 选择目标图层,按Ctrl+V键执行粘贴操作。

也可以并列两个图像文件,使用"移动工具" 从源图像中拖动需要复制的图层到目标图像中,如图9.18所示。如图9.19所示为复制后的效果。

> **提示**
>
> 使用此方法可以将多个图层一次性地复制至另一图像中。首先按住Ctrl键逐个选择要复制的多个图层,然后使用"移动工具"拖动选中的图层至目标图像中即可。

图9.18

图9.19

提 示

若在执行拖动操作时按住了Shift键,如果源图像与目标图像的文件大小相同,被拖动的图层会被置于与源图像中相同的位置;如果源图像与目标图像的大小不同,则被置于目标图像的中间位置。

9.3.6 删除图层　　视频路径:视频文件\9.3.6.avi

删除某个图层的操作将删除该图层中的所有图像,根据操作的需要可以有多种删除图层的方法。

1. 删除可见图层

要删除某个图层,可以按下述方法中的某一种进行操作。

- 选择需要删除的图层,单击"图层"面板底部的"删除图层"按钮 ,在弹出的对话框中直接单击"是"按钮,即可删除被选择的图层。
- 选择需要删除的图层,选择"图层"|"删除"|"图层"命令,在弹出的对话框中直接单击"是"按钮,即可删除被选择的图层。
- 选择需要删除的图层,选择"图层"面板菜单中的"删除图层"命令,在弹出的对话框中直接单击"是"按钮,即可删除被选择的图层。

提 示

按住Alt键单击"图层"面板底部的"删除图层"按钮,可以跳过弹出对话框而直接删除被选择的图层。

2. 删除隐藏图层

如果需要删除的图层处于隐藏状态，可以选择"图层"|"删除"|"隐藏图层"命令或选择"图层"面板菜单中的"删除隐藏图层"命令，在弹出的对话框中直接单击"是"按钮。

3. 一次删除多个图层

在Photoshop中可以一次删除多个图层，其方法如下。

 使用任意一种方法，选择需要删除的多个图层。

 单击"图层"面板底部的"删除图层"按钮 ，在弹出的对话框中直接单击"是"按钮，即可删除被选择的多个图层。

> **提示**
>
> 在选择"移动工具" 、且当前画布中不存在任何选区的情况下，直接按Delete键或Backspace键也可以删除图层。但如果当前画布中存在路径，则优先删除路径，之后才会删除图层。

9.3.7 重命名图层

要重命名图层，可以右击需要改变名称的图层，在弹出的快捷菜单中选择"图层属性"命令，弹出如图9.20所示的"图层属性"对话框，在"名称"文本框中输入名称即可。

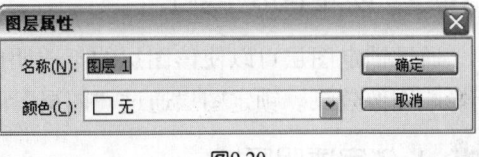

图9.20

> **提示**
>
> 双击面板中某一图层的名称，可将其名称改变为文本输入状态，在此输入新的图层名称，即可重命名图层。

9.3.8 改变图层的顺序

如前所述，由于上下图层间具有相互覆盖的关系，因此在必要的情况下可以改变其上下次序，从而改变上下覆盖的关系，以得到图像的最终视觉效果。

要改变图层次序，可在"图层"面板中选择需要移动的图层，选择"图层"|"排列"子菜单中的命令，其中各命令的功能如下。

- 选择"置为顶层"命令可将该图层移至所有图层的上方，成为最顶层。
- 选择"前移一层"命令可将该图层上移一层。
- 选择"后移一层"命令可将该图层下移一层。
- 选择"置为底层"命令可将该图层移至除背景层外所有图层的下方，成为最底层。
- 选择"反向"命令可以逆序排列当前选择的多个图层。如图9.21所示为选择此命令的前后效果。

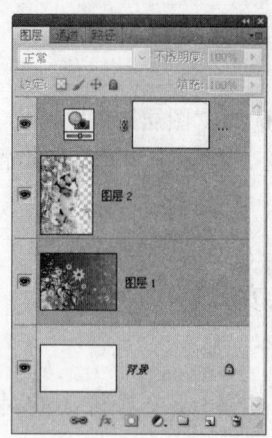 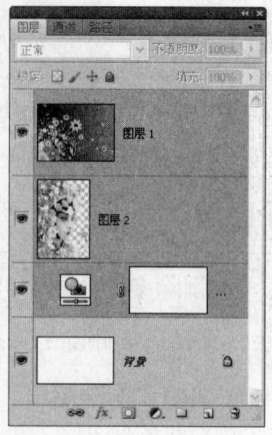

图9.21

也可以在"图层"面板中直接用鼠标拖动图层,以改变其顺序,当高亮线出现时释放鼠标按键,即可将图层置于新的图层顺序中,从而改变图层次序。

> **提 示**
>
> 按Ctrl+]键可以将选择的图层上移一层,按Ctrl+[键可将选择的图层下移一层,按Ctrl+Shift+]键将当前图层置为最顶层,按Ctrl+Shift+[键将当前图层置为底层。

9.3.9 锁定图层属性　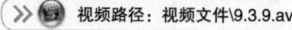视频路径:视频文件\9.3.9.avi

通过锁定图层可以使该图层的不透明度或位置等属性不可被编辑,从而防止一些误操作而影响图像效果。锁定图层通过"图层"面板中的按钮设置。

1. 锁定透明区域

在"图层"面板中单击"锁定透明像素"按钮 以锁定图层的透明区域,使其不可被编辑。

2. 锁定图像

在"图层"面板中单击"锁定图像像素"按钮 以锁定图层,从而使其不可被编辑。

3. 锁定位置

在"图层"面板中单击"锁定位置"按钮 以锁定图层位置,使其不可被移动。

4. 全部锁定

在"图层"面板中单击"锁定全部"按钮 以锁定图层的全部属性。

> **提 示**
>
> 如果读者发现无法在某一个图层上进行有效操作,此时应该首先想到检查当前图层的某些属性是否被锁定。

9.3.10 设置图层的不透明度

> 视频路径：视频文件\9.3.10.avi

通过设置图层的不透明度数值，可以改变图层的透明度。当图层不透明度为100%时，当前图层完全遮盖下方图层；而当不透明度小于100%时，可以隐约显示下方图层的图像。

图9.22所示为由不透明度数值等于100%的普通图层及一个背景图层组成的图像，可以看到由于不透明度数值是100%，浮城图像将完全遮盖其后面的背景。如果将浮城图像所在的图层不透明度降低为40%，则可以得到如图9.23所示的透过浮城图像显示底层图像的朦胧效果。

图9.22

 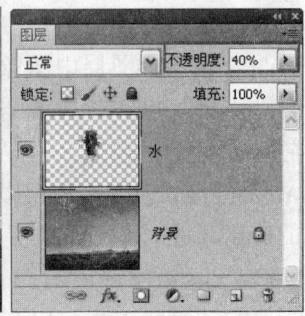

图9.23

9.3.11 图层的填充

> 视频路径：视频文件\9.3.11.avi

与图层的不透明度不同，"填充透明度"仅改变在当前图层上使用绘图类、文字类工具得到的图像的不透明度，不会影响图层样式的透明效果。有关图层样式的讲解请参阅第12章。

如图9.24所示为填充不透明度等于100%时的效果，如图9.25所示为填充不透明度为0%的效果。可以看出在改变填充不透明度后，图层样式的效果没有受到影响，但龙纹本身的透明度降低了，能够透过龙纹看到其下方的图像。

  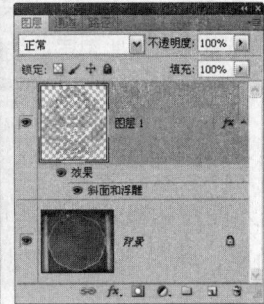

图9.24

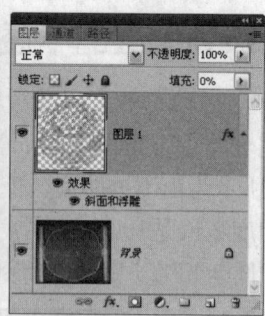

图9.25

9.3.12 同时改变多个图层的属性

在Photoshop CS5中，选中多个图层时，也可以在"图层"面板中设置"不透明度/填充不透明度"数值，如果被选中的图层分别具有不同的"不透明度/填充不透明度"数值，那么将以本次的设定为准。

9.3.13 链接图层

一个较复杂的图像文件通常是由很多个不同的图层组成的，当需要同时改变若干个图层中图像的大小或者需要对这些图像进行旋转变形等操作时，就需要将这些图层链接起来，以保证它们同时发生变化。

按住Ctrl键单击要链接的若干个图层以将其选中，然后在"图层"面板的底部单击"链接图层"按钮 ，即可将所选的图层链接起来，如图9.26所示。

如果要取消图层的链接状态，可以在链接图层被选择的状态下单击"链接图层"按钮 ，将链接的图层解除链接。

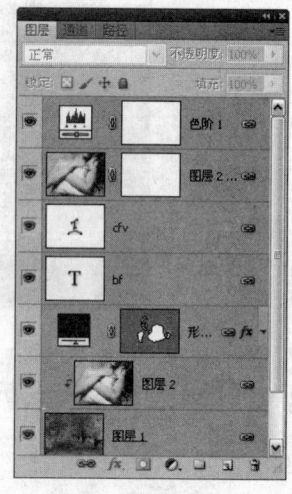

图9.26

提示

要同时对多个图层进行操作，将图层链接起来并不是唯一的解决方法。由于CS4版本中支持选择多个图层，因此实际上只需要同时选择要变换的多个图层，即可同时对这些图层执行变换操作，而无需将这些图层链接起来。

9.3.14 显示图层边缘

启用显示图层边缘这一功能后再选择图层时，图像的周围将出现一个带颜色的方框。要启用这一功能，只需要选择"视图"|"显示"|"图层边缘"命令，选择此命令前后的对比效果如图9.27所示。

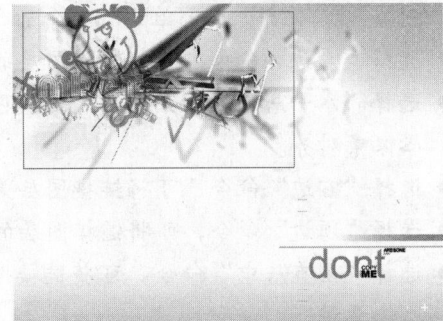

选择"图层边缘"命令前　　　　　　　　选择"图层边缘"命令后

图9.27

9.4　对齐与分布图层

使用对齐与分布功能，可以将图像以某种方式为准进行对齐或分布操作，以便于精确地编辑图像位置，下面分别讲解它们的操作方法。

9.4.1　对齐与自动对齐图层

选择"图层"|"对齐"命令下的子菜单命令，可以将所有选中图层的内容相互对齐。图9.28所示为未对齐前的图层效果及"图层"面板，图9.29所示为"水平居中"对齐效果，图9.30所示为"垂直居中"对齐效果。

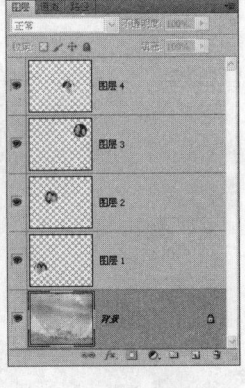

图9.28

图9.29

图9.30

"图层"|"对齐"子菜单下的各个命令意义如下。

- 选择"左边"命令,可将链接图层的最左端像素与当前图层的最左端像素对齐。
- 选择"水平居中"命令,可将链接图层水平方向的中心像素与当前图层水平方向的中心像素对齐。
- 选择"右边"命令,可将链接图层最右端的像素与当前图层最右端的像素对齐。
- 选择"顶边"命令,可将链接图层的最顶端像素与当前图层的最顶端像素对齐。
- 选择"垂直居中"命令,可将链接图层垂直方向的中心像素与当前图层垂直方向的中心像素对齐。
- 选择"底边"命令,可将链接图层最底端的像素与当前图层最底端的像素对齐。

除了可以使用上述命令操作外,还可在选中"移动工具"的情况下,利用如图9.31所示工具选项条中的按钮进行操作。

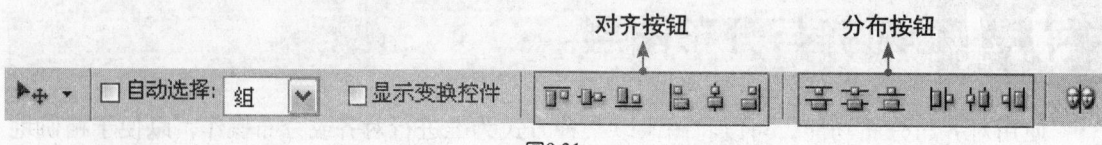

图9.31

其中按钮分别为"顶对齐"、"垂直居中对齐"、"底对齐"、"左对齐"、"水平居中对齐"和"右对齐"。

9.4.2 分布图层

选择"图层"|"分布"子菜单下的命令,可以平均分布链接图层。如图9.32所示为选择"顶边"命令,按顶部平均分布后的效果,如图9.33所示为选择"右边"命令,按右边平均分布后的效果。

图9.32

图9.33

"图层"|"分布"子菜单下的各个命令意义如下。

- 顶边:按每个图层的顶端像素,以平均间隔分布。
- 垂直居中:将图层对象在垂直方向的中心与当前图层在垂直方向的中心对齐。
- 底边:将图层对象的最底端与当前图层的最底端对齐。
- 左边:将链接图层的最左端与当前图层的最左端对齐。
- 水平居中:将链接图层水平方向的中心与当前图层的水平方向的中心对齐。
- 右边:将链接图层的最右端与当前图层的最右端对齐。

同样除了可以使用"图层"|"分布"子菜单下的命令进行操作外，还可在工具箱中选择"移动工具"，利用工具选项条进行操作。

其中，按钮分别为"按顶分布"、"垂直居中分布"、"按底分布"、"按左分布"、"水平居中分布"和"按右分布"。

9.5 合并图层

图像所包含的图层越多，所占用的计算机空间就越大。因此，当图像的处理基本完成时，可以将各个图层合并起来以节省系统资源。当然，对于需要随时修改的图像最好不要合并图层，或者保留副本文件再进行合并操作。

9.5.1 向下合并图层

确保想要合并的两个图层都可见的情况下，在"图层"面板中选择两个图层中处于上方的图层，选择"图层"|"向下合并"命令，或者选择"图层"面板菜单中的"向下合并"命令，可以合并两个相邻的图层。向下合并操作如图9.34所示。

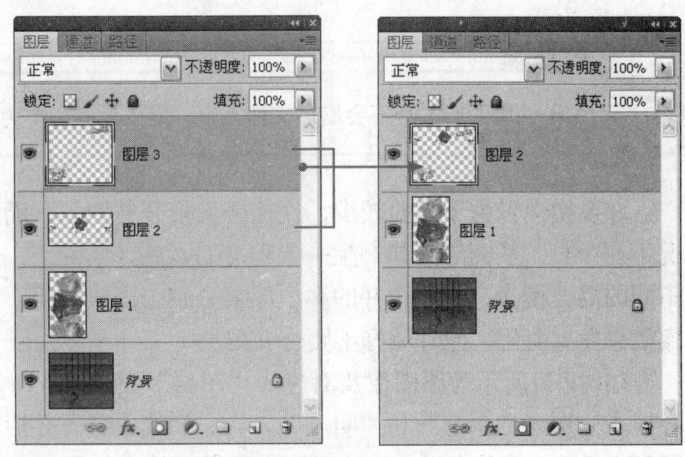

图9.34

9.5.2 合并可见图层

确保想要合并的所有图层都可见，选择"图层"|"合并可见图层"命令，或选择"图层"面板菜单中的"合并可见图层"命令，可以将所有可见图层合并为一个图层。合并所有可见图层的操作如图9.35所示。

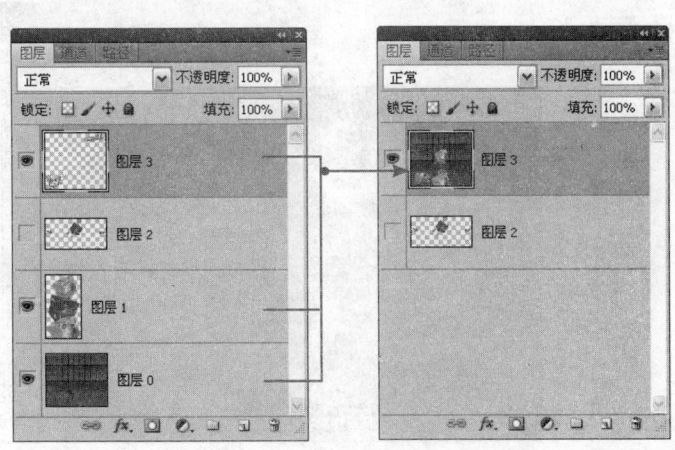

图9.35

9.5.3 合并图层组

位于一个图层组中的图层可以全部合并于图层组中，通过此操作可以减少文件大小。要合并某一个图层组，只需要在"图层"面板中将其选中，选择"图层"|"合并组"命令即可。合并图层组的操作如图9.36所示。

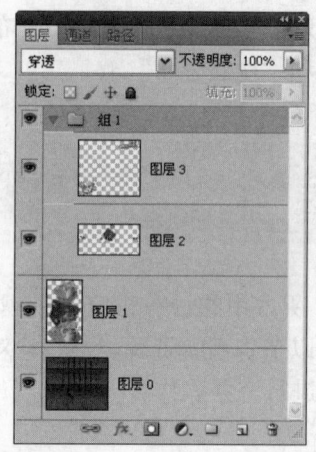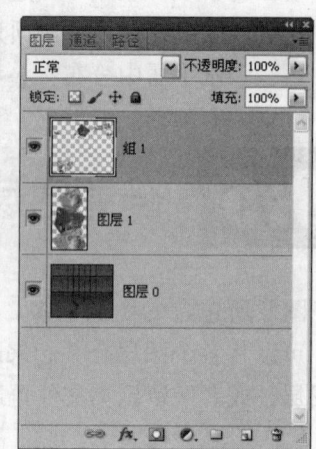

图9.36

提 示　由于调整图层本身不会增加文件大小，所以没有必要为节省空间合并调整图层。

许多初学者由于经验较少，往往会大量合并图层，而合并图层后图像效果发生变化的情况不在少数，从而导致其产生一定程度的疑惑。实际上，如果合并的几个图层分别被设置了不同的混合模式，或所合并的多个图层分别带图层蒙版、图层样式，则很容易使合并后的图像效果发生变化，此时最好不要合并图层。

如图9.37所示为原图像及对应的"图层"面板，此时，"图层3"和"图层3副本"的混合模式分别为"深色"和"明度"，将它们选中并合并后，其效果就会发生很大的变化，如图9.38所示。简单来说，当这两个带有混合模式的图层合并后，已经被转换成为了"正常"混合模式，即与下面图像的混合方式发生了转换，所以导致合并图层后图像的混合效果发生了变化。

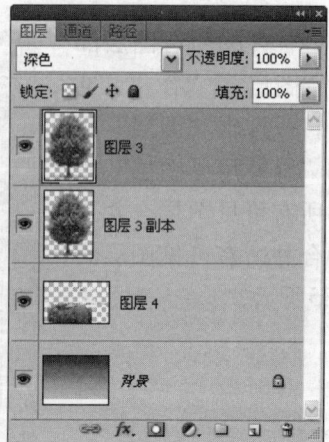

图9.37

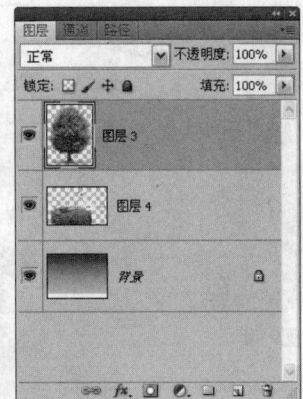

图9.38

9.5.4 合并任意多个图层

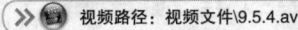

合并任意多个图层与图层的选择有关，按住Ctrl或Shift键在"图层"面板中选择要合并的多个图层，选择"图层"|"合并图层"命令，或者选择"图层"面板菜单中的"合并图层"命令即可。合并操作如图9.39所示。

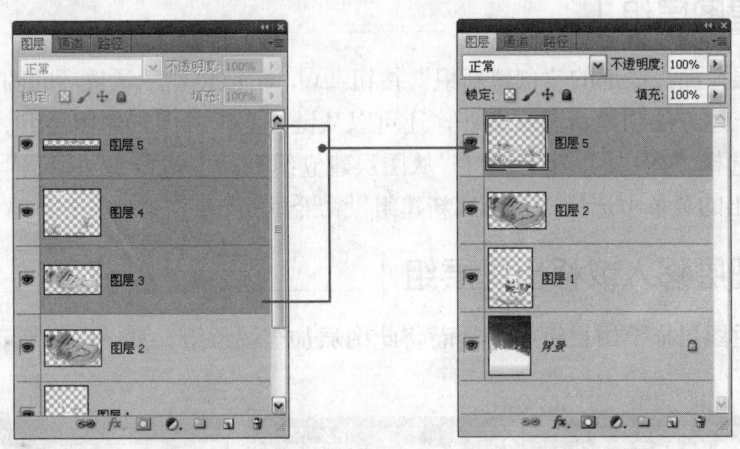

图9.39

9.5.5 合并所有图层

若要将经过处理的具有多个图层的图像合并到一个图层，可以直接选择"图层"|"拼合图像"命令，或者选择"图层"面板菜单中的"拼合图像"命令，这时，所有可见图层合并到背景图层中。

对于合并以前有透明区域的图层，选择"拼合图像"命令后，Photoshop将使用白色填充透明区域。如图9.40所示为一幅具有透明区域的图像，如图9.41所示为合并所有图层后的效果，可以看出此操作使透明区域转换成了白色。

> **提示**
> 如果当前图像存在隐藏图层，将弹出如图9.42所示的提示对话框询问用户是否删除隐藏图层。

图9.40

图9.41

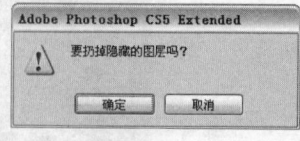
图9.42

9.6 图层组及嵌套图层组

使用图层组可以在很大程度上充分利用"图层"面板的空间，更重要的是，可以对一个图层组中的所有图层进行一致的控制，图层与图层组的概念有些类似于文件与文件夹的概念。

9.6.1 新建图层组

单击"图层"面板底部的"创建新组"按钮 ，可以创建默认选项的图层组。

除了使用上述方法创建新图层组外，还可以从链接的图层中创建图层组。在完成链接图层的操作后，选择"图层"|"新建"|"从图层建立组"命令或单击"图层"面板右上角的按钮 ，在弹出的菜单中选择"从图层新建组"命令即可。

9.6.2 将图层移入或移出图层组

可以将普通图层拖至图层组中，从而将此图层加至图层组，如图9.43所示为操作过程及操作结果。

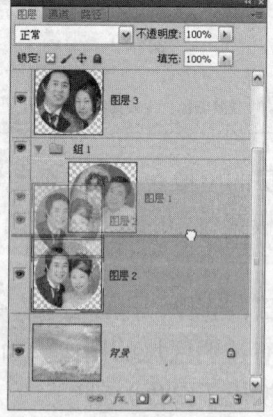

图9.43

将图层拖出图层组可以使该图层脱离图层组，操作时只需在"图层"面板中选择图层，并将其拖至图层组文件夹或图层组名称上，当图层组文件夹或名称高光显示时，释放鼠标左键即可。

9.6.3 复制与删除图层组

视频路径：视频文件\9.6.3.avi

要复制图层组，可以按下述方法中的一种操作。

- 在图层组被选中的情况下，选择"图层"|"复制组"命令。
- 单击"图层"面板右上角的面板按钮，在弹出菜单中选择"复制组"命令，即可复制当前图层组。
- 将图层组拖至"图层"面板底部的"创建新图层"按钮 上，待高光显示线出现时释放鼠标左键，即可以复制该图层组。

如果需要删除图层组，将目标图层组拖移至"图层"面板底部的"删除图层"按钮 上，待高光显示线出现时释放鼠标左键即可。

在图层组被选中的情况下，单击"图层"面板右上角的面板按钮，在弹出菜单中选择"删除组"命令，然后在弹出的如图9.44所示的对话框中单击"仅组"按钮，则仅删除图层组，该图层组中的图层将全部被移出。如果单击"组和内容"按钮，则可以删除图层组及其中的所有图层。

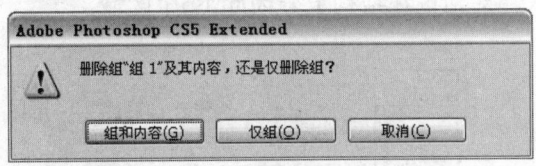

图9.44

9.6.4 使用嵌套图层组

在Photoshop CS5版本中，可使用嵌套组管理组，从而更好地实现对组的控制。

要创建具有嵌套关系的组，首先需要创建这些图层组，然后将要嵌套的图层组拖至另一个图层组中相应的位置，将二者相互嵌套起来，其操作如图9.45所示。

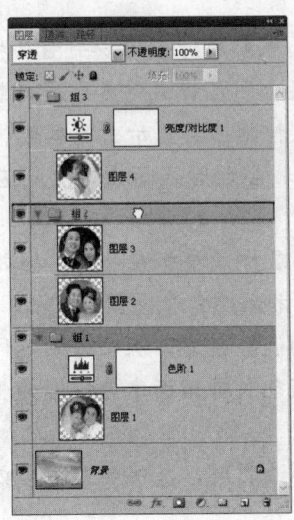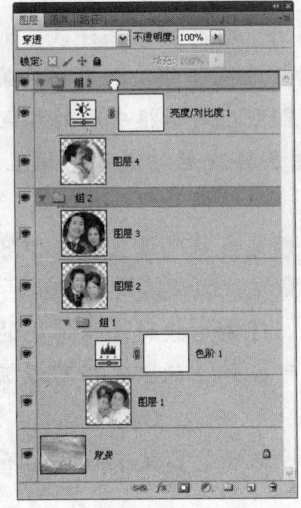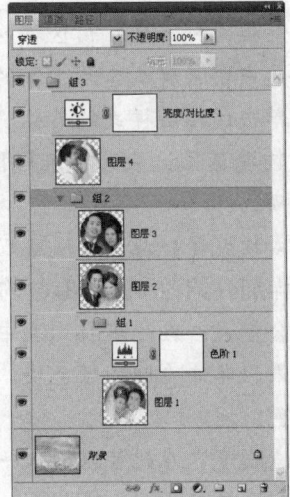

图9.45

除了通过拖动图层组的方法创建嵌套图层组，也可以在创建一个图层组后，通过创建新图层组的方法创建嵌套图层组，各位读者可以自行尝试。

9.7 图层样式

简单地说,"图层样式"就是一系列能够为图层添加特殊效果,如投影、外发光、内发光、浮雕、描边的命令。下面分别介绍一下各个图层样式的使用方法。

9.7.1 了解"图层样式"对话框   视频路径:视频文件\9.7.1.avi

需要学习的图层样式命令,基本集中在"图层"|"图层样式"子菜单下,例如"阴影"、"斜面和浮雕"、"外发光"等,虽然这些命令能够实现的效果不同,但其使用方法包括参数都基本相同,因此以"投影"命令为例,讲解"图层样式"对话框中各参数选项的设置。

选择"图层"|"图层样式"|"投影"命令,或单击"图层"面板底部的"添加图层样式"按钮 *fx.*,在下拉菜单中选择"投影"命令,可弹出如图9.46所示的"图层样式"对话框,可以看出"图层样式"对话框在结构上分为如下3个区域。

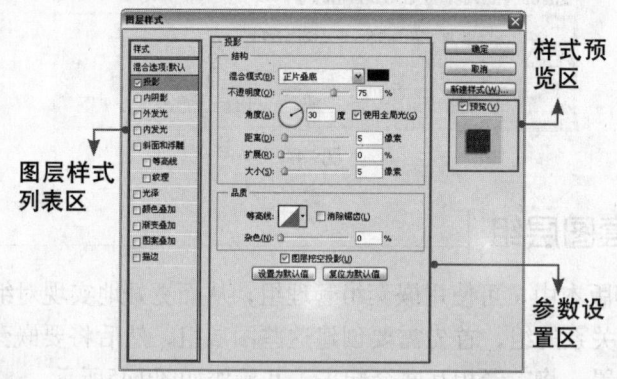

图9.46

- **图层样式列表区**:该区域列出了所有的图层样式,如果要同时应用多个图层样式,只需选中图层样式名称左侧的复选框即可,如果要对某个图层样式的参数进行编辑,直接单击该图层样式的名称,即可在对话框中间的参数控制区域显示出其参数。
- **参数设置区**:在选择不同图层样式的情况下,该区域会即时显示出与之对应的参数选项。
- **样式预览区**:在该区域可以预览当前所设置的所有图层样式叠加在一起时的效果。

下面详细介绍各个重要参数的意义,以便能够更加灵活地运用各个图层样式。

- **混合模式**:在此下拉列表中,可以为投影选择不同的混合模式,从而得到不同的投影效果。单击左侧的颜色块,可在弹出的"选择阴影颜色"对话框中为投影设置不同的颜色。
- **不透明度**:在此可以输入一个数值,以定义投影的不透明度,数值越大投影效果越清晰,反之越淡。
- **角度**:设置此参数可以定义投影的投射方向。
- **使用全局光**:如果选中此复选框,则投影使用全局性设置,反之可以自定义角度。
- **距离**:在此拖动滑动条上的滑块或输入数值,可以定义投影的投射距离,数值越大,投影的三维空间效果越好，反之投影越贴近投射阴影的图像。
- 扩展：在此拖动滑动条上的滑块或输入数值，可以增加投影的投射强度，数值越大投影的强度越大。
- 大小：此参数控制投影的柔化程度，数值越大，投影的柔化效果越大，反之越清晰。
- 等高线：使用等高线可以定义图层样式效果的外观，其原理类似于"图像"|"调整"|"曲线"命令对图像的调整。

除了应用Photoshop内置的等高线效果外，也可以自定义等高线。直接单击等高线缩览图，即可进入如图9.47所示的"等高线编辑器"对话框。

创建自定义等高线的方法与在"曲线"对话框操作曲线的方法相同，故在此不再重述，如果需要，可以自行参考相关章节。

- 消除锯齿：选中此复选框，可以使应用等高线后的阴影更加细腻。
- 杂色：设置此参数，可以为阴影增加杂色。
- 设置为默认值、复位为默认值：在Photoshop CS5中，"图层样式"对话框中增加了"设置为默认值"和"复位为默认值"两个按钮，前者可以将当前的参数保存成为默认的数值，以便后面应用，而后者则可以复位到系统或之前保存过的默认参数。

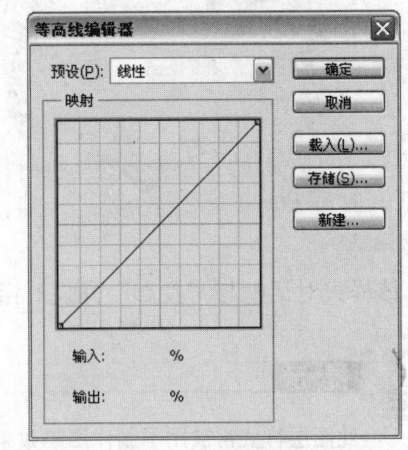

图9.47

9.7.2 图层样式的类型 视频路径：视频文件\9.7.2-2.avi ~ 9.7.2-10.avi

1. "投影"图层样式

在"图层"面板底部单击"添加图层样式"按钮 *fx.*，在弹出的菜单中选择"投影"命令，通过设置弹出的对话框，可得到投影效果，图9.48所示为选择"投影"命令前后的效果对比。

图9.48

2. "内阴影"图层样式

使用"内阴影"图层样式，可以为非背景图层添加位于图层不透明像素边缘内的投影效果，使图层呈凹陷的外观效果。如图9.49所示是为背景中的数字3增加了向内凹陷的效果。

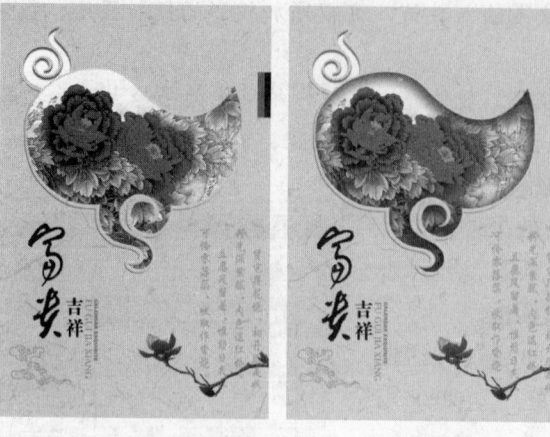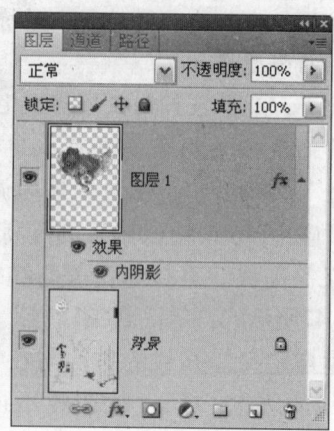

图9.49

该样式对话框与"投影"样式对话框中的参数完全相同，故不再赘述。

 提示

此图层样式常被用于制作凹陷效果，通常不会与"投影"图层样式同时使用。

3."外发光"图层样式

在"图层"面板底部单击"添加图层样式"按钮 *fx.*，在弹出的菜单中选择"外发光"命令，通过设置弹出的对话框，可得到外发光的效果，图9.50所示为选择"外发光"命令前后的效果对比。

图9.50

4."内发光"图层样式

在"图层"面板底部单击"添加图层样式"按钮 *fx.*，在弹出的菜单中选择"内发光"命令，通过设置弹出的对话框，可得到内发光的效果，图9.51所示为选择"内发光"命令前后的效果对比。

图9.51

 5. "斜面和浮雕"图层样式

使用"斜面和浮雕"图层样式,可以创建具有斜面或浮雕效果的图像,其对话框如图9.52所示。

- 样式:选择此下拉列表中的选项可以设置各种不同的效果,其中包含了"外斜面"、"内斜面"、"浮雕效果"、"枕状浮雕"和"描边浮雕"5种效果,如图9.53所示。其中在此基础上也可设置"平滑"、"雕刻清晰"和"雕刻柔和"3种效果,其效果如图9.54所示。

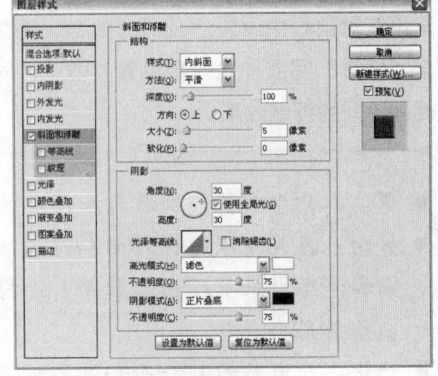

图9.52

外斜面 　　　　　　　内斜面

浮雕效果 　　　　枕状浮雕 　　　　描边浮雕

图9.53

平滑　　　　　　　　　雕刻清晰　　　　　　　　雕刻柔和

图9.54

提示

很多读者在学习"描边浮雕"命令时都会遇到这样一个问题，即在选择此选项的情况下，无论在对话框中设置什么样的参数，图像都不会发生变化。这是由于在选择此选项时，必须配合"描边"图层样式一起设置参数，才可以让"斜面和浮雕"图层样式中的参数起作用，进而得到不同的浮雕效果。

- 深度：此参数值控制斜面和浮雕效果的深度，数值越大效果越明显。
- 方向：在此可以选择斜面和浮雕效果的视觉方向。选择"上"单选按钮，在视觉上斜面和浮雕效果呈现凸起效果；选择"下"单选按钮，则在视觉上斜面和浮雕效果呈现凹陷效果。
- 软化：此参数控制斜面和浮雕效果亮部区域与暗部区域的柔和程度，数值越大则亮部区域与暗部区域越柔和。
- 高光模式、阴影模式：在这两个下拉列表中，可以为形成斜面或浮雕效果的高光与暗调部分选择不同的混合模式，从而得到不同的效果。如果单击右侧的色块，还可以在弹出的拾色器中为高光或阴影部分选择不同的颜色，因为在某些情况下，高光部分并非完全为白色，可能会呈现某种色调，同样暗调部分也并非完全为黑色。

提示

相对而言，此图层样式是最常用的图层样式，被广泛应用于创建三维突起的效果，每一个选项都值得各位读者深入研究与尝试。

6."光泽"图层样式

使用"光泽"图层样式，可以在图层内部根据图层的形状应用阴影，通常用于创建光滑的磨光及金属效果，图9.55所示为"光泽"对话框。通过设置弹出的对话框，可得到光泽效果，如图9.56所示为选择"光泽"命令前后的效果对比。

图层基础应用 第 9 章

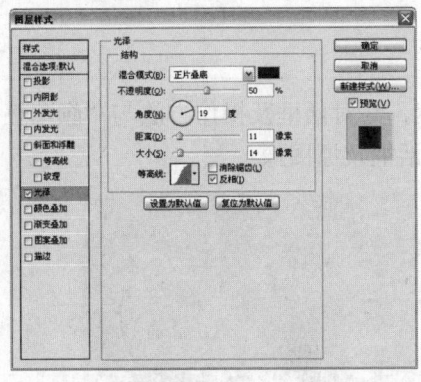

图9.55

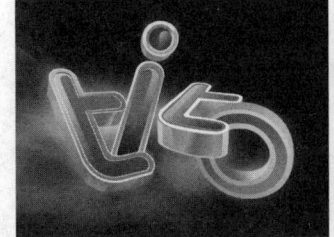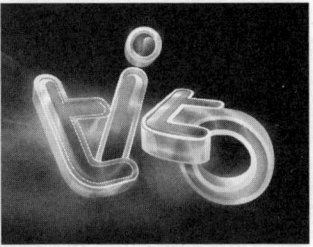

图9.56

 7. "颜色叠加"图层样式

选择"颜色叠加"图层样式，可以为图层中的图像叠加某种颜色，选择该命令后，弹出的对话框如图9.57所示。在此对话框中只需要选择一种叠加颜色，并选择所要的混合模式及不透明度。如图9.58所示为使用"颜色叠加"样式的前后效果对比。

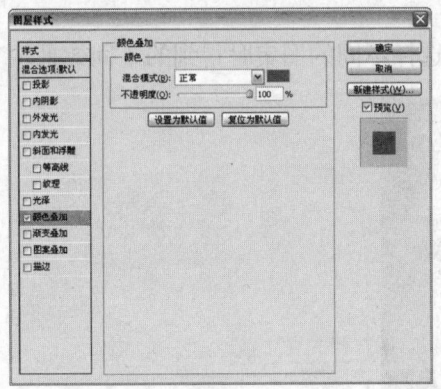

图9.57

图9.58

 8. "渐变叠加"图层样式

在"图层"面板底部单击"添加图层样式"按钮 fx，在弹出的菜单中选择"渐变叠加"命令，通过设置弹出的对话框，可以为图像添加渐变效果。如图9.59所示为选择"渐变叠加"命令的前后效果对比。

图9.59

9."图案叠加"图层样式

使用"图案叠加"图层样式,可以在图层上叠加图案,其对话框及操作方法与"颜色叠加"样式相似。如图9.60所示为"图案叠加"图层样式对话框及原图像。

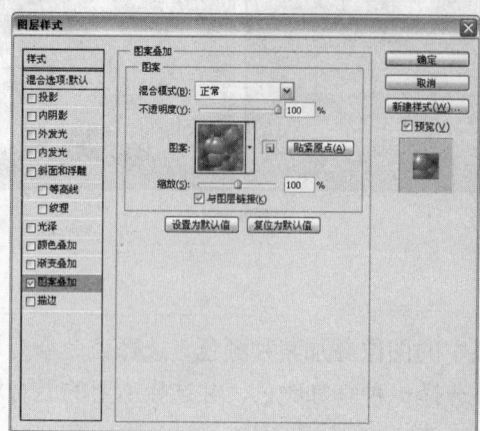

图9.60

如图9.61、图9.62所示为在"图案"下拉列表中选择不同的图案时得到的不同效果。

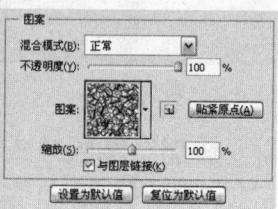

图9.61

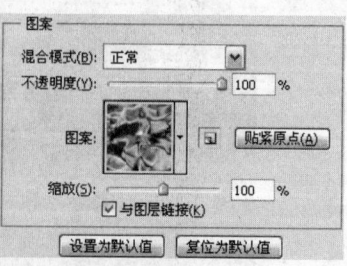

图9.62

10. "描边"图层样式

使用"描边"图层样式可以用颜色、渐变或图案3种方式为当前图层中的图像勾画轮廓,其对话框如图9.63所示。

- **大小**:此参数用于控制描边的宽度,数值越大则生成的描边宽度越大。
- **位置**:在此下拉列表中,可以选择"外部"、"内部"和"居中"3种位置。选择"外部"选项,描边效果完全处于图像的外部;选择"内部"选项,描边效果完全处于图像的内部;选择"居中"选项,描边效果一半处于图像的外部,一半处于图像的内部。

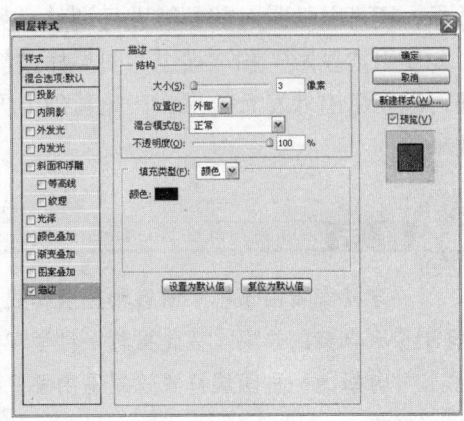

图9.63

- **填充类型**:在此下拉列表中,可以设置描边类型,其中有"颜色"、"渐变"和"图案"3个选项。如图9.64所示为原图像和分别选择"颜色"、"渐变"及"图案"选项后得到的描边效果。

原图像

选择"颜色"选项后的描边效果

选择"渐变"选项后的描边效果

选择"图案"选项后的描边效果

图9.64

虽然使用上述任何一种图层样式都可以获得非常确定的效果,但在实际应用中通常同时使用多种图层样式。

许多图层样式都是我们平时会经常用到的,使用这些图层样式不仅可以给图像添加丰富的效果,还可以随时对其参数进行调整。另外,灵活地使用图层样式还可以完成许多其他操作。如使用"投影"和"描边"图层样式都可以为图像添加边框效果,使用"投影"图层样式还可以创建出外发光效果,在此基础上再次应用"外发光"图层样式则可能得到更加丰富的效果。

> **提示**
>
> 许多初学者由于不了解各种图层样式的特性,因此不能熟练地通过为图层添加图层样式得到令人满意的效果。在此推荐一种学习方法,读者可以从光盘中调出若干种精美的图层样式,并分析每一种图层样式效果是由哪几种图层样式组成的,通过分析掌握如何更好地运用图层样式。

9.8 图层样式基本操作

为图层添加图层样式后,其显示在"图层"面板当前操作图层下方,可以对这些图层样式进行显示、隐藏、复制、缩放等操作。

9.8.1 复制和粘贴图层样式   视频路径:视频文件\9.8.1.avi

如果两个图层需要设置相同的图层样式,可以通过复制与粘贴图层样式操作,来减少重复性操作。复制图层样式的操作步骤如下。

1 在"图层"面板中,选择包含要复制图层样式的图层。

2 选择"图层"|"图层样式"|"拷贝图层样式"命令,或在图层上右击,在弹出的快捷菜单中选择"拷贝图层样式"命令。

3 在"图层"面板中选择需要粘贴图层样式的目标图层。

4 选择"图层"|"图层样式"|"粘贴图层样式"命令,或在图层上右击,在弹出的快捷菜单中选择"粘贴图层样式"命令。

除了使用上述方法外,按住Alt键将图层效果直接拖至目标图层中,如图9.65所示,也可以起到复制图层样式的效果。

事实上,在多数情况下,用户并不需要复制图层的所有图层样式。初学者往往是在复制了所有的图层样式后,再打开"图层样式"对话框,将不需要的样式去掉。更简单的方法是在图层样式列表中选择希望复制的任意一种图

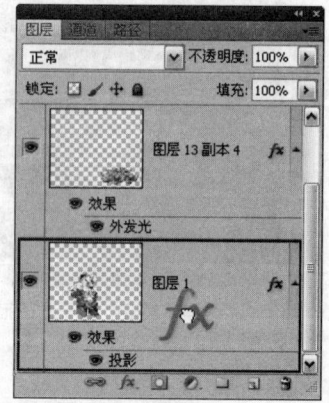

图9.65

层样式,按住Alt键的同时拖动到目标图层上,即可完成图层样式的复制。注意一定要按住Alt键,否则完成的将是图层样式的移动操作。一次只能复制一种图层样式,并不能一次性完成几种图层样式的复制。

> **提示**
>
> 按住Alt键复制样式的操作虽然方便,但需要注意的是,如果在复制图层样式时,需要将该图层的不透明度、填充不透明度及混合模式属性都复制到目标图层中,那么利用此操作就无法达到目的。此时可以选择原图层,然后选择"图层"|"图层样式"|"拷贝图层样式"命令,再切换至目标图层上,选择"图层"|"图层样式"|"粘贴图层样式"命令即可。

9.8.2 显示或屏蔽图层样式　　视频路径：视频文件\9.8.2.avi

图层样式是在图层对象之上的效果,与图层保持独立的显示状态。通过屏蔽图层样式,可以暂时隐藏应用于图层的样式效果。此类操作分为屏蔽某一个图层样式及屏蔽所有图层样式两种。

要屏蔽某一个图层样式,可以在"图层"面板中单击其左侧的按钮,以将其隐藏,如图9.66所示。也可以按住Alt键单击"添加图层样式"按钮 fx.,在弹出的菜单中选择隐藏图层样式的命令。

要屏蔽某一个图层的所有图层样式,可以单击"图层"面板中该图层下方"效果"左侧的按钮,如图9.67所示。

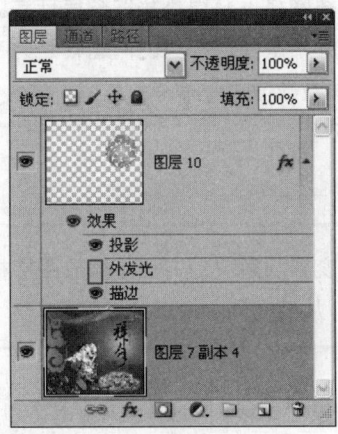　　　　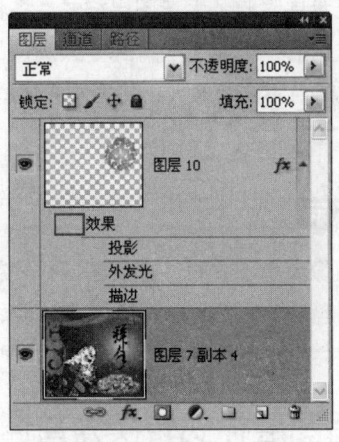

图9.66　　　　　　　　　　　图9.67

> **提示**
>
> 某些情况下,可以通过频繁地屏蔽、显示某一种图层样式,来查看这种图层样式是否在整个效果中起到了应有的作用,从而判断是否应该使用这种图层样式。

9.8.3 缩放图层样式　　视频路径：视频文件\9.8.3.avi

选择"图层"|"图层样式"|"缩放效果"命令,可弹出如图9.68所示的"缩放图层效

果"对话框,在"缩放"文本框中输入数值,可设置图层样式缩放的比例。

在操作过程中可以选中"预览"复选框,在调节参数的同时观看图像的预览效果,满意后单击"确定"按钮退出对话框即可。

如图9.69所示为直接为图像应用某个样式后的效果,如图9.70所示为使用"缩放效果"命令对样式进行缩放后的效果。

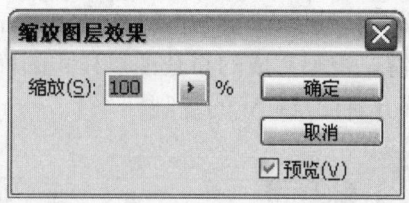

图9.68

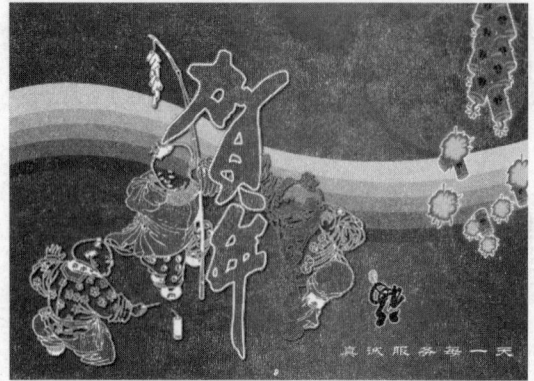

图9.69

图9.70

> **提示**
>
> 在光盘中附赠了大量图层样式,各位读者也可以在网络上获得不错的图层样式。这些图层样式在应用后,可能无法得到令人满意的效果,但这并不是图层样式的问题,因为在制作图层样式效果时,不同图像大小将影响图层样式中应用的参数数值。

> **提示**
>
> 当图像大小不同时,应用图层样式就将发生效果变异。解决的方法是缩放图层样式,这样能够比较容易地使图层样式符合当前操作的图像尺寸,从而得到令人满意的效果。

9.8.4 将图层样式转换为普通图层　　视频路径:视频文件\9.8.4.avi

使用各图层样式命令,可以得到各图层效果样式,但除使用对话框中的各参数外,用户无法对各图层样式效果做更细致的控制。将图层样式转换为图层,可以对各图层样式效果做细致的控制,从而通过绘制、编辑应用滤镜来自定义或调整图层的外观。

选择需要调整的图层,选择"图层"|"图层样式"|"创建图层"命令即可。若某些效果无法转换成图层,选择该命令后,会弹出如图9.71所示的提示对话框。

如图9.72所示为转换前的"图层"面板,如图9.73所示为转换后的"图层"面板。

观察转换后的"图层"面板可以看出,凡是应用于操作图层的图层样式均被转换为具有相应名称的图层。

图层基础应用 第9章

图9.71

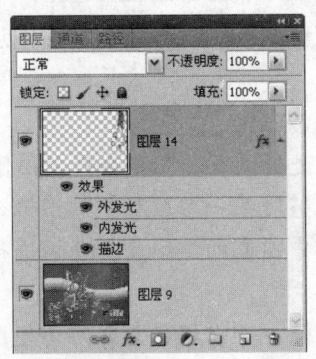
图9.72

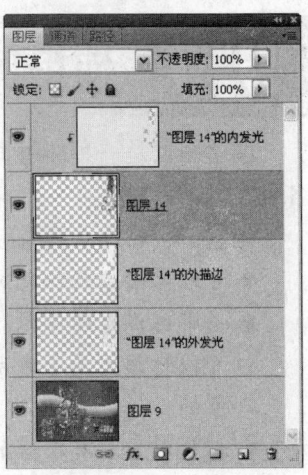
图9.73

提示

许多初学者可能会觉得将图层样式转换为图层这项功能并不实用，而且还将本来可以最小化显示的图层样式全部展开成了剪贴蒙版状态，使"图层"面板显得十分复杂，事实上该功能是十分有意义的。将图层样式转换为图层，不仅可以随时对它的参数进行修改，还可以对样式图层添加图层蒙版，在对图层蒙版进行编辑的同时完成对图层样式更为精细的控制和调整。

9.8.5 删除图层样式　　视频路径：视频文件\9.8.5.avi

删除图层样式可以减小文件大小，具体操作方法如下。

- 在"图层"面板中将其选中，拖至"删除图层"按钮 🗑 上，如图9.74所示，即可删除此图层样式。
- 要删除某个图层上的所有图层样式，可以在"图层"面板中选择该图层，并选择"图层"｜"图层样式"｜"清除图层样式"命令。也可以在"图层"面板中选择图层下方的"效果"，将其拖至"删除图层"按钮 🗑 上，如图9.75所示。

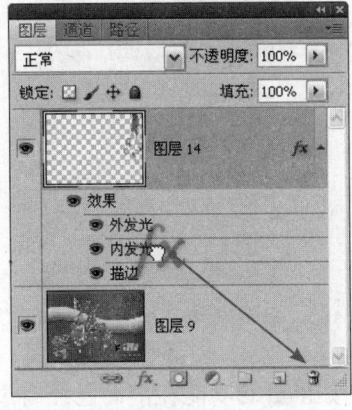
图9.74

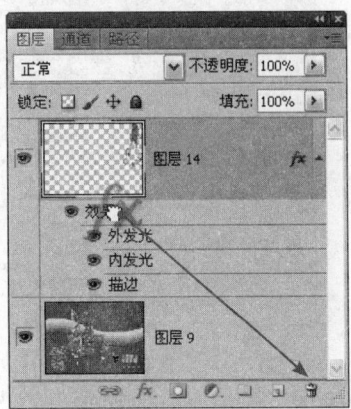
图9.75

9.9 使用调整图层

调整图层是一种能够同时调整多个图层颜色的特殊图层，使用它可以方便地对图层进行各种类型的调整。

调整图层的优点具有以下4个方面。
- 可以对图像的颜色或色调进行调整，而不会修改图像中的像素。
- 通常在调整图像时，仅能够对某一个图层中的图像进行调整，但使用调整图层命令，可以对该图层下方所有层中图像的饱和度、色调进行调整，从而实现跨越图层调整图像的目的。
- 调整图层具有很强的灵活性，可以根据需要为调整图层增加蒙版，以屏蔽对某些区域的调整，或调整不透明度，以降低调整图层的调整强度。
- 可以随时根据需要改变调整图层的相关参数，从而使图像的颜色调整更加灵活。

正是基于以上四点，我们才在实际工作中频繁、大量地使用调整图层。

9.9.1 了解"调整"面板 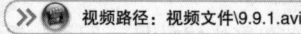 视频路径：视频文件\9.9.1.avi

"调整"面板的作用就是在创建调整图层时，将不再通过调整对话框设置参数，而是转为在此面板中。

在没有创建或选择任意一个调整图层的情况下，选择"窗口"|"调整"命令，将调出如图9.76所示的"调整"面板。

在此状态下，该面板底部有两个功能按钮，其功能解释如下。
- "扩展视图"按钮：单击此按钮，可以放大调整的工作空间，以更好地查看、选择各个调整图层。
- "返回调整状态"按钮：如果在初始状态下选中了一个调整图层，则面板左下角将显示此按钮，单击此按钮，可以切换至与所选调整图层相对应的参数设置状态。

在选中或创建了调整图层后，则根据其不同，在面板中显示出对应的参数，如图9.77所示为在选择了"黑白"调整图层时的面板状态。

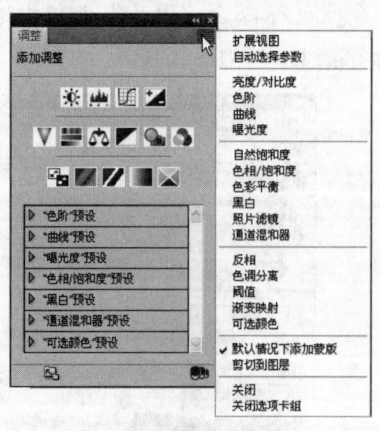
图9.76

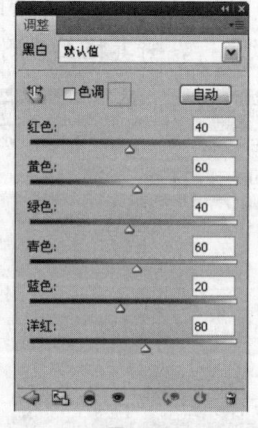
图9.77

在此状态下，面板底部的按钮中，"扩展视图"按钮的功能在前面已经有过讲解，故不再重述，其他按钮的功能解释如下。

- "返回初始状态"按钮：单击此按钮，可以返回"调整"面板的初始状态，以继续创建其他的调整图层。
- "创建剪贴蒙版"按钮：单击此按钮，可以在当前调整图层与下面的图层之间创建剪贴蒙版，再次单击则取消剪贴蒙版。
- "图层可见性"按钮：单击此按钮，可以控制当前所选调整图层的显示状态。
- "预览最近一次调整结果"按钮：按住此按钮，可以预览本次编辑调整图层参数时，最初始与刚刚调整完参数时的状态对比。
- "复位"按钮：该按钮的功能分为两部分，当之前已经编辑过调整图层的参数，再次（即切换至其他图层后，重新选择此调整图层）编辑此调整图层时，按钮将变为状态，单击此按钮可以复位至本次编辑时的初始状态，同时该按钮也变为状态，再次单击此按钮，则完全复位到该调整图层默认的参数状态。
- "删除调整图层"按钮：单击此按钮，并在弹出的对话框中单击"是"按钮，则可以删除当前所选的调整图层。

9.9.2 创建调整图层

视频路径：视频文件\9.9.2.avi

在Photoshop CS5中，可以采用以下方法创建调整图层。

- 选择"图层"|"新建调整图层"子菜单中的命令，此时将弹出如图9.51所示的对话框，这与创建普通图层时的"新建图层"对话框基本相同，单击"确定"按钮退出对话框，即可得到一个调整图层。
- 单击"图层"面板底部的"创建新的填充或调整图层"按钮，在弹出的菜单中选择需要的命令，然后在"调整"面板中设置参数即可。
- 在"调整"面板中单击上半部分的各个图标，即可创建对应的调整图层。
- 在"调整"面板下半部分中，各个调整图层的预设，即可在直接应用此预设的同时创建得到对应的调整图层。

下面要讲解一个通过创建调整图层来调整图像颜色的实例，希望此实例可以加深读者对调整图层的了解。

1 打开随书所附光盘中的文件"第9章\9.9.2-素材.psd"，如图9.78所示，此时的"图层"面板如图9.79所示，观察整幅图像会发现，图像的颜色偏暗，对比度也不强，所以先提高图像的亮度和对比度。

图9.78

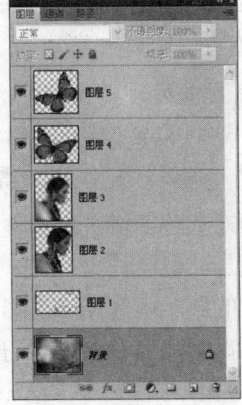

图9.79

2　选中"图层2",单击"图层"面板底部的"创建新的填充或调整图层"按钮，在弹出的菜单中选择"色阶"命令,设置弹出的"色阶"参数如图9.80所示,得到如图9.81所示的效果,同时得到图层"色阶1",此时的"图层"面板如图9.82所示。

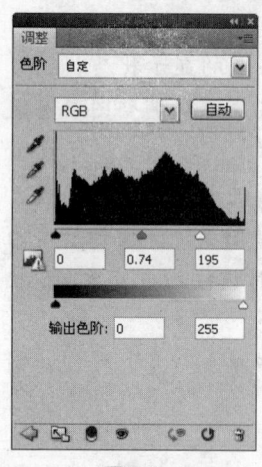
图9.80

图9.81

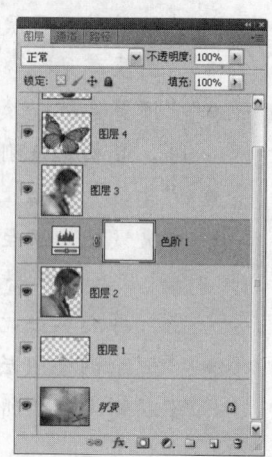
图9.82

3　下面要调整"蝴蝶"的颜色,选中"图层1",单击"图层"面板底部的"创建新的填充或调整图层"按钮，在弹出的菜单中选择"色彩平衡"命令,设置弹出的"色彩平衡"参数如图9.83、图9.84所示,得到如图9.85所示的效果,同时得到图层"色彩平衡1"。

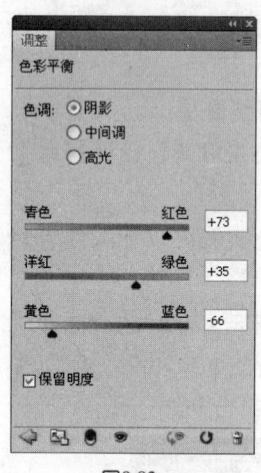
图9.83

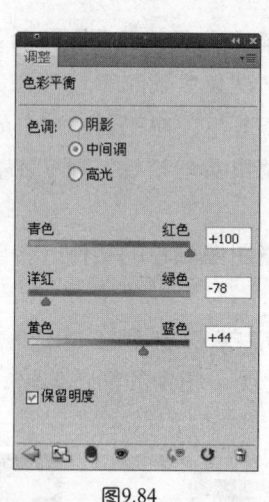
图9.84

图9.85

4　观察图像发现"蝴蝶"和背景的颜色都变化了,因为调整图层可以跨越图层调整图像,这时只要按Ctrl+Alt+G键执行"创建剪贴蒙版"命令,就可以使创建的调整图层只对"蝴蝶"起作用,得到如图9.86所示的效果,此时的"图层"面板如图9.87所示。

5　下面对人物图像进行调整,按住Ctrl键并单击"图层2"的图层缩览图,载入其选区,选中图层"色阶1",单击"图层"面板底部的"创建新的填充或调整图层"按钮，在弹出的菜单中选择"色彩平衡"命令,设置弹出的"色彩平衡"参数如图9.88和图9.89所示,得到如图9.90所示的最终效果,同时得到图层"色彩平衡2",此时的"图层"面板如图9.91所示。

图9.86

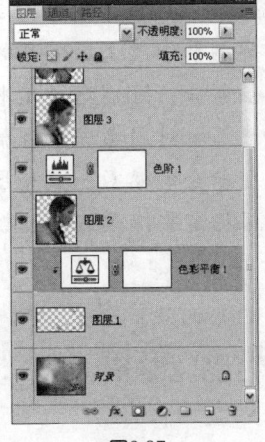
图9.87

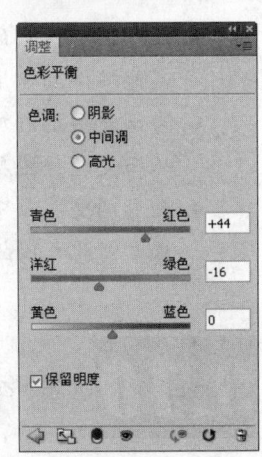
图9.88

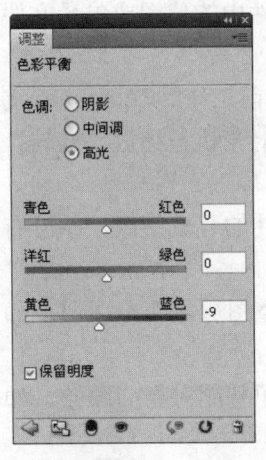
图9.89

图9.90　　　　　　　　图9.91

6 观察"图层"面板可以发现图层"色彩平衡 2"自动生成了一个图层蒙版,屏蔽对人物以外其他区域的调整。

可以看出,创建调整图层的过程主要是调整相关颜色命令的参数,因此如果要使调整图层发挥较好的作用,就需要先熟悉对应的图像调整命令。

9.9.3 调整图层的使用技巧　　视频路径:视频文件\9.9.3.avi

调整图层在本质上仍然是一个图层,因此可以运用普通图层的一些操作方法对调整图层进行灵活操作,具体如下所述。

- 使用多个调整图层:综合使用多个调整图层,能够在最大程度上运用复杂的调色技术来调整图像。
- 改变调整图层的不透明度:通过改变调整图层的不透明度,可以动态地调整使用调整图层对图像进行调整的强度。

- 改变调整图层的混合模式：由于调整图层本质上是一个图层，通过运用不同的混合模式能够得到使用常规调整手段无法得到的图像效果。
- 为调整图层添加图层蒙版：可以有效地将调整图层的调整区域限定于某一个范围内，从而使调整图层有选择地对图像进行调整。
- 改变调整图层中调整命令的参数：调整图层将调整用的参数通过图层的方式记录了下来，因此可以随时根据需要修改这些参数。

9.10 智能对象图层

9.10.1 理解智能对象　　视频路径：视频文件\9.10.1.avi

读者可以将智能对象理解为一个封装了位图或矢量信息的容器。简单地说，用户能够以智能对象的形式将一个位图文件或矢量文件嵌入到当前工作的Photoshop文件中。

从嵌入这个概念上说，可以将以智能对象形式嵌入到Photoshop文件中的位图或矢量文件理解为当前Photoshop文件的子文件，而Photoshop文件则是其父文件。

以智能对象形式嵌入到Photoshop文件中的位图或矢量文件，与当前工作的Photoshop文件能够保持相对的独立性，当修改当前工作的Photoshop文件或对智能对象执行缩放、旋转、变形等操作时，不会影响到嵌入的位图或矢量文件的源文件。

实际上，当在改变智能对象时，只是在改变嵌入的位图或矢量文件的合成图像，并没有真正改变嵌入的位图或矢量文件。

在Photoshop中智能对象表现为一个图层，类似于文字图层、调整图层或填充图层，如图9.92所示，在图层的缩览图右下方有明显的标志。

下面通过一个具体的实例来认识智能对象。如图9.93所示为使用了智能对象的图像，如图9.94所示为此图像的"图层"面板，在此智能对象即为"图层1"。

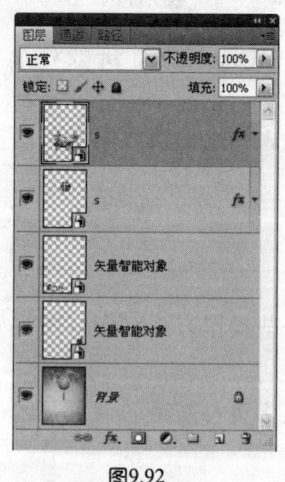
图9.92

图9.93

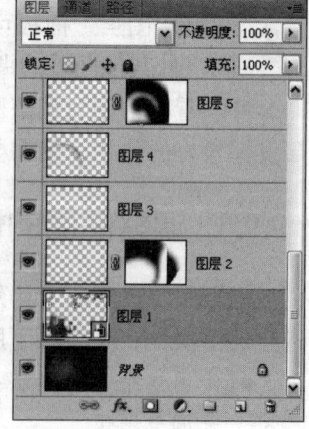
图9.94

双击"图层1"，则Photoshop将打开一个新文件，此文件就是嵌入到智能对象"图层1"

中的子文件，可以看出该智能对象由4个图层构成，"图层"面板如图9.95所示，其效果如图9.96所示。

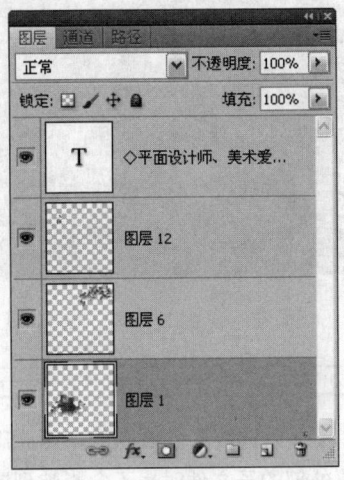

图9.95

图9.96

9.10.2 智能对象的优点

智能对象的优点如下。

- 当正在编辑一个较复杂的Photoshop文件时，可以将若干个图层保存为智能对象，从而降低Photoshop文件中图层的复杂程度，使用户更便于管理、操作Photoshop文件。
- 如果在Photoshop中对图像进行频繁缩放，会引起图像信息的损失，最终导致图像变得越来越模糊；但如果将一个智能对象进行频繁缩放，则不会使图像变得模糊，因为并没有改变外部子文件的图像信息。所以可以将那些可能要进行频繁缩放操作的图层转换成为智能对象图层，以避免缩放后发生的图像质量损失。
- 由于Photoshop不能处理矢量文件，因此所有置入到Photoshop中的矢量文件会被位图化。避免这个问题的方法就是以智能对象的形式置入矢量文件，从而既能够在Photoshop文件中使用矢量文件的效果，又保持了外部的矢量文件在发生改变时，Photoshop的效果能够发生相应的变化。
- 在Photoshop CS5中，可以在智能对象图层中使用智能滤镜功能，从而获得对滤镜效果的可逆性编辑。如果在普通图层上使用"滤镜"|"转换为智能滤镜"命令，会弹出相应的提示对话框。

在9.10.1节所展示的文件中，为智能对象中的某一个图层添加图层样式后得到如图9.97所示的效果。保存并关闭此智能对象文件后，原图像将做相应的改变，如图9.98所示为改变前后的对比效果。

图9.97

图9.98

> **提示**
>
> 由于以智能对象形式嵌入到Photoshop中的子文件并不是以链接形式嵌入的,因此删除该子文件后,不会影响到Photoshop文件中的智能对象,修改外部的子文件时也不会影响到嵌入的智能对象。

9.10.3 创建智能对象

可以通过以下方法创建智能对象。

- 使用"置入"命令为当前工作的Photoshop文件置入一个矢量文件或位图文件,甚至是另外一个有多个图层的Photoshop文件。
- 选择一个或多个图层后,在"图层"面板中选择"转换为智能对象"命令或选择"图层"|"智能对象"|"转换为智能对象"命令。
- 在Illustrator软件中复制矢量对象,然后在Photoshop中粘贴对象,在弹出的对话框中选择"智能对象"选项,单击"确定"按钮退出对话框即可。
- 使用"文件"|"打开为智能对象"命令将一个符合要求的文件直接打开成为一个智能对象。
- 在Photoshop CS5中,从外部直接拖入到当前图像的窗口内,即可将其以智能对象的形式置入到当前图像中。

9.10.4 创建多级嵌套智能对象

智能对象支持多级嵌套,即一个智能对象中可以包含另一个智能对象。要创建多级嵌套的智能对象,可以按照下面的方法进行操作。

- 选择智能对象图层及另外一个或多个图层,在"图层"面板中选择"转换为智能对象"命令或选择"图层"|"智能对象"|"转换为智能对象"命令。
- 选择智能对象图层及另一个智能对象图层,按上述的方法进行操作。

9.10.5 复制智能对象

用户可以在Photoshop文件中对智能对象进行复制,以创建一个新的智能对象图层,新的智能对象与原智能对象可以是一种链接关系，也可以是一种非链接关系。

如果两者保持一种链接关系，则无论修改两个智能对象中的哪一个，都会影响到另一个智能对象；反之两者处于非链接关系时，两者之间没有相互影响的关系。

- 如果希望新的智能对象与原智能对象处于一种链接关系，可执行下面的操作。

1 选择智能对象图层。

2 选择"图层"|"新建"|"通过拷贝的图层"命令，也可以直接将智能对象拖至"图层"面板中的"创建新图层"按钮 上。

- 如果希望新的智能对象与原智能对象处于一种非链接关系，可执行下面的操作。

1 选择智能对象图层。

2 选择"图层"|"智能对象"|"通过拷贝新建智能对象"命令。

9.10.6 对智能对象进行操作

受到许多方面的限制，用户能够对智能对象进行的操作是有限的，可以对智能对象进行以下操作。

- 对其进行缩放、旋转、变形等操作。
- 可以改变智能对象的混合模式、不透明度数值，还可以为其添加图层样式。
- 不可以直接对智能对象使用除"阴影/高光"、"HDR色调"以及"变化"外的其他颜色调整命令，但可以通过为其添加一个专用调整图层的方法来迂回解决问题。

9.10.7 编辑智能对象的源文件

如前所述，智能对象的优点是用户能够在外部编辑智能对象的源文件，并使所有改变反映在当前工作的Photoshop文件中。编辑智能对象源文件的操作步骤如下。

1 在"图层"面板中选择智能对象图层。

2 直接双击智能对象图层，或选择"图层"|"智能对象"|"编辑内容"命令，也可直接在"图层"面板菜单中选择"编辑内容"命令，此时弹出如图9.44所示的提示对话框，以提示操作者。

3 直接单击"确定"按钮，进入智能对象的源文件中。

4 在源文件中进行修改操作，然后选择"文件"|"存储"命令，并关闭此文件。

5 执行上面的操作后，则修改后源文件的变化会反应在智能对象中。

如果希望取消对智能对象的修改，可以按Ctrl+Z键。此操作不仅能够取消在当前Photoshop文件中对智能对象的修改效果，而且还能使被修改的源文件也退回至未修改前的状态。

9.10.8 导出智能对象内容

通过导出智能对象操作，可得到一个包含所有嵌入到智能对象中位图或矢量信息的文件。导出智能对象的步骤操作如下。

1 选择智能对象图层。

2 选择"图层"|"智能对象"|"导出内容"命令。

3 在弹出的"存储"对话框中，为文件选择保存位置并对其进行命名。

9.10.9 替换智能对象

用户可以用一个智能对象替换Photoshop文件中的另一个智能对象。其操作步骤如下。

1 选择智能对象图层。

2 选择"图层"|"智能对象"|"替换内容"命令。

3 在弹出的对话框中选择用于替换当前选择的智能对象的文件。

如果在替换之前对智能对象进行缩放、旋转等变换操作，则执行替换操作后，新的智能对象仍然能够保持原变换属性。

9.10.10 栅格化智能对象

由于智能对象具有许多编辑限制，因此如果希望对智能对象进行进一步操作时，若使用滤镜命令对其进行操作，则必须要将其栅格化，即转换成为普通的图层。

选择智能对象图层后，选择"图层"|"智能对象"|"栅格化"命令，即可将智能对象转换成为普通图层。另外，也可以直接在智能对象图层的名称上右击，在弹出的快捷菜单中选择"栅格化图层"命令。

9.11 应用实例

9.11.1 爱心活动宣传海报

1 按Ctrl+N键新建文件，在弹出的对话框中设置参数，如图9.99所示。设置前景色的颜色值为f9da97，按Alt+Delete键用前景色填充图层。

2 打开随书所附光盘中的文件"第9章\9.11.1-素材1.psd"，效果如图9.100所示。选择"编辑"|"定义图案"命令，在弹出的"图案名称"对话框中直接单击"确定"按钮退出对话框。

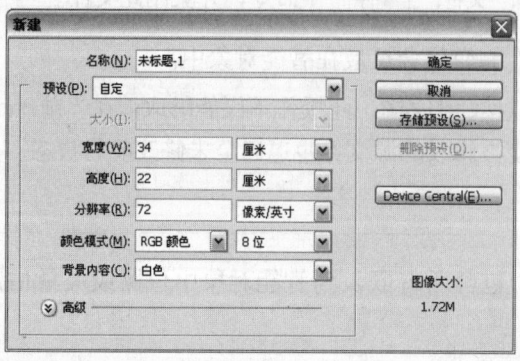

图9.99

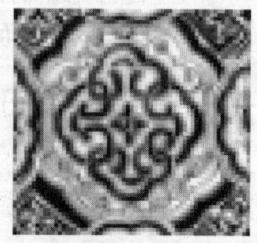

图9.100

3 单击"图层"面板底部的"创建新的填充或调整图层"按钮 ，在弹出的菜单中选择"图案"命令，在弹出的对话框中选择上一步定义的图案，并按照图9.101所示进行参数设置，单击"确定"按钮，得到如图9.102所示的效果，并得到图层"图案填充1"。

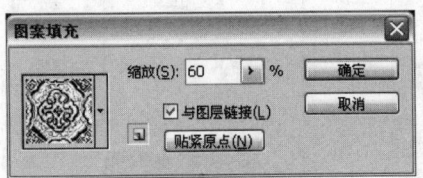

图9.101　　　　　　　　　　　　图9.102

4 设置图层"图案填充1"的"不透明度"为15%，混合模式为"正片叠底"，得到如图9.103所示的效果。

5 打开随书所附光盘中的文件"第9章\9.11.1-素材2.psd"，效果如图9.104所示。使用"移动工具" 将图像拖动至步骤1新建的文件中，得到"图层 1"。按Ctrl+T键调出自由变换控制框，按住Shift键缩小图像并将其移动至画布的左下角，效果如图9.105所示，按Enter键确认变换操作。

6 选择"矩形选框工具" ，在"图层 1"中图像的右侧制作如图9.106所示的选区，按Ctrl+J键执行"通过拷贝的图层"命令，得到"图层 2"。

图9.103　　　　　　　　　　　　图9.104

图9.105　　　　　　　　　　　　图9.106

7 按Ctrl+T键调出自由变换控制框,向右拖动控制框右侧的锚点至画布的最右侧位置,效果如图9.107所示,按Enter键确认变换操作。

8 复制"图层2",得到"图层2副本"。选择"滤镜"|"模糊"|"动感模糊"命令,在弹出的对话框中设置参数,如图9.108所示,单击"确定"按钮退出对话框,得到如图9.109所示的效果,此时的"图层"面板如图9.110所示。

图9.107

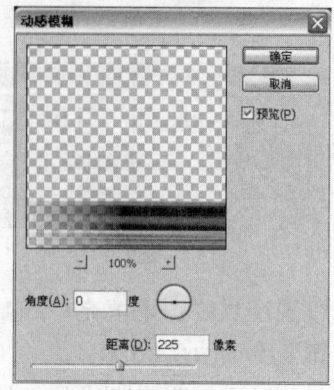
图9.108

图9.109

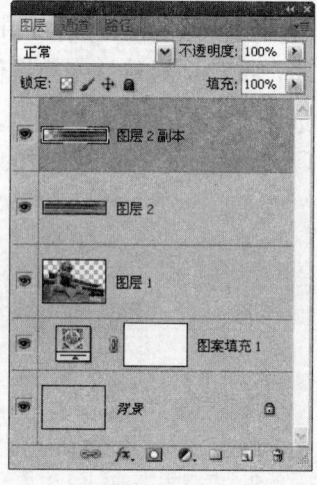
图9.110

9 设置前景色的颜色值为959595,选择"椭圆工具",在其工具选项条中单击"形状图层"按钮,按住Shift键在画布的中上方按照从右到左的顺序绘制3个如图9.111所示的椭圆形状,得到图层"形状1"。

10 使用"路径选择工具"单击中间的形状以将其选中,单击工具选项条中的"从形状区域减去"按钮,得到如图9.112所示的效果。

图9.111

278

11 用鼠标单击图层"形状 1"的矢量蒙版缩览图，使其处于当前操作状态，选择"钢笔工具" ，并在其工具选项条中单击"添加到形状区域"按钮，在画布的正中间绘制如图9.113所示的形状。

图9.112

图9.113

12 单击"图层"面板底部的"添加图层样式"按钮 fx，在弹出的菜单中选择"颜色叠加"命令，在弹出的对话框中设置参数，如图9.114所示，在对话框中选择"渐变叠加"和"斜面和浮雕"选项，设置其参数如图9.115、图9.116所示，此时图像的效果如图9.117所示。

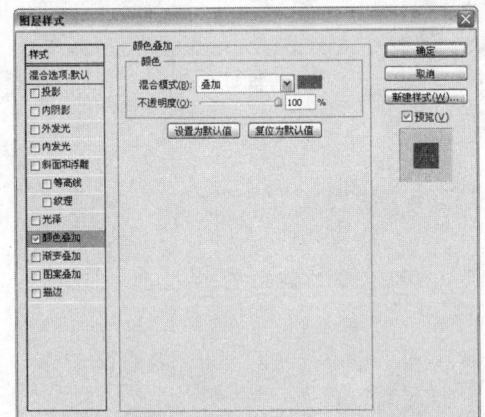

图9.114

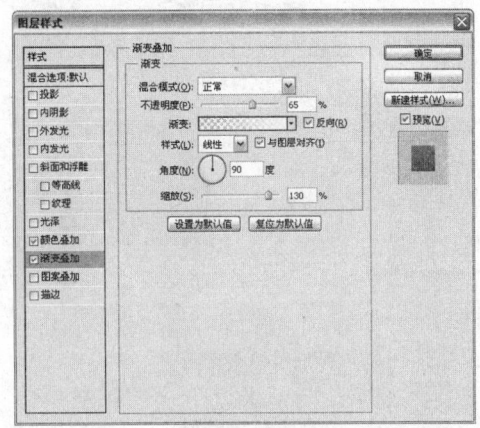

图9.115

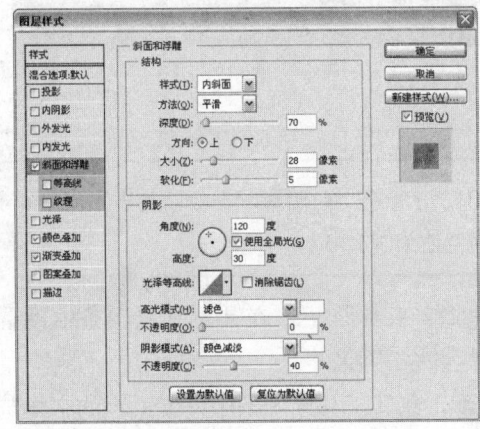

图9.116

图9.117

> **提示**
>
> 在"颜色叠加"参数设置中,色块的颜色值为0077db。在"渐变叠加"参数设置中,所使用的渐变为从白色到透明。读者在前景色为白色的情况下,可以直接选择软件自带的从前景色到透明的渐变,从而快速设置此图层样式的渐变效果。

13 保持不退出"图层样式"对话框,再选择"内发光"、"内阴影"和"投影"选项,设置其参数如图9.118～图9.120所示,单击"确定"按钮,得到如图9.121所示的效果。

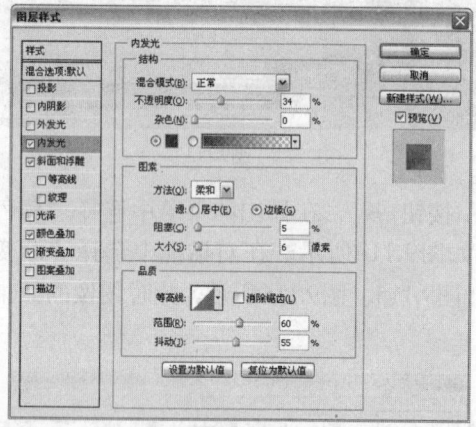
图9.118

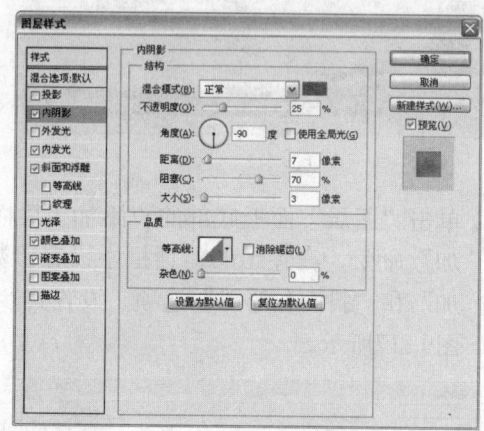
图9.119

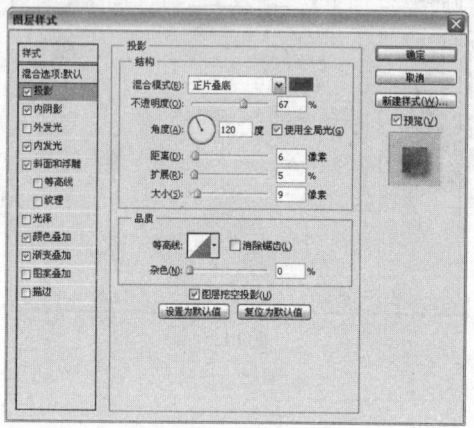
图9.120

图9.121

> **提示**
>
> 在"内发光"参数设置中,色块的颜色值为004357。在"内阴影"参数设置中,色块的颜色值为0266aa。在"投影"参数设置中,色块的颜色值为06719d。

14 设置前景色的颜色值为f21e1e,选择"横排文字工具",在其工具选项条中设置适当的字体与字号,在画布的正中键入如图9.122所示的文字。

15 设置前景色为黑色,选择"直排文字工具",在其工具选项条中设置适当的字体与字号,在画布的左上角键入如图9.123所示的文字,此时的"图层"面板如图9.124所示。

图9.122

图9.123

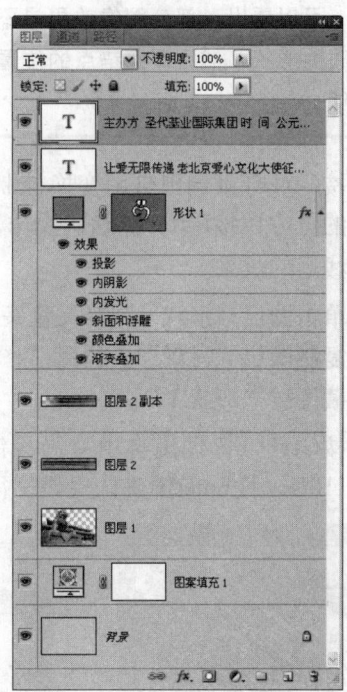

图9.124

9.11.2 人物特效视觉表现

本例是关于人物特效的视觉表现作品。下面来详细讲解其制作过程。

1 打开随书所附光盘中的文件"第9章\9.11.2-素材1.tif",效果如图9.125所示,将其作为本例的背景图像。

2 设置前景色为白色,选择"矩形工具" ，在其工具选项条中单击"形状图层"按钮 及"添加到形状区域"按钮 ，在当前画布中绘制如图9.126所示的形状,得到图层"形状 1",如图9.127所示为隐藏路径线后的效果。

图9.125

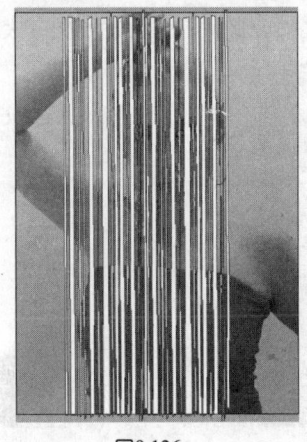

图9.126

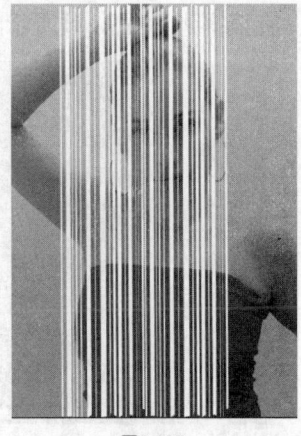

图9.127

> **提示**
>
> 可以看出，部分图像效果是不规则的，其制作方法是使用"直接选择工具"，选择需要更改的形状，然后调整锚点的位置。此外，单击形状图层的矢量蒙版缩览图可以显示/隐藏路径线。

3 按Ctrl+T键调出自由变换控制框，将形状顺时针旋转50°左右，并将其移向当前画布的上方，按Enter键确认操作，得到的效果如图9.128所示，如图9.129所示为隐藏路径线后的效果。

4 单击图层"形状 1"的矢量蒙版缩览图以载入其选区，选择图层"背景"，按Ctrl+J键复制图层"背景"，得到"图层 1"，将"图层 1"拖动至图层"形状 1"的上方，隐藏图层"形状 1"。

5 按Ctrl+T键调出自由变换控制框，在其工具选项条中设置水平缩放及垂直缩放均为110%，按Enter键确认操作，得到如图9.130所示的效果（图中为局部放大效果）。

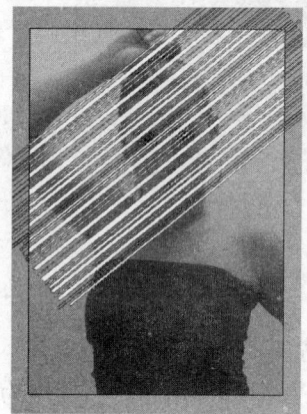
图9.128

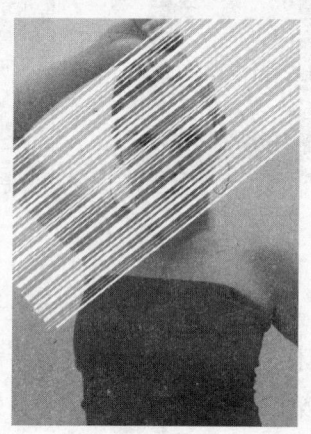
图9.129

图9.130

6 单击"图层"面板底部的"添加图层蒙版"按钮，为"图层 1"添加图层蒙版。设置前景色为黑色，选择"画笔工具"，在其工具选项条中设置适当的画笔大小及"不透明度"数值，在图层蒙版中进行涂抹，将左下方及眼睛区域的效果隐藏起来，直至得到如图9.131所示的效果，此时图层蒙版中的状态如图9.132所示。

图9.131

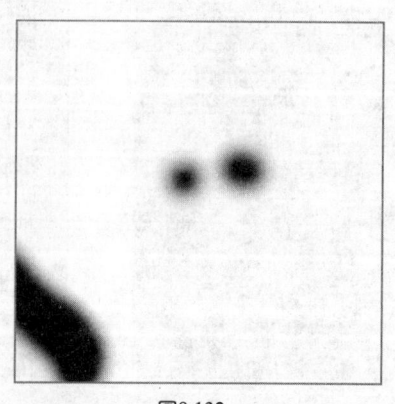
图9.132

7 打开随书所附光盘中的文件"第9章\9.11.2-素材2.psd",效果如图9.133所示。使用"移动工具"将图像拖动至制作文件中,得到"图层 2"。结合自由变换控制框调整图像的大小及位置,得到如图9.134所示的效果。

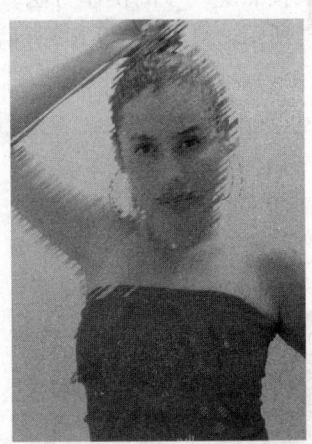

图9.133　　　　　　　　　　　　　　　　图9.134

8 按照步骤6的操作方法,为"图层 2"添加图层蒙版,将衣服以外的效果隐藏起来,直至得到如图9.135所示的效果,此时图层蒙版中的状态如图9.136所示。

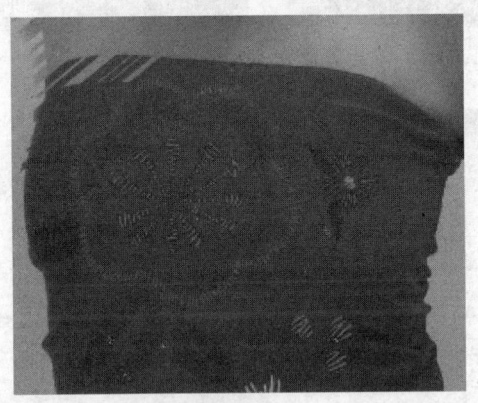

图9.135　　　　　　　　　　　　　　　　图9.136

9 单击"图层"面板底部的"添加图层样式"按钮 fx.,在弹出的菜单中选择"斜面和浮雕"命令,在弹出的对话框中设置参数,如图9.137所示,单击"确定"按钮退出对话框,得到如图9.138所示的效果。设置"图层 2"的混合模式为"变暗",得到如图9.139所示的效果。

10 单击"图层"面板底部的"创建新的填充或调整图层"按钮,在弹出的菜单中选择"色彩平衡"命

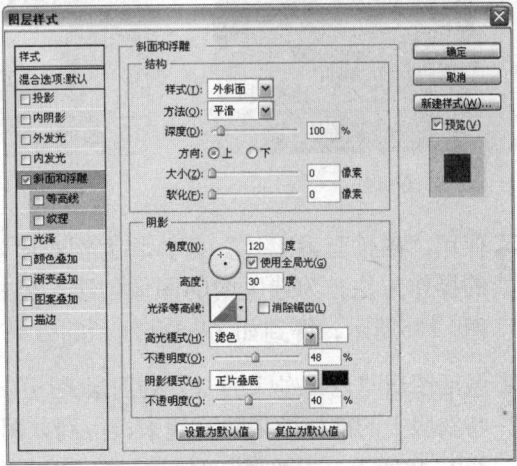

图9.137

令，在弹出的面板中设置参数，如图9.140所示，得到图层"色彩平衡 1"，同时得到如图9.141所示的效果。

11 按照上一步的操作方法，创建"亮度/对比度"调整图层，设置其面板参数，如图9.142所示，得到如图9.143所示的效果。

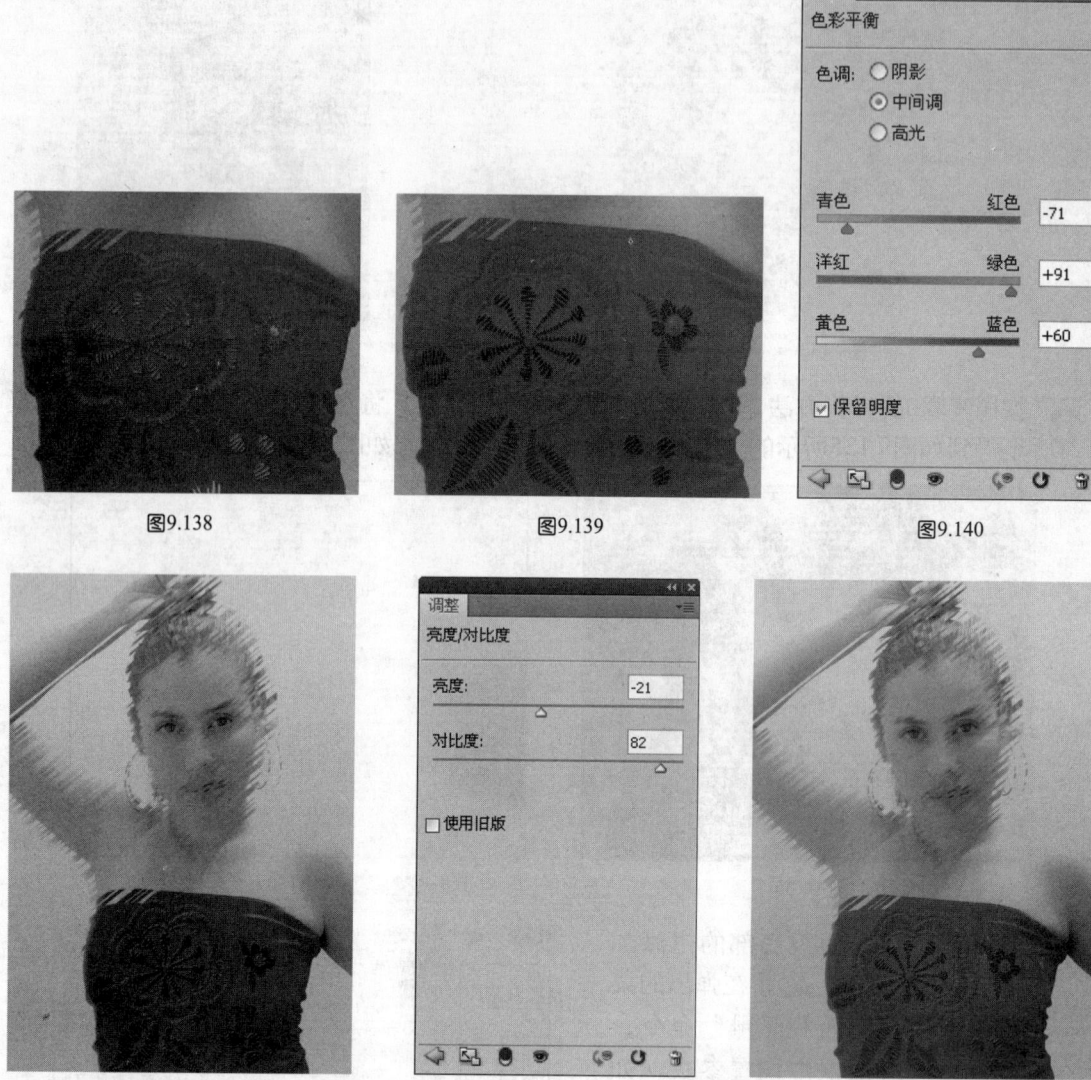

图9.138　　　　　图9.139　　　　　图9.140

图9.141　　　　　图9.142　　　　　图9.143

12 使用"磁性套索工具"，将人物衣服勾画出来，效果如图9.144所示。重复上一步的操作方法，为选区内的图像创建"色相/饱和度"调整图层，设置其面板参数，如图9.145所示，得到如图9.146所示的效果，同时得到图层"色相/饱和度 1"。

13 激活图层"色相/饱和度 1"的图层蒙版缩览图，按照步骤6的操作方法编辑图层蒙版，将衣服上的部分效果隐藏起来，得到如图9.147所示的效果，此时图层蒙版中的状态如图9.148所示，"图层"面板如图9.149所示。

图层基础应用 第 9 章

图9.144

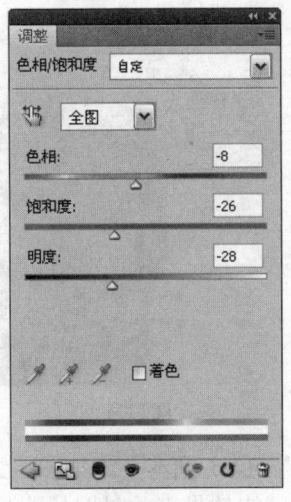

图9.145

图9.146

图9.147

图9.148

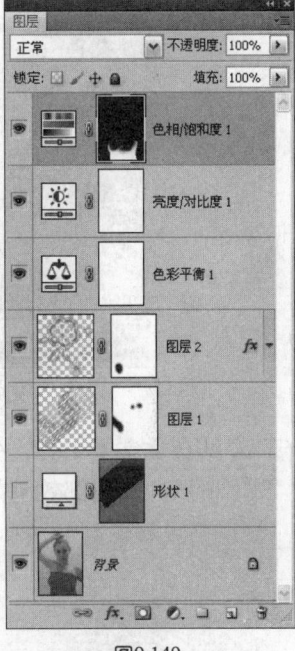

图9.149

14 新建图层，得到"图层 3"，选择"椭圆工具"，在其工具选项条中单击"填充像素"按钮，按住Shift键在当前画布的左下方制作如图9.150所示的图形。

> **提 示**
>
> 此步骤的制作方法非常简单，按住Shift键绘制一个正圆形，然后设置不同的颜色值，按住Shift键继续进行绘制。在此没有给出颜色值，读者完全可以依据自己的喜好进行设置。

15 设置"图层 3"的混合模式为"叠加"，"不透明度"为65%，得到如图9.151所示的效果。复制"图层 3"，得到"图层 3 副本"，结合自由变换控制框进行水平翻转及一定角度的旋转，并向画布右上角移动，得到如图9.152所示的效果。

285

Photoshop CS5

图9.150　　　　　　图9.151　　　　　　图9.152

16 按照步骤6的操作方法，为"图层3副本"添加图层蒙版，将人物脸部的部分区域隐藏起来，直至得到如图9.153所示的效果，此时图层蒙版中的状态如图9.154所示。

图9.153　　　　　　　　　　图9.154

17 结合文字类工具、矢量绘图类工具及自由变换控制框完成本例的最终效果，如图9.155所示，其局部效果如图9.156所示，此时的"图层"面板如图9.157所示。

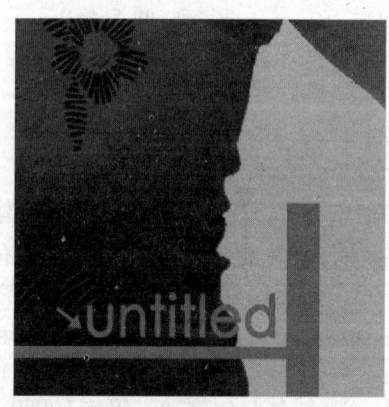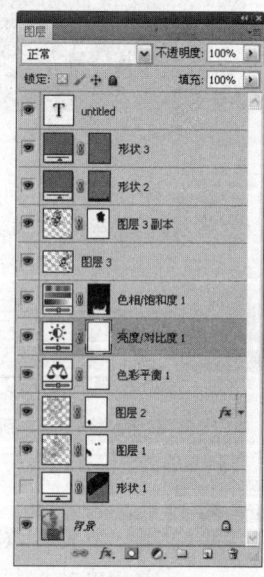

图9.155　　　　　　图9.156　　　　　　图9.157

第 10 章

图层高级应用

在上一章学习了大量图层的基础知识,在本章中,将继续学习图层中的高级应用知识及技巧。例如,剪贴蒙版、图层蒙版、混合模式的概念及使用方法。另外,通过学习和掌握3D图层,能够很轻松地将三维立体模型引入到当前操作的Photoshop图像中,从而为平面图像增加三维元素。

10.1 图像混合与设计效果

本章讲解的图层操作是全书的精华之一，对于从事视觉艺术创作、广告图像创意、书籍装帧、包装设计、网页设计、婚纱照片设计等行业的工作人员都具有非常重要的意义。

单纯从技术层面来看，在Photoshop中可以使用多种方法进行图像混合。下面列举两种较为简单的方法。

- 将一个图层放置在另一个图层的上方，使用"仿制图章工具"仿制需要的图像区域，使位于上方图层中的图像较好地与下方图层中的图像进行混合，这是混合图像的最简单的方法之一。
- 在一个图像中使用任何一种选择类工具将需要与其他图像混合的对象选择出来，然后为选区设置一个羽化数值，再执行复制操作，最后切换到要混合的背景图像中执行粘贴操作。

> **注意**
>
> 如果不能理解或者想象上面所讲解的两种操作方法的具体步骤，表明前面所讲解的知识还有待于深入学习与练习。

虽然使用上面所讲解的方法也能够完成某些混合图像的工作，但经过实际操作的验证就会发现每一种方法都存在着这样或者那样的缺陷，而且实用性与灵活性也相对不足。要解决这些问题，就需要使用本章所讲解的各类混合方法。

从应用方面来看，掌握本章所讲解的各类知识与操作技能可以较好地完成混合图像的操作，完成如图10.1所示的纯视觉创意类作品，并给人以非常直接的神奇视觉感受。

图10.1

混合图像的另一大类应用，是为了完成类似图10.2所示的商业类作品。在这幅商业作品中，通过合成不同的图像展现了某一品牌汽车良好的刹车性能。图10.3同样展示了几幅通过混合图像完成的优秀商业广告创意作品，这样的作品属于商业级应用，因此对于从事图像混合的设计师提出的要求更高。

除了上面的两类应用外，通过混合图像还可以创作出几乎可以乱真的摄影作品，如图10.4所示的作品就是使用图10.5所示的素材图像混合而来的。

图10.2

图10.3

图10.4

图10.5

对于喜欢开玩笑的乐天派，混合图像被应用于创作搞笑作品。图10.6展示了投掷箭鱼的运动员、骑着长颈鹿的警察、跳伞运动员在天空偶遇芭蕾舞演员等几个场景，每一个场景都能够令人会心一笑。

图10.6

通过上面的展示，可以从多个层面了解混合图像的作用，但实际上还不仅如此，在修补图像及平面设计中混合图像也有大量应用。

10.2 了解图像创意

10.2.1 想象——创意的动力

想象是能够在原有感性形象的基础上创造出新形象的一种心理活动。这些新形象是将经过积累的知觉材料再进行加工改造所形成的。虽然人们能够想象出从未感知过的或者实际上并不存在的事物的形象，但想象归根结底还是来源于客观现实，是在社会实践中发生、发展起来的。

最典型的例子是"龙"。虽然没有人见过龙，但人们还是通过组合日常生活中见过的动物的肢体想象出了龙的形象。又如，最能够代表人类对于未来想象的影片《星球大战》，在这部充满了想象的电影中，观众所看到的千奇百怪的生物与飞船实际上仍然是电影工作者对于现实生活的提炼与重组，这些形象可以被一一分解开并从现实生活中找到原型。

想象活动对于推动创意的诞生具有非常重要的作用，因此培养想象能力并经常进行想象练习具有非常重要的意义。

10.2.2 产生创意的几种方法

许多人在看到极具创意的图像时，都以为这些图像的创作者天资聪颖，有取之不尽的灵感和天马行空的想象力，这种想法是错误的。

虽然有创意的图像作品的确与创作者丰富的想象力有关，但想象力并不完全构成获得创意的源泉。实际上，这些创作者也需要经过刻苦地工作以及不懈地学习。他们为了获得一个或者一系列创意，往往花费了他人无法想象的时间和精力。

至于如何获得创意，不同的人给出的答案也不同，但大多数人的答案中存在一种共性，即创意不是从石头缝里蹦出来的，是建立在长期观察、思考、积累的基础上的。即使某一次灵光乍现，产生出了很好的创意，这种创意也一定是从其他事物中引申过来的，而并非完全凭空臆造。这符合事物发展的客观规律，即精神构建于物质的基础之上，所以人们想象出来的外星生物其造型仍然是人们所看到的事物的组合。

下面讲解常用的几种获得创意的方法，各位读者可以选择一种适合自己的方法。

 1. 头脑风暴法

找两个或者几个人一起座谈，这可能是得到好创意最有效的方法之一。迄今为止，广告界仍然在广泛地使用这种获得创意的方法。

这种方法特别适用于要创作的图像合成作品在技术与艺术方面都比较复杂的类型。在集体讨论时不仅需要考虑到作品的主题如何体现，更需要讨论要完美地表现这个主题需要使用什么样的技术，或者这种技术是否是设计者所具备的，如果不具备，是否应该使用其他的表现方式，等等。

在这个阶段，人们的想法会在彼此之间交换、肯定、否定数次，这样进行一段时间后，就会有许多值得讨论的创意出现，这时再反复琢磨并构思出大致草图。也许会有许多想法在提出后只能博大家开心一笑，但对这样的想法也不要轻易地否定，因为这可能是一个好创意的萌芽。

 2. 阅读法

文学作为一种载体，它的存在在某种程度上就是将虚拟的形象或者场景生成在读者的头脑中。能够意识到这一点，就会发现阅读文学作品对于启发创意思路也大有裨益。

例如，在阅读魔幻主义作品时，作品中能够说话的动物、能够上天入地的神魔以及神奇迷幻的场景都能够提供给读者最好的创意灵感。

此外，科幻作品也是很好的创意养分，如《海底两万里》、《飞向月球》、《地心游记》等均有很好的阅读性与启发性。

除了阅读文字类作品外，建议读者阅读一些摄影类、后期处理类的技术型书籍，在技术层面启发思维。

 3. 图片资料法

互联网的出现使全世界的资源交流起来更加方便，因此多搜集整理一些国内外各类创意高手的作品，在思源枯竭的时候加以欣赏，能够在很大程度上启发创意思维。

10.3　创意图像的制作流程

与其他设计与创意类工作相同，通过混合图像制作出有创意的作品也有一个相对完整的流程。下面详细讲解这一流程。

10.3.1　确定主题

确定主题是进行图像混合前首先要理清的事情，无法想象如何在一个漫无目的的混乱操作中诞生极具创意的作品。只有确定了主题，才能够使后续的拍摄与混合过程具有明确的目的性，最终得到令人满意的作品效果。

10.3.2　构思草图

有了明确的主题构思后，下一步就应该仔细考虑最终需要的大体图像效果。这个过程有些人可以在脑海中完成，有些人则将构思落实成为草图。

很显然，如果所需效果较为简单，在脑海中完成就可以了，但如果所需效果非常复杂，不能够在短时间内完成，将构思落实成为草图则是一个很好的方法。

草图对于拍摄及后期混合的工作有很重要的指导意义。当然，并不是所有人都对绘画在行。如果对绘画不太在行，在这种情况下，可以不必在草图的精确性上纠缠，将值得探索的构思落实在纸面上即可。

10.3.3 拍摄素材

对于草图中需要的素材要在这个阶段考虑是否能够进行拍摄及如何拍摄,这是考察拍摄能力的阶段,但并不意味着需要掌握非常精深的拍摄技术,因为许多拍摄过程中的不足可以在后期工作中弥补。

在进行拍摄的过程中需要注意以下两个问题。

1. 拍摄时的光线问题

光线是图像的灵魂。合理、恰当的光线对于素材图像而言非常重要,否则,读者可能会在后期处理过程中碰到许多问题。可信的光照效果会大大增加作品的真实程度,如果希望最终的作品看上去更真实,就要在光线的调整与处理方面花费大量的时间。

最理想的情况是将一幅合成作品所需要的所有画面元素都在同样的光线下拍成,但也有因为各种原因在后期合成中出现需要补拍素材图像的情况。这时,寻找类似的光照条件就变得非常重要了。例如,如果一幅合成作品的其他素材图像都是下午在室内拍摄的,那么补拍素材图像也应该在下午室内光线相当的情况下进行。

2. 拍摄时的透视问题

当几幅素材图像被合成到一幅作品中时,这些素材图像的透视角度是否能够相互配合,是最终得到的合成作品是否令人满意的重要决定条件之一。为了在后期合成操作中减少麻烦,在拍摄时应该在一个镜头下拍摄一幅合成作品中的所有素材图像。

例如,如果一幅合成作品的某些素材图像是相机在1.5m的高度上以广角镜头拍摄的,其他需要的素材图像也应该在同样的高度上以同样的广角镜头进行拍摄。

10.3.4 搜集素材

有些合成作品所需要的素材图像是无法进行拍摄或者很难进行拍摄的。例如,一双翅膀、一个欧式的挂钟、一个很空旷的临海房间、一个大眼睛的金发女孩等,这些对于某些人而言无法进行实拍的照片素材,就需要通过搜索图片库来完成。

10.3.5 绘制素材

在现实中根本不存在的素材图像(如长成正方形的南瓜、晶莹剔透的水晶葡萄等),需要在Photoshop中对现实的素材进行加工处理或者进行绘制。

10.3.6 电脑合成

这是一个艰苦的过程,创意与构思能否完美地体现也就在这一阶段了。

在这个阶段要进行的工作很多。例如,从素材图像中将对象选择出来,根据需要对图像的瑕疵进行修复,对图像进行调色处理,为图像添加无法进行拍摄的素材元素,调整素材图像的比例与位置,等等。

10.3.7 修改润饰

许多读者以为这个阶段应该与前面的电脑合成阶段合为一个工作阶段,但这样并不好,因为长时间痴迷于一幅作品，很可能会钻牛角尖，因此在完成图像的合成后，最好将合成后的图像放一段时间（也许两天，也许一周），然后再重新审视这幅作品。这样做的好处在于使创作者以全新的眼光审视这幅作品并从中发现新的问题，然后进行必要的修改与润饰。

10.4 广告图像创意的常用技法

广告图像创意是使用混合图像的手段进行创作的一大领域。经过长期的设计实践，平面广告创意的表现手法已经十分丰富，并且具有一定的规律，在本节中将重点讲解其中4种以混合图像为主要创意手段的表现手法。

10.4.1 夸张

合理地运用夸张的表现手法，可以使作品在平凡中求新求变。借助想象对广告作品中所宣传的对象的特征进行相当明显的放大，能够更鲜明地强调或者展示事物的实质，增强作品的艺术表现力，加深人们对这些特征的认知，赋予人们以一种新奇与变化的情趣。

例如，在图10.7左图所示的广告中，设计师在照片上合成了一个实拍的鸟骨架，从而夸张地表现了打印机的打印效果持久而且逼真；中图与右图的广告作品采用了同样的创意手法，通过混合图像来夸张地表现打印机的打印性能与计算机的显示性能。

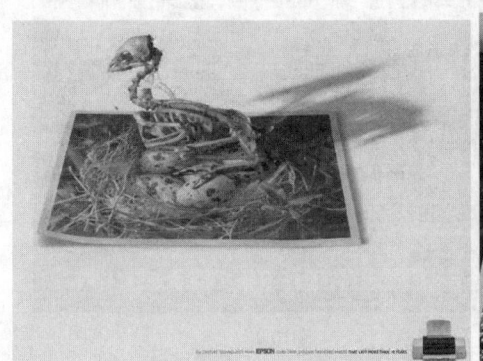

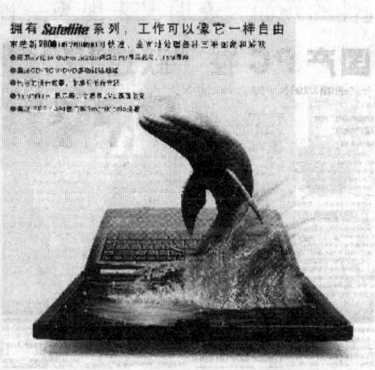

图10.7

这一类广告创意作品在制作时主要是使用了图层蒙版这一混合图像的常用技术。

10.4.2 联想

最常见的联想是"触景生情"，它是回忆的一种表现形式。联想是由视觉和听觉所引发的思维活动，是从一个事物到另一个事物的连接，是一种合乎审美规律的心理现象。在审美的过程中，通过丰富的联想能够突破时空的界限，扩大艺术形象的容量，加深画面的意境，审美者可以在审美对象上联想到自己或者与自己有关的经验，从而在审美者与审美对象之间引发共鸣，并使二者融合为一体，使美感显得更加丰富、强烈。

如图10.8所示的广告都采用了联想的创意手法。左图中迷彩色的和平鸽使人联想到战争与和平的关系；而中图的公益广告作品形象地以酷似树形的龟裂土地来表现水与自然之间的关系；右图的广告作品将汽车与旅行包混合在了一起，使消费者看到汽车就联想到自由自在的旅行。

 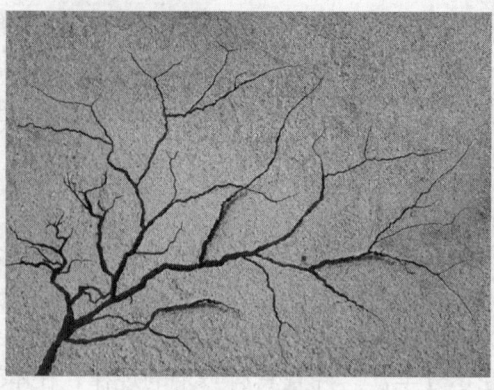 

图10.8

在上面所展示的广告中，迷彩色的和平鸽广告使用了图层的混合模式，而中图与右图的广告作品则可以通过剪贴蒙版来完成。

10.4.3 幽默

幽默表现类广告是一种构思新奇、立意独特、轻松诙谐、能够给人留下深刻印象的广告类型。由于生活节奏加快，人们往往厌倦乏味、冗长的解说，而幽默表现类广告能够营造出轻松愉悦的气氛，因此其广告效果能够使人们欣然接受。

此类广告有时表现为生活中某些富于喜剧性的场面，有时又表现为一种荒诞而夸张的视觉感受，能够达到出乎意料之外又在情理之中的艺术效果，引起观赏者会心的微笑，以别具一格的方式激发作品的艺术感染力。

如图10.9所示的广告作品中以一头犀牛与汽车相撞为画面的主要元素，犀牛被撞得全身都堆在了一起，从而以幽默的方式使观赏者感受到了汽车的坚固程度。

图10.9

如图10.10所示的广告作品中也都是采用了幽默表现的创意手法，读者可以根据刚刚讲解的知识，尝试分析其中的含义。

在上面的广告作品中大都需要综合运用图层蒙版、图层混合模式等混合图像的技术。

图10.10

10.4.4 超现实

超现实表现是现代绘画中的一种流派，通常采用一反常态的手法来制造令人意想不到的效果，主观地表现出现实生活中不可能存在的离奇现象，以奇制胜，这种视觉魔术对现代广告设计产生了很大影响。

在如图10.11所示的汽车广告作品中，汽车"背"着一辆大卡车在路面上行驶，由此突出了该汽车的超大马力。在如图10.12所示的电视广告作品中，利用超现实表现的创意手法，以电视中的人立体呈现于电视外的画面效果强调了电视高清晰及高逼真的性能。在如图10.13所示的广告作品中也都采用了超现实表现的创意手法。

图10.11

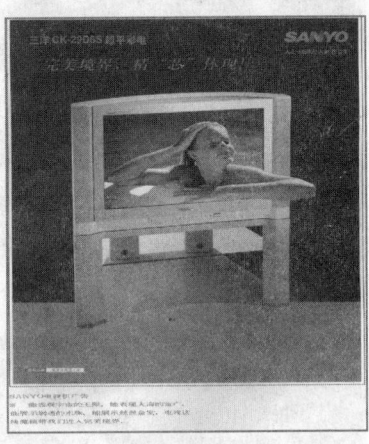

图10.12

图10.13

在上面的广告作品中需要使用图层蒙版、剪贴蒙版、图层混合模式等混合图像的技术。

10.5 剪贴蒙版

Photoshop提供了一种被称为剪贴蒙版的技术，来创建以一个图层控制另一个图层显示形状及透明度的效果。

如图10.14所示为具有3个图层的图像及对应的"图层"面板，如图10.15所示为将"图层2"与"图层1"组成为剪贴蒙版后的效果及对应的"图层"面板，可以看出上方"图层2"中显示的图像区域被下方"图层1"中的文字所限制，此时这两个具有剪贴关系的图层即被称为"剪贴蒙版"，而在一个剪贴蒙版中，位于剪贴蒙版最底部的图层被称为"基层"，剪贴蒙版中的其他所有图层都被称为"内容层"，也就是说，在一个剪贴蒙版中，内容层可以有很多个，基层却只有一个。

 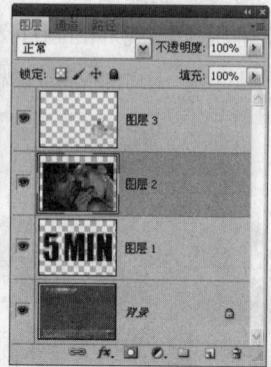

图10.14

 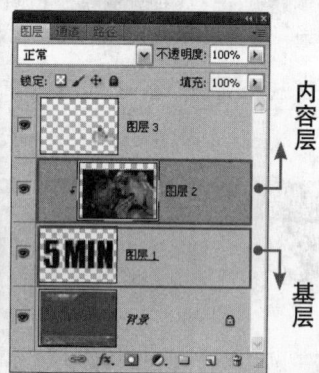

图10.15

10.5.1 创建剪贴蒙版

要创建剪贴蒙版，可以执行下面的操作方法之一。

- 在"图层"面板中选择要创建为剪贴蒙版的两个图层中位于上方的图层，选择"图层"|"创建剪贴蒙版"命令。
- 按住Alt键，将鼠标指针放在"图层"面板中分隔两个图层的实线上（鼠标指针将会变为两个交叉的圆圈），此时单击即可。
- 选择处于上方的图层，按Ctrl+Alt+G键。
- 如果要在多个图层间创建剪贴蒙版，可以选中内容图层并确认该图层位于基层的上方，按照上述方法执行"创建剪贴蒙版"命令即可。

下面通过一个实例来讲解剪贴蒙版的使用方法。

1 打开随书所附光盘中的文件"第10章\10.5.1-素材1.tif"，效果如图10.16所示。

第 10 章 图层高级应用

注 意

这是利用选区创建剪贴蒙版的实例,在下面的操作中将会对素材人物进行适当编辑,使暗淡的色块背景变得丰富多彩。

2 选择"魔棒工具",在其工具选项条中设置"容差"数值为5,在背景图像中作为主体色块的紫色区域单击,得到选区,效果如图10.17所示。按Ctrl+J键执行"通过拷贝的图层"命令,将选区中的图像复制到新图层中,得到"图层1"。

3 打开随书所附光盘中的文件"第10章\10.5.1-素材2.tif",效果如图10.18所示。使用"移动工具"将人物素材图像拖入到背景文件中,使人物素材图像所在图层位于"图层1"的上方,得到"图层 2",按Ctrl+Alt+G键创建剪贴蒙版,效果如图10.19所示,设置"图层 2"的混合模式为"强光",效果如图10.20所示。

图10.16

图10.17

图10.18

图10.19

图10.20

4 按住Ctrl键单击"图层1"的图层缩览图以载入其选区,选择"图层 2"为当前操作图层,单击"图层"面板底部的"创建新的填充或调整图层"按钮,在弹出的菜单中选择"渐变"命令,在弹出的对话框中设置参数,如图10.21所示,设置渐变颜色值为fd8abb到ffffff,单击"确定"按钮退出对话框,得到图层"渐变填充1",更改其

"不透明度"数值为50%，效果如图10.22所示。

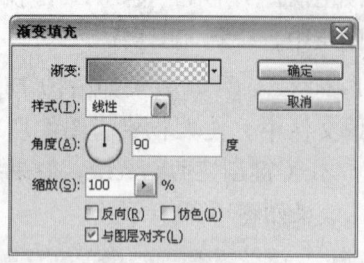

图10.21

图10.22

5 选择图层"背景"，按照步骤2的操作方法，选择大面积的白色色块，复制得到"图层3"，将其拖动至所有图层的上方，单击"图层"面板底部的"创建新图层"按钮，得到"图层4"。选择"画笔工具"，按F5键弹出"画笔"面板，设置参数如图10.23所示。设置前景色和背景色的颜色值分别为fdd68a和ff6102，在"图层4"中进行绘制，效果如图10.24所示。

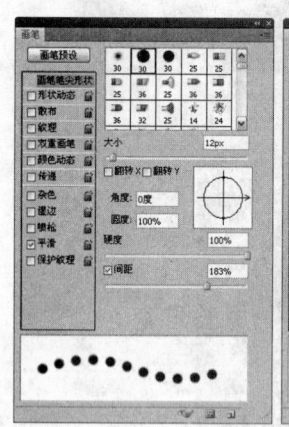 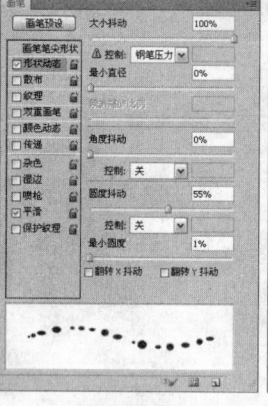 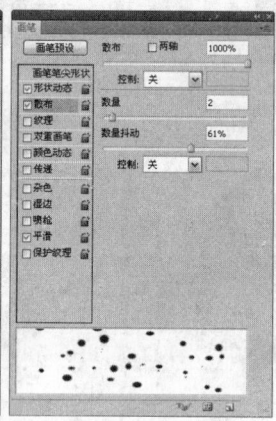 

图10.23

图10.24

6 按Ctrl+Alt+G键创建剪贴蒙版，效果如图10.25所示。选择"图层3"，按住Ctrl键单击"图层3"的图层缩览图以载入其选区，单击"图层"面板底部的"创建新的填充或调整图层"按钮，在弹出的菜单中选择"渐变"命令，在弹出的对话框中设置参数，如图10.26所示，设置渐变颜色值为fdd68a到ffffff，单击"确定"按钮，得到图层"渐变填充2"，设置其"不透明度"数值为50%，效果如图10.27所示。

7 按住Alt键将"图层2"拖动至"图层3"的上方，得到"图层2副本"，效果如图10.28所示。更改"图层2副本"的"不透明度"数值为40%，效果如图10.29所示，此时的"图层"面板如图10.30所示。

图层高级应用 第10章

图10.25

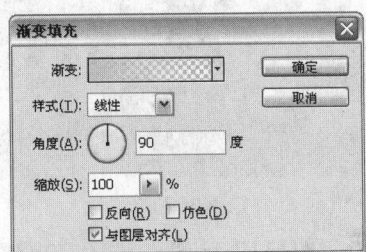
图10.26

图10.27

图10.28

图10.29

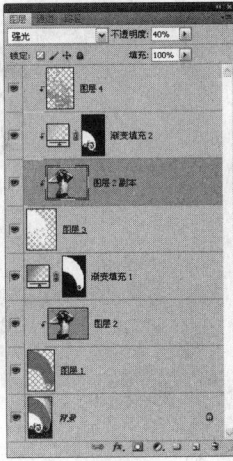
图10.30

10.5.2 剪贴蒙版的图层属性

对于一个剪贴蒙版而言，处于上方的图层的混合模式及不透明度将受到下方图层的影响，了解这一点能够使用户在制作较复杂的案例时，正确地设置剪贴蒙版的混合模式及不透明度数值。

以图10.31所示的原图像为例，如果将处于下方的"图层1"的"不透明度"设置为20%，则可以得到如图10.32所示的效果及其"图层"面板。

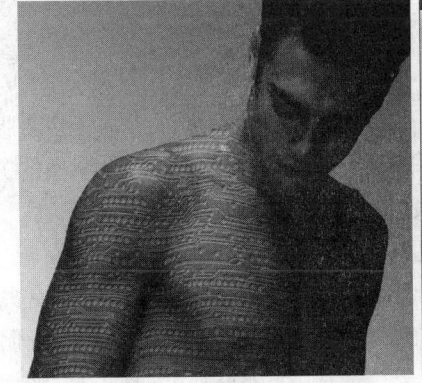
图10.31

 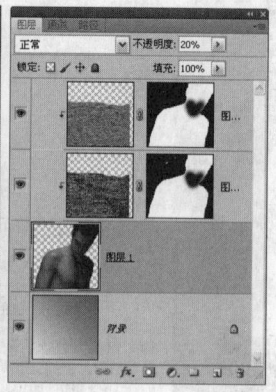

图10.32

同样,如果改变处于下方的"图层1"的混合模式,也将会改变剪贴蒙版最终呈现的效果。例如,如果将"图层1"的混合模式改变为"叠加",则得到如图10.33所示的效果。

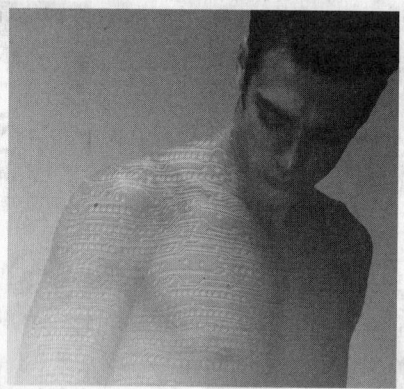 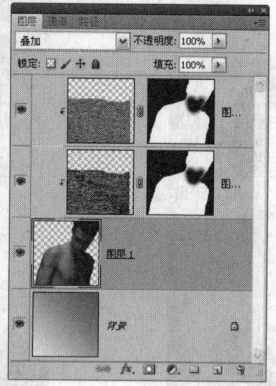

图10.33

10.5.3 取消剪贴蒙版

如果要取消剪贴蒙版,可在剪贴蒙版组中选择基层,然后选择"图层"|"释放剪贴蒙版"命令,或按Ctrl+Alt+G键。

10.6 使用图层蒙版

图层蒙版是Photoshop图层高级应用的核心。与剪贴蒙版相似,图层蒙版也用于混合图像,只是比前者更灵活、丰富。它可以利用任何修改图像的方法定义图像要显示或者隐藏的区域,是合成图像时最重要的方法之一。

如图10.34所示为原图像效果及其对应的"图层"面板。如图10.35所示是在创建剪贴蒙版的基础上,使用图层蒙版及下面将讲解的图层混合模式将素材图像与其下方的图像混合在一起的效果及其对应的"图层"面板。可以看出,情侣图像与手的图像完美地结合在一起了。

图10.34

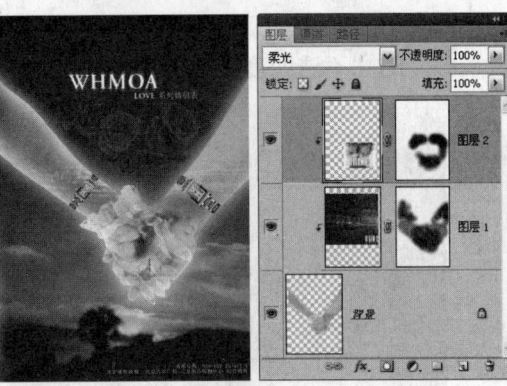
图10.35

10.6.1 了解图层蒙版

图层蒙版是制作图像混合效果时最常用的一种手段。使用图层蒙版混合图像的好处，在于可以在不改变图层中图像像素的情况下，实现多种混合图像的方案并能够进行反复修改，以得到最终需要的效果。

要正确、灵活地使用图层蒙版，必须了解图层蒙版的原理。简单地说，图层蒙版就是使用一张灰度图有选择地隐藏当前图层中的图像，从而得到混合效果。

这里所说的"有选择"，是指图层蒙版中的白色区域可以起到显示当前图层中对应图像区域的作用，图层蒙版中的黑色区域可以起到隐藏当前图层中对应图像区域的作用，如果图层蒙版中存在灰色，则使对应的图像区域呈现半透明效果。

如图10.36所示为原图像效果及其对应的"图层"面板。如图10.37所示为使用图层蒙版对图像进行混合后的效果及其对应的"图层"面板。

图10.36

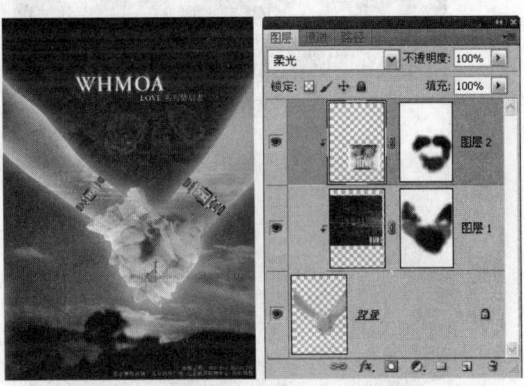
图10.37

用户可以通过改变图层蒙版中不同区域的黑白程度，控制对应图像区域的显示或隐藏状态，为图像增加许多特殊效果。

下面通过一个简单的实例来了解图层蒙版的工作原理。

1 打开随书所附光盘中的文件"第10章\10.6.1-素材1.tif"，效果如图10.38所示，将此文件作为背景文件。

2 打开随书所附光盘中的文件"第10章\10.6.1-素材2.tif"，效果如图10.39所示。使用"移动工具" 将图像拖动至步骤1打开的背景文件中，得到"图层1"。设置"图层

1"的"不透明度"数值为50%,调整图像的位置,效果如图10.40所示,恢复"图层1"的"不透明度"数值为100%。

图10.38

图10.39

3 按Ctrl+A键执行"全选"命令,选择"魔棒工具"，按住Alt键在小鸟以外的区域单击,效果如图10.41所示。

4 选择"图层1"并单击"图层"面板底部的"添加图层蒙版"按钮，得到如图10.42所示的效果,此时的"图层"面板如图10.43所示。

图10.40

图10.41

图10.42

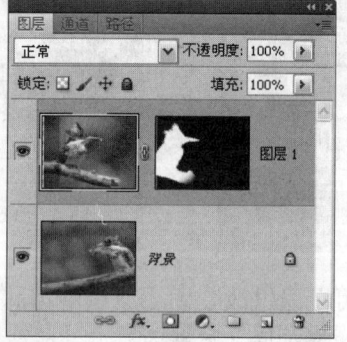
图10.43

5 观察图像不难看出,左侧的树枝过长,下面继续使用图层蒙版来隐藏该部分图像。保持选择"图层1"的图层蒙版缩览图,以继续对其进行编辑操作。

6 设置前景色为白色,选择"画笔工具"，在其工具选项条中设置适当的柔和边缘画笔笔尖,在过长的树枝上进行涂抹,直至得到如图10.44所示的效果。

7 按住Alt键单击"图层1"的图层蒙版缩览图以进入图层蒙版显示状态，如图10.45所示，单击其他任意一个图层的图层缩览图即可退出图层蒙版显示状态。

图10.44

图10.45

通过制作本例不难看出，图层蒙版的工作原理实际上就是使用白色来显示对应的图像区域，使用黑色来隐藏对应的图像区域。

10.6.2 了解"蒙版"面板

视频路径：视频文件\10.6.2.avi

在Photoshop CS5中，"蒙版"面板主要用于控制图层蒙版及矢量蒙版，以便于修改其不透明度、羽化等属性。选择"窗口"|"蒙版"命令，弹出如图10.46所示的"蒙版"面板。

下面将在讲解图层蒙版（包括后面要讲解的矢量蒙版）功能的过程中，逐步讲解"蒙版"面板的使用方法。

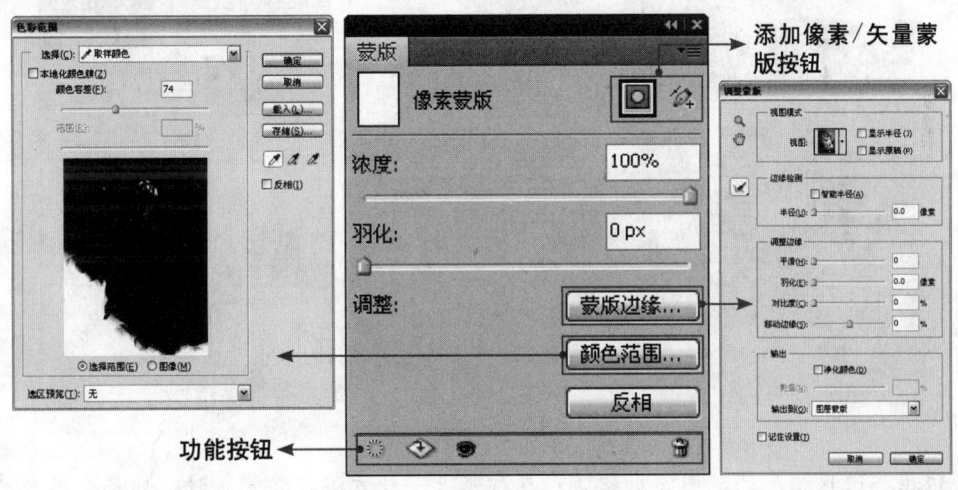
图10.46

10.6.3 添加图层蒙版

视频路径：视频文件\10.6.3-1.avi、10.6.3-2.avi

为图层添加图层蒙版是创造图层蒙版效果的第一步，根据当前操作状态，可以选择下述两种情况中的任意一种为当前图层添加蒙版。

在当前没有任何选区的情况下，可以按照下述方法直接添加图层蒙版。

● 选择要添加图层蒙版的图层，单击"图层"面板底部的"添加图层蒙版"按钮 ，或在"蒙版"面板中单击"添加像素蒙版"按钮 ，可以为图层添加一个默认填充为白色的图层蒙版,即显示全部图像。
- 如果在执行上述添加蒙版操作时按住Alt键,即可为图层添加一个默认填充为黑色的图层蒙版,即隐藏全部图像。

在当前存在选区的情况下,可以按照下述方法直接添加图层蒙版。

- 依据选区范围添加蒙版:选择要添加图层蒙版的图层,在"蒙版"面板中单击"添加像素蒙版"按钮,或在"图层"面板中单击"添加图层蒙版"按钮,即可依据当前选区的选择范围为图像添加蒙版。以如图10.47所示的选区状态为例,添加蒙版后的状态如图10.48所示。

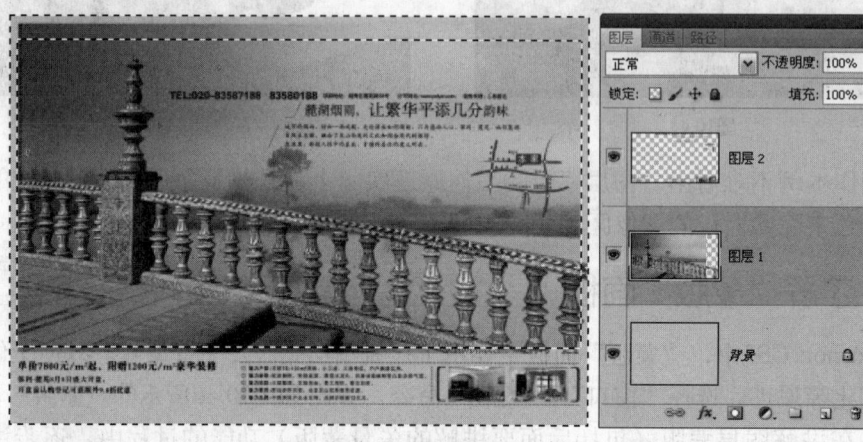

图10.47

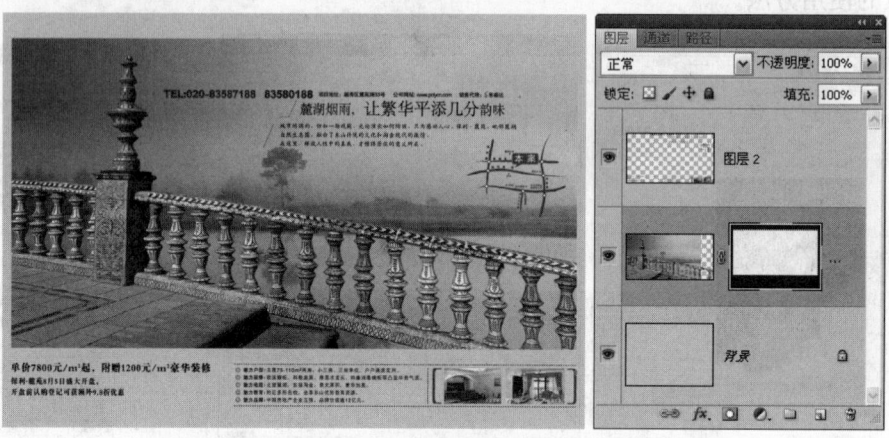

图10.48

- 依据与选区相反的范围添加蒙版:在按照上一种方法添加蒙版时,如果在单击"添加像素蒙版"按钮时按住Alt键,即可依据与当前选区相反的范围为图层添加蒙版,即先对选区执行"反向"操作,然后再为图层添加蒙版。

10.6.4 设置图层蒙版的透明属性

"蒙版"面板中的"浓度"滑块可以调整选定的图层蒙版或矢量蒙版的不透明度,其使用步骤如下。

1 在"图层"面板中,选择包含要编辑蒙版的图层。

第 10 章 图层高级应用

2 单击"蒙版"面板中的"添加像素蒙版"按钮 或"添加矢量蒙版"按钮 将其激活。

3 拖动"浓度"滑块，当其数值为100%时，蒙版将完全不透明并遮挡图层下面的所有区域。此数值越低，蒙版下的更多区域变得可见。

如图10.49所示为原图像，如图10.50所示为在"蒙版"面板中将"浓度"数值降低时的效果，可以看出由于蒙版中的黑色变成了灰色，因此被隐藏图层中的图像也开始显现出来。

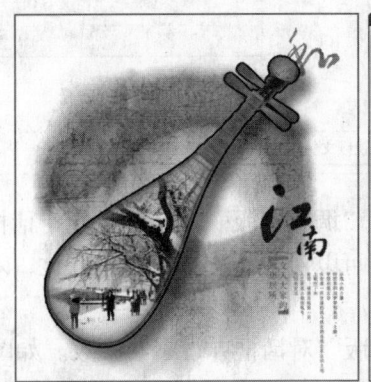 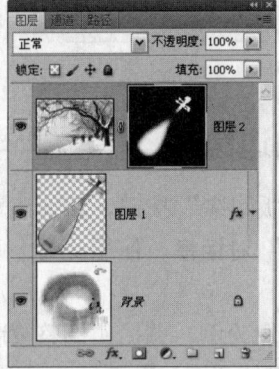 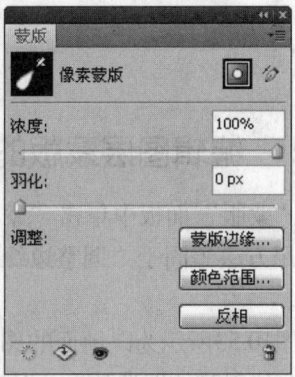

图10.49

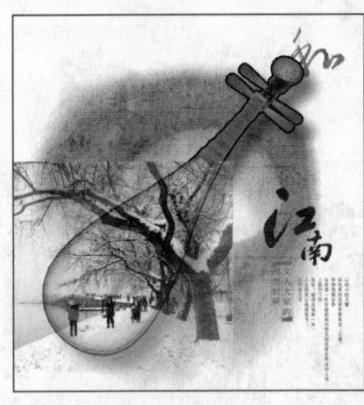 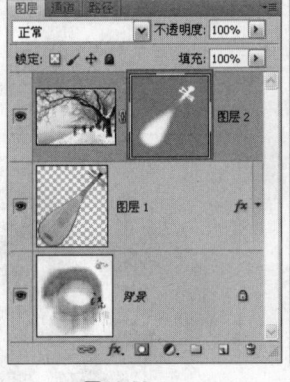 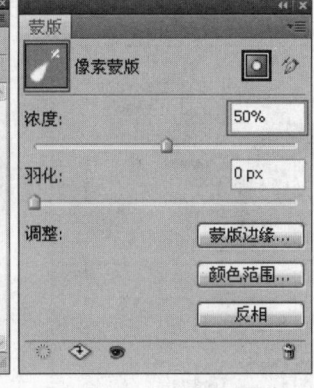

图10.50

10.6.5 设置图层蒙版的羽化属性   视频路径：视频文件\10.6.5.avi

可以使用"蒙版"面板中的"羽化"滑块直接控制蒙版边缘的柔化程度，而无需像以前一样再使用。其操作步骤如下。

1 在"图层"面板中，选择包含要编辑蒙版的图层。

2 单击"蒙版"面板中的"添加像素蒙版"按钮 或"添加矢量蒙版"按钮 将其激活。

3 在"蒙版"面板中拖动"羽化"滑块，以将羽化效果应用至蒙版的边缘，使蒙版边缘以在蒙住和未蒙住区域之间创建较柔和的过渡。

如图10.51所示为原图像及对应的"图层"面板，如图10.52所示为在"蒙版"面板中将"羽化"数值提高时的效果，可以看出蒙版的边缘发生了柔化。

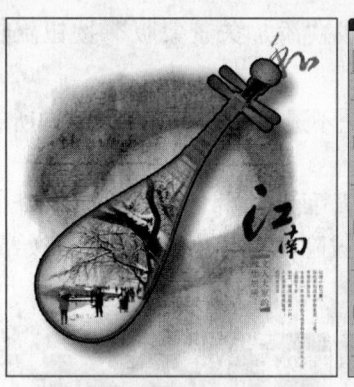
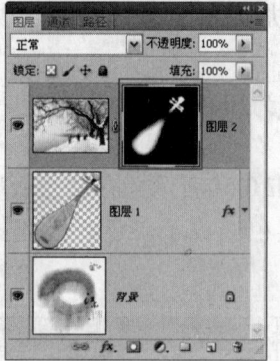

图10.51

图10.52

10.6.6 编辑图层蒙版的边缘

视频路径：视频文件\10.6.6.avi

在"蒙版"面板中单击"蒙版边缘"按钮，将弹出"调整蒙版"对话框，此对话框的功能及使用方法等同于"调整边缘"对话框，使用此命令可以对蒙版进行平滑、羽化、对比度等操作。

如图10.53所示为以前面的图像为例，调出"调整蒙版"对话框并设置其参数。如图10.54所示为创建得到的图像效果及对应的"图层"面板，可以看出，图像效果及蒙版状态同时发生了变化。

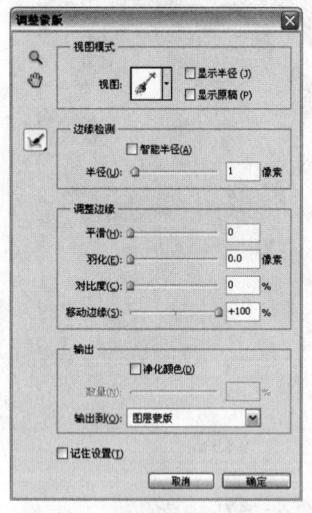

图10.53

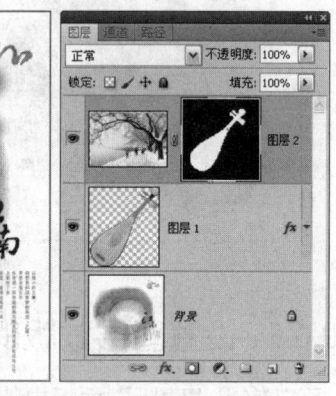

图10.54

10.6.7 调整蒙版色彩范围操作

在"蒙版"面板中单击"颜色范围"按钮，将弹出"色彩范围"对话框，在此对话框中可以更好地在蒙版中进行选择操作，调整得到的选区可直接应用于当前的蒙版中。

如果当前编辑的是图层组的蒙版，则调出的"色彩范围"对话框仅可以在蒙版范围内创建选区，且不会自动应用于蒙版中。

另外，同样情况下（当前编辑的是图层组的蒙版），可以在"通道"面板中单击选中顶部的复合通道（例如RGB颜色模式的图像就可以选择RGB复合通道），然后再单击"颜色范围"按钮,在弹出的"色彩范围"对话框中即可对图像整体创建选区,但不会直接应用当前的蒙版。

10.6.8 停用和启用图层蒙版

按住Shift键单击"图层"面板中的图层蒙版缩览图,或者选择"图层"|"图层蒙版"|"停用"命令,也可以单击"蒙版"面板底部的"停用/启用蒙版"按钮 ,以暂时隐藏图层蒙版,此时的图层蒙版缩览图显示一个红色的"X",如图10.55所示。

如果要启用图层蒙版,可以再次按住Shift键单击"图层"面板中的图层蒙版缩览图,或者选择"图层"|"图层蒙版"|"启用"命令,又或者再次单击"蒙版"面板底部的"停用/启用蒙版"按钮 。

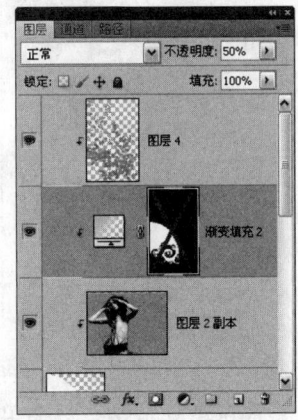

图10.55

10.6.9 取消图层蒙版的链接

>> 视频路径:视频文件\10.6.9.avi

默认情况下,图层与其图层蒙版是处于链接状态的。如图10.56所示为原图像效果及其"图层"面板。如图10.57所示为在保持图层缩览图与其图层蒙版的链接状态时移动图像的效果。

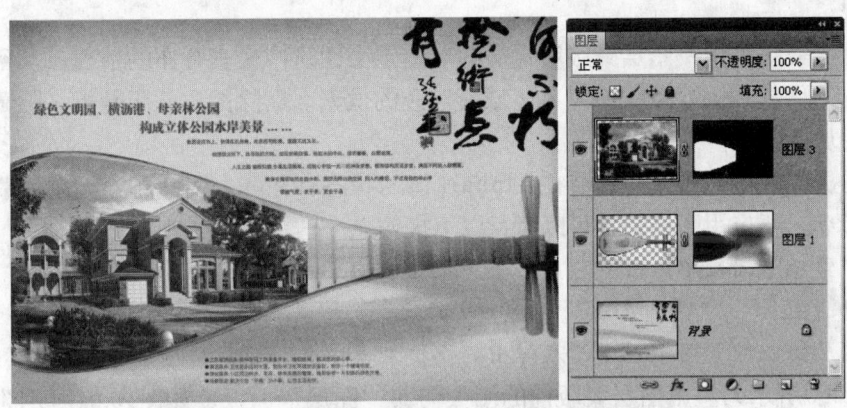

图10.56

图10.57

可以看出，图层中的图像与图层蒙版是一起移动的。要改变这种效果，可以单击"图层"面板中图层和图层蒙版两者缩览图之间的 图标，以取消图层和图层蒙版的链接状态，如图10.58所示，此时就可以单独移动图层中的图像或者图层蒙版了，效果如图10.59所示。

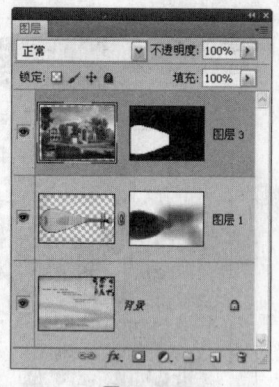

图10.58

图10.59

要重新建立链接，只需单击图层缩览图和图层蒙版缩览图之间的原链接图标所在位置。

10.6.10 应用和删除图层蒙版　　▶▶ 视频路径：视频文件\10.6.10.avi

如前所述，图层蒙版利用黑、白、灰3种颜色来控制图层中对象的显示状态，黑色区域表示隐藏当前图层中的对象，白色区域表示显示当前图层中的对象，灰度区域显示则表示图像若隐若现。

应用图层蒙版是指按图层蒙版所定义的灰度定义图层中像素分布的情况，保留蒙版中白色区域对应的像素，删除蒙版中黑色区域所对应的像素。删除图层蒙版是指去除蒙版，不考虑其对于图层的作用。

由于图层蒙版实质上是以暂存的Alpha通道的状态存在的，因此删除无用的蒙版有助于减小文件大小。要应用图层蒙版可以执行以下操作之一。

● 在"蒙版"面板中单击"应用蒙版"按钮 。
● 选择"图层"|"图层蒙版"|"应用"命令。
● 在图层蒙版缩览图上右击，在弹出的快捷菜单中选择"应用图层蒙版"命令。

如图10.60所示为应用图层蒙版前的图像与其"图层"面板，如图10.61所示为应用后的"图层"面板状态。

图10.60

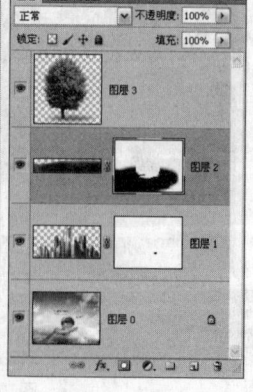

图10.61

图层高级应用 第10章

> **提示**
>
> 如果希望将某个图层的图层蒙版复制到另外一个图层上，只要直接拖动该图层蒙版至另外的图层上即可，如图10.62所示。

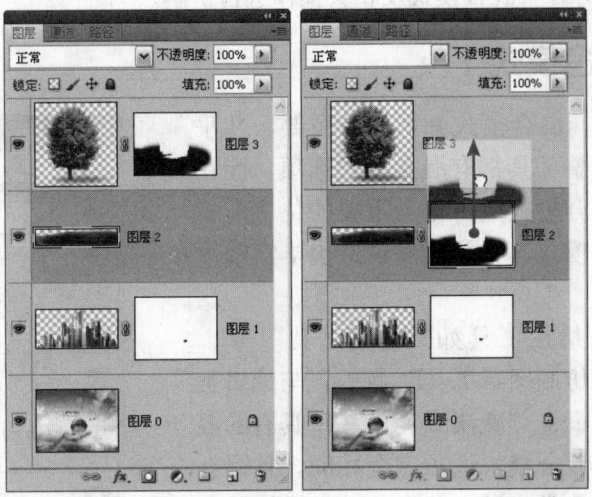

图10.62

> **提示**
>
> 如果希望将某个图层的图层蒙版复制到另外一个图层上，可以按住Alt键拖动该图层蒙版至另外的图层上，操作过程如图10.63所示。

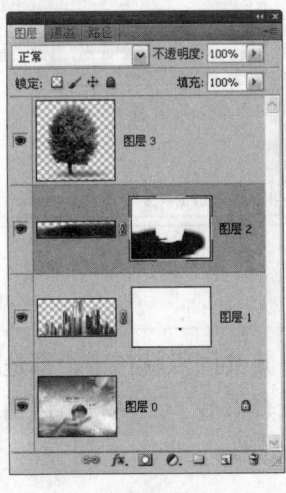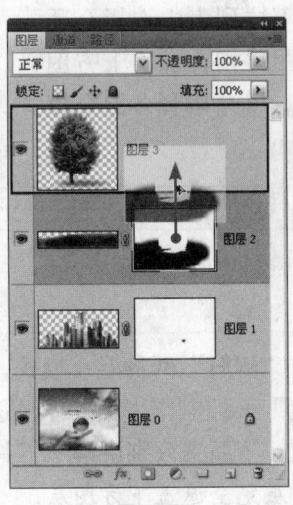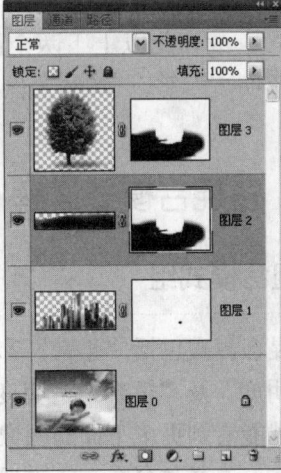

图10.63

如果不想对图像进行任何修改，而直接删除图层蒙版，可以执行以下操作之一。
- 单击"蒙版"面板底部的"删除蒙版"按钮 。
- 选择"图层"|"图层蒙版"|"删除"命令。
- 在图层蒙版缩览图上右击，在弹出的快捷菜单中选择"删除图层蒙版"命令。

10.7 图层混合模式

图层的混合模式是与图层蒙版同等重要的核心功能。在Photoshop中，提供了多达27种图层混合模式，下面就对各个混合模式及相关操作进行讲解。

10.7.1 认识混合模式

在Photoshop中，混合模式知识非常重要，几乎每一种绘画与编辑调整工具都有混合模式选项，而在"图层"面板中，混合模式更占据着重要的位置。正确、灵活地运用混合模式，往往能够创造出丰富的图像效果。

由于工具箱中的绘图工具如"画笔工具" 、"铅笔工具"、"仿制图章工具"等，与编辑类工具如"加深工具"、"减淡工具"所具有的混合模式选项，与图层混合模式选项完全相同，且混合模式在图层中的应用非常广泛，故在此重点讲解混合模式在图层中的应用。

单击图层混合模式右边的下拉按钮，将弹出混合模式下拉列表，其中有27种不同效果的混合模式，如图10.64所示。

由于混合模式用于控制上下两个图层叠加时的效果，通常在上方图层的混合模式下拉列表中选择合适的混合模式，故在此以上下两个图层相叠加、上方图层的"不透明度"等以100%为例，简单解释各混合模式的含义。

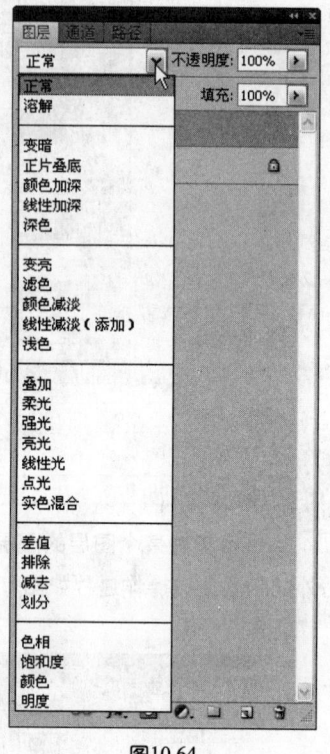

图10.64

10.7.2 各混合模式详解

>> 视频路径：视频文件\10.7.2-1.avi ~ 10.7.2-4.avi、10.7.2-6.avi

1. 组合模式组

此类混合模式包括"正常"和"溶解"两种混合模式，其共同点就在于，都是利用图层的"不透明度"及"填充不透明度"来控制与下面的图像进行混合。这两种不透明度的数值越低，就越能看到更多下面的图像。下面来分别讲解一下其特性。

● 正常：选择该命令，上方图层完全遮盖下方图层。

● 溶解：如果上方图像具有柔和的半透明边缘，则选择该模式选项可创建像素点状效果。

如图10.65所示的作品就是将多幅图像摆放在一起组成的，且各图层的混合模式均为"正常"，其中的"图层1副本"就是依靠设置"不透明度"属性完成了与下面图像的混合，从而模拟出淡淡的倒影效果。

图10.65

 2. 加深模式组

使用这一组混合模式得到的效果通常会使图像变暗，这些混合模式包括变暗、正片叠底、颜色加深、线性加深及深色，下面来分别讲解一下其特性。

- 变暗：选择此命令，将以上方图层中的较暗像素代替下方图层中与之相对应的较亮像素，且以下方图层中的较暗区域代替上方图层中的较亮区域，因此叠加后整体图像呈暗色调。
- 正片叠底：此模式可以在整体效果上显示由上方图层及下方图层的像素值中较暗的像素合成的图像效果。
- 颜色加深：此模式与颜色减淡模式相反，通常用于创建非常暗的阴影效果。
- 线性加深：查看每一个颜色通道的颜色信息，加暗所有通道的基色，并通过提高其他颜色的亮度来反映混合颜色，此模式对于白色无效。
- 深色：此模式可以依据图像的饱和度，用当前图层中的颜色，直接覆盖下方图层中的暗调区域的颜色。

图10.66所示为原图像，图10.67、图10.68和图10.69所示分别为设置混合模式为"正片叠底"、"颜色加深"及"线性加深"时的效果。

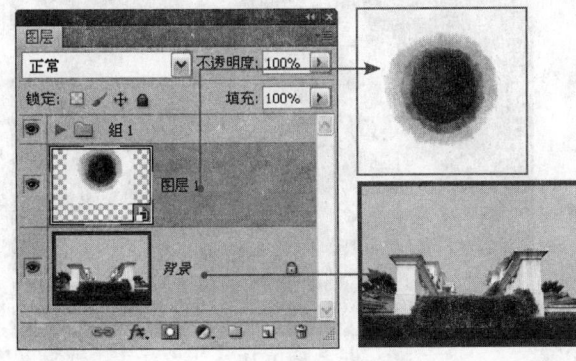

图10.66

图10.67

图10.68　　　　　　　　　　　　　图10.69

3. 减淡模式组

这属于变亮型混合模式，使用这一组混合模式得到的效果通常会使图像变亮，这些混合模式包括变亮、滤色、颜色减淡、线性减淡及浅色，下面来分别讲解一下其特性。

- 变亮：此模式与变暗模式相反，在Photoshop中以上方图层中较亮像素代替下方图层中与之相对应的较暗像素，且以下方图层中的较亮区域代替上方图层中的较暗区域，因此叠加后整体图像呈亮色调。
- 滤色：此模式与正片叠底相反，在整体效果上显示由上方图层及下方图层的像素值中较亮的像素合成的图像效果，通常能够得到一种漂白图像中的颜色效果。
- 颜色减淡：选择此命令可以生成非常亮的合成效果，其原理为上方图层的像素值与下方图层的像素值采取一定的算法相加，此模式通常被用来创建光源中心点极亮效果。
- 线性减淡（添加）：查看每一个颜色通道的颜色信息，加亮所有通道的基色，并通过降低其他颜色的亮度来反映混合颜色，此模式对于黑色无效。
- 浅色：选择此命令，可以依据图像的饱和度，用当前图层中的颜色，直接覆盖下方图层中的高光区域颜色。

图10.70所示为原图像，图10.71、图10.72和图10.73分别为设置混合模式为"滤色"、"颜色减淡"和"线性减淡（添加）"时的效果。

图10.70　　　　　　　　　　　　　图10.71

图层高级应用 第10章

图10.72

图10.73

4. 融合模式组

使用这一组混合模式得到的效果通常会使混合后图像的变亮效果增强，这些混合模式包括叠加、柔光、强光、亮光、线性光、点光、实色混合，下面来分别讲解一下其特性。

- 叠加：选择此命令，图像最终的效果取决于下方图层。但上方图层的明暗对比效果也将直接影响到整体效果，叠加后下方图层的亮度区与阴影区仍被保留。

下面将通过一个简单的实例，来讲解"叠加"模式的使用方法。

1 打开随书所附光盘中的文件"第10章\10.7.2-4-素材.psd"，如图10.74所示。在本例中，将结合混合模式及一些简单的滤镜命令，制作一幅艺术照片效果。

2 下面来针对图像阴影区域过暗的问题进行处理。选择"图像"|"调整"|"阴影/高光"命令，设置弹出的对话框如图10.75所示，得到如图10.76所示的效果。

图10.74

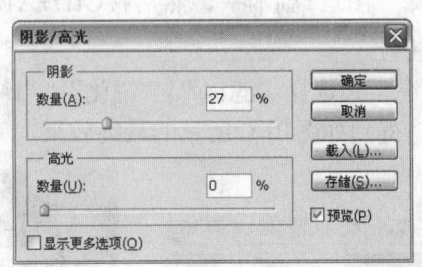
图10.75

图10.76

3 按Ctrl+J键复制"背景"图层得到"图层1"。选择"滤镜"|"模糊"|"高斯模糊"命令，在弹出的对话框中设置数值为4px，单击"确定"按钮退出对话框，得到如图10.77所示的效果。

4 在"图层"面板中设置"图层1"的混合模式为"滤色"，"不透明度"为60%，以提亮图像并使其具有柔光效果，如图10.78所示。

5 复制"图层1"得到"图层1副本"，然后修改其混合模式为"叠加"，其他参数保持不变，以提高图像的对比度，如图10.79所示。

图10.77　　　　　　　　　图10.78　　　　　　　　　图10.79

提示

至此，已经完成了对图像进行提亮、提高对比度以及增加柔光效果的操作，下面来对图像的色彩进行处理。

6 在"图层"面板底部单击"创建新的填充或调整图层"按钮 ，在弹出的菜单中选择"纯色"命令，然后在弹出的对话框中设置其颜色值为00ac9a，单击"确定"按钮退出对话框，得到图层"颜色填充1"。

7 设置"颜色填充1"的混合模式为"叠加"，得到如图10.80所示的效果。

提示

下面来对图像进行清晰化处理，使其显示出更多的细节，从而使照片看起来品质更佳。

8 在"图层"面板中选择"图层1副本"，然后按Ctrl+Alt+Shift+E键执行"盖印"操作，从而创建得到"图层2"。

9 在选中"图层2"的情况下，选择"滤镜"|"锐化"|"USM锐化"命令，设置弹出的对话框如图10.81所示，得到如图10.82所示的最终效果。

图10.80　　　　　　　　　图10.81　　　　　　　　　图10.82

- 柔光：使颜色变亮或变暗，具体取决于混合色。如果上方图层的像素比50%灰色亮，则图像变亮；反之，则图像变暗。

下面将通过一个简单的实例，来讲解"柔光"模式的使用方法。

1 打开随书所附光盘中的文件"第10章\10.7.2-5-素材.png"，如图10.83所示。

2 在"图层"面板底部单击"创建新的填充或调整图层"按钮，在弹出的菜单中选择"阈值"命令，设置弹出的面板如图10.84所示，得到如图10.85所示的效果，同时得到图层"阈值1"。

图10.83

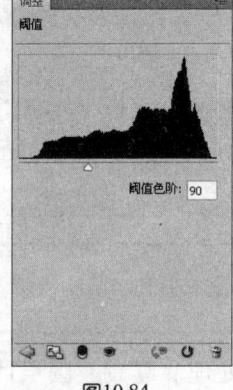
图10.84

图10.85

3 设置"阈值1"的混合模式为"柔光"，得到如图10.86所示的效果。

图10.86

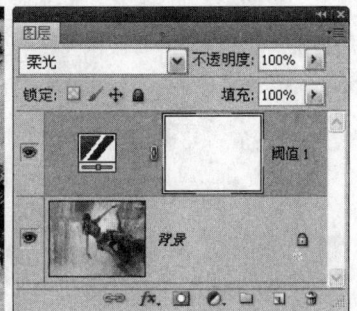

- 强光：此模式的叠加效果与柔光类似，但其加亮与变暗的程度较柔光模式大许多。
- 亮光：如果混合色比50%灰度亮，图像通过降低对比度来加亮图像，反之通过提高对比度来使图像变暗。
- 线性光：如果混合色比50%灰度亮，则图像通过提高对比度来加亮图像，反之则使图像变暗。
- 点光：此模式通过置换颜色像素来混合图像，如果混合色为比50%灰度亮，比源图像暗的像素则会被置换，而比源图像亮的像素无变化；反之，比源图像亮的像素则会被置换，而比源图像暗的像素无变化。
- 实色混合：选择此混合模式，可以创建一种具有较硬边缘的图像效果，类似于多块实色相混合。

下面将通过一个简单的实例，来讲解"实色混合"模式的使用方法。

1 打开随书所附光盘中的文件"第10章\10.7.2-6-素材.psd",如图10.87所示。

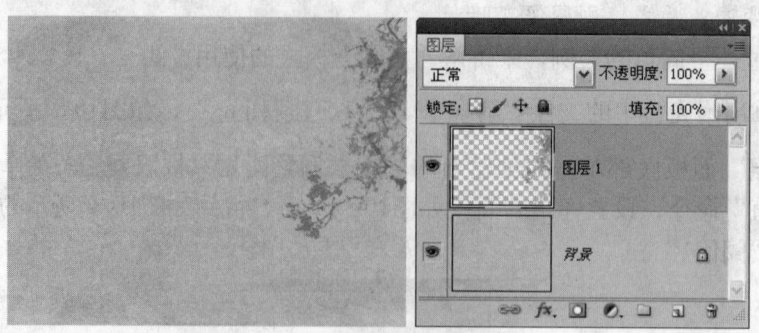

图10.87

2 下面来提亮一下背景图像。在"图层"面板中复制"背景"图层得到"背景副本",设置其混合模式为"实色混合",再修改其"填充"数值为15%,得到如图10.88所示的效果。

提 示

关于"填充"数值的讲解,请参见本书10.3节的讲解。

3 下面来对右侧的花枝图像进行处理。复制"图层1"得到"图层1副本",设置其混合模式为"实色混合","填充"数值为30%,得到如图10.89所示的效果。

图10.88

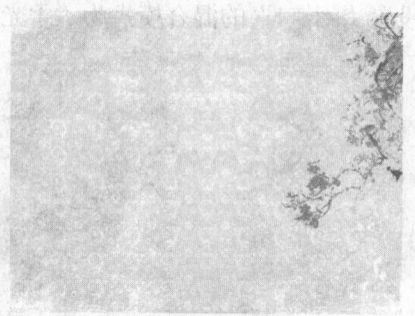

图10.89

4 复制"图层1副本"得到"图层1副本2",设置其混合模式为"线性加深","填充"数值恢复为100%,得到如图10.90所示的最终效果。

图10.90

5. 对比模式组

使用这一组混合模式得到的效果通常会使混合后的图像呈现异像显示，这些混合模式包括差值、排除、减去和划分，下面来分别讲解一下其特性。

- 差值：此模式可在上方图层中减去下方图层相应处像素的颜色值，通常用于使图像变暗并取得反相效果。
- 排除：选择此命令，可创建一种与差值模式相似，但对比度较低的效果。
- 减去：使用此混合模式，可以使用上方图层中亮调的图像隐藏下方的内容。
- 划分：使用此混合模式，可以在上方图层中加上下方图层相应处像素的颜色值，通常用于使图像变亮。

6. 色彩模式组

使用这一组混合模式图像在混合时以图像自身的色相、饱和度、亮度进行混合，这些混合模式包括色相、饱和度、颜色、明度，下面来分别讲解一下其特性。

- 色相：选择此命令，最终图像的像素值由下方图层的亮度与饱和度值及上方图层的色相值构成。

下面将通过一个简单的实例来讲解"色相"模式的使用方法。

1 打开随书所附光盘中的文件"第10章\10.7.2-7-素材.png"，如图10.91所示。在本例中，需要将琴以外的图像处理成为冷色调。

2 选择"磁性套索工具" ，沿着琴的边缘位置绘制选区，再配合"魔棒工具" 将琴弦等区域选中，如图10.92所示。按Ctrl+Shift+I键执行"反向"操作，从而让选区选中琴以外的图像。

图10.91

图10.92

3 在"图层"面板底部单击"创建新的填充或调整图层"按钮 ，在弹出的菜单中选择"纯色"命令，然后设置其颜色值为00ffff，单击"确定"按钮退出对话框，创建得到"颜色填充1"，如图10.93所示。

4 设置"颜色填充1"的混合模式为"色相"，使下面的图像具有当前图层中的色彩，如图10.94所示。

图10.93

图10.94

5 观察图像可以看出，图像有些过于偏青，此时可以降低一些图层"颜色填充1"的不透明度，得到如图10.95所示的效果。

图10.95

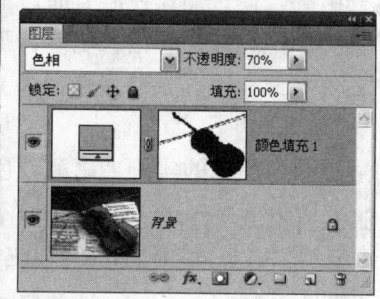

- 饱和度：选择此命令，最终图像的像素值由下方图层的亮度和色相值及上方图层的饱和度值构成。
- 颜色：选择此命令，最终图像的像素值由下方图层的亮度及上方图层的色相及饱和度值构成。

图10.96为原图像及对应的"图层"面板，图10.97是将上方图层的混合模式设置成为"颜色"后得到的效果，可以看出，上方图像的色相已经和下方图像的色相融合在一起。

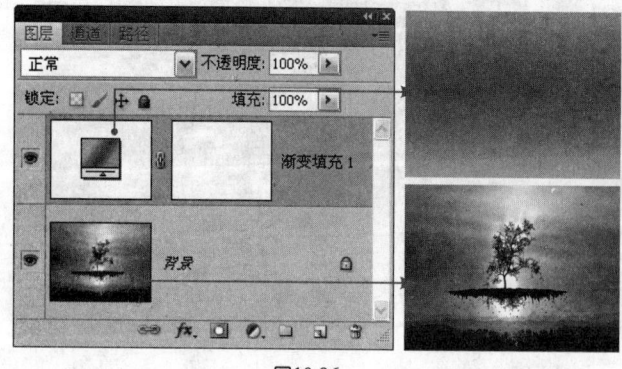
图10.96

图10.97

- 明度：选择此命令，最终图像的像素值由下方图的色相/饱和度值及上方图层的亮度构成。如图10.98所示为原图像，图10.99所示为设置此模式后的效果。

第10章 图层高级应用

图10.98

图10.99

10.7.3 使用混合模式进行叠印处理

"叠印"和"压印"是一个意思，即将一个色块叠加在另一个色块上。在印刷时特别要注意黑色文字在彩色图像上的叠印，即不要将黑色文字底下的图案镂空，否则在套印不准时黑色文字会露出白边。

下面通过一个示例，展示使用混合模式进行叠印处理的方法。

如图10.100所示为用于示例的图像及其对应的"图层"面板。其中，示例图中的文字均在图层"文字"中。此图像在出片时被告知黑色文字没有叠印，印刷过程中可能会出现露白的情况，下面分析为什么会出现露白的情况。

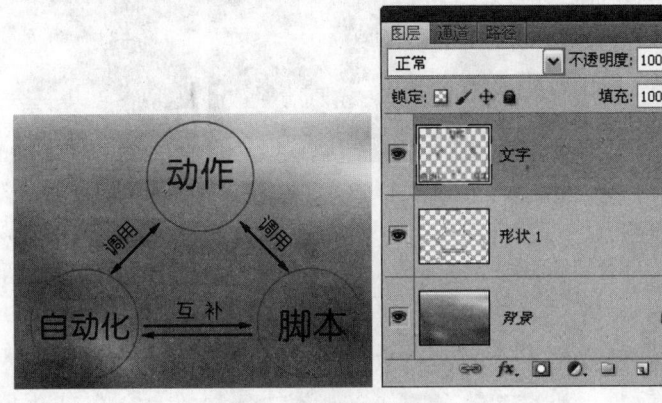

图10.100

将此图像的颜色模式转换成CMYK模式，在"通道"面板中分别查看不同通道，其效果如图10.101所示。

通过观察示例图的不同通道，可以看出黑色文字的位置在除"黑色"外的其他通道上都是白色的。由于出片时是依据四色通道来分色出片的，这就意味着出片后，在其他色版中黑色文字的位置会被镂空，在印刷时如果不能够进行准确套印，就会在某一个色版印刷时出现露白的情况。

解决这个问题，可以将黑色文字所在图层的混合模式改为"正片叠底"。如图10.102所示为将文字所在图层的混合模式设置为"正片叠底"后的"图层"面板。如图10.103所示为在此情况下不同通道的图像效果。可以看出，其他三色通道已经不存在被镂空的情况了。

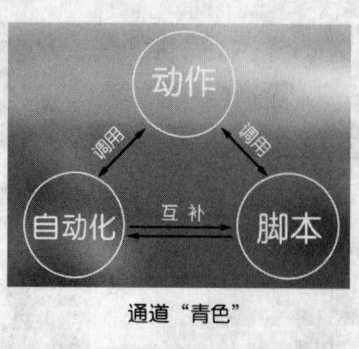
通道"青色"

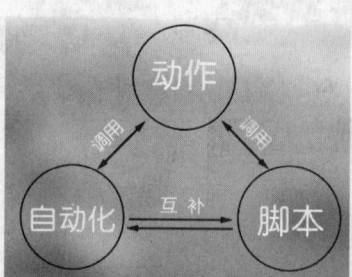
通道"洋红"

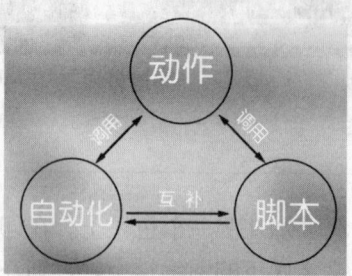
通道"黄色"

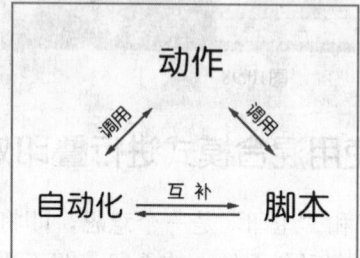
通道"黑色"

图10.101

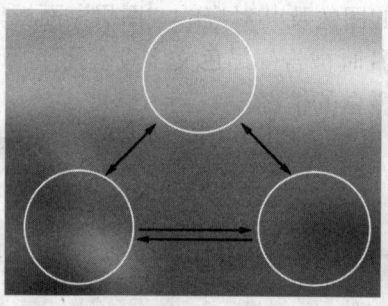
通道"青色"

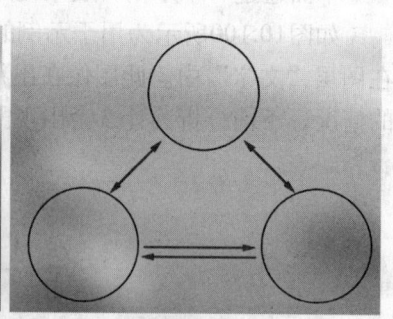
通道"洋红"

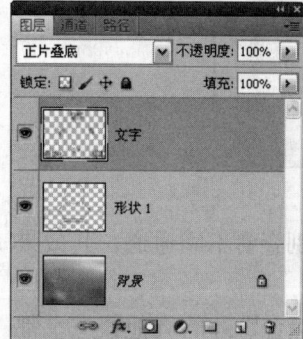

图10.102

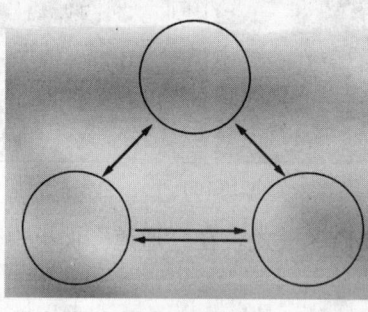
通道"黄色"

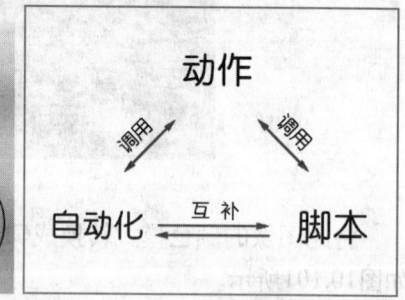
通道"黑色"

图10.103

> **注意**
>
> 一个RGB模式的图像被转换为CMYK模式时，文字的黑色会变为四色黑，即四个色版上都会存在黑色文字，因此需要按照上面的步骤进行处理，才可以得到最好的印刷效果。

10.7.4 高级图像混合

除了使用前面学习过的图层混合模式以及图层蒙版等功能外，还可以使用混合颜色带功能对图像进行操作，以达到像素级混合的效果。

要使用混合颜色带功能，需要选择"图层"|"图层样式"|"混合选项"命令，打开如图10.104所示的"图层样式"对话框。

关于指定混合范围参数的含义如下。

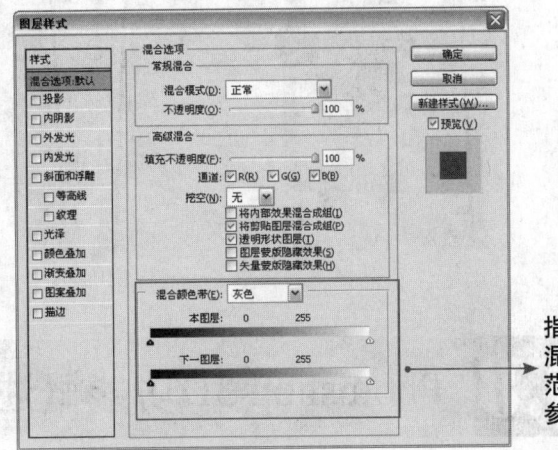

图10.104

- **混合颜色带**：在此下拉列表中可以选择需要控制混合效果的通道。如果选择"灰色"选项，则按全色阶及通道混合整幅图像。
- **本图层**：此渐变条用于控制当前图层从最暗色调的像素至最亮色调的像素的显示情况。向右侧拖动黑色滑块可以隐藏暗调像素，向左侧拖动白色滑块可以隐藏亮调像素。例如，如果将白色滑块拖动到115处，则亮度值大于115的像素保持不混合，并且排除在最终图像之外。
- **下一图层**：此渐变条用于控制下方图层的像素显示情况，与"本图层"渐变条不同，向右侧拖动黑色滑块可以显示该图层的暗调像素，而向左侧拖动白色滑块可以显示该图层的亮调像素。例如，如果将黑色滑块拖动到129处，则亮度值低于129的像素保持不混合，并将透过最终图像中的现用图层显示出来。

另外，无论是"本图层"还是"下一图层"渐变条中的黑色及白色滑块，按住Alt键进行单击，可将其分解成为两个三角滑块，拖动三角滑块可以进行更为精细的混合，如图10.105所示。

如图10.106所示为原图像，如图10.107所示分别为两个图层设置"混合颜色带"参数后得到的混合效果，如图10.108所示为放大观察状态下处理前后的图像细节。

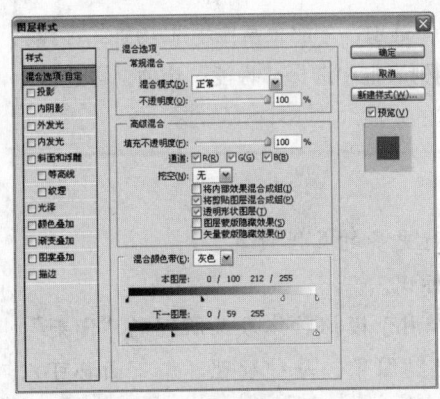

图10.105

图10.106

图10.107

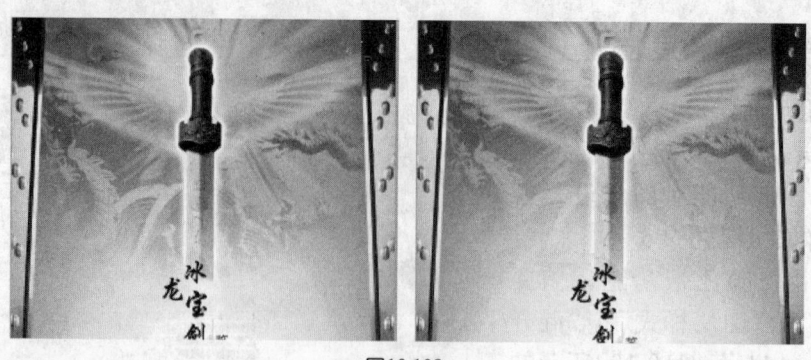

图10.108

10.8 Photoshop 3D功能概述

10.8.1 认识3D图层   视频路径：视频文件\10.8.1.avi

3D图层属于一类非常特殊的图层，为了便于与其他图层区别开来，其缩览图上存在一个特殊的标识，另外，根据设置的不同，其下方还有不等数量的贴图列表，如图10.109所示。

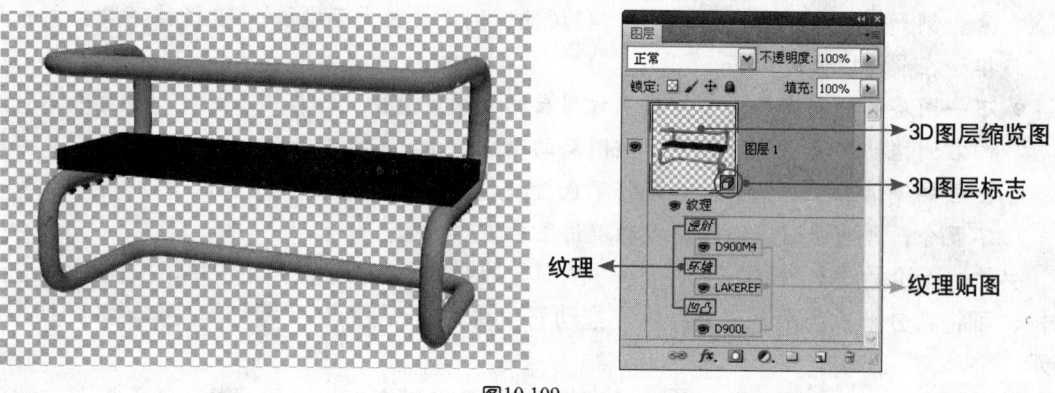

图10.109

> **提示**
>
> 在Photoshop CS5中，必须设定"启用OpenGL绘图"选项，才能正常显示3D场景。选择"编辑" | "首选项" | "性能"命令，在弹出的对话框左侧列表框中选择"性能"选项，再选择"启用OpenGL绘图"复选框，即可完成开启OpenGL设置的功能。

下面来介绍一下3D图层各组成部分的功能。
- 双击3D图层缩览图可以调出3D面板，以对模型进行更多的属性设置。
- 3D图层标志：可以方便认识并找到3D图层的主要标识。
- 纹理：Photoshop CS5提供了很多种纹理类型，比如用于模拟物体表面肌理的"漫射"类贴图，以及用于模拟物体表面反光的"环境"类贴图等，每种纹理类型下面都可以为其设置不同数量的贴图。本书将在后面的章节中详细讲解贴图的类型。

- 纹理贴图：此处列出了在不同的纹理类型中所包含的纹理贴图数量及名称，当光标置于不同的贴图上时，还可以即时预览其中的图像内容，如图10.110所示。关于纹理及纹理贴图的详细讲解，请参见本章10.13节的讲解。

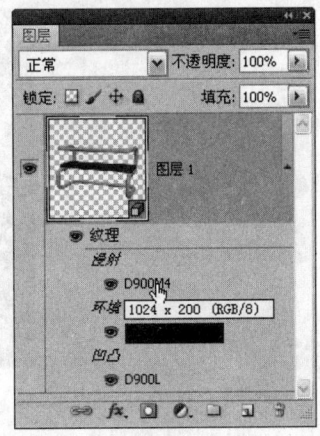

图10.110

提示

不能在3D图层上直接使用各类变换操作命令、颜色调整命令和滤镜命令，除非将此图层栅格化或转换成为智能对象。

10.8.2 栅格化3D模型

视频路径：视频文件\10.8.2.avi

3D图层是一类特殊的图层，在此类图层中，无法进行绘画等编辑操作，要应用的话，必须将此类图层栅格化。

选择"图层" | "栅格化" | "3D"命令，或直接在此类图层中右击，在弹出的快捷菜单中选择"栅格化"命令，均可将此类图层栅格化。

10.9 创建3D模型

10.9.1 从外部导入3D模型

视频路径：视频文件\10.9.1.avi

如果读者拥有一些3D资源或自己会使用一些三维软件，也可以将这些软件制作的模型导出成为3ds、obj、u3D及dae等格式，然后使用下面的方法将其导入至Photoshop中使用。

- 选择"文件" | "打开"命令，在弹出的对话框中直接打开三维模型文件，即可导入3D模型。

使用"打开"命令导入3D模型的方式，有时候可能因为系统或显示卡驱动等原因，在导入后无法看到任何的模型内容，此时可以采用下面的方法导入3D模型。

- 选择"3D" | "从3D文件新建图层"命令，在弹出的对话框中打开三维模型文件，即可导入3D模型。

10.9.2 创建3D明信片

视频路径：视频文件\10.9.2.avi

选择"3D" | "从图层新建3D明信片"命令，或在选择一个普通图层的情况下，在3D面板中也可以选择"3D明信片"选项，单击面板底部的"创建"按钮，可以用来创建3D对象，不同于上面讲解的创建基本3D物体的操作，使用此命令可以将一个平面图像转换为3D明信片的两面的贴图材质，该平面图层也相应被转换成为3D图层。

以图10.111所示的图片为例，图10.112所示为使用此命令将其转换成为3D明信片图层后，对其在3D空间内进行旋转的效果。

图10.111

图10.112

10.9.3 创建3D形状　　视频路径：视频文件\10.9.3.avi

在Photoshop CS5中，用户可以创建新的3D模型，如锥形、立方体或圆柱体，并在3D空间内移动此3D模型、更改渲染设置、添加光源或将其与其他3D图层合并。

下面讲解创建新的3D模型的基本操作步骤。

1 打开或新建一个平面图像。

2 选择"3D"|"从图层新建形状"子菜单中的命令，或在选择一个普通图层的情况下，在3D面板中也可以选择"从预设创建3D形状"选项，然后在下面的下拉菜单中选择要创建的3D模型，再单击"创建"按钮即可。

3 被创建的3D模型将直接以默认状态显示在图像中，可以通过旋转、缩放等操作对其进行基本编辑，图10.113展示了使用此命令创建的10种最基本的3D模型。

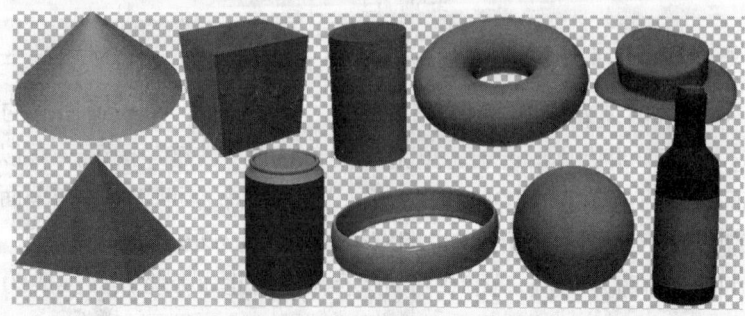

图10.113

10.9.4 创建3D网格对象

>> 视频路径：视频文件\10.9.4.avi

选择"3D"|"从灰度新建网格"命令，或在没有选择一个普通图层的情况下，在3D面板中也可以选择"从灰度创建3D网格"选项，然后在下面的下拉菜单中选择合适的选项，再单击"创建"按钮，即可将平面图像映射成为3D模型，其原理是将一幅平面图像的灰度信息映射成为3D物体的深度映射信息，从而通过置换生成深浅不一的3D立体表面，下面是基本操作步骤。

1. 打开随书所附光盘中的文件"第10章\10.9.4-2D-素材.jpg"，如图10.114所示，并选择图层"背景副本3"，将其确定为要转换成为3D对象的图层。

2. 选择"图像"|"模式"|"灰度"命令，或选择"图像"|"调整"|"黑白"命令将图像调整成为灰度效果（此操作可以跳过，在此未执行此操作步骤）。

3. 选择"3D"|"从灰度新建网格"命令，然后选择如下所述的各网格选项命令，各个选项生成的3D模型对象如图10.115所示。

图10.114

- 平面将深度映射数据应用于平面表面。
- 双面平面创建两个沿中心轴对称的平面，并将深度映射数据应用于两个平面。
- 圆柱体从垂直轴中心向外应用深度映射数据。
- 球体从中心点向外呈放射状应用深度映射数据。

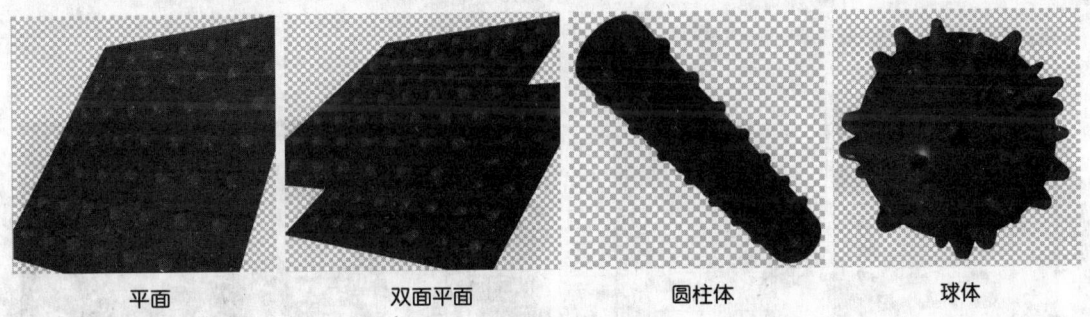

  平面   双面平面   圆柱体   球体

图10.115

> **提示**
>
> 如果选择了多个图层，则选择"3D"|"从灰度新建网格"子菜单中的各个命令时，Photoshop以这些图层相互叠加的最终效果生成3D模型。如果使用的平面素材图像具有一定的不透明度，则由此创建的3D模型，也具有一定的透明度。

10.9.5 创建凸纹模型

>> 视频路径：视频文件\10.9.5-1.avi、10.9.5-2.avi

在Photoshop CS5中，新增了创建凸纹模型功能，其最大的特点就在于，支持了从文字图层、图层蒙版、选区以及路径等对象上创建模型，使得创建模型的工作更加丰富、易用，下面来讲解一些其创建及编辑方法。

1. 创建凸纹模型

在依据不同的对象创建模型时,也需要当前所选中的图层或当前画布中显示了相应的对象,如要依据图层蒙版创建模型,则当前选中的图层应带有图层蒙版,而如果要依据路径创建模型,则当前应显示一或多条封闭路径。

以如图10.116所示的图像为例,其选区是在"通道"面板中,按住Ctrl键单击"Alpha1"的缩览图载入的选区,此时,选择"图层1"并选择"3D"|"凸纹"|"当前选区"命令,或在3D面板的"源"下拉列表中选择"当前选区"选项,单击"创建"按钮后,即可以当前的选区为轮廓、以当前图层中的图像为贴图,创建一个3D模型,此时将弹出如图10.117所示的对话框,默认情况下,将可以制作得到如图10.118所示的三维效果。

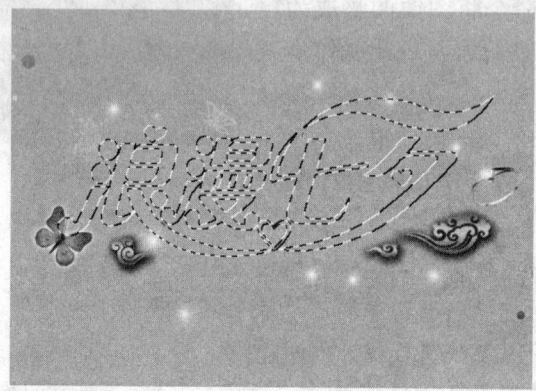
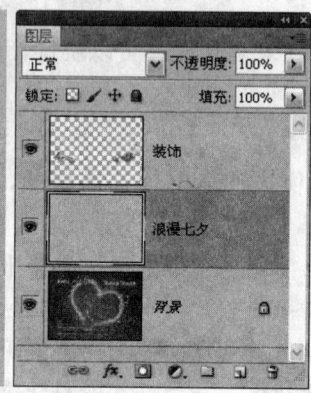

图10.116

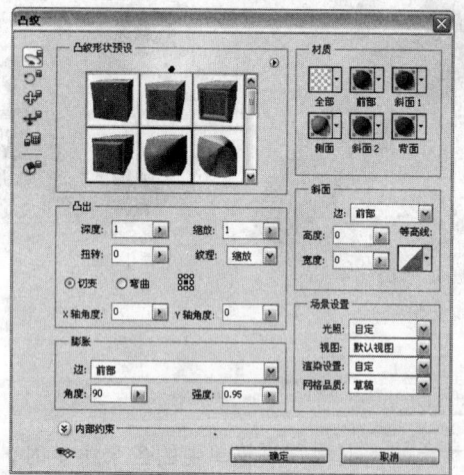

图10.117

图10.118

提示

在3D面板的"源"下拉列表中,仅支持"工作路径"和"当前选区"两种创建凸纹模型创建方式,而在"3D"|"凸纹"子菜单中,才包括了通过图层蒙版以及文字等方式创建凸纹模型的命令。

2. 约束凸纹模型

在创建模型后，还可以继续使用约束功能来编辑模型的形态。

例如上面制作的"浪漫七夕"文字中，原本应该带有镂空的地方已经被填满，但由于原来用于镂空的选区仍然存在，因此，可以直接对其进行镂空处理。在此3D图层名称上右击，在弹出的快捷菜单中选择"编辑凸纹"命令，并在弹出的对话框底部选择"旋转3D约束工具"，然后单击选中"浪"字中可用于控制镂空的线条，如图10.119所示。在"凸纹"对话框底部的"类型"下拉列表中选择"空心"选项，即可得到如图10.120右图所示的效果。

选择"从所选路径创建约束"命令后，在底部设置的参数，其中最重要的就是在"类型"下拉列表中选择"空心"选项。

图10.119

图10.120

图10.121所示为按照上述方法，继续将其他区域也做了内部约束以形成镂空后的效果。

图10.121

值得一提的是，用户可以选择路径或选区进行模型的内部约束，但所绘制的选区和路径必须位于表面的内部，否则将无法创建内部约束。另外，每次用于制作内部约束的选区或路径，只能是一个完整的闭合选区或路径，而不能是多个闭合的选区或路径。如果要制作多个内部约束，可以分别选中或显示相应的路径或选区，然后选择"3D"|"凸纹"|"从选区创建约束"或"从当前路径创建约束"命令即可。

 提示

开放式的路径无法制作内部约束。

10.10 调整3D模型

10.10.1 使用3D轴编辑模型　　视频路径：视频文件\10.10.1.avi

3D轴用于控制3D模型，使用3D轴可以在3D空间中移动、旋转、缩放3D模型。要显示如图10.122所示的3D轴，需要选中一个3D图层。

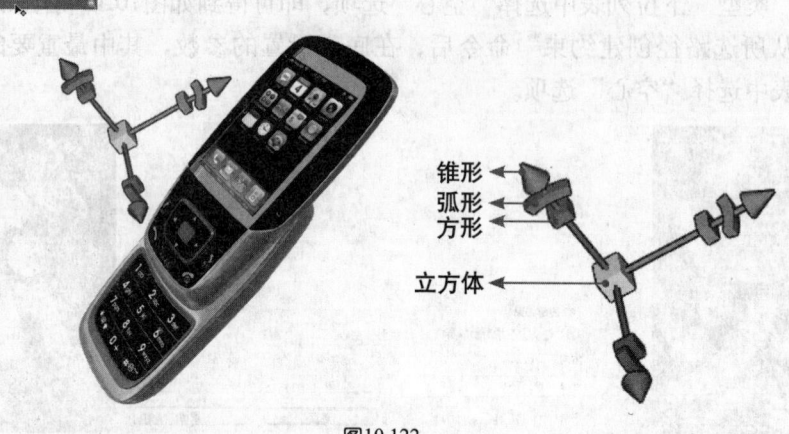

图10.122

> **提示**
> 必须启用OpenGL功能以显示3D轴。

 1. 显示/隐藏3D轴

要控制3D轴的显示与隐藏，可以单击3D面板底部的"显示额外内容"按钮，在弹出的菜单中选择"3D轴"命令，使此命令前面出现一个√即可显示3D轴，反之则可以隐藏3D轴。

2. 控制3D轴

可以通过下面的操作对3D轴进行灵活控制。
- 要移动3D轴，可拖动灰色的控制栏。
- 要缩放3D轴，可按住控制栏左侧的"比例"按钮进行拖动。
- 要最小化3D轴，可单击"最小化"图标。
- 要恢复3D轴到正常大小，单击"已最小化的3D轴"图标。

3. 使用3D轴调整模型

要使用3D轴，将光标移至轴控件处，使其高亮显示，然后进行拖动，根据光标所在控件的不同，操作得到的效果也各不相同，详细操作如下所述。

- 要沿着x、y或z轴移动3D模型,将光标放在任意轴的锥形,使其高亮显示,拖动左键即可以任意方向沿轴拖动,状态如图10.123所示。

图10.123

- 要旋转3D模型,单击3D轴上的弧线,围绕3D轴中心沿顺时针或逆时针方向拖动圆环,状态如图10.124所示,拖动过程显示的旋转平面指示旋转的角度。

图10.124

- 要沿轴压缩或拉长3D模型,将光标放在3D轴的方形上,然后左右拖动即可。
- 要缩放3D模型,将光标放在3D轴中间位置的立方体上,然后向上或向下拖动。
- 要将移动限制在某个对象平面,将光标放在3D轴中间位置,待此位置出现黄色扁立方体后,向中心立方体拖动,或远离中心立方体拖动即可完成操作,如图10.125所示。

图10.125

10.10.2 使用工具调整模型

> 视频路径:视频文件\10.10.2.avi

除了使用3D轴对3D模型进行控制外,还可以使用工具箱中的3D模型控制工具对其进行控制，如图10.126所示。

选择任何一个3D模型控制工具后，工具选项条显示为如图10.127所示的状态。

工具箱中的5个控制工具与工具选项条左侧显示的5个工具图标相同，其功能及意义也完全相同，下面分别讲解。

- "3D对象旋转工具"：拖动此工具可以将对象进行旋转。
- "3D对象滚动工具"：此工具以对象中心点为参考点进行旋转。
- "3D对象平移工具"：此工具可以移动对象的位置。
- "3D对象滑动工具"：此工具可以将对象向前或向后拖动，从而放大或缩小对象。
- "3D对象比例工具"：此工具将仅调整3D对象的大小。

图10.126

图10.127

10.11 3D模型的网格

10.11.1 3D网格的含义

简单地说，3D网格代表了当前3D图层中这个模型是由哪些独立的对象组合而成。要对网格进行操作，可以在3D面板顶部单击"网格"按钮，使3D面板仅显示当前3D物体的网格。

以Photoshop提供的立方体模型为例，它就是由"左侧"、"右侧"以及"顶部"等6部分组成的，如图10.128所示。

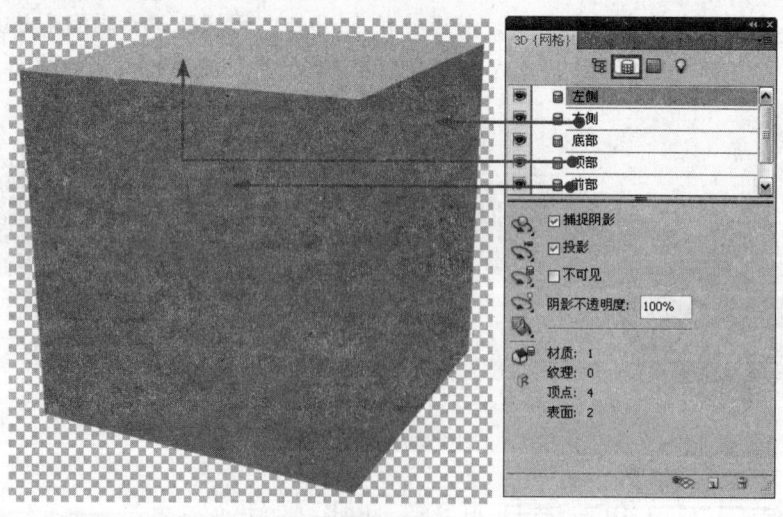

图10.128

图10.129所示为从三维软件中导出的模型，都是由非常复杂的网络组成的。

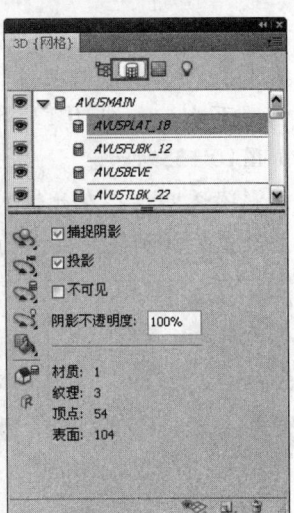

图10.129

10.11.2 编辑与设定网格属性

视频路径：视频文件\10.11.2.avi

网格是模型的组成部分，因此其设定直接影响了模型最终的形态以及其他一些基本属性，下面来分别讲解一下其编辑与相关属性设定的方法。

- 对于由Photoshop创建的模型，其网格保留了很大的可编辑性，除了前面提到过的为网格重命名外，还支持对选中的网格进行调整角度、位置以及大小等编辑。要编辑网格，可以在选中某个网格的情况下，使用3D面板下半部分左侧的工具进行调整，其使用方法与直接编辑3D模型的工具是基本相同的，故不再详述。如图10.130所示为选中车门网格，并使用网格编辑工具调整其位置后的状态。

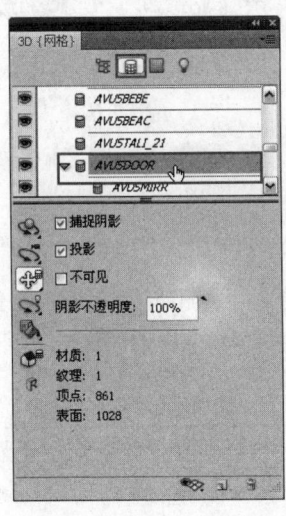

图10.130

- 捕捉阴影：选中此复选框并选择"光线跟踪草图"或"光线跟踪最终效果"品质时，可以渲染出模型中对象之间的阴影，如图10.131所示为选择易拉罐的"盖子"网格时，选中此复选框前后的效果对比。
- 投影：选中"捕捉阴影"复选框，并进行了"为最终效果渲染"操作后，将根据当前光源的状态生成暗色的阴影效果。
- 不可见：在选中此复选框后，所选中的网格将会消失，但它所产生的阴影等属性会保留下来，如图10.132所示。因此，选中此复选框与直接隐藏网格是有所不同的，如图10.133所示。
- 阴影不透明度：在此输入数值，可以控制阴影的不透明度。图10.134所示为分别设置此数值为30和80时得到的渲染结果。

图10.131

图10.132

图10.133

图10.134

10.12 3D模型的光源

在Photoshop中不仅可以利用导入3D模型时模型自带的光源，还可以全新的方式创建4类不同的光源，包括无限光、聚光灯、点光和Photoshop CS5中新增的基于图像的光源，从而得到复杂的照明效果。

10.12.1 添加、删除、改变光源

> 视频路径：视频文件\10.12.1-删除.avi、10.12.1-添加.avi

Photoshop提供了4类光源类型。
- 点光发光的原因类似于灯泡，向各个方向均匀发散式照射。
- 聚光灯照射出可调整的锥形光线，类似于影视作品中常见的探照灯。
- 无限光类似于远处的太阳光，从一个方向平面照射。
- 基于图像的光照可以将所设置的发光图像映射到3D场景中。

要添加光源，可单击3D面板中的"创建新光源"按钮，然后在弹出的菜单中选择一种要创建的光源类型即可。以图10.135所示的模型为例，图10.136所示分别为添加了这4种光源后的渲染效果。

图10.135

图10.136

要删除光源，可在3D面板上方的光源列表中选择要删除的光源，单击面板底部的"删除"按钮。

每个3D场景都可以设置4种光源类型，其中的点光、聚光灯及无限光这3种之间可以进行相互转换，要完成这一操作，可以在3D面板上方的光源列表中选择要调整的光源，然后在3D面板下方的"光源类型"下拉列表中选择一种新的光源类型。

10.12.2 调整光源属性　　视频路径：视频文件\10.12.2.avi

Photoshop提供了丰富的光源属性控制参数，用户可以设置其强度、颜色、阴影以及阴影的柔和度等，在选中一个光源后，即可在3D面板的下半部分进行设置。下面将以图10.137所示的3D模型为例，讲解一下各参数的作用。

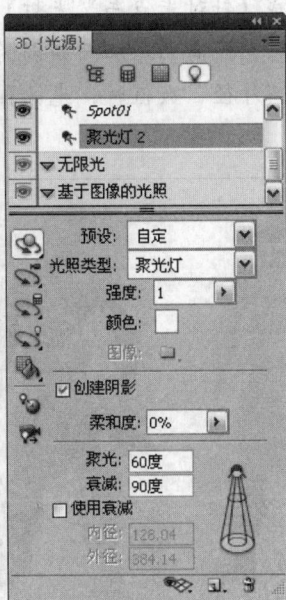
图10.137

- 预设：在此可以选择CS5提供的预设灯光，以快速获得不同的光照效果。
- 强度：此参数调整光源的照明亮度，数值越大，亮度越高，如图10.138所示。
- 颜色：此参数定义光源的颜色，图10.139所示为分别设置此处的色彩为纯红色和纯黄色时得到的效果。

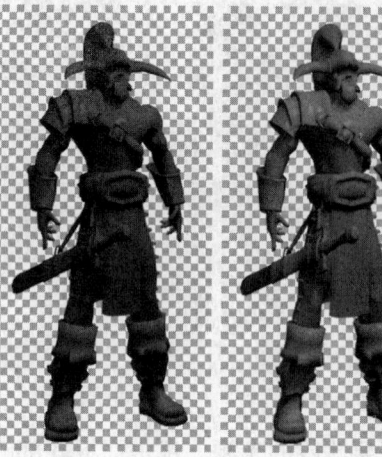

图10.138

图10.139

- 图像：只有选择基于图像的光照灯光时，该参数才会被激活，在此可以设置一幅图像作为光照。
- 创建阴影：如果当前3D模型具有多个网络组件，选择此复选框，可以创建从一个网格投射到另一个网格上的阴影，如图10.140所示。
- 柔和度：此参数控制阴影的边缘模糊效果，以产生逐渐的衰减，如图10.141所示。
- 聚光（仅限聚光灯）：设置光源明亮中心的宽度。
- 衰减（仅限聚光灯）：设置光源的外部宽度，此数值与"聚光"数值的差值越大，得到的光照效果边缘越柔和，图10.142所示为不同的参数设置得到的不同光源照明效果。
- 使用衰减（针对光点与聚光灯）："内径"和"外径"选项决定衰减锥形，以及光源强度随对象距离的增加而减弱的速度。对象接近"内径"数值时，光源强度最大；对象接近"外径"数值时，光源强度为零。处于中间距离时，光源从最大强度线性衰减为零。

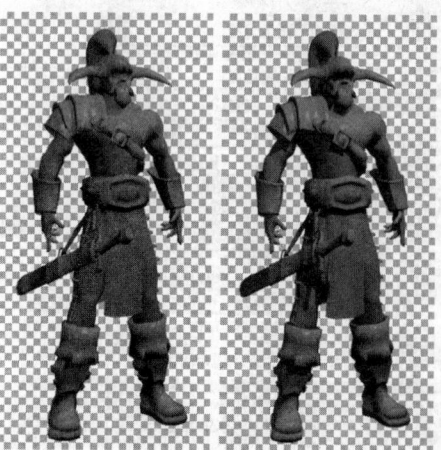

图10.140

图10.141

图层高级应用 第10章

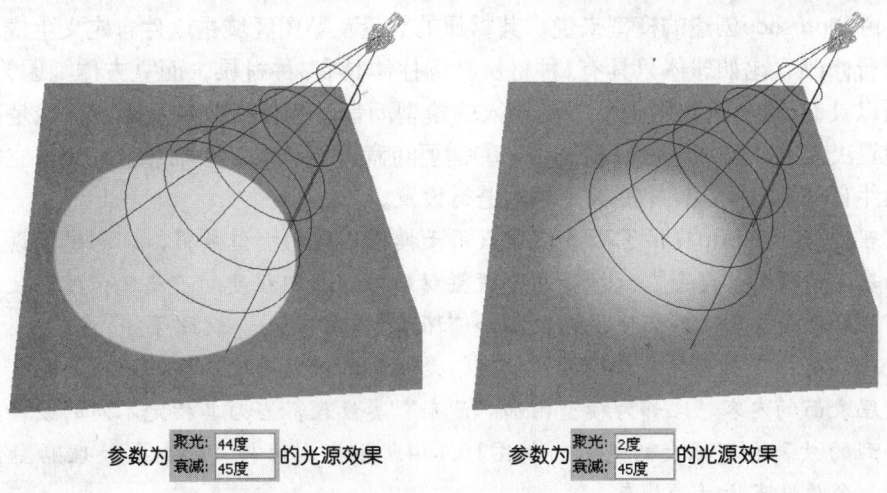

参数为 聚光：44度 衰减：45度 的光源效果　　　参数为 聚光：2度 衰减：45度 的光源效果

图10.142

10.13 3D模型的材质

10.13.1 材质、纹理及纹理贴图

在Photoshop中，关系到模型表面质感（如岩石质感、光泽感以及不透明度等）的主要包括了材质、纹理及纹理贴图三大部分，而它们之间的联系又是密不可分的。其中材质是指当前3D模型中可设置贴图的区域，一个模型中可以包含多个材质，而每个材质可以设置12种纹理，这12种纹理中的大部分可以设置相应的图像内容，即纹理贴图，如图10.143所示。

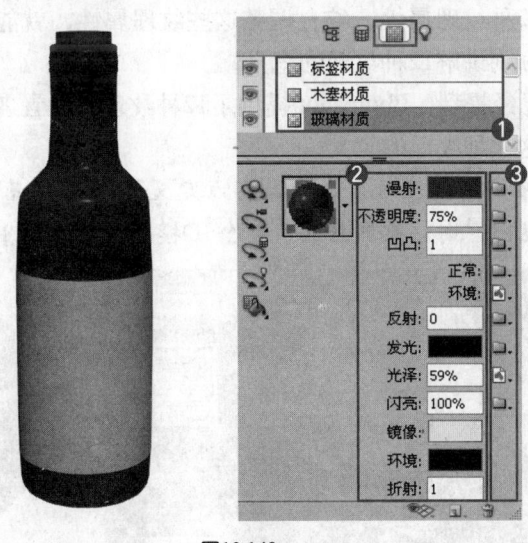

图10.143

下面将分别介绍一下这3个组成部分的作用及关系。

- 材质：指模型中可以设置贴图的区域，例如以上面所示的酒瓶模型来看，它包括了3个材质，即标签、木塞及玻璃，这3部分即代表了可以用于设置贴图的区域。

对于由Photoshop创建的模型来说，其材质的数量及贴图区域由软件自定义生成，用户无法对其进行修改，比如球体只具有1种材质、圆柱体具有3种材质，而立方体则因为其具有6个面，所以具有6种材质；对于从外部导入的模型而言，其材质数量及贴图区域是由三维软件中的设置决定的，虽然它可以根据用户的需要随意进行修改，但难点就在于，它需要用户对三维软件有一定的了解，才能够正确地进行设置。

- 纹理：Photoshop提供了12类纹理以用于模拟不同的模型效果，比如用于设置材质表面基本质感的"漫射"纹理、用于设置材质表面凸凹程度的"凸凹强度"纹理等，也有些纹理是要相互匹配使用的，比如"环境"与"反射"纹理等。
- 纹理贴图：简单来说，材质的"纹理"是指它的纹理类型，而"纹理贴图"则决定了纹理表面的内容。比如为模型附加"漫射"类纹理，当为其指定不同的纹理贴图时，得到的效果会有很大的差异，如图10.144所示分别为将"漫射"纹理贴图设置为火焰、金属及布纹时的状态。

图10.144

10.13.2　12类纹理功能详解

视频路径：视频文件\10.13.2.avi

每一种材质都有12种纹理属性，综合调整这些纹理属性，就能够使不同的材质展现出千变万化的效果，下面分别讲解12种纹理的意义。

在前面的讲解中已经提到，Photoshop提供了12种纹理，设置各种纹理都可以得到不同的效果，下面分别讲解这12种纹理的意义。

- 漫射：这是最常用的纹理映射，在此可以定义3D模型的基本颜色，如果为此属性添加了漫射纹理贴图，则该贴图将包裹整个3D模型，如图10.145所示。

图10.145

● 不透明度：此参数用于定义材质的不透明度，数值越大，3D模型的透明度越高。而3D模型不透明区域则由此参数右侧的贴图文件决定，贴图文件中的白色使3D模型完全不透明，而黑色则使其完全透明，中间的过渡色可取得不同级别的不透明度。图10.146所示为一个透明的3D模型及应用的相应贴图文件。

图10.146

● 凹凸强度：在材质表面创建凹凸效果，此属性需要借助于凹凸映射纹理贴图，凹凸映射纹理贴图是一种灰度图像，其中较亮的值创建凸出的表面区域，较暗的值创建平坦的表面区域。下面仍然使用展示"漫射"贴图时的模型及贴图，将两幅纹理贴图再设置为"凹凸强度"纹理的贴图，通过设置显示的参数，得到如图10.147所示的效果，可以看出，模型表面已经具有了非常深的凸凹感，此方法也可以用于模拟各种质地较为坚硬的物体，如金属、岩石等。

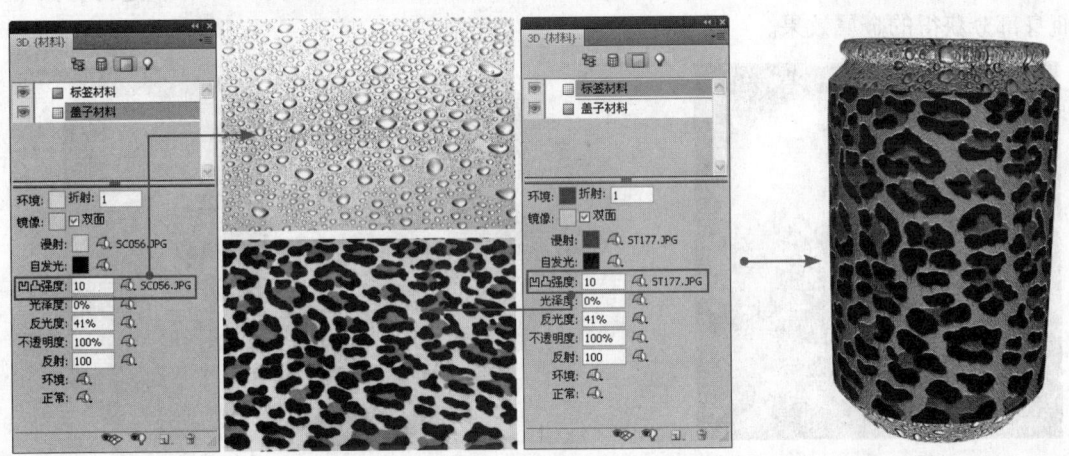

图10.147

● 正常：像凹凸映射纹理一样，正常映射用于为3D模型表面增加细节。与基于灰度图像的凹凸纹理不同，正常映射基于RGB图像，每个颜色通道的值代表模型表面上正常映射的x、y和z分量。正常映射可使多边形网格的表面变得平滑。
● 环境：设置在反射表面上可见的环境光颜色，该颜色与用于整个场景的全局环境色相互作用。
● 反射：此参数用于控制3D模型对环境的反射强弱，需要通过为其指定相对应的映射贴图以模拟对环境或其他物体的反射效果。图10.148所示为某个材质的"环境"纹理贴图，图10.149所示为将"反射"值分别设置10、30、50时的效果。

图10.148

图10.149

　　图10.150所示为给易拉罐"标签材质"设置的"环境"纹理贴图，图10.151是为易拉罐的瓶身部分获得的金属效果。

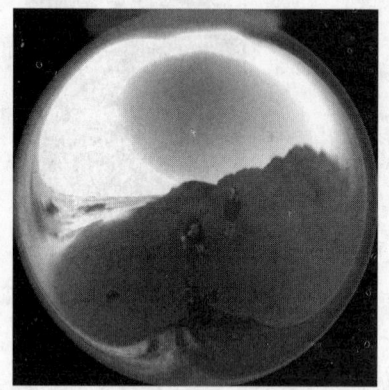

图10.150

图10.151

- 自发光：此处的颜色指由3D模型自身发出的光线的颜色。
- 光泽度：在此定义来自灯光的光线经表面反射折回到人眼中的光线数量。如果为此属性添加了光泽度映射纹理贴图，则贴图图像中的颜色强度控制材质中的光泽度，其中黑色区域创建完全的光泽度，白色区域去除光泽度，而中间值减少高光大小。
- 反光度：定义"光泽度"设置所产生的反射光的散射。低反光度（高散射）产生更明显的光照，而焦点不足。高反光度（低散射）产生较不明显、更亮、更耀眼的高光，此参数通常与"光泽度"组合使用，以产生更多光洁的效果，图10.152所示为不同的参数组合所取得的不同效果。

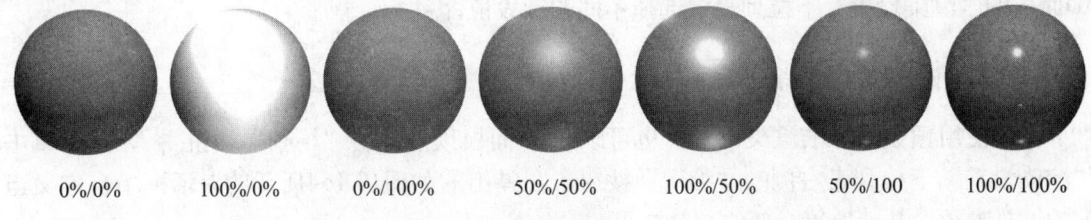

| 0%/0% | 100%/0% | 0%/100% | 50%/50% | 100%/50% | 50%/100 | 100%/100% |

图10.152

- 镜像：在此可以定义镜面属性显示的颜色（例如，高光光泽度和反光度）。
- 环境：环境映射模拟将当前3D模型放在一个有贴图效果的球体内，3D模型的反射区域中能够反映出环境映射贴图的效果。
- 折射：在此可以设置折射率，在"表面样式"渲染设置为"光线跟踪"时，"折射"选项被选中。

10.13.3 应用材质预设 视频路径：视频文件\10.13.3.avi

在Photoshop CS5中，当在3D面板中选中了某网格的材质时，即可在面板的下方显示一个材质列表，如图10.153所示，在此可以为当前所选的材质进行设置。

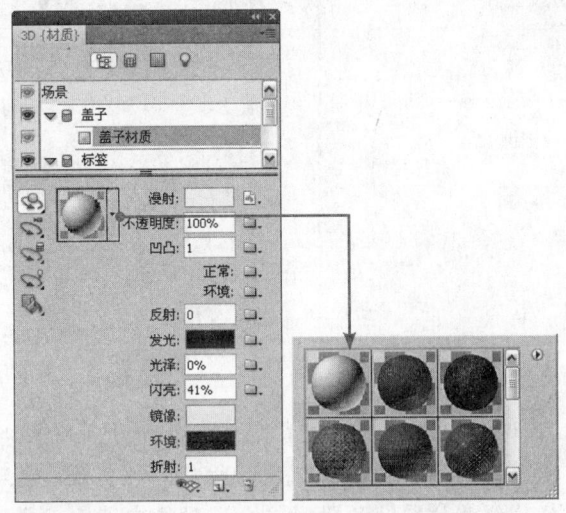

图10.153

10.14 更改3D模型的渲染设置

类似于3D类软件，Photoshop也提供了多种模型的渲染效果设置选项，以帮助用户渲染出不同效果的三维模型，下面讲解如何设置并更改这些设置。

渲染设置是针对每一个3D图层进行的，因此一次设置只能修改一个3D图层中模型的渲染效果。

10.14.1 选择渲染预设 视频路径：视频文件\10.14.1.avi

Photoshop提供了多达16种标准渲染预设，要使用这些预设，只需要选择3D图层后，在

3D面板的"渲染设置"下拉列表中选择不同的预设值即可。

10.14.2 自定义渲染设置

除了使用预设的标准渲染设置，也可以在3D面板顶部单击"场景"按钮，然后单击"渲染设置"下拉列表右侧的"编辑"按钮，在弹出的如图10.154所示的对话框中自定义当前的渲染参数，从而取得全新的渲染效果。

下面分别讲解其中最常用的"表面渲染"、"线渲染"和"顶点渲染"3个选项的意义。

1. 启用表面渲染选项

如果希望3D物体以实体面的形式渲染出来，应该启用"表面渲染"选项，然后设置"表面样式"选项，此参数是表面渲染模式下最重要的选项，在其下拉列表中可以选择下面的选项，如图10.155所示，以确定如何渲染3D物体。

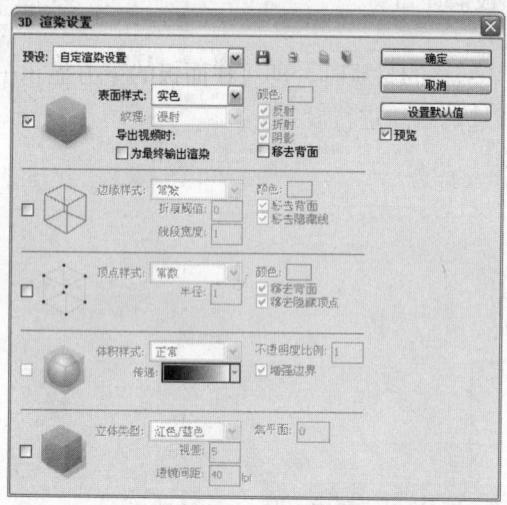

图10.154

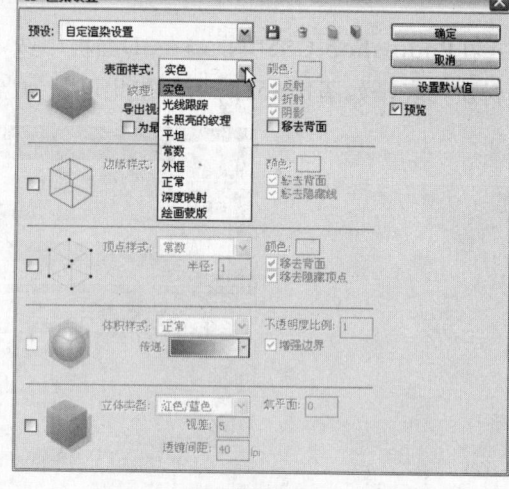

图10.155

- 样式/表面样式：在这两个下拉列表中，前者与上一小节介绍的预设渲染功能相同，而且在此选择各预设选项后，会根据预设的所需要的参数，自动切换至相应的渲染选项中，比如在选择"线条插图"预设时，会同时选中"表面样式"及"边缘样式"两个选项。
- 纹理：选中"未照亮的纹理"选项后，此下拉列表会被激活，在其中可以选择未照亮的纹理类型，以进行渲染。
- 为最终输出渲染：选择该复选框，可以使已导出的视频动画生成更平滑的阴影和逼真的颜色溢出效果。

提 示

在此所指的颜色溢出是指3D物体受环境颜色影响后，使本身的颜色发生变化的情况。

- 移去背面：选择该复选框，隐藏双面模型背面的表面，此选项对3D物体有透明区域时影响明显。

2. 启用边缘渲染选项

如果希望3D物体以线框的形式渲染出来，应该启用"边缘渲染"选项，然后设置"边缘样式"选项，此参数是表面渲染模式时最重要的选项，在其下拉列表中可以选择下面的选项，如图10.156所示，以确定如何渲染3D物体。

由于此选项中的"常数"、"平坦"、"实色"和"外框"选项，与前面所讲述过的同名选项意义相同，故不再重述。

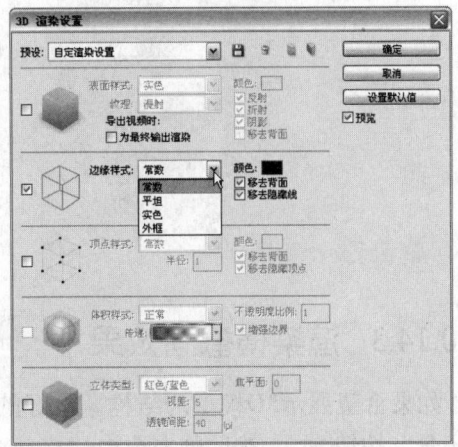

图10.156

- 折痕阈值：此参数决定了构成整个3D模型的线条的出现状态。当模型中的两个多边形在某个特定角度相接时，会形成一条折痕或线，如果边缘在小于"折痕阈值"设置(0°～180°)的某个角度相接，则Photoshop会隐藏其形成的线，反之则会显示这条折痕或线，若此参数设置为0，则显示整个线框。图10.157所示为此数值为0时的渲染效果，图10.158所示为此数值被设置为5时的渲染效果。

图10.157

图10.158

- 线段宽度：此参数指定渲染时线条的宽度（以像素为单位）。

3. 启用顶点渲染选项

如果希望3D物体以点的形式渲染出来，应该启用"顶点渲染"选项，然后设置"顶点样式"选项，在其下拉列表中可以选择下面的选项，如图10.159所示，以确定如何渲染3D物体。

由于此选项中的"常数"、"平坦"、"实色"和"外框"选项，与前面所讲述过的同名选项意义相同，故不再重述。

"半径"数值决定每个顶点的像素半径，图10.160所示为不同的数值取得的不同渲染效果。

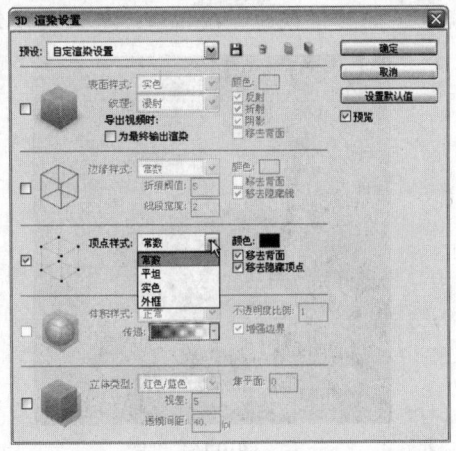

图10.159

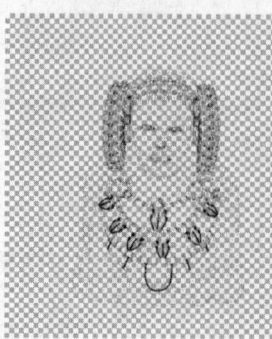 

图10.160

10.14.3 渲染横截面效果

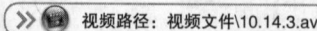

如果希望展示3D模型的结构，最好的方法是启用横截面渲染效果，在3D面板顶部单击"场景"按钮，然后单击选中"横截面"复选框，设置如图10.161所示的"横截面"渲染选项参数即可。图10.162所示为原3D模型效果，图10.163所示为横截面渲染效果。

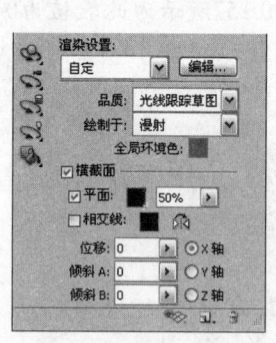  

图10.161　　　　　　图10.162　　　　　　图10.163

- 平面：选择此复选框，渲染时显示用于切分3D模型的平面。在此右侧可以控制该平面的颜色及不透明度。
- 相交线：选择此复选框，渲染时在剖面处显示一条线，在此右侧可以控制该平面的颜色，如图10.164所示。
- "翻转横截面"按钮：单击此按钮，可以交换渲染区域，如图10.165所示。

 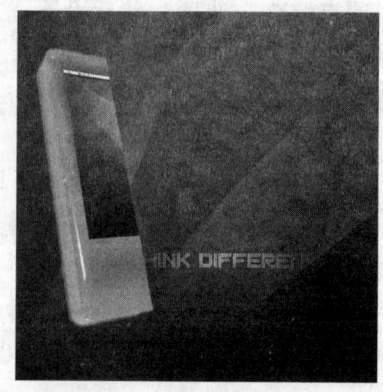

图10.164　　　　　　　　　图10.165

- 位移：如果希望移动渲染剖面相对于3D模型的位置，可以在此参数右侧输入数值或拖动滑块条，其中拖动滑块条就能够看到明显的效果。
- 倾斜：如果希望以倾斜的角度渲染3D模型的剖面，可以控制"倾斜A"和"倾斜B"处的参数。
- 轴向：如果希望改变剖面的轴向，可以单击选择"X轴"、"Y轴"、"Z轴"3个单选按钮。此选项同时定义"位移"及两个"倾斜"数值定义的轴向。

10.15 应用实例——山地别墅房产广告

本例制作的是山地别墅的房产广告，以乐器作为画面背景，突出了浪漫的情调。

1. 按Ctrl+N键新建文件，在弹出的对话框中设置参数，如图10.166所示，单击"确定"按钮退出对话框。

2. 新建图层，得到"图层1"，在工具箱中选择"渐变工具"，在其工具选项条中单击渐变预览框，设置其"渐变编辑器"对话框参数，如图10.167所示，然后从当前文件画布左上角至右下角绘制渐变，得到如图10.168所示的效果。

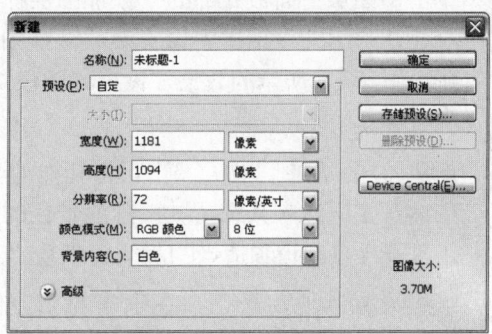

图10.166

> **提示**
> 在"渐变编辑器"对话框中，渐变各色标颜色值从左至右分别为2b1712、a5844e、2b1712。

图10.167

图10.168

3. 打开随书所附光盘中的文件"第10章\10.15-素材1.psd"，效果如图10.169所示。使用"移动工具"将其图像拖动至制作文件中，得到"图层2"。按Ctrl+T键调出自由变换控制框，按住Shift键向外拖动控制手柄以放大图像及移动图像位置，按Enter键确认操作,得到如图10.170所示的效果。

图10.169

图10.170

4 单击"图层"面板底部的"添加图层样式"按钮 fx.,在弹出的菜单中选择"投影"命令,在弹出的对话框中设置参数,如图10.171所示,单击"确定"按钮退出对话框,得到如图10.172所示的效果。设置"图层 2"的混合模式为"明度",得到如图10.173所示的效果。

5 新建图层,得到"图层 3",将其拖动至"图层 2"的下方,按住Ctrl键单击"图层 2"的缩览图以载入其选区。设置前景色的颜色值为f8e5b2,选择"画笔工具" ,并在其工具选项条中设置适当的画笔大小及"不透明度"数值,在乐器的左上方进行涂抹。

6 继续设置其他前景色,在乐器的相应位置进行涂抹,按Ctrl+D键取消选区,得到如图10.174所示的效果。

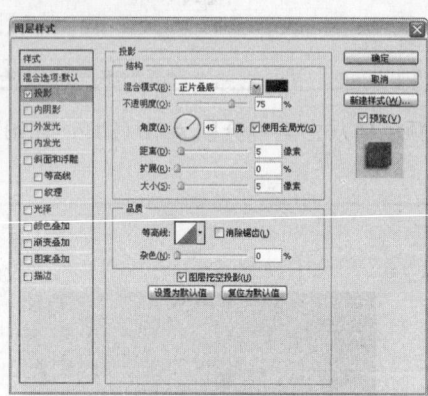

图10.171

图10.172

图10.173

图10.174

提示

设置涂抹乐器时的前景色颜色值为f8a9b4、feeff7。

7. 选择"图层 2",打开随书所附光盘中的文件"第10章\10.15-素材2.psd",效果如图10.175所示。使用"移动工具"将其图像拖动至制作文件中,得到"图层 4"。按Ctrl+T键调出自由变换控制框,向内拖动控制手柄以缩小图像及移动图像位置,按Enter键确认操作,得到如图10.176所示的效果。

图10.175

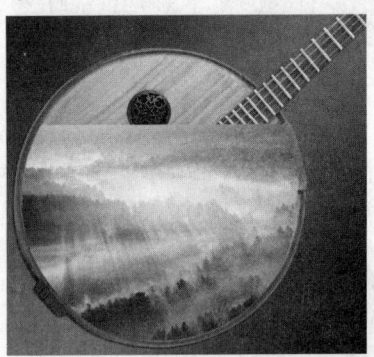

图10.176

8. 单击"图层"面板底部的"添加图层蒙版"按钮,为"图层 4"添加图层蒙版。设置前景色为黑色,选择"画笔工具",在其工具选项条中设置适当的画笔大小及"不透明度"数值,在图层蒙版中进行涂抹,直至得到如图10.177所示的效果,此时图层蒙版中的状态如图10.178所示。

图10.177

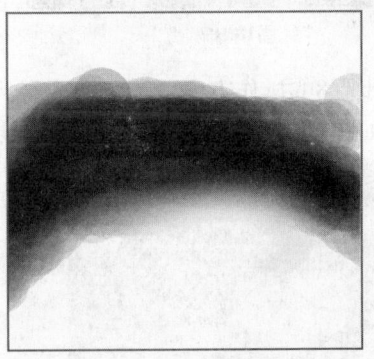

图10.178

9. 设置"图层 4"的混合模式为"明度",得到如图10.179所示的效果。

10. 打开随书所附光盘中的文件"第10章\10.15-素材3.tif",效果如图10.180所示。使用"移动工具"将其图像拖动至制作文件中,得到"图层 5"。结合自由变换控制框缩小图像及移动图像

图10.179

位置，得到如图10.181所示的效果。

图10.180

图10.181

11 选择"魔棒工具" ，在其工具选项条中设置"容差"数值为50，在蓝色天空处单击，得到如图10.182所示的选区，按Delete键将选区中的内容删除，按Ctrl+D键取消选区，得到如图10.183所示的效果。

图10.182

图10.183

12 按照步骤8的操作方法，为上一步得到的图像添加图层蒙版并在图层蒙版中进行涂抹，得到如图10.184所示的效果，此时图层蒙版中的状态如图10.185所示。

图10.184

图10.185

13 激活"图层5"的图层缩览图，设置前景色的颜色值为3acd67。选择"画笔工具" ，在其工具选项条中设置适当的画笔大小，在上一步得到的图像的右侧进行涂抹，得到如图10.186所示的效果。设置此图层的混合模式为"明度"，得到如图10.187所示的效果。

14 新建图层，得到"图层6"，将其拖动至"图层5"的下方，载入"图层5"的选区，设置不同的前景色，使用"画笔工具"进行涂抹，直至得到如图10.188所示的效果。

图10.186

图10.187

图10.188

> **提 示**
>
> 读者完全可以依据自己的喜好设置此处的颜色值。

15 重复步骤12的操作方法，为上一步得到的图像添加图层蒙版并在图层蒙版中进行涂抹，得到如图10.189所示的最终效果，此时图层蒙版中的状态如图10.190所示，如图10.191所示为"图层"面板的状态。

图10.189

图10.190

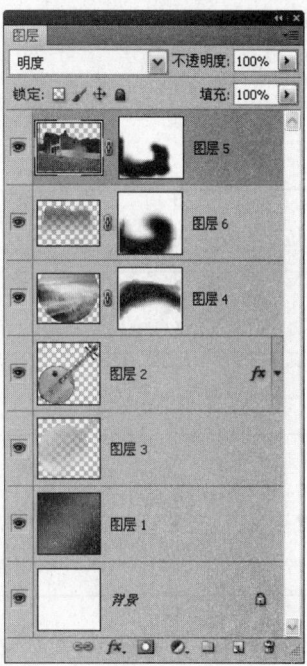
图10.191

读书笔记

第11章

文字的使用

文字是多数设计作品,尤其是商业作品中不可或缺的重要元素,有时甚至在作品中起着主导作用。Photoshop除了提供丰富的文字属性设计及版式编排功能外,还允许用户自行对文字的形状进行编辑,从而制作出更多、更丰富的文字效果。

11.1 文字的作用

文字是文化的载体及重要组成部分。几乎在任何一种视觉媒体中，文字和图像都是其两大构成要素。恰当地使用文字，能够点缀、修饰画面，对完成作品起到画龙点睛的作用。

如图11.1所示为平面广告作品中的文字。如图11.2所示为书籍装帧作品中的文字。如图11.3所示为文字类VI设计作品。

图11.1

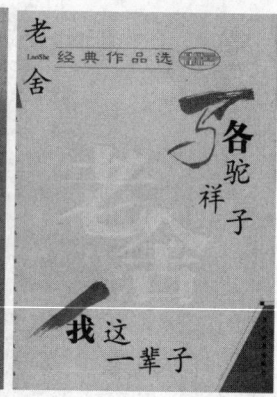

图11.2

图11.3

可以看出，文字在各类设计作品中均起着非常重要的作用。实际上，许多设计作品甚至完全由文字构成而不需要任何图形,如图11.4所示。

虽然在上面所展示的各类作品中,文字以各种不同的排列状态、字体、字号等形式出现,但如果能够掌握本章讲解的有关文字方面的技能,就能够以不变应万变,在各类设计作品中加入可以起到点睛作用的文字效果。

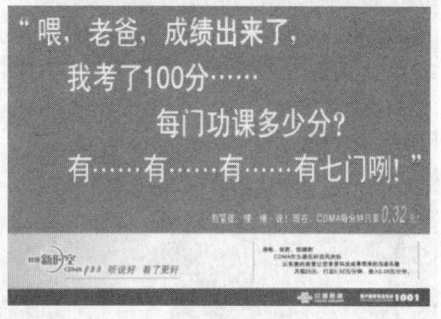

图11.4

11.2 文字图层

在Photoshop中输入文字时,可以生成一个对应的文字图层,该图层中保存了所输入的文字内容,但由于文字本身的矢量特性,在文字图层上无法进行绘画或基于像素的编辑,例如无法使用滤镜,但能够根据自己的需要,随时修改文字图层中的文字内容及文字属性。

如图11.5所示为一幅商业作品及对应的"图层"面板。在该作品中,主体的文字图像就是通过输入文字,并配合图层样式渲染效果来完成的。

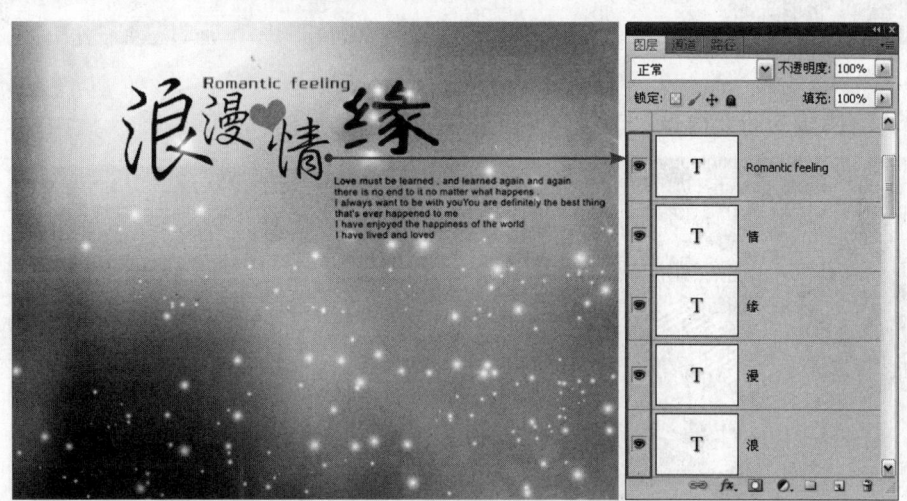

图11.5

11.3 输入并编辑文字

输入文字的工作可以利用任何一种输入法完成。由于文字的字体和大小决定其显示状态,因此需要恰当地设置文字的字体、字号。

除此之外,还需要关注文字的排列形式,如水平、垂直编排形式等,以得到丰富的文字效果。如图11.6所示为水平形式编排的文字。

图11.6

如图11.7所示为海报及商业设计作品中应用了垂直排列文字的示例。

图11.7

如图11.8所示为商业海报及书籍封面设计中应用倾斜排列文字的示例。

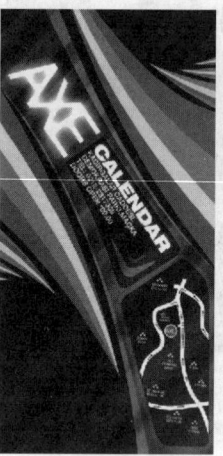

图11.8

本节将讲解如何为设计作品添加水平及垂直排列的文字,及如何将水平或垂直排列的文字改变为倾斜排列。

11.3.1 输入水平排列的文字

水平状态显示的文字是最常见的文字编排形式。为设计作品添加水平排列文字的操作步骤如下。

文字的使用 第 11 章

1. 在工具箱中选择"横排文字工具" T.。
2. 设置横排文字工具选项条，如图11.9所示。

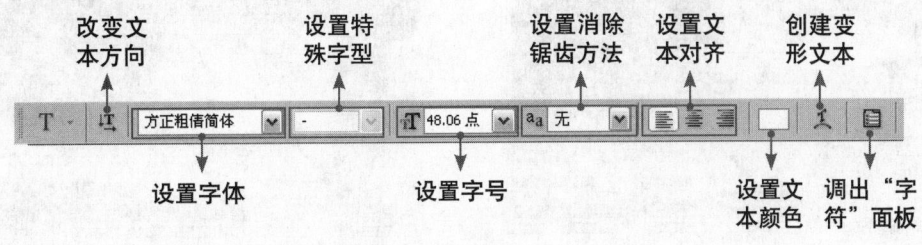

图11.9

3. 在图像中要放置文字的位置单击，以在该位置插入一个文本光标，如图11.10所示。在光标后面输入要添加的文字，如图11.11所示。

图11.10

图11.11

4. 如果在输入文字时希望文字出现在下一行，可以按Enter键，使文本光标出现在下一行，如图11.12所示，然后再输入其他文字，如图11.13所示。

图11.12

图11.13

5. 对于已输入的文字，可以在文字间通过插入文本光标再按Enter键，将一行文字打断成为两行，如在一行文字的不同位置多次执行此操作，则可得到多行文本，如图11.14所示。

6. 如果希望将两行文字连接成为一行，可以通过在上一行文字最后面插入文本光标并按Delete键完成操作。如图11.15所示为将文字"望"及其下方两行文字连接起来的实例。

图11.14

图11.15

在输入文字时，工具选项条的右侧将出现"提交所有当前编辑"按钮✓与"取消所有当前编辑"按钮◎。如果完全输入了文字，可以单击工具选项条中的"提交所有当前编辑"按钮✓确认已输入的文字；如果单击"取消所有当前编辑"按钮◎，则可以取消输入操作。

> **提示**
>
> 经过前面一段时间的学习，各位读者一定已经习惯使用快捷键，如使用Enter键来确定当前操作，但是在输入文字的过程中，Enter键的作用是换行，而不是确认完成操作。如果要确认完成操作，应该使用小键盘上的Enter键或者按Ctrl+Enter键。

11.3.2 输入垂直排列的文字

输入垂直文字与输入水平文字的方法相似，在工具箱中选择"直排文字工具" IT ，然后在图像中单击并在光标后面输入文字，则可以得到呈垂直排列的文字，其效果如图11.16所示。

无论在输入水平排列的文字还是垂直排列的文字时，当光标处于文字行区域内则显示为文本光标，如图11.17所示；但如果将鼠标移动到文字行区域外，则文本光标将转变为移动工具光标，如图11.18所示，用此光标可以直接移动正在输入的文字，以改变文字的位置，如图11.19所示。

图11.16

图11.17

图11.18

图11.19

在文字输入状态下，还可以按住Ctrl键使文字的周围显示变换控制句柄，如图11.20所示。在此状态下不仅可以通过拖动控制句柄改变正在输入文字的大小，还可以改变文字的倾斜角度，如图11.21所示，执行完变换操作后释放Ctrl键重新返回文字输入状态。

图11.20

图11.21

提示

可以使用上述方法对水平文字进行操作。如果在操作时按住Ctrl键拖动控制句柄，则可以放大文字，其作用类似于调整文字的字号。

11.3.3 制作倾斜排列的文字

视频路径：视频文件\11.3.3.avi

前面提到在输入文字过程中可以按住Ctrl键使文字的周围显示变换控制句柄以控制文字的角度，其实在完成文字输入后，按Ctrl+T键也可以调出控制框以改变文字的旋转角度。

如图11.22所示为水平排列的文字，如图11.23所示为按Ctrl+T键并改变文字旋转角度的效果，如图11.24所示为确认旋转变换操作后倾斜排列的文字。

图11.22

图11.23

采用同样的方法对垂直排列的文字进行操作，同样可以得到倾斜排列的文字，其操作较为简单，故不再赘述。

图11.24

11.3.4 转换水平或者垂直排列的文字 | 视频路径：视频文件\11.3.4.avi

文字的排列方式与创建文字前选择的文字工具有关。在完成文字输入后，用户也可以根据需要相互转换水平文字及垂直文字的排列方向，其操作步骤如下。

1 在工具箱中选择"横排文字工具" T 或"直排文字工具" IT 。

2 执行下列操作中的任意一种，即可改变文字方向。

- 单击工具选项条中的"切换文本取向"按钮 ，可转换水平及垂直排列的文字。
- 选择"图层"|"文字"|"垂直"命令，将文字转换成为垂直排列。
- 选择"图层"|"文字"|"水平"命令，将文字转换成为水平排列。

11.3.5 创建文字型选区 | 视频路径：视频文件\11.3.5.avi

 1. 创建文字型选区的方法

在Photoshop中可以以文字轮廓创建选区，以得到更加丰富的图像效果。创建文字选区同样有水平和垂直两种排列方式。

文字型选区是一类特别的选区，此类选区具有文字外形。创建文字型选区的步骤如下。

1 直接在工具箱中选择"横排文字蒙版工具" T 或"直排文字蒙版工具" IT 。

2 在图像中单击插入一个文本光标。

3 在文本光标后面输入文字，在输入状态中图像背景呈现淡红色且文字为实体，如图11.25所示。

4 在工具选项条中单击"提交所有当前编辑"按钮 退出文字输入状态，即可得到如图11.26所示的文字型选区。

提示

许多初学者在获得文字型选区时，忽略了文字输入状态的特殊性。实际上，在上面所讲述的步骤3所指出的文字选区输入状态中，可以修改文字的字号、字体等，以便于在确定后得到更符合要求的文字型选区。

文字的使用 第11章

图11.25

图11.26

2. 使用文字型选区创建图像文字

使用文字型选区可以非常轻松地创建图像型文字，下面通过一个实例讲解操作方法。

1. 打开随书所附光盘中的文件"第11章\11.3.5-2-素材1.jpg"，在工具箱中选择"横排文字蒙版工具"，创建如图11.27所示的文字型选择区域。

> **提示**
> 由于图像型文字中图像的显示区域取决于文字型选区的形状，许多初学者选择了字型较为纤细的字体，因此得到的选区很纤细，这极大地限制了图像的显示区域，往往得不到较好的效果。在本例中选择的字体就是较粗的Impact字体。

2. 打开随书所附光盘中的文件"第11章\11.3.5-2-素材2.jpg"，如图11.28所示，按Ctrl+A键执行"全选"操作，按Ctrl+C键执行"拷贝"操作。

图11.27

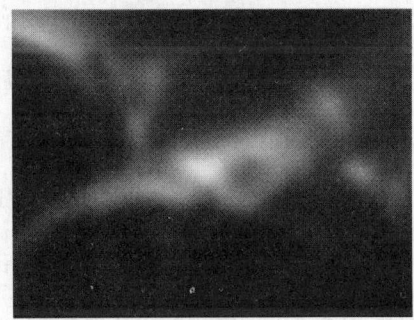
图11.28

3. 切换至文字型选区所在图像，选择"编辑"|"选择性粘贴"|"贴入"命令，可得到如图11.29所示的图像型文字效果。

> **提示**
> 如果选择"编辑"|"选择性粘贴"|"贴入"命令后，得到的图像没有很好地显示在选区中，可以在工具箱中选择"移动工具"移动粘贴入当前文件中的图像，直至得到较好的显示效果。

4 使用"移动工具"移动粘贴入的文件,直至得到满意的效果,如图11.30所示。

图11.29

图11.30

> **提 示**
>
> 在制作类似上面的实例时,可能会有读者产生这样的疑问,为什么要使用"贴入"命令,而不是直接在素材图片上输入文字选区,使用Ctrl+J键复制得到带有图案的文字图层,或者直接使用"移动工具"将带有图案的文字图层拖动过来。当然这样的方法确实是可行的,但使用"贴入"命令可随时选中图案图层进行移动来实现变换图案的操作。

11.3.6 输入标题或者简短说明型的点文本

视频路径:视频文件\11.3.6.avi

前面概括性地介绍了文字的几种输入方式,在此,用户还需要学习文字的表现形式。在Photoshop中文字的表现形式有两种:点文字和段落文字,根据输入文字时的操作方式不同而产生不同的文字类型。

点文字的文字行是独立的,即文字行的长度随文本的增加而变长,但不会自动换行,如果需要换行必须按Enter键。输入点文字的操作步骤如下。

1 选择"横排文字工具"或"直排文字工具"。

2 用光标在图像中单击,得到一个文本插入点。

3 在工具选项条或"字符"面板和"段落"面板中设置文字选项。

4 在光标后面输入所需要的文字后,单击"提交所有当前编辑"按钮以确认操作。

11.3.7 输入大量辅助说明型的段落文本

视频路径:视频文件\11.3.7.avi

文本框的边缘时,文字就会自动换行,当用户改变文字框的边框时,文字会自动改变每一行显示的文字数量以适应新的文本框。输入段落文字的操作步骤如下。

1 选择"横排文字工具"或"直排文字工具"。

2 在页面中拖动光标创建段落文字定界框,如图11.31所示。

3 在工具选项条或"字符"面板和"段落"面板中设置文字属性。

4 在文字光标后输入文字,如图11.32所示,单击"提交所有当前编辑"按钮确认。

图11.31

图11.32

如前所述，用户能够通过调整文本框来改变其中文字的排列，其操作方法如下。
首先用文字工具在图像的段落文本中单击以插入一个光标，此时即可显示文本框。
然后将光标放在文本框的控制句柄上，待光标变为双向箭头时拖动，通过拖动改变文本框，即可使文字段落的宽度与高度发生变化，如图11.33所示。

图11.33

11.3.8 相互转换点文本及段落文本

视频路径：视频文件\11.3.8.avi

点文字和段落文字也可以相互转换，只需选择"图层"|"文字"|"转换为点文本"命令或选择"图层"|"文字"|"转换为段落文本"命令即可。

> **提示：**
> 许多初学者会觉得点文字和段落文字之间并无太大区别。当然除了点文字不能自动换行而段落文字可以自动换行外，对于段落文字而言，编辑大篇幅的文字时，可以在"段落"面板中调整段落样式以及控制首行缩进等，另外还可以直接拖动文本框以改变每一行的字数。

11.4 了解字符格式

文字格式包括文字的字体、字号、对齐方式等。在设计中之所以称文字是有性格的，正是由于当为文字设置了不同的格式后，能够使文字呈现出不同的情感特色。例如，为文字设置了较大的字号且设置其字体为黑体时，文字具有一种庄重与严肃的意味，给人以力量感；为文字设置了小一些的字号并设置其字体为准圆体时，文字传递出一种圆润、娇柔的感觉。

字号、字体与行距等是设计中应用文字时最值得关注的几种文字格式，下面分别对其进行讲解。

11.4.1 字号

文字内容通常可以分为两种类型，一类是具有提示和引导作用的文字，如书刊的题名篇目、广告和宣传品的导语口号等；另一类是篇幅较长的阅读材料和说明性文字，如书刊的正文、图片说明和广告文案、包装盒上的商品介绍等。前者需要引发不同程度的视觉关注，后者则对易读性提出了较高的要求。

由此可见，题名、篇目、广告文字、宣传语等需要引起读者关注的文字必须使用较大的字号来编排；而内文或者说明性的文字则可以使用字号较小、字体阅读性较好的文字来编排。例如，在图11.34所示的广告作品中，所有用于说明汽车性能的数字均使用了较大的字号，以吸引阅读者的注意，当阅读者对广告发生了兴趣后，自然会转而阅读字号较小、内容较丰富的说明性文字。

按文字的重要程度，将文字编排成为大小不一、错落有致的文字组合，是需要设计者长时间练习的一种基本技能。如果无法轻松驾驭文字的排列、组合，就不可能设计出好的作品。如图11.35所示的广告作品均在字号方面有出色的设计。

图11.34

图11.35

字号具有不同的计量标准，国际上通用的字号是点制，在国内则是以号制为主，点制为辅。

号制可以分为四号字系统、五号字系统、六号字系统等。其中，四号字比五号字要大，五号字又要比六号字大，以此类推。

点制又称为磅制（P），是以计算文字外形的"点"值为衡量标准的。根据印刷行业标准的规定，字号的每一个点值的大小等于0.35mm，误差不得超过0.005mm，如五号字换成点制就等于10.5点，也就是3.675mm。外文字全部都以点来计算，每点的大小约等于1/72inch，即等于0.35146mm。

字号的大小除了号制和点制外，在传统照排文字时还以mm为计算单位，称为"级"。每一级等于0.25mm，1mm等于4级。照排文字能排出的文字大小一般在7～62级之间，也有7～100级的。

在Photoshop中可以通过选择"编辑"|"首选项"|"单位与标尺"命令，在弹出的对话框中将字号的计算单位设置为毫米、点、像素三者之一，如图11.36所示。

为了使标题醒目，文字的字号一般在14点以上；而正文字号一般为9～12点；文字多的版面，字号可以为7～8点。字号越小，精密度越高，整体性越强，但阅读效果也越差。

当然，上面所指出的数值也需要根据具体的版面大小而灵活变化。

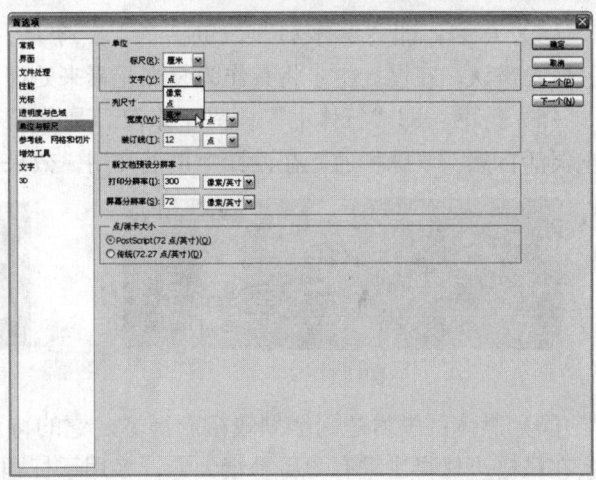

图11.36

11.4.2 中文字体

字体是文字的外观表象，不同的字体能够通过不同的表象为读者带来丰富多彩的情感体验。设计领域的专家们发现，由细线构成的文字易让人联想到纤维制品、香水、化妆品等物品；笔划拐角圆滑的文字易让人联想到香皂、糕点和糖果等物品；而笔划具有较多角形的文字让人联想到机械类、工业用品类的物品等。不同的文字在被设置为不同的字体后，具有了不同的笔划外观或者整体外形，因此能够传达出不同的设计理念。

由于每一件设计作品都有其相应的主题及特定的浏览人群，因此在作品中设置文字的字体时就应该慎重考虑。字体的选择是否得当，将直接影响到整个作品的视觉效果以及主题传达的效果。

下面简述中文字体中常见常用的几种字体的特点。

（1）小篆：秦始皇统一六国后，李斯等人对文字进行收集、整理、简化，最终形成小篆。小篆是古文字史上第一次文字简化运动的总结。小篆的特征是字体竖长、笔划粗细一致、行笔圆转、典雅优美。小篆的缺点是线条用笔书写起来很不方便，所以在汉代以后就很少使用了，但在书法印章等方面却得以发扬，其效果如图11.37所示。

（2）隶书：隶书的特点是将小篆字形改为方形，笔划改曲为直，结构更趋向简化，横、点、撇、挑、钩等笔划开始出现，后来又增加了具有装饰意味的"波势"和"挑脚"，从而形成一种具有特殊风格的字体。隶书的特点是平整美观、活泼大方、端庄稳健、古朴雅致，是在设计作品中用于体现古典韵味的最常用的一种字体，其效果如图11.38所示。

图11.37

图11.38

（3）楷书：即"楷体书"，又称"真书"、"正书"、"正楷"等，最初用于书体的名称。楷书在西汉时期开始萌芽，东汉末期渐渐成熟，魏以后兴盛起来，唐代则进入了鼎盛时期。楷书的特点是字体端正、结构严谨、笔划工整、多用折笔、挺拔秀丽，效果如图11.39所示。

（4）草书：即"草体书"，包括章草、今草、行草等。由于草书字字相连、变化多端、较难辨认，在设计中多将其作为装饰元素来处理。

（5）行书：即"行体书"，兴于东汉，是介于草书和楷书之间的一种字体。行书在风格上灵活自然、气脉相通，在设计中也很常用，效果如图11.40所示。

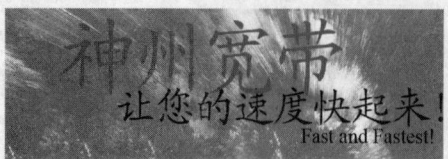
图11.39

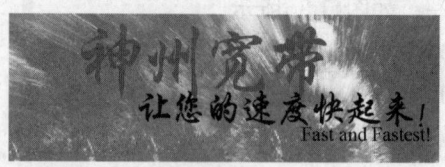
图11.40

（6）黑体：黑体是因笔划较粗而得名。它的特点是横竖笔划粗细一致、方头方尾。黑体字在风格上显得庄重有力、朴素大方，多用于标题、标语、路牌等的书写，在许多字库中提供了大黑、粗黑、中黑等三种黑体字体，应用了大黑体的文字效果如图11.41所示。

（7）圆体：圆体是近代发展出来的一种印刷字体。由于圆体文字圆头圆尾、笔划转折圆润，许多人都感觉准圆体较贴近女性特有的气质。同样，可以在中圆、准圆、细圆等三种圆体变体中选择一种应用在作品中，应用了准圆体的文字效果如图11.42所示。

图11.41

图11.42

除上述字体外，秀英体、琥珀体、综艺体、咪咪体、柏青体、金书体等字体开发商所提供的计算机字体（如图11.43所示）也各具不同特色，因此能够应用在不同风格的版面中。

秀英体

琥珀体

综艺体

咪咪体

柏青体

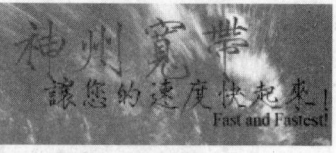
金书体

图11.43

> **提示**
>
> 在一个版面中，选用两到三种以内的字体为版面最佳视觉效果，超过三种以上则显得杂乱，缺乏整体感。要达到版面视觉效果上的丰富与变化，可将有限的字体加粗、变细、拉长、压扁，或者调整行距的宽窄以及变化字号的大小等。

11.4.3 英文字体

与中文字体相比，英文字体的数量要多很多。其中的原因很简单，英文只有26个字母，因此在制作时间方面英文字体与中文字体根本不在一个量级上。一个设计者只要掌握了方法，一天就可以设计出一款新的英文字体，而花一年时间也未必能够完成一个新的中文字体库的创作。

与中文字体一样，不同的英文字体也能够体现出或浪漫或庄重、或规正或飘逸等不同的气质，因此在选择字体方面同样需要根据作品的氛围而定。

图11.44中英文所应用的字体名称为"English111 Vivace"，这种字体能够散发出一种浪漫的气息；图11.45中英文所应用的字体名称为"Times New Roman"，这种字体是最为常用而且也最为正规的一种字体，常用于英文的正文；图11.46中英文所应用的字体名称为"Impact"，这种字体由于其笔划较粗，因此在使用方面有些近似于中文字体中的黑体。

图11.44

图11.45

图11.46

如果要表现活泼、可爱的主题，可以采用如图11.47所示的字体效果。如果希望文字具有较强的装饰性，可以采用如图11.48所示的字体效果。

图11.47

图11.48

除此之外，在英文字体中还有用于增强版面横向视觉流程的字体（如图11.49所示）以及用于增强版面竖向视觉流程的字体（如图11.50所示）。

从上面的示例可以看出，相对于中文字体而言，英文字体的选择性更丰富，这就要求设计者不仅要了解丰富的字体类型，更要知道在哪一种情况下使用哪一种英文字体可以增强版面的表现力。

图11.49

图11.50

11.4.4 行距

行距也是决定版面形式和影响易读性的重要因素。行距过窄，上下文字相互干扰，没有一条明显的水平空白带引导，目光难以沿字行扫视；而行距过宽，太多的空白使字行不能体现较好的延续性，因此设计者应该特别注意行距可能带来的阅读问题。通常行距为字号的120%，即文字为10点，则行距为12点。

如图11.51所示为行距正常的版面效果。如图11.52所示为行距过大的版面效果。如图11.53所示为行距过小的版面效果。

图11.51

图11.52

图11.53

11.5 设置文字格式

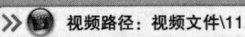视频路径：视频文件\11.5.avi

使用"字符"面板可以对字符的属性进行全面的设置，其使用方法如下所述。

1 在"图层"面板中双击要设置字符的文字层缩览图，或用文字工具在图像上的文字中双击，以选择当前文字层的所有文字，文字在选中的状态下是以黑色反白状态显示的。

2 在工具选项条中单击"切换字符和段落面板"按钮，弹出如图11.54所示的"字符"面板。

3 设置属性后，单击工具选项条中的"提交当前所有编辑"按钮确认。

"字符"面板功能强大，下面将分别对其中的常用参数进行讲解。

- 字体：单击右侧的下拉按钮，可在弹出的下拉列表中选择不同的字体。
- 字体样式：针对不同的字体，在其下拉列表中可以选择不同的字体样式，例如加粗、斜体等。
- 字号：在此文本框中输入数值，或在下拉列表中选择一个数值，可以设置文字的大小。
- 行距：在此文本框中输入数值，或在下拉列表中选择一个数值，可以设置两行文字之间的距离，数值越大，行间距越大。如图11.55所示为同一段文字应用不同行间距后的效果。

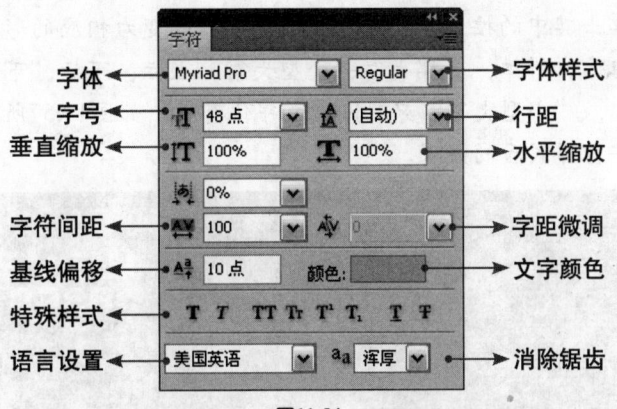

图11.54

图11.55

- 垂直缩放：在此文本框中输入百分比，可以调整字体垂直方向上的比例。
- 水平缩放：在此文本框中输入百分比，可以调整字体水平方向上的比例。
- 字符间距：比例间距按指定的百分比值减少字符周围的空间。
- 字距微调：只有选中文字时此参数才可用，此参数控制所有选中文字的间距，数值越大，间距越大，如图11.56所示是为同一段文字设置不同文字间距的效果。

图11.56

- 字符微调：仅在文字光标插入文字时，字符微调参数才被激活。在文本框中输入数值，或在下拉列表中选择一个数值，可以设置光标距前一个字符的距离。
- 基线偏移：此参数仅用于设置所选文字的基线值，在文本框中输入数值，若为正数则向上移，若为负数则向下移。
- 文字颜色：单击此颜色块，在弹出的"选择文本颜色"对话框中可以设置字体的颜色。
- 特殊样式：单击其中的按钮，可以将所选的字体改变为相应的形式显示。其中的按钮依次代表：粗体、斜体、全部大写、小型大写、上标、下标、下划线和删除线，其中"全部大写"、"小型大写"只对Roman字体有效。如图11.57所示分别为各段文字设置了不同的字符样式后的效果。

图11.57

- 消除锯齿：在此下拉列表中选择一种消除锯齿的方法，以设置文字的边缘光滑程度，通常情况下选择"平滑"。

11.6 了解段落格式

了解段落格式与了解文字格式具有相同的重要性。在不同的设计作品中应该为文字段落赋予不同的段落格式，只有这样才能够使文字段落为整个设计作品服务。

段落格式包括段落的对齐方式、段落间距等段落属性。其中，段落的对齐方式会影响到阅读者的阅读方式，因此为不同的版面选择不同的文字段落对齐方式显得非常重要，尤其值得学习与注意。下面讲解应用最多的三种段落对齐方式。

11.6.1 左右均齐

文字段落从左端到右端的长度均齐，字群显得端正、严谨、美观。此对齐方式是目前书籍、报刊较常用的一种，如图11.58所示。

图11.58

11.6.2 居中对齐

居中对齐方式以中心为轴线，两端字距相等，其特点是使视线更集中，中心更突出，整体性更强。用文字居中对齐的方式配置图片时，文字的中轴线最好与图片的中轴线对齐，以取得版面视线统一的效果，如图11.59所示。

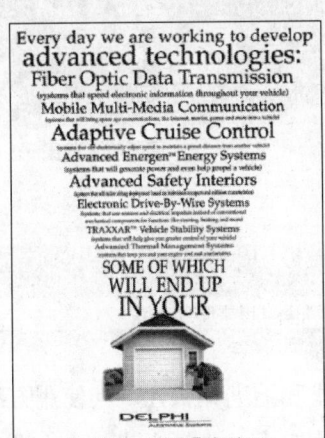

图11.59

11.6.3 齐左或者齐右

齐左或者齐右的对齐方式有松有紧、有虚有实，强调了节奏感。齐左或者齐右对齐文字后，行首或者行尾自然出现一条清晰的垂直线，在与图片的配合上易协调并可取得统一视点。

齐左显得自然，符合人们阅读时视线移动的习惯；齐右则不太符合人们阅读时的习惯及心理，因而较少使用，但齐右的文字编排方式会使文字段落显得较为新颖。

齐左与齐右的版面效果如图11.60、图11.61所示。

图11.60　　　　　　　　　　　　图11.61

除上述三种文字的对齐方式外，也可以按图11.62所示的效果自由排列文字段落。

自由排列文字段落　　　　　　　　　局部放大效果

图11.62

11.7 设置段落格式
>> 视频路径：视频文件\11.7.avi

"段落"面板主要用于为大段文本设置对齐方式和缩进等属性，其使用方法如下。

1 选择相应的文字工具，在要设置段落属性的文字中单击插入光标。如果要一次性设置多段文字的属性，可用文字光标选中这些段落中的文字。

2 单击"字符"标签右侧的"段落"标签，显示如图11.63所示的"段落"面板。

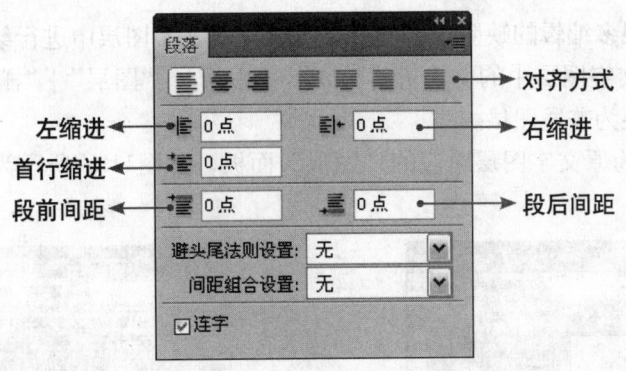

图11.63

- 对齐方式：单击其中的选项，光标所在的段落以相应的方式对齐。
- 左缩进：设置文字段落的左侧相对于左定界框的缩进值。
- 右缩进：设置文字段落的右侧相对于右定界框的缩进值。
- 首行缩进：设置选中段落的首行相对于其他行的缩进值。
- 段前间距：设置当前文字段与上一文字段之间的垂直间距。
- 段后间距：设置当前文字段与下一文字段之间的垂直间距。
- 连字：设置手动或自动断字，仅适用于Roman字符。

3 完成属性设置后，单击工具选项条中的"提交所有当前编辑"按钮 √ 确认操作。

如图11.64所示为原文字段落效果，如图11.65所示为改变第2个文字段落的对齐方式及左缩进值、右缩进值、段前间距值、段后间距值后的效果。

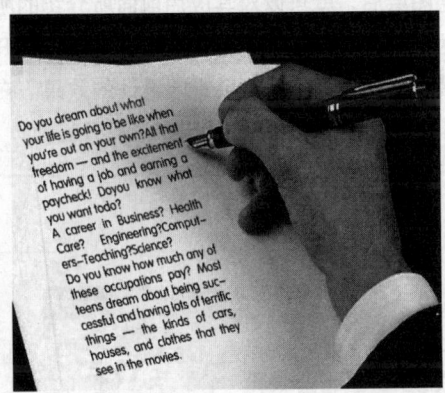

图11.64

图11.65

11.8 转换文字

创建的文字将作为独立的文字图层在图像中存在，为使图像效果更加美观，用户可以将文字图层转换为普通图层、形状图层或路径，以应用更多Photoshop功能，创建更绚丽的效果。

11.8.1 转换为普通图层

文字图层具有很多编辑的缺陷性，因此如果希望在文字图层中进行绘画或使用颜色调整命令、滤镜命令对文字图层中的文字进行编辑，可以选择"图层"|"栅格化"|"文字"命令，将文字图层转换为普通图层。

如图11.66所示为原文字图层对应的"图层"面板，如图11.67所示为转换成为普通图层后的效果。

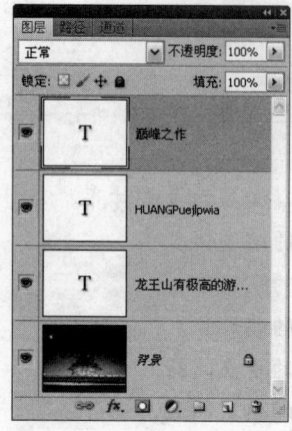

图11.66

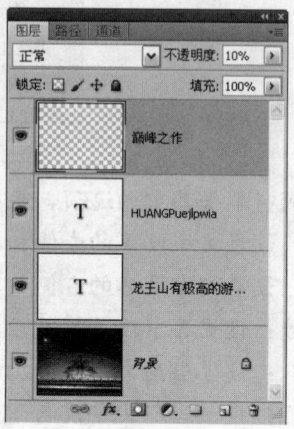

图11.67

提 示

将文字图层转换为普通图层有较多优点，比如对文字图层不能应用滤镜，而调整色彩只能以调整图层的形式来应用等。但当文字图层转换为普通图层后，就可以对其应用前面所介绍的所有操作。更为重要的是，在Photoshop中应用一些较为特殊的字体时，当需要在其他电脑上打开文件时往往会出现字体缺失需要替换的问题，而一旦替换这些字体很可能会影响设计的效果。在这种情况下，建议读者将这样的文字转换为普通图层，以便于此文件在不同的电脑中打开。

11.8.2 转换为形状图层

选择"图层"|"文字"|"转换为形状"命令，可将文字转换为与其轮廓相同的形状，文字图层也会被转换成为形状图层。如图11.68所示为将文字图层转换为形状图层后的"图层"面板。

将文字图层转换成为形状图层的优点在于，能够通过编辑形状图层中的形状路径节点得到异形文字效果。如图11.69所示为原图像及"图层"面板，如图11.70所示是转换为形状并编辑路径后的图像效果及"图层"面板。

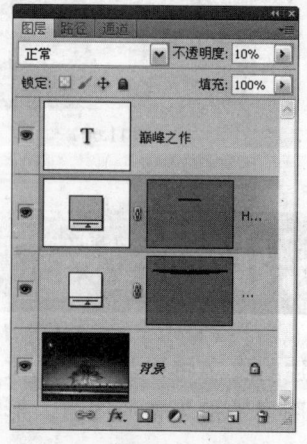

图11.68

图11.69

图11.70

> **提示**
> 将文字图层转换成为形状图层后文字图层将不再存在，因此无法再进行字体、字号等方面的操作。

11.8.3 将文字转换成为路径

选择"图层"|"文字"|"创建工作路径"命令，可以由文字图层得到与文字外形相同的工作路径。如图11.71所示为由文字图层生成的路径。

图11.71

> **提示**
> 此操作与将文字图层转换成为形状图层的不同之处在于，文字图层转换成为形状图层后，该图层不再存在。而生成路径后，文字图层仍然存在不会消失。

文字的字体毕竟是有限的、格式化的，从文字生成路径的优点就在于，能够通过对路径进行描边、编辑等操作，得到具有特殊效果的文字。如图11.72和图11.73所示的效果均能够通过先输入标准字体，再将文字转换成为路径，最后对路径进行编辑得到异形字体的方法得到。

图11.72

图11.73

> **提示**
>
> 事实上，一般所创作的艺术文字更多地可能就是将文字图层转换为图像或者形状路径等，再对其进行编辑所得到的效果。

11.9 了解扭曲变形文字

11.9.1 制作扭曲变形文字效果 视频路径：视频文件\11.9.1.avi

对文字图层可以应用扭曲变形操作，利用这一功能可以使设计作品中的文字效果更加丰富。如图11.74所示为使用扭曲变形文字得到的效果。

图11.74

下面以制作如图11.75所示的广告为例，讲解如何制作扭曲变形的文字。

第 11 章 文字的使用

图11.75

1 打开随书所附光盘中的文件"第11章\11.9.1-素材.psd",如图11.76所示,将前景色值设置为ffffff,背景色值设置为f2f69f。

2 选择"直排文字工具" ,并在其工具选项条中设置适当的字体和字号,在图像中单击,输入文字"爱上爱·折上折"等文字,如图11.77所示。

图11.76

图11.77

3 单击工具选项条中的"创建文字变形"按钮 ,打开"变形文字"对话框。单击"样式"下拉按钮 ,弹出变形选项,如图11.78所示。

4 在"样式"下拉列表中选择"扇形"选项,设置"变形文字"对话框中的参数如图11.79所示。

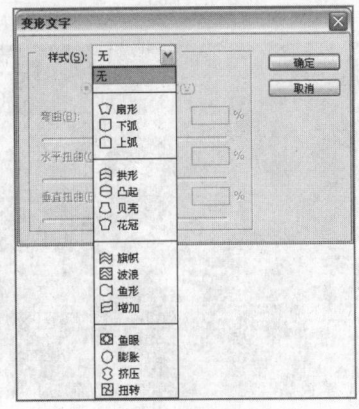

图11.78

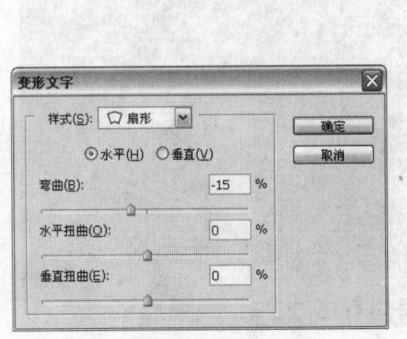

图11.79

5 单击"变形文字"对话框中的"确定"按钮,确认变形效果,得到如图11.80所示的变形文字效果。

6 选择"移动工具" ,按Ctrl+T键调出自由变换框,逆时针旋转文字20°,按Enter键确定并适当调整其位置,得到如图11.81所示的效果。

图11.80

图11.81

7 此时文字不突出,下面为其添加一个描边来进行修饰。在"图层"面板底部单击"添加图层样式"按钮 ,在弹出的菜单中分别选择"渐变叠加"和"描边"命令,在弹出的对话框中进行参数设置,如图11.82和图11.83所示,确认后的效果如图11.84所示。然后使用"横排文字工具" 输入其他文字完成作品,最终效果如图11.85所示。

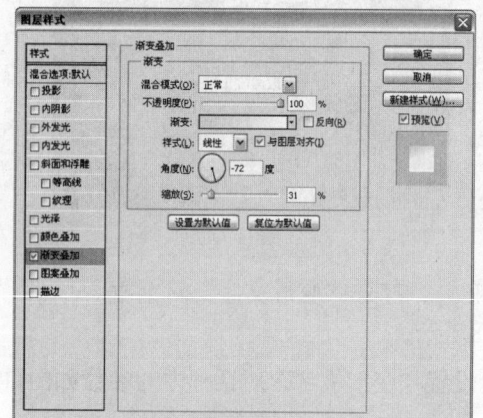

图11.82

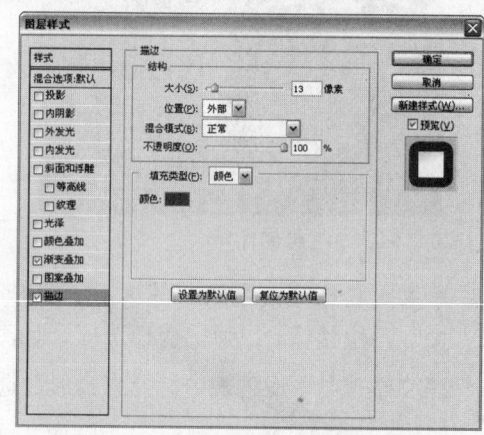

图11.83

图11.84

图11.85

下面讲解"变形文字"对话框中的重要参数。
- 样式：在此下拉列表中可以选择15种不同的文字变形效果。
- 水平/垂直：选择"水平"选项可以使文字在水平方向上发生变形，选择"垂直"选项可以使文字在垂直方向上发生变形。
- 弯曲：此参数用于控制文字扭曲变形的程度。
- 水平扭曲：此参数用于控制文字在水平方向上变形的程度，数值越大则变形的程度也越大。
- 垂直扭曲：此参数用于控制文字在垂直方向上变形的程度。

11.9.2 取消文字变形效果
视频路径：视频文件\11.9.2.avi

如果要取消文字变形效果，可以在文字被选中的情况下，在"变形文字"对话框的"样式"下拉列表中选择"无"选项，如图11.86所示。

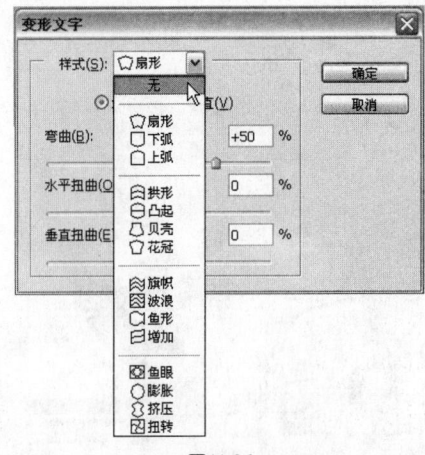

图11.86

11.10 沿路径绕排文字

11.10.1 沿路径绕排文字的设计意义

利用Photoshop提供的将文字绕排于路径的功能，可以将文字绕排于任意形状的路径，实现如图11.87所示的设计效果。

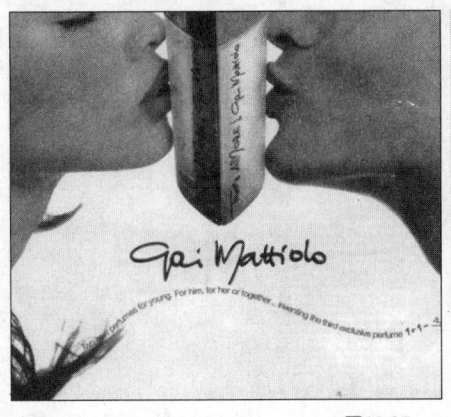

图11.87

对于设计者而言，可以使用这一功能将文字绕排为一条引导阅读者目光的流程线，从而使阅读者的目光跟随设计者的意图而流动。

11.10.2 制作沿路径绕排文字的效果

视频路径：视频文件\11.10.2.avi

Photoshop CS5允许制作沿路径绕排效果的文字，使用户可以像在矢量软件中一样，制作出更加丰富的文字排列效果，下面将通过一个实例来讲解制作沿路径绕排文字的方法。

1 打开随书所附光盘中的文件"第11章\11.10.2-素材.tif"，如图11.88所示。

2 选择"钢笔工具" ，在工具选项条上选择"路径"按钮 ，在画布中沿蓝色线条的曲线绘制一条路径，如图11.89所示。

图11.88

图11.89

3 设置前景色为黑色，选择"横排文字工具" ，并设置适当的字体和字号等文字属性，将鼠标指针置于路径的顶端，如图11.90所示。

图11.90

4 在路径上单击以插入一个文本光标，如图11.91所示，然后输入文字"Just Do Your Best! Come On!!"，如图11.92所示。按Ctrl+Enter键确认输入文字，即完成操作。

文字的使用 第11章

图11.91

图11.92

5 在刚输入文字的右上方再输入一段文字，确认输入后结合自由变换控制框，将其旋转一定角度，并调整其位置，如图11.93所示，此时的"图层"面板如图11.94所示。

图11.93

图11.94

11.10.3 理解沿路径绕排文字

通过上面的操作实例，相信各位读者已经能够清晰地看出沿路径绕排的文字是借助于路径来实现的，因此路径是实现沿路径绕排文字的本质。

制作完成沿路径绕排的文字后,"路径"面板中将会自动生成一条新的路径(如图11.95所示),其名称与沿路径绕排的文字相同,这条路径被称为"绕排文字路径"。

这条路径与绘制的普通路径有以下不同之处。

- 此路径属于暂存路径,即当在"图层"面板中选择绕排于路径的文字所在的图层时,此路径显示,反之则隐藏。
- 无法通过在"图层"面板中单击"删除当前路径"按钮 🗑 或者将该路径拖动至"删除当前路径"按钮 🗑 上删除该路径。
- 此路径的名称无法更改。
- 如果双击此路径,则弹出"存储路径"对话框,可以将此路径保存为普通路径,如图11.96所示。

图11.95

图11.96

11.10.4 在路径上移动文字

> 视频路径:视频文件\11.10.4~11.10.5.avi

要移动路径上的文字,可以使用"路径选择工具" ▶,将其置于文字的最前端,此时光标变为 ▶ 状态,然后按住鼠标左键沿路径拖动文字,即可调整其位置。另外,还可以在光标变为 ▶ 状态后,直接在路径上单击,此时路径绕排文字的始端文字就会自动移至单击的位置。

图11.97就是将路径上的文字向后拖动得到的效果。

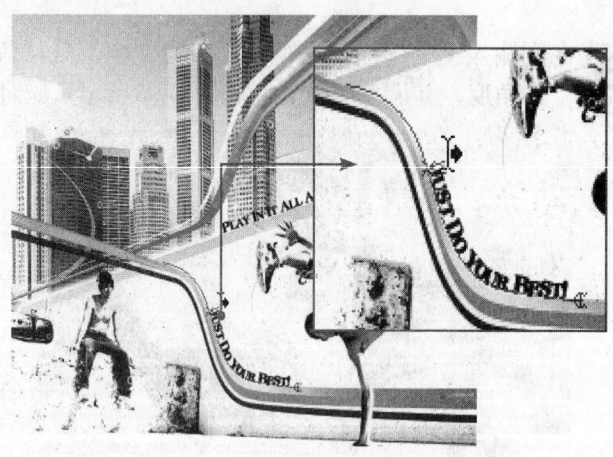

图11.97

11.10.5 在路径上翻转文字

> 视频路径:视频文件\11.10.4~11.10.5.avi

所谓在路径上翻转文字,即指让文字以路径线为基准进行对称性的翻转操作,其操作方法也比较简单,可以使用"路径选择工具" ▶ 将其置于文字上,此时光标变为 ▶ 状态,然后按住鼠标左键,将其向相反的方向拖动即可。图11.98是将文字翻转以后得到的效果。

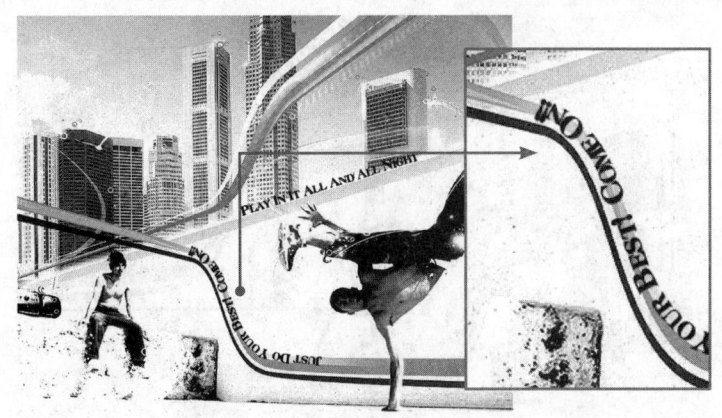

图11.98

11.10.6 更改路径绕排文字的属性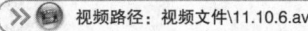

虽然路径绕排文字有其自身的特殊性，但位于路径上的文字仍然具备文字应有的属性，同时也允许用户随时根据需要修改其属性，其操作方法也与改变普通的文字内容完全相同。图11.99是将文字分别修改为不同文字属性以后得到的效果。

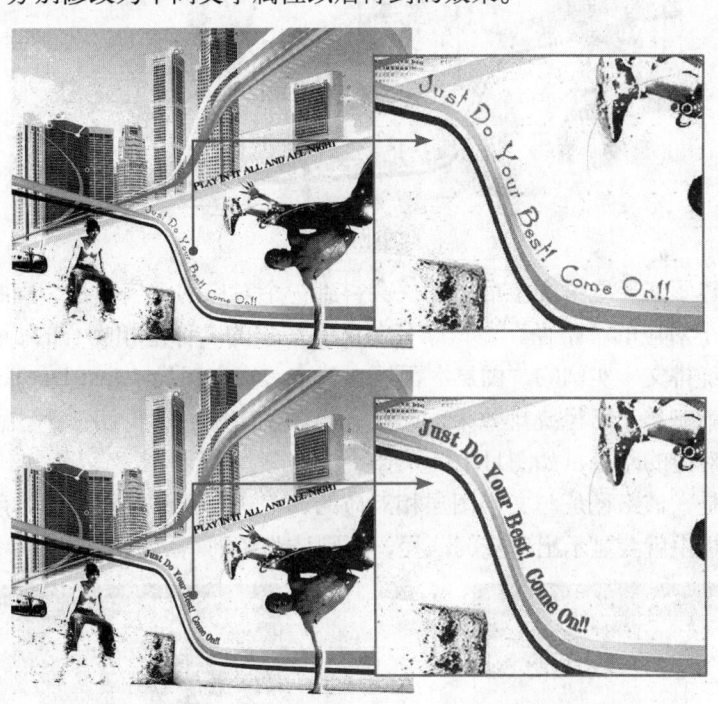

图11.99

11.10.7 修改路径绕排文字的形态

在前面的讲解中，都是关于修改路径绕排文字中的文本内容，实际上，在创建了路径绕排后，同样可以编辑文字绕排的形状，操作方法与编辑普通路径是完全相同的，同时，修改了路径的形态后，与之对应的文字也会发生变化。图11.100和图11.101就是编辑了路径形状后得到的两种不同效果。

图11.100

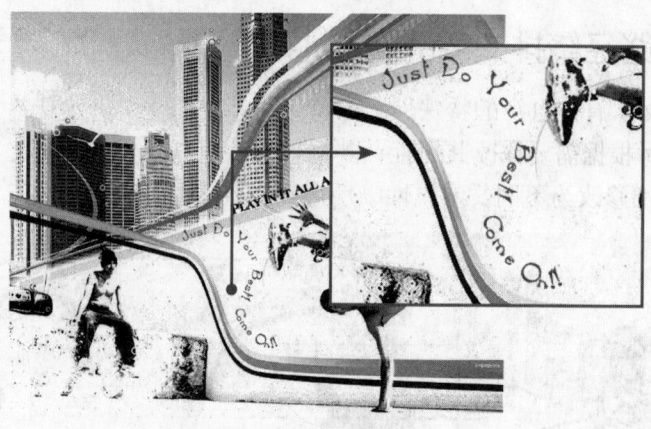

图11.101

　　实际上，创建了路径绕排文字后，不仅会得到一个对应的文字图层，同时在"路径"面板中也会生成一个对应的"路径"，该路径与文字图层的名称是相吻合的。图11.102所示为前面制作的路径绕排文字实例的"图层"面板。其中，文字图层"Just Do Your Best! Come On!!"中的文字就制作了路径绕排效果，此时选择该文字图层，再切换至"路径"面板中，则可以看到一个对应的路径，如图11.103所示。

　　值得一提的是，该路径是与文字图层相对应的，当选择了路径绕排文字所在的文字图层时，"路径"面板中就会显示出对应的路径，否则该路径则不显示出来。

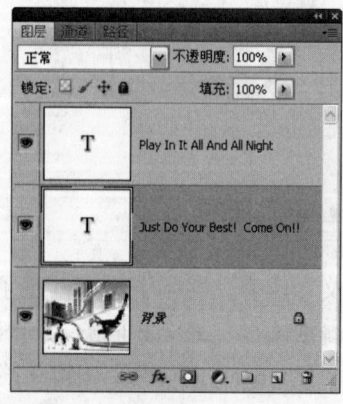

图11.102

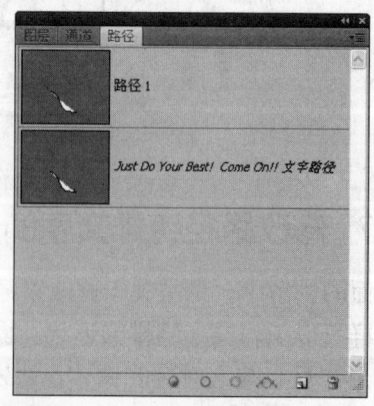

图11.103

11.11 异形文字段落

> 视频路径：视频文件\11.11.avi

除了可以使文字沿路径进行绕排外，在Photoshop中还可以将其容纳在一个规则或不规则的路径形状内，从而改变段落文字的外部形状，如图11.104所示。

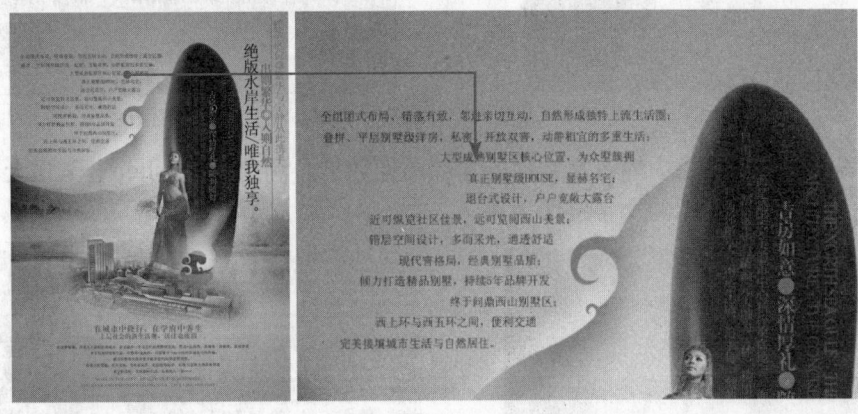

图11.104

下面通过一个实例，讲解如何在Photoshop中将文字置于图形中。

1 打开随书所附光盘中的文件"第11章\11.11-素材.psd"，如图11.105所示。

2 在工具箱中选择"钢笔工具" ，绘制需要添加的异形轮廓，如图11.106所示。

图11.105

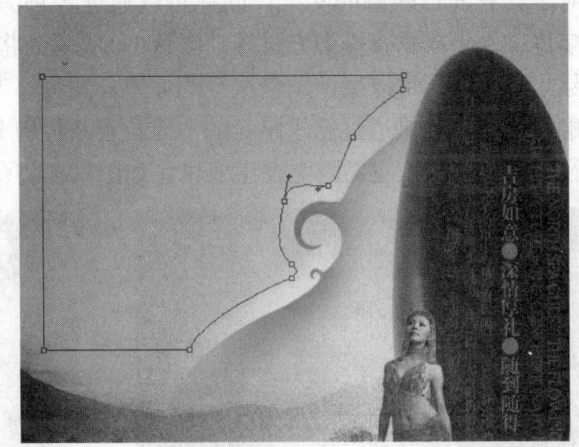

图11.106

3 在工具箱中选择"横排文字工具"，（根据需要也可以选择其他文字工具），并在其工具选项条中设置适当的字体和字号，将工具光标置于步骤2所绘制的路径中间，直至鼠标指针转换成 状态，如图11.107所示。

4 用鼠标指针在路径中单击一下（不要单击路径线），从而得到一个文本插入点光标，直接在光标后面输入所需要的文字，即可得到所需要的效果。

执行上述步骤后，"路径"面板中同样将生成一条新的轮廓路径，其名称即为路径中的文字，如图11.108所示。

图11.107

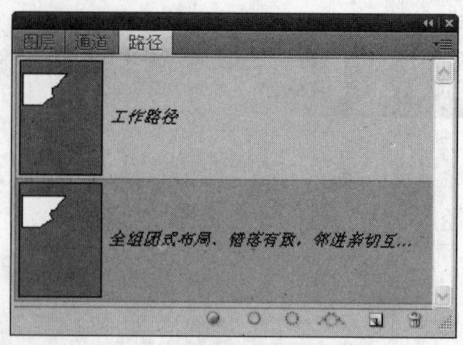
图11.108

图11.109所示为在路径中输入文字后的局部图像效果。利用Photoshop这一强大功能,能够轻松实现如图11.110所示的文字绕图效果。

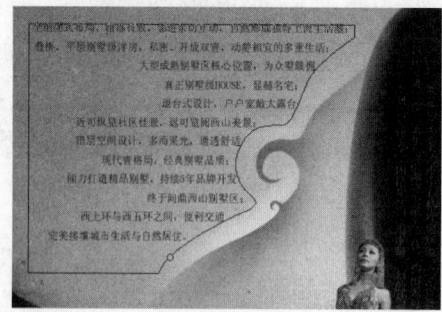
图11.109

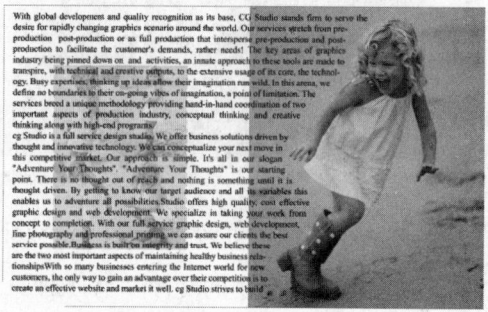
图11.110

对于具有异形轮廓的文字,同样可以通过各种方法修改文字的各种属性,其中包括字号、字体、水平或垂直排列方式等。图11.111所示为将文字修改为其他属性后的效果。

除此之外,还可以通过调整路径的曲率、角度、节点的位置来修改被纳入到路径中文字的轮廓及形状。如果通过修改路径的节点位置及控制句柄的方向改变了路径的形状,则排列于路径中的文字外形也将随之发生变化,如图11.112所示。

图11.111

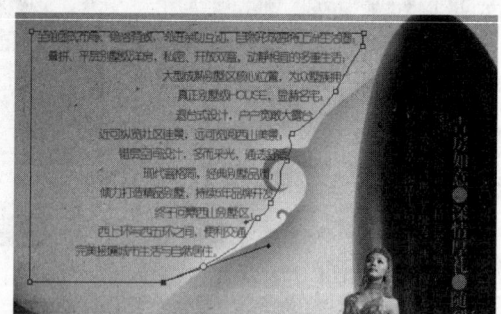
图11.112

11.12 应用实例——制作个性化艺术文字效果

本例运用了"横排文字工具" T 、"钢笔工具" 、"添加图层样式"命令、"转化为形状"命令等,制作出一款极具个性化的艺术文字。

文字的使用 第11章

1 按Ctrl+N键新建文件，在弹出的对话框中设置参数，如图11.113所示，单击"确定"按钮退出对话框。

2 设置前景色的颜色值为fd0993，选择"横排文字工具"，在其工具选项条中设置适当的字体与字号，在文件中画布的左侧键入文字"蝴"，效果如图11.114所示。

3 用鼠标右键单击"图层"面板中图层"蝴"的图层名称，在弹出的菜单中选择"转化为形状"命令。

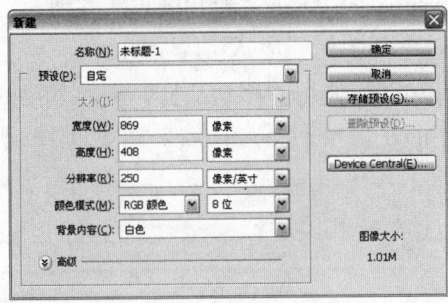
图11.113

图11.114

4 使用"直接选择工具"，选择"蝴"字左下方一提以及一点，如图11.115所示，按Delete键删除，效果如图11.116所示。

提示
在使用"直接选择工具"选择锚点时，可以配合Shift键进行加选。

5 使用"直接选择工具"在画布的空白处单击以隐藏各个锚点，再次单击文字路径以激活各个锚点，然后选择"蝴"字左侧中间一竖左下角处的锚点，如图11.117所示。按住Shift键垂直向上拖动，得到如图11.118所示的效果。

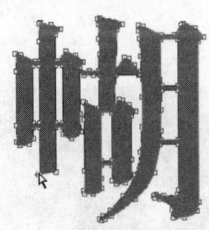

图11.115　　　　图11.116　　　　图11.117　　　　图11.118

6 使用"直接选择工具"将"蝴"字左侧中间一竖上方的锚点进行调整，直至得到如图11.119所示的效果。按照同样的方法，依次编辑"蝴"字中间的"口"以及右侧的"月"，直至得到如图11.120所示的效果。

图11.119

图11.120

> **提示**
>
> 在使用"直接选择工具" 调整锚点的过程中,路径的弧度可以通过调整锚点两侧的控制手柄来完善。对于不需要的锚点,可以使用"直接选择工具" 进行选取,然后按Delete键进行删除。

7 保持前景色不变,选择"椭圆工具" ,在工具选项条中单击"形状图层"按钮 ,在"蝴"字的左下方绘制如图11.121所示的形状,得到图层"形状1"。

8 打开随书所附光盘中的文件"第11章\11.12-素材.psd"。使用"移动工具" 将其中的图形拖动到制作文件中,并分别放置在"蝴"字的左侧及右下方,效果如图11.122所示,得到图层组"花形"。

> **提示**
>
> 本步骤的素材是以图层组的形式给出的。

9 结合文字类工具、"直接选择工具" 以及矢量绘图类工具等,制作另外两个字的效果,最终效果如图11.123所示,如图11.124所示为本例的应用效果。

图11.121   图11.122   
图11.123

图11.124

第 12 章

通道技术

通道是Photoshop的核心功能之一。简单地说，它是用于装载选区的一个载体。同时，在这个载体中还可以像编辑图像一样编辑选区，从而得到更多的选区状态，并最终制作出更为丰富的图像效果。除了通道，本章还将以Alpha通道为重点，对其编辑、调用等操作进行详细讲解。

12.1 了解通道

许多Photoshop学习者在最初学习通道时，总是将通道与选区、特效等划上等号，但随着学习深度的不断增加，就会发现通道与选区、特效等还是有一定区别的，虽然这三者之间确实存在非常广泛、密切的联系。下面分别从通道与特效、通道与印刷两个方面来讲解这个问题。

12.1.1 通道与特效

由于通道中的图像能够被转换为选区，因此在制作许多特殊的图像效果时，通道都是必不可少的操作手段。例如，在图12.1所示的视觉艺术作品中，只有先使用通道将图12.2中的火焰选择出来，才可以得到最终的效果。

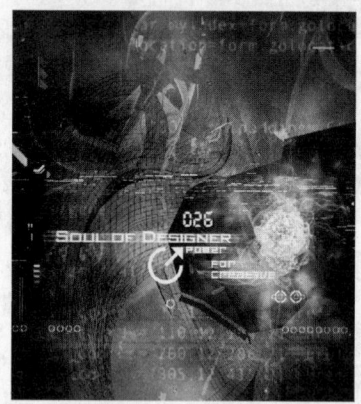
图12.1

图12.2

在如图12.3所示的作品中，将通道的应用与"光照效果"滤镜命令的应用结合了起来。这样的示例还包括如图12.4所示的招贴，在制作这一作品的过程中，应用通道的同时使用了"彩色半调"滤镜命令。

图12.3

图12.4

从上面的示例与讲解中不难看出，由于通道与滤镜命令、选区等能够相互灵活运用，使设计者使用通道可以创作出多种多样的特效来。

对于初、中级学习者而言，深入理解通道的原理和掌握Alpha通道的使用技巧，是灵活使用通道制作特效的基础。

12.1.2 通道与印刷

通道与印刷也有着千丝万缕的联系。通过理解通道，能够理解CMYK图像如何在输出时被分色，不仅如此，Photoshop还具有处理专色通道的能力，因此通过在Photoshop中添加、调整专色通道，可以制作出用于专色印刷的专色版。

本章许多小节都以各种主题讲解了通道与印刷的关系，希望各位读者认真学习。

12.2 通道的分类与特点

在Photoshop中，通道可以分为原色通道、Alpha通道和专色通道三类，虽然都显示在"通道"面板中，但每一类通道都有其不同的功能与操作方法。

12.2.1 原色通道

原色通道，简单来说是保存图像颜色信息的场所。

对于CMYK颜色模式的图像，具有5个原色通道。其中，图像的青色像素分布的信息保存在青色原色通道中，因此当改变青色原色通道时，就可以改变青色像素分布的情况。同样图像的黄色像素分布的信息保存在黄色原色通道中，因此当改变黄色原色通道时，就可以改变黄色像素分布的情况。其他两个构成图像的原色洋红与黑色像素分别被保存在黄色原色通道及黑色原色通道中，最终看到的就是由这4个原色通道所保存的颜色信息所对应的颜色组合叠加而成的合成效果。因此当打开一幅CMYK颜色模式的图像并显示"通道"面板时，就可以看到有4个原色通道与一个原色合成通道显示于"通道"面板中，如图12.5所示。

而对于RGB颜色模式图像，则有4个原色通道，即红色通道（R）、绿色通道（G）、蓝色通道（B）和一个原色合成通道RGB，如图12.6所示。

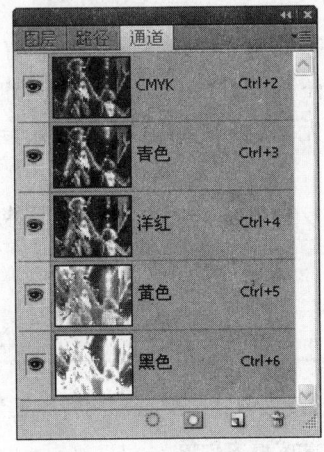

图12.5

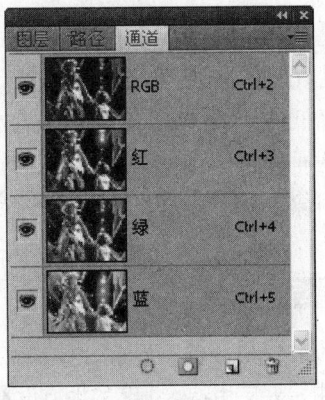

图12.6

图像所具有的原色通道数目取决于图像的颜色模式，位图模式和灰度模式的图像有1个原色通道；RGB颜色模式的图像有4个原色通道；CMYK颜色模式的图像有5个原色通道；Lab颜色模式的图像有3个原色通道；HSB颜色模式的图像有4个原色通道。

> **提示**
>
> 为了更好地理解原色通道的作用，读者可以分别在不同的原色通道中填充白色、黑色或灰色，并观察填充后最终图像的变化效果。

12.2.2 Alpha通道

Alpha通道与颜色信息无关，仅用于存放选区信息，其中包括选区的位置、大小、是否具有羽化值或其值的大小等属性，如图12.7左图所示为Alpha通道为保存右图的选区信息得到的效果。

图12.7

> **提示**
>
> Alpha通道是初学者的重点学习内容，也是本章的重点讲述内容。

12.2.3 专色通道

专色通道与"专色"的概念不可分离，专色是指在印刷时使用的一种预制的油墨。使用专色的好处在于，可以获得通过使用CMYK四色油墨无法合成的颜色效果，如金色与银色，此外可以降低印刷成本。

而专色通道可以在分色时输出5块、6块，甚至更多的色片，用于定义需要使用专色印刷或处理的图像局部。

> **提示**
>
> 在制作特殊印刷工艺如UV、局部模切时，可以通过专色通道来生成应用特殊工艺的色版，在通道中将要应用特殊工艺的地方设置为白色，其他位置设置为黑色。

12.3 通道的常用操作

在对通道有了一个大致的认识后，下面将开始讲解与通道相关的操作，例如新建、复制、删除通道等。

12.3.1 了解"通道"面板

"通道"面板与"路径"面板、"图层"面板一样具有很高的使用率。选择"窗口"|"通道"命令即可显示"通道"面板，如图12.8所示。

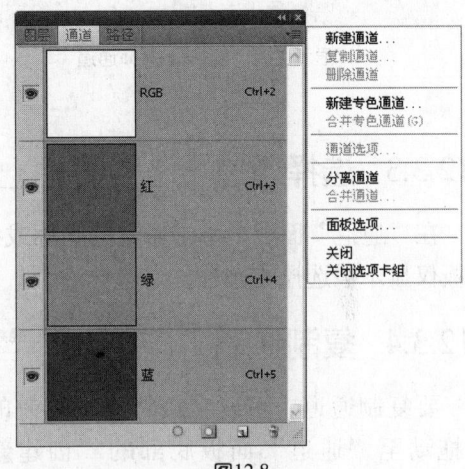

图12.8

"通道"面板的组成元素较为简单，面板中各按钮释义如下。

- "将通道作为选区载入"按钮 ◯ ：单击此按钮，可以将当前选择的通道以选区的形式调出。
- "将选区存储为通道"按钮 ◻ ：在选区处于激活的状态时，单击此按钮，可以将当前选区保存为Alpha通道。
- "创建新通道"按钮 ◰ ：单击此按钮，可以按默认设置新建一个Alpha通道。
- "删除当前通道"按钮 🗑 ：单击此按钮，可以删除当前选择的通道。

12.3.2 查看通道状态

每一个通道的左侧都有一个 👁 图标，可以通过它的显示与否决定通道是否处于显示状态。此外，可以同时显示一个或者多个通道，以比较通道中的图像效果。

如图12.9所示为Alpha通道状态及原图像效果。如图12.10所示为同时显示Alpha通道与不同原色通道时的状态。通过观察可以确定在Alpha通道中所制作的选区是否能够很好地与图像结合，不同的通道混合也会产生不同的效果。

Alpha通道状态

原图像效果

图12.9

显示通道"红"和Alpha通道

显示通道"红"、"绿"和Alpha通道

图12.10

12.3.3 选择通道

在"通道"面板中单击通道的名称或缩览图，即可选择该通道。在此情况下，"通道"面板仅显示被选择的通道。

12.3.4 复制通道　　视频路径：视频文件\12.3.4.avi

要复制通道，可以直接将需要复制的通道拖动至"通道"面板底部的"创建新通道"按钮 上，或先选择要复制的通道后，单击"通道"面板右上角的面板按钮 ，在弹出的菜单中选择"复制通道"命令，设置如图12.11所示的对话框。

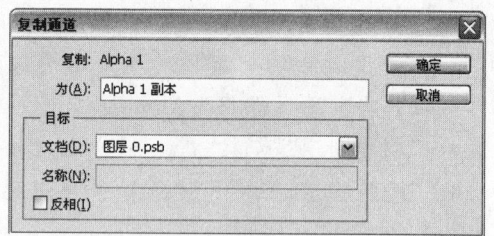

图12.11

此对话框中的重要参数释义如下。

- 为：在此文本框中可以输入按照此方法得到的"复制通道"的名称。
- 目标：在"目标"区域的"文档"下拉列表中选择当前图像的名称，可将通道复制到当前图像中。如果选择"新建"选项，则可将通道复制为一个新文件，需要在"名称"文本框中输入新文件的名称。
- 反相：选择该复选框，可以在复制时将通道反相。

12.3.5 删除通道　　视频路径：视频文件\12.3.5.avi

要删除无用的通道，可以在"通道"面板中选择要删除的通道，并将其拖动至面板底部的"删除当前通道"按钮 上。除Alpha通道外，原色通道也可以被删除，在这种情况下，当前图像的颜色模式将自动转换为多通道模式。

12.4 Alpha通道

通过前面的讲解，使读者对各类通道有了一定的了解。Alpha通道涉及到用户的创建方式和技巧，本节将详细讲解。

12.4.1 理解Alpha通道

> 视频路径：视频文件\12.4.1.avi

如前所述，在Photoshop中通道有原色通道、专色通道和Alpha通道，其中原色通道用于保存颜色信息，专色通道用于保存图像专色颜色信息，而Alpha通道是一个特殊的通道，用于保存选择区域的信息。

在将选区保存为Alpha通道时，选区被保存为白色，而非选区被保存为黑色，如果选区具有不为0的羽化数值，则此类选区被保存为具有灰色柔和边缘的通道，选区与Alpha通道间的关系如图12.12所示。

图12.12

也可以在Alpha通道中利用作图的方式对其进行编辑，从而获得使用其他方法无法获得的选区，而且可以长久地保存这些选区。

12.4.2 创建Alpha通道

Alpha通道并不是在新建文件时自动出现的，而是需要手工进行创建。下面通过一个实例来讲解Alpha通道与选区的关系。

1 新建一个文件，并创建如图12.13所示的圆形选区，此时的"图层"面板如图12.14所示。

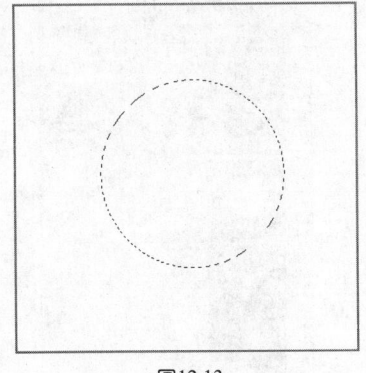
图12.13

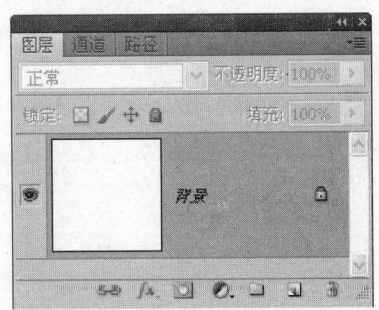
图12.14

2 选择"选择"|"存储选区"命令，设置弹出的对话框，如图12.15所示。

3 按Ctrl+D键取消选区，再创建一个如图12.16所示的牛头形选区。

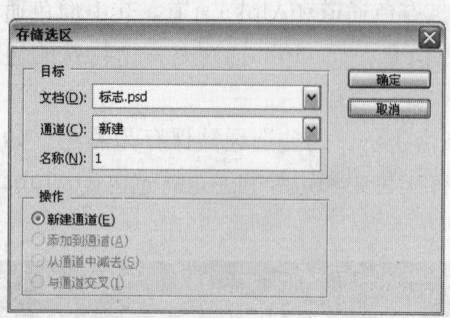
图12.15

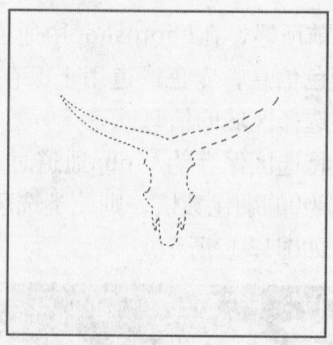
图12.16

4 选择"选择"|"存储选区"命令，设置弹出的对话框如图12.17所示。按Ctrl+D键取消选区。

5 使用"路径"和"自由变换并复制"命令，在图像的中间创建如图12.18所示的五角星形选区。

图12.17

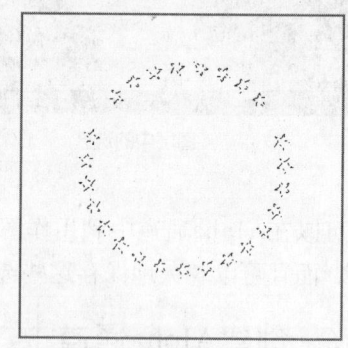
图12.18

6 选择"选择"|"存储选区"命令，设置弹出的对话框如图12.19所示。

7 切换至"通道"面板，可以发现"通道"面板中多了3个Alpha通道，如图12.20所示。

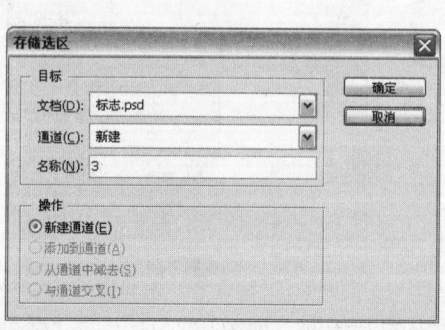
图12.19

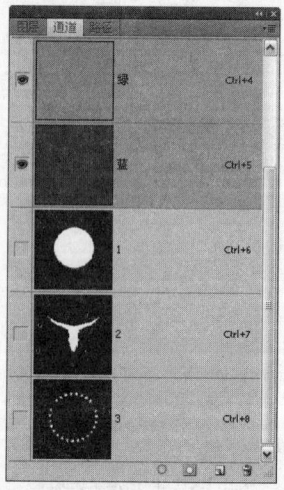
图12.20

8 分别单击各个Alpha通道以查看其状态，如图12.21所示。

  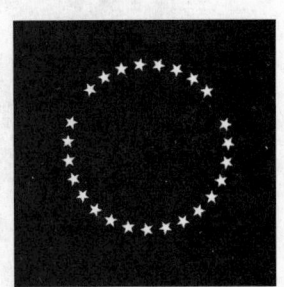

1号Alpha通道效果　　　　2号Alpha通道效果　　　　3号Alpha通道效果

图12.21

仔细观察3个Alpha通道可以看出，3个通道中白色部分对应的正是我们创建的3个选区的位置与大小，黑色则对应非选区，两者的对应关系如图12.22所示。

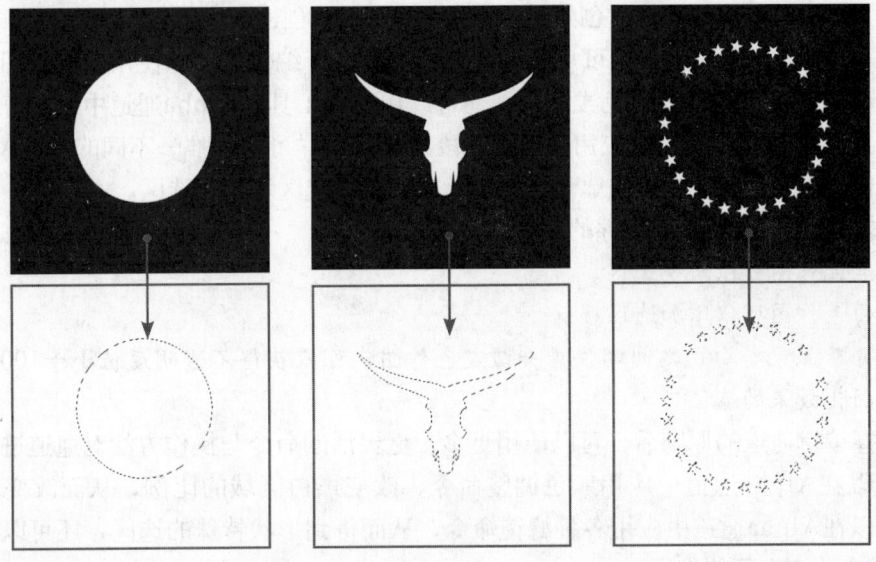

图12.22

通过这个实例，可以看出创建的选区都可以被保存在"通道"面板中，其中选区被保存为白色，非选区被保存为黑色。

读者可以尝试一下，将一个有羽化值的选区保存成为Alpha通道，看看在这种情况下Alpha通道的状态，并思考羽化值与Alpha通道之间的关系。

12.4.3 改变Alpha通道的顺序

默认情况下，新创建的Alpha通道显示在"通道"面板上方，后创建的Alpha通道在下方，但通过下面的操作可以改变Alpha通道的排列顺序。要改变通道的排列顺序，可以在"通道"面板中选择通道并将其拖动至新位置上，当在目标位置出现粗黑线时释放鼠标左键，即可改变通道顺序。如图12.23所示为改变通道排列顺序前后的"通道"面板。

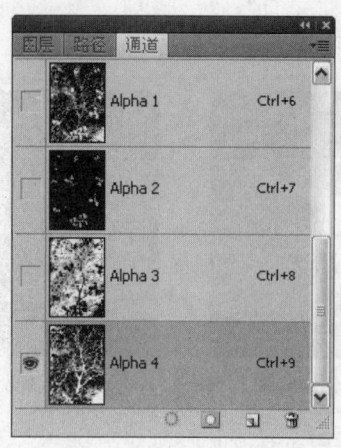 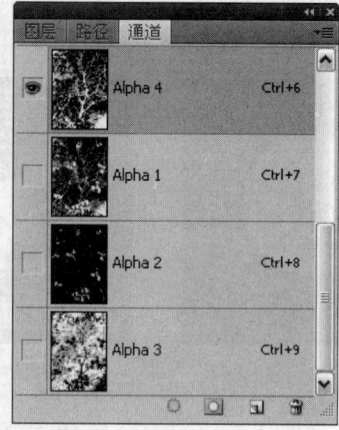

图12.23

12.4.4 通过Alpha通道创建选区的原则

单击"通道"面板底部的"创建新通道"按钮 ，创建一个新的Alpha通道。

当Alpha通道被创建后，即可用绘图的方式对其进行编辑。例如使用画笔绘图时，使用选择工具创建选区然后填充白色或黑色，还可以用形状工具在Alpha通道中绘制标准的几何形状，总之所有在图层上可以应用的作图手段在此都同样可用。唯一不同的是在Alpha通道中绘制的图像总是以黑、白、灰显示，以表示非选区、选区和羽化选区。

在编辑Alpha通道时需要掌握的原则如下。
- 用黑色作图可以减少选区。
- 用白色作图可以增加选区。
- 用介于黑色与白色之间的任意一级灰色作图，可以获得不透明度值小于100或边缘具有羽化效果的选区。

在掌握编辑通道的原则后，可以使用更多、更灵活的命令与操作方法对通道进行操作。例如，可以在Alpha通道中应用颜色调整命令，改变黑白区域的比例，从而改变选区的大小；也可以在Alpha通道中应用各种滤镜命令，从而得到形状特殊的选区；还可以通过变换Alpha通道来改变选区的大小。

12.4.5 将选区创建为Alpha通道

在Alpha通道中创建的形状可以转换为选区，同样，在图像中存在一个选区的情况下，通过选择"选择"|"存储选区"命令也可以将选区保存为通道。选择此命令后，弹出如图12.24所示的"存储选区"对话框。

其中各参数含义如下。
- 文档：该下拉列表中显示了所有已打开的尺寸大小与当前操作图像文件相同的文件的名称，选择这些文件名称可以将选区保存在该图像文件中。如果在下拉列表中选择"新建"命令，

图12.24

则可以将选区保存在一个新文件中。
- 通道：在该下拉列表中列有当前文件已存在的Alpha通道名称及"新建"选项。如果选择已有的Alpha通道，可以替换该Alpha通道所保存的选区；如果选择"新建"命令可以创建一个新Alpha通道。
- 新建通道：选择该项可以添加一个新通道。如果在"通道"下拉列表中选择一个已存在的Alpha通道，"新建通道"选项将转换为"替换通道"，选择此选项可以用当前选区生成的新通道替换所选择的通道。
- 添加到通道：在"通道"下拉列表中选择一个已存在的Alpha通道时，此选项可被激活。选择该选项可以在原通道的基础上添加当前选区所定义的通道。
- 从通道中减去：在"通道"下拉列表中选择一个已存在的Alpha通道时，此选项可被激活。选择该选项可以在原通道的基础上减去当前选区所创建的通道，即在原通道中以黑色填充当前选择区域所确定的区域。
- 与通道交叉：在"通道"下拉列表中选择一个已存在的Alpha通道时，此选项可被激活。选择该选项可以得到原通道与当前选区所创建的通道的重叠区域。

> **提示**
> 在选区存在的情况下，直接单击"通道"面板中的"将选区存储为通道"按钮 ，就可以将当前选区保存为一个默认的Alpha通道，很显然此操作方法比选择"选择" | "存储选区"命令更简单。

12.4.6 将通道调出选区

如前所述，在操作时用户既可以将选区保存为Alpha通道，也可以将通道作为选择区域调出（包括原色通道与专色通道）。在"通道"面板中选择任意一个通道，单击"通道"面板底部的"将通道作为选区载入"按钮 ，即可将此Alpha通道所保存的选区调出。

除此之外，也可以选择"选择" | "载入选区"命令，设置弹出的如图12.25所示的"载入选区"对话框中的参数。此对话框中的选项与"存储选区"对话框中的选项大体相同，故在此不再重述。

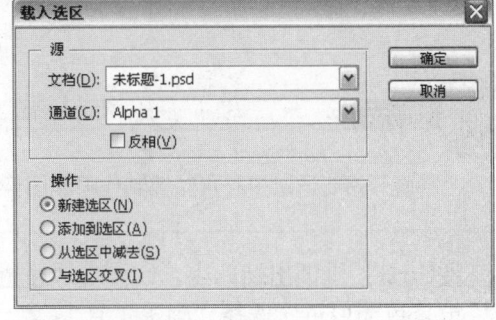

图12.25

- 按住Ctrl键单击Alpha通道的缩览图，可以直接载入此Alpha通道所保存的选区。
- 按住Ctrl+Shift键单击Alpha通道的缩览图，可以增加Alpha通道所保存的选区。
- 按住Alt+Ctrl键单击Alpha通道的缩览图，可以减去Alpha通道所保存的选区。
- 按住Alt+Ctrl+Shift键单击Alpha通道的缩览图，可以得到与Alpha通道所保存的选区相交叉的选区。

> **提示**
>
> 很多初学者在"通道"面板中载入Alpha通道中的选区后,往往要切换回"图层"面板对载入的选区进行各种操作,但是在返回"图层"面板后,却无法通过单击选中"图层"面板中的图层,这种情况往往是发生在"图层"面板中仅有一个图层且该图层为背景图层的情况下。解决的方法是,在切换"图层"面板前先选中RGB通道,通过单击的方法选中该背景图层。

12.5 应用实例

12.5.1 雪花牌儿童饮品包装设计

>> 视频路径:视频文件\12.5.1.avi

下面利用通道功能,制作包装作品中的彩色半调图案,以丰富整体画面。操作步骤如下。

1 打开随书所附光盘中的文件"第12章\12.5.1-素材.psd",其状态及相应的"图层"面板如图12.26所示。

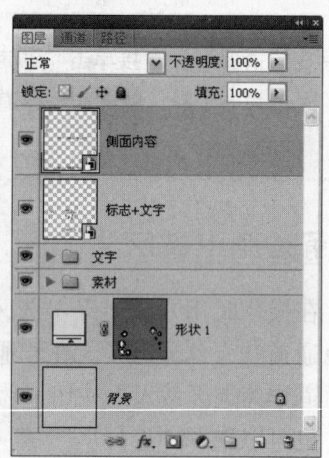

图12.26

> **提示**
>
> 下面开始在通道中利用滤镜制作喷溅图像效果。

2 按Ctrl+;键调出辅助线,切换至"通道"面板,新建一个通道得到"Alpha1",设置前景色为白色,选择"画笔工具" ,在其工具选项条中设置适当的画笔大小及不透明度,在包装盒正面位置进行涂抹,直至得到如图12.27所示的效果。

3 选择"滤镜"|"像素化"|"彩色半调"命令,设置弹出的对话框如图12.28所示,得到如图12.29所示的效果。

4 按住Ctrl键单击"Alpha1"的通道缩览图,以调出选区,切换至"图层"面板,选择"形状1",新建一个图层,并将得到的图层重命名为"图案",设置前景色为白色,按Alt+Delete键填充前景色，按Ctrl+D键取消选区，得到如图12.30所示的效果。

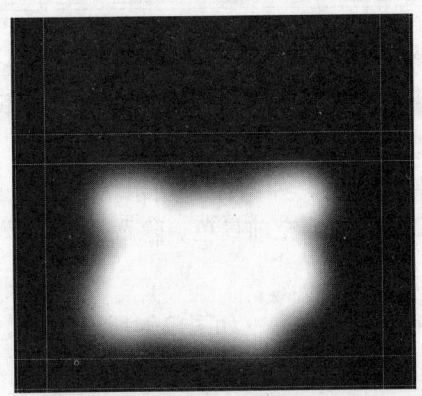

图12.27

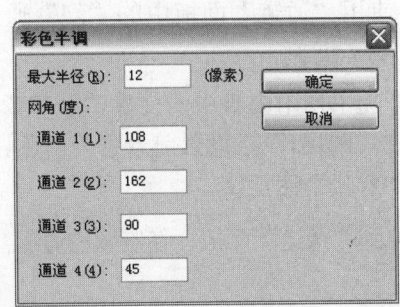

图12.28

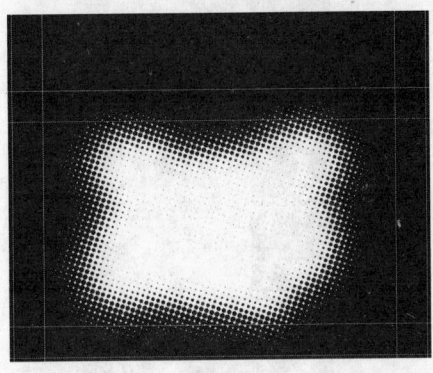

图12.29

图12.30

5　下面利用"盖印"命令制作背面中的图像效果。选择"形状 1"，按住Shift键选择"标志+文字"，以选中它们之间的图层，按Ctrl+Alt+E键执行"盖印"操作，从而将所选组中的图像合并至一个新图层中，并将其重命名为"背面"。

6　按Ctrl+T键调出自由变换控制框，在控制框内右击，在弹出的快捷菜单中选择"垂直翻转"命令，再选择"水平翻转"命令，并调整图像的位置，按Enter键确认操作，得到最终效果如图12.31所示。"图层"面板如图12.32所示。

图12.31

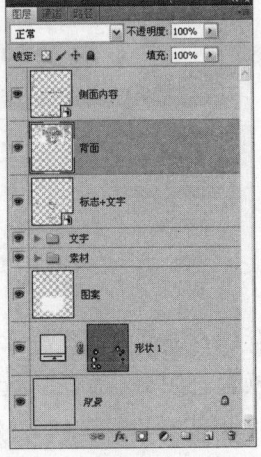

图12.32

12.5.2 抠选燃烧的火焰

视频路径：视频文件\12.5.2.avi

本实例主要运用通道功能将燃烧的火焰抠选出来，由于火焰的主色调是红色，所以在操作时主要使用"通道"面板中的"红"通道，通过对其进行色阶调整，进而将图像抠选出来。操作步骤如下：

1 打开随书所附光盘中的文件"第12章\12.5.2-素材.tif"，如图12.33所示。新建一个图层得到"图层1"。设置前景色为白色，按Alt+Delete键填充前景色。隐藏"图层1"，选择"背景"图层。

2 切换到"通道"面板，复制颜色通道"红"得到"红副本"，如图12.34所示。

图12.33

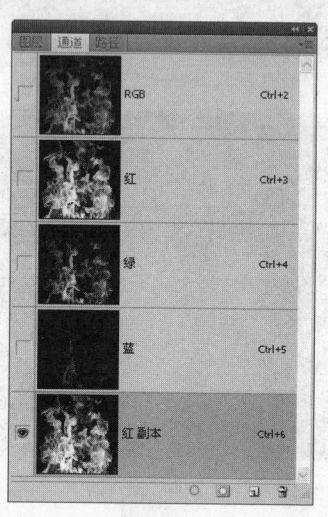

图12.34

3 按Ctrl+L键执行"色阶"命令，设置弹出的对话框如图12.35所示，单击"确定"按钮退出对话框，得到如图12.36所示的效果。

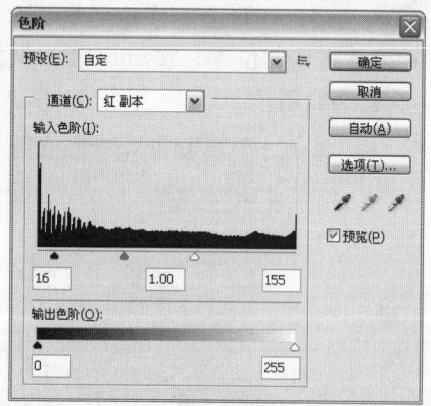

图12.35

图12.36

4 按住Ctrl键单击"红副本"的通道缩览图以载入其选区，得到的选区如图12.37所示。切换至"图层"面板，选择"背景"图层，按Ctrl+C键复制选区中的图像。

5 选择并显示"图层1"，新建一个图层得到"图层2"，按Ctrl+V键粘贴图像，得到如图12.38所示的效果。

图12.37

图12.38

6 至此，燃烧的火焰图像已经抠选完成，"图层"面板如图12.39所示，最终"通道"面板如图12.40所示。应用效果如图12.41所示。

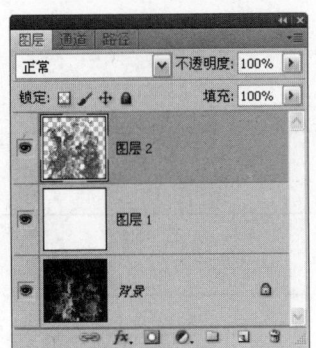
图12.39

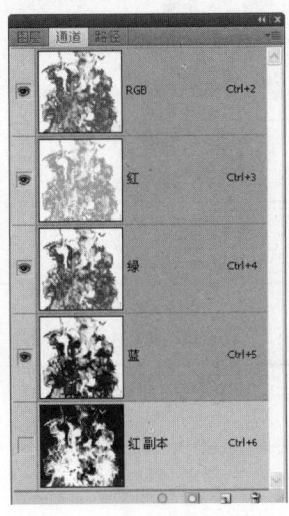
图12.40

图12.41

读书笔记

第13章

应用滤镜

Photoshop提供了多种多样的滤镜,使用这些滤镜,用户无需耗费大量的时间和精力就可以快速地制作出如马赛克、云彩以及各种扭曲效果等。本章将对Photoshop中常见的几种滤镜功能及处理得到的图像效果进行详细讲解。

13.1 神奇的滤镜

许多Photoshop用户将滤镜功能比喻为魔术师的魔术棒，经过滤镜处理后的图像立刻呈现出千变万化的效果，犹如经过魔术棒的点化。但如果单纯地将滤镜与图像特效划上等号就会忽视滤镜其他方面的特性，在此将通过以下几个方面帮助各位读者更加全面彻底地认识滤镜。

13.1.1 滤镜与图像特效

在滤镜的众多应用中，生成特殊的图像效果无疑是最引人注目的一个。使用同一个滤镜的不同参数，或者组合使用若干个不同的滤镜都能够产生千变万化的效果，甚至在使用滤镜时即使参数与滤镜种类相同但运用的顺序不同，也能够产生不同的效果，因此滤镜使许多初学者为之着迷，并花费大量时间研究滤镜的各类使用技巧。

值得注意的是，对于初学者而言，片面地重视滤镜会造成技术上的不均衡，最终导致许多初学者养成在作品中堆砌滤镜效果的不良习惯，而完全不考虑这些滤镜在使用后对作品是否有质量方面的提高。

13.1.2 滤镜与纠正图像

Photoshop中的某一些滤镜并不具有产生图像特效的功能，它们的功能是纠正图像。例如，"锐化"滤镜组中的所有滤镜都用于使图像更加清晰，除此之外，"镜头模糊"、"消失点"等滤镜也都用于纠正图像在制作时产生的问题。

对于用于生成特殊效果的滤镜而言，参数的准确性并不显得那么重要，而对于用于纠正图像的滤镜而言，不当的参数就可能产生矫枉过正的现象。在学习两类不同的滤镜时需要遵循不同的学习方向，并确立不同的学习重点。

13.1.3 滤镜与随机性图像效果

Photoshop中的大部分滤镜都具有随机性的特点，图13.1展示了4次使用"云彩"滤镜产生的不同效果。可以看出，每一次产生的效果都各不相同。

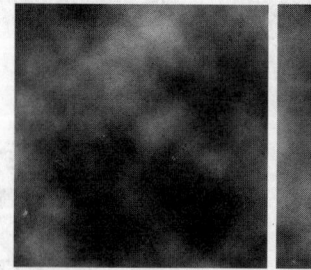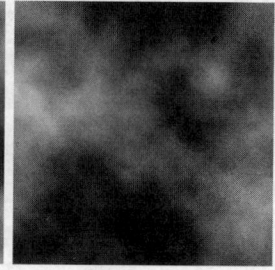

图13.1

滤镜的这种随机性特点保证了作品效果的多样性，使许多人能够更加深刻与全面地理解在使用滤镜时"尝试"对于创作的重要性。实际上，许多作品在创作时都会得益于多次尝试后得到的一个适合于深度创作的基本雏形。

13.2 特殊滤镜

滤镜库是一个集成了Photoshop中绝大部分命令的集合体，除了可以帮助用户方便地选择和使用滤镜命令外，还可以通过命令滤镜层来为图像同时叠加多个命令，下面将对滤镜库进行详细的讲解。

13.2.1 滤镜库

视频路径：视频文件\13.2.1-1.avi、13.2.1-2.avi

滤镜库的功能强大，使用此功能时，能够在一个对话框中完成调整滤镜参数、添加多个滤镜、组合使用多个滤镜等多项操作。选择"滤镜"|"滤镜库"命令，弹出的对话框如图13.2所示。

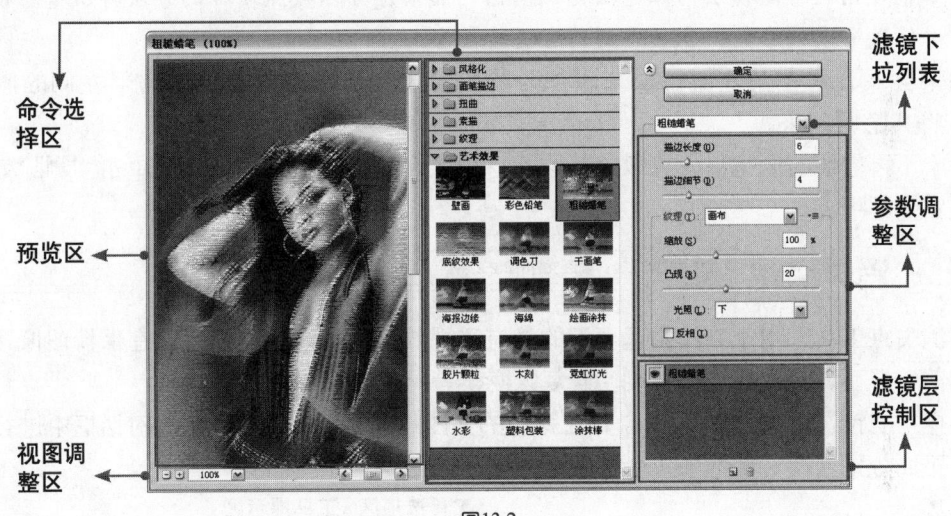

图13.2

可以看出，实际上此对话框是许多滤镜的集成式对话框，因此清楚每一部分的使用方法，掌握此命令并非难事。

此命令的最大特点在于提出了"滤镜层"的概念，即在此命令的对话框中，可以对当前操作的图像应用多个滤镜命令，并将这些滤镜命令得到的效果叠加起来，以得到更加丰富的变化效果。

此功能的具体使用方法如下。

1 选择"滤镜"|"滤镜库"命令，打开"滤镜库"对话框。

2 在对话框中部的命令选择区中，选择需要使用的第1个滤镜命令（如果希望使用多个滤镜命令的话）。

3 在参数调整区进行参数调整，同时在预览区域观察调整的效果，直至满意为止。

4 在滤镜层控制区中添加第2个滤镜层，在对话框中部的命令选择区中，选择需要使用的第2个滤镜命令。

5 在参数调整区进行参数调整，同时在预览区域观察调整的效果，直至满意为止。

6 按照上述方法不断添加新的滤镜层，并将滤镜层变为需要的滤镜命令，经过调整参数等操作，最后得到所需要的效果。

滤镜层的操作也与图层操作一样比较灵活，其中包括添加、删除、修改参数，改变滤镜层的顺序等操作。

要添加滤镜层，可以在参数调整区的下方单击"新建效果图层"按钮，此时所添加的新滤镜层将延续上一个滤镜层的命令及参数，可以根据需要执行以下操作。

- 如果需要使用同一滤镜命令增加该滤镜的效果，无须改变此设置，通过调整新滤镜层上的参数，即可得到满意的效果。
- 如果需要叠加不同的滤镜命令，可以选择该新增的滤镜层，在命令选区中选择一个新的滤镜命令，此时参数调整区域中的参数将同时发生变化，调整这些参数，即可得到满意的效果。
- 如果使用两个滤镜层仍然无法得到满意的效果，可以按照同样的方法再新增滤镜层，并修改命令或参数，直至得到满意的效果为止。

如果尝试查看在某些滤镜层未添加时的图像效果，可以单击该滤镜层左侧的眼睛图标，将其隐藏起来。

对于不再需要的滤镜层，可以将其删除，用鼠标单击将其选中，然后单击"删除效果图层"按钮即可。

13.2.2 消失点

视频路径：视频文件\13.2.2.avi

"消失点工具"用于制作由远至近的具有透视效果的图像，用户可以在保持图像透视角度不变的情况下，对图像进行复制、修复、变换等操作。

选择"滤镜"|"消失点"命令，在弹出的如图13.3所示的"消失点"对话框中进行参数设置。下面分别介绍对话框中各个区域及各工具的功能。

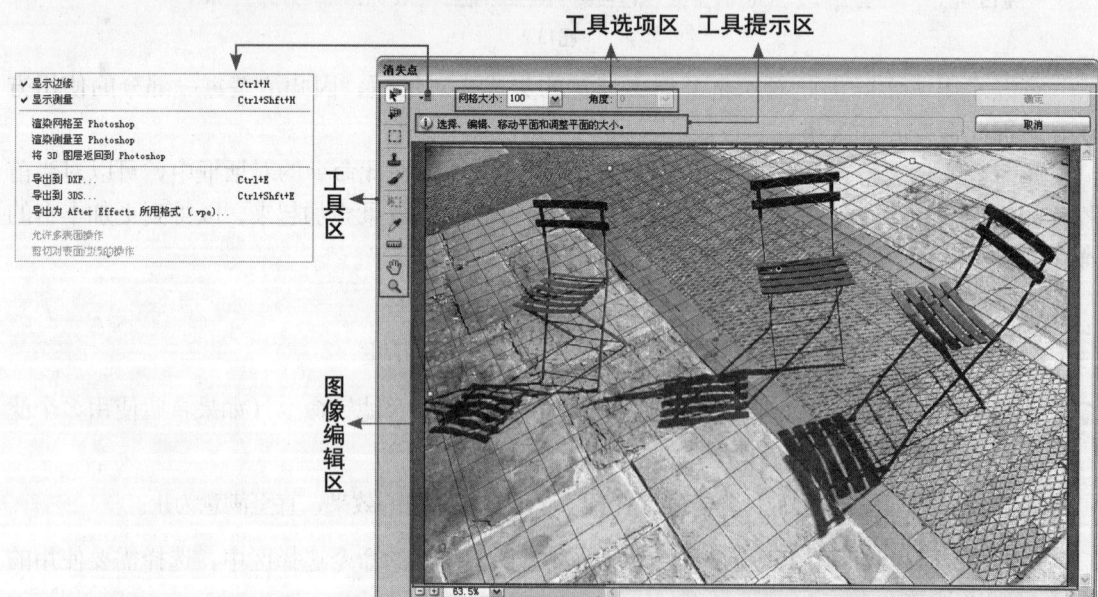

图13.3

- 工具区：该区域中包含用于选择和编辑图像的工具。

- 工具选项区：该区域用于显示所选工具的参数。
- 工具提示区：在该区域中简单地显示对该工具的提示信息。
- 图像编辑区：在此可对图像进行复制、修复等操作，同时可以即时预览调整后的效果。
- "编辑平面工具"：使用该工具可以选择和移动透视网格。
- "创建平面工具"：使用该工具可以绘制透视网格来确定图像的透视角度。在工具选项区的"网格大小"文本框中可以设置每个网格的大小。

> **提示**
>
> 透视网格是随PSD格式的文件存储在一起的，当用户需要再次进行编辑时，再次选择该命令，即可看到以前所绘制的透视网格。

- "选框工具"：使用该工具可以在透视网格内进行选取，以选中要复制的图像，而且得到的选区与透视网格的透视角度是相同的。选择此工具时，在工具选项条的"羽化"和"不透明度"文本框中输入数值，可以设置选区的羽化和透明属性；在"修复"下拉列表中选择"关"选项，可以直接复制图像，选择"明亮度"选项将按照目标位置的亮度对图像进行调整，选择"开"选项则根据目标位置的状态自动对图像进行调整；在"移动模式"下拉列表中选择"目标"选项，则会将选区中的图像复制到目标位置，选择"源"选项则将目标位置的图像复制到当前选区中。但要注意，当没有任何网格时则无法进行选取。
- "图章工具"：按住Alt键，使用该工具可以在透视网格内定义一个源图像，然后在需要的地方进行涂抹，即可将源图像复制到指定位置。在其工具选项条中可以设置仿制图像时的"画笔直径"、"硬度"、"不透明度"、"修复"等参数。
- "画笔工具"：使用该工具可以在透视网格内进行绘制。在其工具选项条中可以设置画笔的"直径"、"硬度"、"不透明度"、"修复"等参数。单击"画笔颜色"右侧的色块，在弹出的"拾色器"对话框中还可以设置画笔的颜色。
- "变换工具"：由于复制图像时图像的大小自动变化，当对图像大小不满意时，即可使用此工具对图像进行放大或缩小操作。选择其工具选项条中的"水平翻转"或"垂直翻转"选项后，可以得到水平或垂直方向上的翻转图像。
- "吸管工具"：使用该工具可以在图像中单击，以吸取画笔绘图时需要的颜色。
- "测量工具"：使用此工具可以测量从一点到另外一点的距离，以及相对于透视关系来说，当前测量直线的角度。
- "抓手工具"：使用该工具在图像中拖动可以查看未完全显示出来的图像。
- "缩放工具"：使用该工具直接在图像中单击可以放大图像的显示比例，按住Alt键在图像中单击即可缩小图像显示比例。

该对话框弹出菜单中各主要命令的功能解释如下。

- 显示边缘：选中此命令时，将显示出透视网格的边缘线。
- 显示测量：选中此命令时，将显示使用"测量工具"在图像中生成的测量线及测量结果。
- 导出到DXF：选择此命令或按Ctrl+E键，在弹出的对话框中选择文件保存的路径及名称，可以将当前内容导出成为DXF格式的文件。
- 导出到3DS：选择此命令或按Ctrl+Shift+E键，在弹出的对话框中可以将当前文件导出成为3DS格式的文件，以供在3ds Max中使用。
- 导出为After Effect所用格式：使用此命令可以将当前文件导出成为专供After Effect软件使用的格式。

下面通过一个具体实例来讲解该命令的使用方法。

1 打开随书所附光盘中的素材文件"第13章\13.2.2-素材.jpg"，如图13.4所示，在本例中，将依据地面上的砖格将中间的椅子图像修除。

2 按Ctrl+Alt+V键或选择"滤镜"|"消失点"命令以调出"消失点"对话框。使用"创建平面工具" 沿中间的路面绘制一个透视网格，如图13.5所示。

图13.4

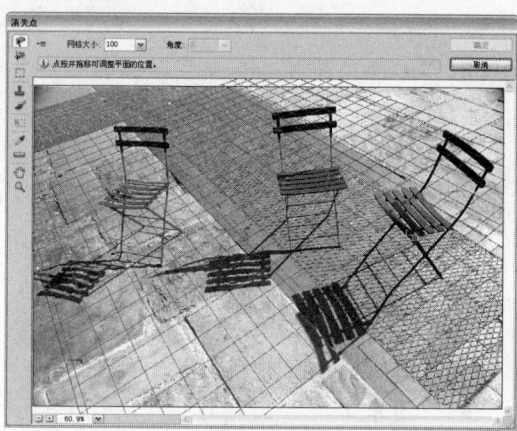
图13.5

> **提示**
> 由于中间的椅子所涉及不同砖格的地面图像，所以我们需要将透视网格绘制得大一些，一方面是为了便于分别对各个部分进行修复，另外也是为了便于更精确地绘制整体的透视网格。

3 首先来修复一下中间深色砖格中的椅子图像。使用"矩形选框工具" 在上一步绘制的透视网格中间绘制以创建选区，如图13.6所示。

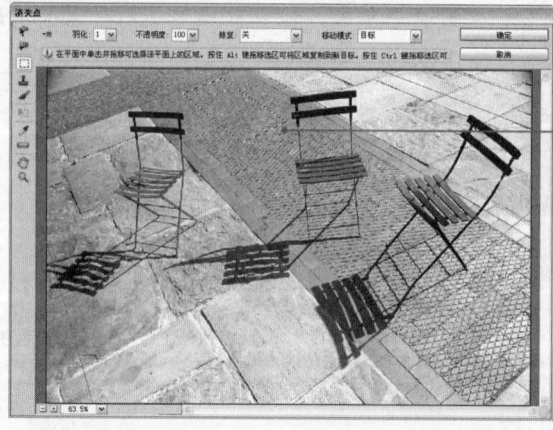

图13.6

4 按住Alt键将选区中的图像拖至图像中间的椅子上。发现椅子被部分覆盖，如图13.7所示。

图13.7

> **提示**
>
> 在拖动图像的过程中就可以感觉到图像的透视角度和大小都在发生变化，读者可以反复操作几次进行验证。

5 按照上一步的方法连续复制，直至得到如图13.8所示的效果。

6 得到满意的效果后，单击"确定"按钮退出对话框即可。如图13.9所示为图像的整体效果。

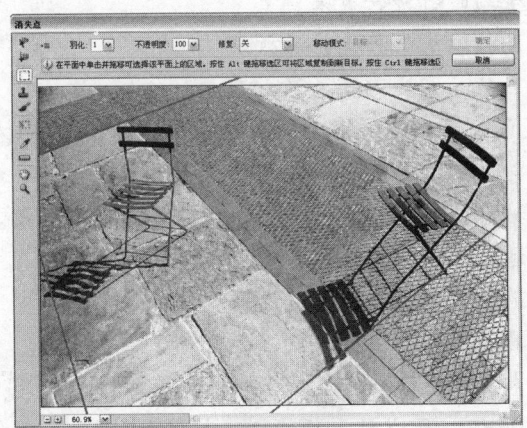

图13.8

图13.9

> **提示**
>
> 按住Alt键时，原"取消"按钮会变为"复位"按钮，单击该按钮可将对话框中的参数复位到本次打开对话框时的状态；按住Ctrl键时，原"取消"按钮会变为"默认值"按钮，单击该按钮可将对话框中的参数恢复为默认数值。

13.2.3 液化

> 视频路径：视频文件\13.2.3.avi

利用"液化"命令，用户可以通过交互方式推、拉、旋转、反射、折叠和膨胀图像的任意区域，使图像变换成所需要的艺术效果。

选择"滤镜"|"液化"命令，弹出如图13.10所示的对话框。

图13.10

下面将按照上图所示的标示，详细讲解各区域中的参数含义。

1. 工具箱

- "向前变形工具" ：在图像上拖动，可以使图像的像素随着涂抹产生变形。
- "重建工具"：扭曲预览图像之后，使用重建工具可以完全或部分地恢复更改。
- "顺时针旋转扭曲工具"：使图像产生顺时针旋转效果。
- "褶皱工具"：使图像向操作中心点处收缩从而产生挤压效果。
- "膨胀工具"：使图像背离操作中心点从而产生膨胀效果。
- "左推工具"：移动与描边方向垂直的像素。直接拖移使像素向左移，按住Alt键拖移将使像素向右移。
- "镜像工具"：将像素拷贝至画笔区域，然后向与拖动方向相反的方向复制像素。
- "湍流工具"：能平滑地拼凑像素，适合于创建火焰、云彩、波浪等效果。
- "冻结蒙版工具"：用此工具拖过的范围被保护，以免被进一步编辑。
- "解冻蒙版工具"：解除使用冻结工具所冻结的区域，使其还原为可编辑状态。
- "抓手工具"：通过拖动可以显示出未在预视窗口中显示出来的图像。
- "缩放工具"：在预览图像中单击或拖移，可以放大预览图；按住Alt键在预览图像中单击或拖移，将缩小预览图。

2. 工具选项区

工具选项区中的重要参数解释如下。

- 画笔大小：设置使用上述各工具操作时，图像受影响区域的大小。
- 画笔压力：设置使用上述各工具操作时，一次操作影响图像的程度大小。

- 湍流抖动：控制"湍流工具"拼凑像素的紧密程度。
- 光笔压力：此处可以设置在绘图板中涂抹时的压力读数。

3. 重建选项区

重建选项区中的重要参数解释如下。
- 模式：在此下拉列表中选择一种重建模式。
- 重建：要将所有未冻结区域改回它们在打开"液化"对话框时的状态，从"重建选项"区域的"模式"菜单中选择"恢复"选项，并单击"重建"按钮。
- 恢复：要将整个预览图像改回打开对话框时的状态，在对话框的"重建选项"区域单击"恢复全部"按钮。

4. 蒙版选项区

蒙版选项区中的重要参数解释如下。
- 蒙版运算：在此列出了5种蒙版运算模式，其中包括"替换选区" 、"添加到选区" 、"从选区中减去" 、"与选区交叉" 及"反相选区" 。
- 无：单击该按钮可以取消当前所有的冻结状态。
- 全部蒙住：单击该按钮可以将当前图像全部冻结。
- 全部反相：单击该按钮可以冻结与当前所选相反的区域。

5. 视图选项区

- 显示网格：选择此选项，在对话框预览窗口中显示辅助操作的网格。
- 显示图像：选择此选项，在对话框预览窗口中显示当前操作的图像。
- 网格大小：在此定义网格的大小。
- 网格颜色：在此定义网格的颜色。
- 蒙版颜色：在选择"显示蒙版"选项后，可以在此定义图像冻结区域显示的颜色。
- 显示背景：在此定义背景的显示方式。
- 不透明度：在此定义背景的不透明度显示。

在使用"液化"滤镜对图像进行变形时，可以通过对话框右上角的"存储网格"命令将当前对图像的修改存储为一个文件，当需要时可以单击"载入网格"命令将其重新载入，以便于进行再次编辑。

> **提示**
> 存储网格后，必须保证当前图像的尺寸不变，否则再将其载入网格后，将无法按照原来的位置进行图像液化处理。"液化"命令只适用于RGB颜色模式、CMYK颜色模式、Lab颜色模式和灰度模式的8位图像。

下面将通过一个简单的实例，来讲解使用"液化"命令美化人物形体的操作方法。

1 打开随书所附光盘中的文件"第13章\13.2.3-素材.jpg"，单击"打开"按钮退出对话框，将看到整个图片如图13.11所示。

2 将"背景"图层拖动至"图层"面板底部的"创建新图层"按钮 上，得到"背景副本"。选择"滤镜"|"液化"命令，弹出"液化"对话框，如图13.12所示。

图13.11

图13.12

3 在"液化"对话框的左侧选择"向前变形工具" ，单击左下方的 按钮，使图像的显示比例放大到100%，然后在对话框右侧的"工具选项"区域中设置各选项，如图13.13所示。

4 将光标置于人物右侧腰部，如图13.14所示。向左拖动使腰部变细，如图13.15所示。

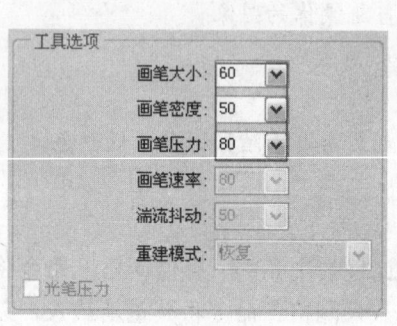

图13.13

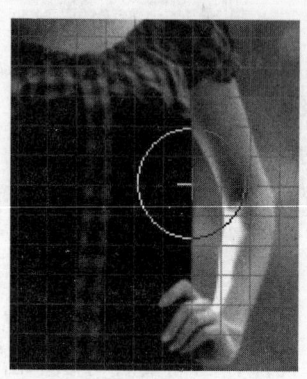

图13.14

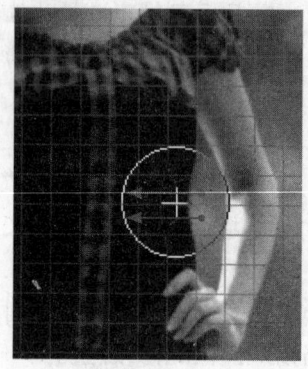

图13.15

5 按照上一步的操作方法继续使用"向前变形工具" 对右侧腰部进行液化处理，得到的效果如图13.16所示。

6 对右侧腰部处理完毕后，继续对人物左侧腰部、腿部进行液化处理，如图13.17和图13.18所示。单击"确定"按钮退出对话框。

提示

至此，苗条的人物形象已尽显出来。但观看效果发现，对右侧腰部瘦身后，右侧的手臂显得有些过粗。下面继续利用"液化"命令来处理这个问题。

图13.16

图13.17

图13.18

7 选择"滤镜"|"液化"命令，按照步骤3~4的操作方法，应用"向前变形工具" 对右手臂进行液化处理，如图13.19所示。单击"确定"按钮退出对话框。

8 锐化图像。选择"滤镜"|"锐化"|"USM锐化"命令，设置弹出的对话框如图13.20所示，单击"确定"按钮退出对话框，得到如图13.21所示的最终效果。

图13.19

图13.20

图13.21

9 如图13.22所示为应用"USM锐化"命令前后的对比效果。"图层"面板如图13.23所示。

图13.22

图13.23

13.2.4 镜头校正

在Photoshop CS5中，"镜头校正"命令最大的变化就在于，它增加了针对相机与镜头光学素质的配置文件，因而能够通过选择相应的配置文件，对照片进行快速的校正，这对于使用数码单反相机的摄影师而言无疑是极为有利的。

选择"滤镜"|"扭曲"|"镜头校正"命令，弹出如图13.24所示的对话框。

图13.24

下面分别介绍对话框中各个区域的功能。

1. 工具区

工具区中显示了用于对图像进行查看和编辑的工具，下面分别讲解一下各工具的功能。

- "扭曲工具"：使用该工具在图像中拖动可以校正图像的凸起或凹陷状态。
- "角度工具"：使用该工具在图像中拖动可以校正图像的旋转角度。
- "移动网格工具"：使用该工具可以拖动"图像编辑区"中的网格，使其与图像对齐。
- "抓手工具"：使用该工具在图像中拖动可以查看未完全显示出来的图像。
- "缩放工具"：使用该工具在图像中单击可以放大图像的显示比例，按住Alt键在图像中单击即可缩小图像显示比例。

2. 图像编辑区

该区域用于显示被编辑的图像，还可以即时地预览编辑图像后的效果。单击该区域左下角的 − 按钮可以缩小显示比例，单击 + 按钮可以放大显示比例。

3. 原始参数区

此处显示了当前照片的相机及镜头等基本参数。

4. 显示控制区

在该区域可以对"图像编辑区"中的显示情况进行控制。下面分别对其中的参数进行讲解。

- 预览：选择该复选框后，将在"图像编辑区"中即时观看调整图像后的效果，否则将一直显示原图像的效果。
- 显示网格：选择该复选框则在"图像编辑区"中显示网格，以精确地对图像进行调整。
- 大小：在此输入数值可以控制"图像编辑区"中显示的网格大小。
- 颜色：单击该色块，在弹出的"拾色器"对话框中选择一种颜色，即可重新定义网格的颜色，如图13.25所示。

图13.25

5. 参数设置区——自动校正

选择"自动校正"选项卡，可以使用此命令内置的相机、镜头等数据做智能校正。下面分别对其中的参数进行讲解。

- 几何扭曲：选中此复选框后，可依据所选的相机及镜头，自动校正桶形或枕形畸变。
- 色差：选中此复选框后，可依据所选的相机及镜头，自动校正可能产生的紫、青、蓝等不同的颜色杂边。
- 晕影：选中此复选框后，可依据所选的相机及镜头，自动校正在照片周围产生的暗角。
- 自动缩放图像：选中此复选框后，在校正畸变时，将自动对图像进行裁剪，以避免边缘出现镂空或杂点等。
- 边缘：当图像由于旋转或凹陷等原因出现位置偏差时，在此可以选择这些偏差的位置如何显示，其中包括"边缘扩展"、"透明度"、"黑色"和"白色"4个选项。
- 相机制造商：此处列举了一些常见的相机生产商供选择，如Nikon（尼康）、Canon（佳能）以及SONY（索尼）等。
- 相机/镜头型号：此处列举了很多主流相机及镜头供选择。
- 镜头配置文件：此处列出了符合上面所选相机及镜头型号的配置文件供选择，选择完成以后，就可以根据相机及镜头的特性自动进行几何扭曲、色差及晕影等方面的校正。

例如图13.26所示为原照片，图13.27所示为选择了 配置文件后的状态，其中最明显的处理结果就是原来周围的暗角已经消失不见了。

图13.26

图13.27

在选择配置文件时,也可以别出心裁地随意尝试一下,说不定能得到比较特殊的效果。例如图13.28所示的照片是使用11mm的镜头拍摄,图13.29所示为选择了  配置文件后得到的特殊效果。

图13.28

图 13.29

6. 参数设置区——自定校正

如果选择"自定"选项卡,在此区域提供了大量用于调整图像的参数,可以手动进行调整,如图13.30所示。

下面分别对其中的参数进行讲解。

- **设置**:在该下拉列表中可以选择预设的镜头校正调整参数。单击该项后面的管理设置按钮 ▼≡ ,在弹出的菜单中可以执行存储、载入和删除预设等操作。

 提 示

只有自定义的预设才可以被删除。

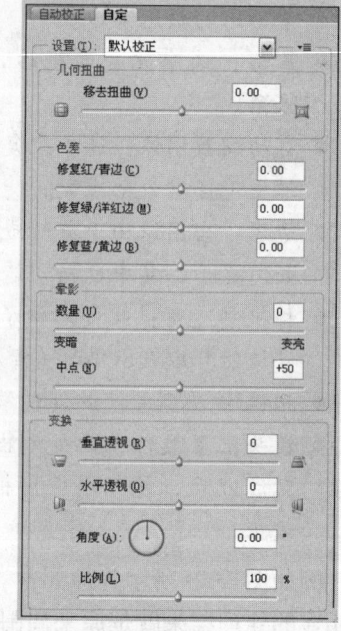

图13.30

- **移去扭曲**:在此输入数值或拖动滑块,可以校正图像的凸起或凹陷状态,其功能与"扭曲工具" 相同,但更容易进行精确的控制。
- **修复红/青边**:在此输入数值或拖动滑块,可以去

除照片中的红色或青色色痕。
- 修复绿/洋红边：在此输入数值或拖动滑块，可以去除照片中的绿色或洋红色痕。
- 修复蓝/黄边：在此输入数值或拖动滑块，可以去除照片中的蓝色或黄色色痕。
- 数量：在此输入数值或拖动滑块，可以减暗或提亮照片边缘的晕影，使之恢复正常。

以图13.31所示的原图像为例，图13.32所示为修复暗角晕影后的效果。

图13.31

图13.32

- 中点：在此输入数值或拖动滑块，可以控制晕影中心的大小。
- 垂直透视：在此输入数值或拖动滑块，可以校正图像的垂直透视，如图13.33所示。
- 水平透视：在此输入数值或拖动滑块，可以校正图像的水平透视。
- 角度：在此输入数值或拖动表盘中的指针，可以校正图像的旋转角度，其功能与"角度工具" 相同，但更容易进行精确的控制。
- 比例：在此输入数值或拖动滑块，可以对图像进行缩小和放大。需要注意的是，当对图像进行晕影参数设置时，最好调整参数后单击"确定"退出对话框，然后再次应用该命令对图像大小进行调整，以免出现晕影校正的偏差。

图13.33

13.3 智能滤镜

使用过智能对象的用户都知道，若要对智能对象中的内容应用滤镜，必须将其栅格化，但如果需要改变智能对象中的内容，还需要重新执行栅格化命令及滤镜命令，无疑这样操作是非常麻烦的。自Photoshop CS3以来，就专门针对该问题提供了解决方案，即智能滤镜功能。

另外，值得一提的是，智能滤镜本身并非是一个滤镜功能，它只是一个应用滤镜时的辅助功能。下面就来讲解一下智能滤镜的使用方法。

13.3.1 创建智能滤镜 〉〉 视频路径：视频文件\13.3.1.avi

要添加智能滤镜，可以选中要使用智能滤镜的智能对象图层，然后在"滤镜"菜单中选择一个要使用的滤镜命令即可。每使用一个滤镜命令，就会在智能对象图层下面创建一个对应的智能滤镜。

如图13.34所示为原图像及对应的"图层"面板，如图13.35所示为选择"滤镜"|"艺术效果"|"海报边缘"命令和"滤镜"|"艺术效果"|"木刻"命令对图像进行处理后的效果，以及对应的"图层"面板，此时可以看到，在原智能对象图层的下方增加了"智能滤镜"图层，如图13.36所示。

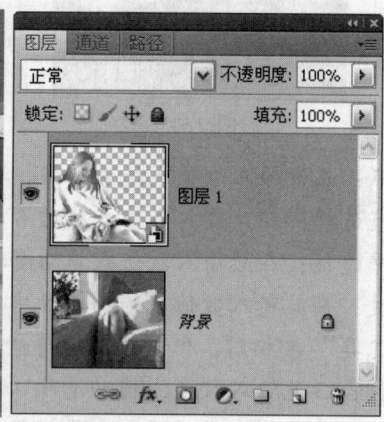

图13.34

图13.35

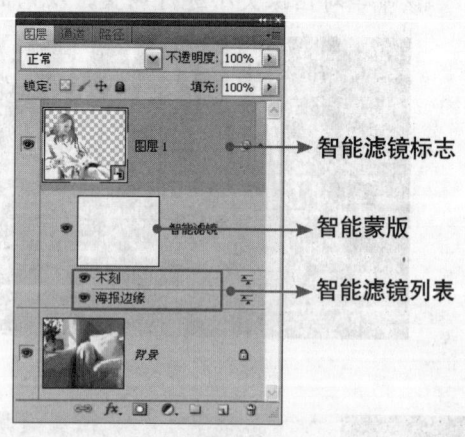

图13.36

一个智能对象图层主要是由智能蒙版以及智能滤镜列表构成，其中，智能蒙版主要用于隐藏智能滤镜对图像的处理效果，智能滤镜列表则显示了当前智能滤镜图层中所应用的滤镜名称。

13.3.2 编辑智能蒙版

> 视频路径：视频文件\13.3.2.avi

智能蒙版与图层蒙版的工作原理是完全相同的，其目的就是为了根据需要来显示或隐藏部分智能滤镜所产生的图像效果。

图13.37所示为在智能蒙版中绘制黑白渐变后得到的图像效果，以及对应的"图层"面板，可以看出，左上方的黑色，导致了该智能滤镜的效果完全隐藏，并一直过渡到对应的白色区域。

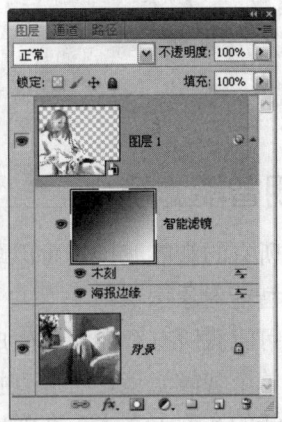

图13.37

如果要删除智能蒙版，可以直接在蒙版缩览图或"智能滤镜"的名称上右击，在弹出的菜单中选择"删除滤镜蒙版"命令，如图13.38所示。或者选择"图层"|"智能滤镜"|"删除滤镜蒙版"命令。

在删除蒙版后，如果要重新添加蒙版，必须在"智能滤镜"的名称上右击，在弹出的快捷菜单中选择"添加滤镜蒙版"命令，如图13.39所示，或选择"图层"|"智能滤镜"|"添加滤镜蒙版"命令。

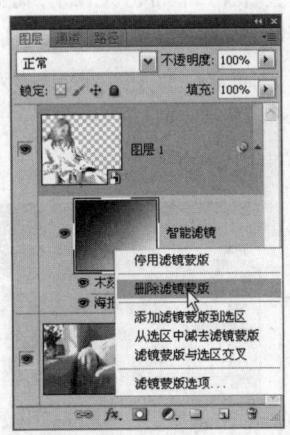
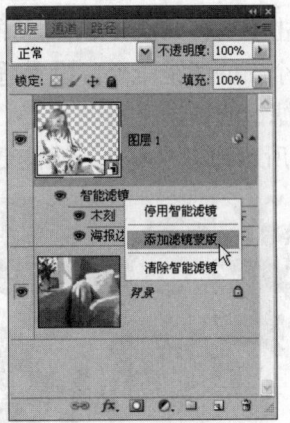

图13.38　　　　　　　　　　　　　图13.39

13.3.3 编辑智能滤镜

> 视频路径：视频文件\13.3.3.avi

智能滤镜记录了该滤镜的参数信息，用户可以根据需要随时对其进行修改和设置。其操作方法是，直接用鼠标双击要修改参数的滤镜名称，在弹出的对话框中重新设置参数即可。

图13.40是仍然以前面使用的图像为例，修改了"海报边缘"滤镜参数前后的效果对比。

图13.40

13.3.4 停用智能滤镜

如果要停用所有的智能滤镜，可以单击智能蒙版前面的眼睛图标，将其变为"隐藏"状态，或在所属的智能对象图层最右侧的图标上右击，在弹出的快捷菜单中选择"停用智能滤镜"命令，即可隐藏所有智能滤镜生成的图像效果。

如果要停用单个智能滤镜，可以直接单击滤镜名称前面的眼睛图标，将其变为"隐藏"状态，或在该滤镜的名称上右击，在弹出的快捷菜单中选择"停用智能滤镜"命令。

与停用智能滤镜操作相对应的要启用所有智能滤镜，可以单击智能蒙版前面的空白方框，使眼睛图标显示出来。

如果要启用单个智能滤镜，可以在其滤镜名称前用鼠标单击，使原本空白的区域显示出眼睛图标，或在该滤镜的名称上右击，在弹出的快捷菜单中选择"启用智能滤镜"命令即可。

13.3.5 更换智能滤镜

要更换智能滤镜，首先需要确认滤镜位于"滤镜库"中，否则将无法完成更换智能滤镜的操作。双击要更换的滤镜名称，弹出相应的对话框。在"滤镜库"对话框中间的滤镜选择框中选择一个新的滤镜命令。设置适当的参数后，单击"确定"按钮，退出该对话框，即完成更换智能滤镜的操作。

图13.41所示为将"木刻"滤镜更换为"胶片颗粒"滤镜后的效果。

图13.41

13.3.6 删除智能滤镜

> 视频路径：视频文件\13.3.6.avi

如果要删除一个智能滤镜，可以直接在该滤镜名称上右击，在弹出的快捷菜单中选择"删除智能滤镜"命令，或者直接将要删除的滤镜拖动至"图层"面板底部的"删除图层"按钮 🗑 上。

如果要清除所有的智能滤镜，可以在智能滤镜（即智能蒙版后滤镜列表中的名称）上右击，在弹出的快捷菜单中选择"清除智能滤镜"命令，或直接选择"图层"|"智能滤镜"|"清除智能滤镜"命令。

13.4 常用滤镜

13.4.1 高斯模糊

使用此滤镜可以精确控制图像的模糊程度产生自然的柔化效果。另外，我们结合使用图层混合模式，还可以制作出照片的柔光镜效果，下面将通过一个实例，来讲解其操作方法。

1 打开随书所附光盘中的文件"第13章\13.4.1-素材.tif"，如图13.42所示。

2 按Ctrl+J键执行"通过拷贝的图层"操作以复制"背景"图层，得到"图层1"。选择"滤镜"|"模糊"|"高斯模糊"命令，在弹出的对话框中设置其数值为12，如图13.43所示。

图13.42

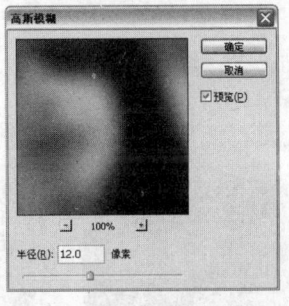
图13.43

3 单击"确定"按钮退出对话框，得到如图13.44所示的效果。

4 设置"图层1"的混合模式为"滤色"，得到如图13.45所示的效果。

图13.44

图13.45

5 复制"图层1"得到"图层1副本",并修改其混合模式为"柔光",得到如图13.46所示的效果。

图13.46

> **提 示**
>
> 此实例展示的几乎是目前流行的柔光照片的标准制作方法,但各位读者也可以在此操作步骤的基础自己进行创新,以得到更加令人满意的效果。

13.4.2 动感模糊

顾名思义,此滤镜用于制作带有动感的图像,图13.47所示为应用"动感模糊"滤镜模糊后的效果。

 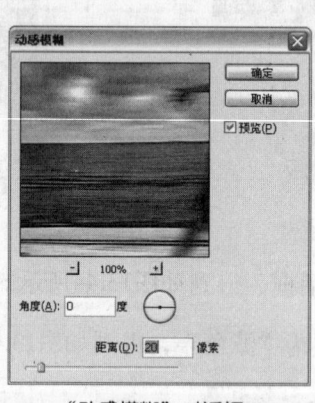 

原图像　　　　　　　　　"动感模糊"对话框　　　　　　应用滤镜后的效果图

图13.47

13.4.3 径向模糊

径向模糊可以制作出旋转或放射性光芒的效果,选择"滤镜"|"模糊"|"径向模糊"滤镜命令,将显示如图13.48中图所示的"径向模糊"滤镜对话框,右图所示为使用滤镜得到的效果。

应用滤镜 第13章

原图

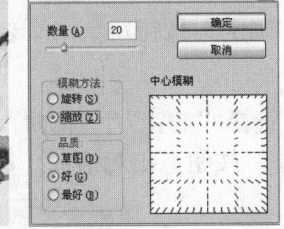
"径向模糊"对话框

应用滤镜后的效果图

图13.48

> **提示**
>
> 上面所展示的效果图中左侧使用了对话框中的"缩放"选项,而要得到右侧的图像则需要选择"旋转"选项,其中"缩放"选项常被用于模拟传统拍摄时的变焦效果。

13.4.4 置换

此滤镜可以理解为一种媒介,用于将一张图像的特点自然结合在另一张图像上,准确地说是用一张PSD格式的图像作为位移图,使当前操作的图像根据位移图发生弯曲,选择"滤镜"|"扭曲"|"置换"命令后,弹出的滤镜对话框如图13.49所示。

要使用"置换"滤镜处理图像,可以按照下面的方法操作。

1 打开随书所附光盘中的文件"第13章\13.4.4-素材.tif",如图13.50所示。

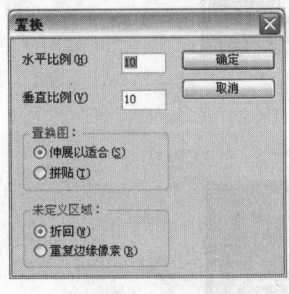

图13.49　　　　　　　　　　　　　图13.50

2 切换至"通道"调板并新建一个通道得到"Alpha 1",设置前景色为白色,选择横排文字工具 [T] 并设置适当的字体及字号,在通道的中间位置输入文字"点智文化",如图13.51所示。按Ctrl+D键取消选区。

3 选择"滤镜"|"模糊"|"高斯模糊"命令,在弹出的对话框中设置"半径"数值为6,单击"确定"按钮退出对话框,得到如图13.52所示的效果。

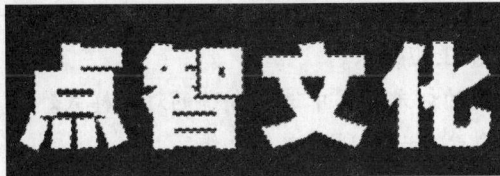
图13.51

图13.52

4 在通道"Alpha 1"的名称上右击,在弹出的快捷菜单中选择"复制通道"命令,设置弹出的对话框,如图13.53所示,单击"确定"按钮得到一个新文件,并将其保存为PSD格式的图像文件。

5 返回本例步骤1打开的背景素材文件中。选择"滤镜"|"扭曲"|"置换"命令,设置弹出的对话框如图13.54所示,单击"确定"按钮退出对话框。

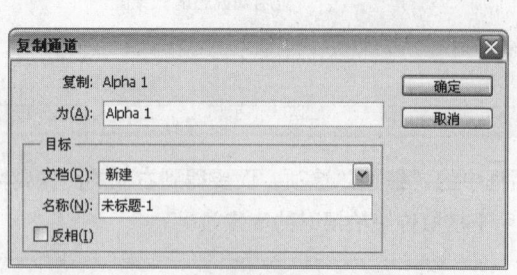
图13.53

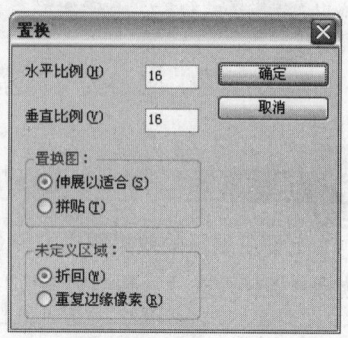
图13.54

6 在接下来弹出的对话框中选择前面保存的PSD格式文件,单击"打开"按钮即可得到如图13.55所示的效果。

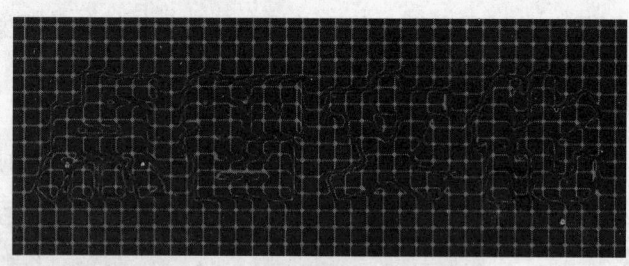
图13.55

7 图13.56所示为对凸起的文字进行处理以后得到的图像效果。

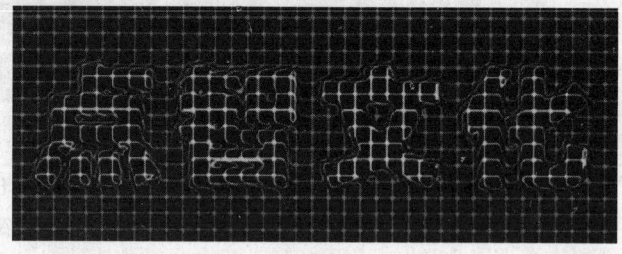
图13.56

13.4.5 光照效果

使用"光照效果"滤镜可以在图像上产生无数种光照效果,值得一提的是,如果配合通道可以制作出三维雕刻效果,其对话框及效果如图13.57所示。

- 样式:在此下拉列表框中,可以从17种不同的灯光样式中选择合适的灯光样式。
- 光照类型:在"光照类型"下拉列表中可以选择一种所需要的光线。
- 强度:此参数控制灯光的强度,越向右侧拖动滑块则光的强度越大,得到的照射效果越亮，单击此滑块右侧的颜色块可以在弹出的拾色器中选择灯光的颜色。
- 聚焦：此参数控制灯光的聚焦程度，越向左侧拖动滑块则灯光的照射范围越窄。
- 属性：设置属性下的各选项值，可以调节光泽、材料、曝光度及环境等光线属性。
- 纹理通道：在该下拉列表中可以选择光照通道，为图像增加浮雕效果。
- 白色部分凸出：选中此复选框，则光照通道的白色部分使图像凸起，黑色部分使图像凹陷。

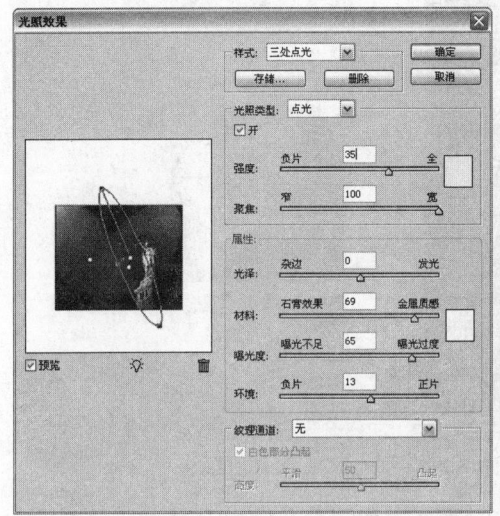

图13.57

13.4.6 减少杂色

我们拍摄的数码照片常由于相机质量、电磁干扰或ISO设置过高等多种原因使拍摄出来的照片上出现大量的杂点，使用"滤镜"|"模糊"|"减少杂色"命令就可以轻易地将这些杂点去除，其对话框如图13.58所示。

图13.58

对话框中的重要参数解释如下。

- 基本：在选择该选项的情况下，"减少杂色"对话框将列出常规调整时所用的参数，默认情况下该选项处于选中状态。
- 高级：选择该选项后，对话框将在"参数区"顶部显示出"整体"和"每通道"2个标签，如图13.59所示。分别选择不同的标签即可对图像进行更细致的调整。

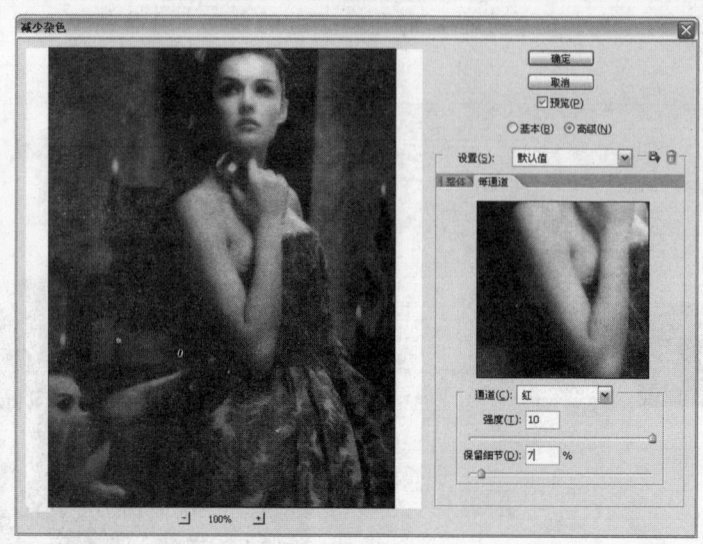

图13.59

- 设置：在该下拉列表中可以选择预设的减少杂色调整参数，默认情况下该下拉列表中只有一个"默认值"预设选项。
- "存储当前预设的拷贝"按钮：单击该按钮，在弹出的对话框中输入一个预设名称，单击"确定"按钮即可将当前所做的参数设置保存成为一个预设文件，当需要再次使用该参数进行调整时，只需在"设置"下拉列表中选择相应的预设即可。
- "删除当前设置"按钮：单击该按钮，在弹出的对话框中单击"确定"按钮即可删除当前所选中的预设。

在参数区域中选择"整体"标签的情况下，其中的参数解释如下。

- 强度：在此输入数值可以设置减少图像中杂点的数量。
- 保留细节：在此输入数值可以设置减少杂色后要保留的原图像细节。
- 减少杂色：在此输入数值可以设置减少图像中杂色的数量。
- 锐化细节：由于去除杂色后容易造成图像的模糊，在此输入数值即可对图像进行适当的锐化，以尽量显示出被模糊的细节。
- 移去JPEG不自然感：当存储JPEG格式图像时，如果保存图像的质量过低，就会在图像中出现一些杂色色块，选择该选项后可以去除这些色块。

提示

在选择"整体"标签时，该对话框中的参数与选择"基本"选项时的参数相同。

在参数区域中选择"每通道"标签的情况下，其中的参数解释如下。

- 通道：在此下拉列表中可以选择要进行调整的通道。

- 缩览图：在此可以查看所选通道中的图像状态及调整图像后的效果。
- 强度：在此输入数值可以设置减少图像中杂点的数量。
- 保留细节：在此输入数值可以设置减少杂色后要保留的原图像细节。

在图13.60所示的照片中，可以看出有非常明显的杂点，使用此命令处理后的效果如图13.61所示，可以看出杂点的状态大有改变。

图13.60

图13.61

 提 示

如果希望去除照片中的各类杂点，此命令是最好的选择之一。

13.4.7 马赛克

使用"滤镜"|"像素化"|"马赛克"滤镜，可以使图像产生马赛克效果，其对话框如图13.62所示，应用此滤镜可得到如图13.63所示的效果，这也是一个非常常用的命令，常用于通过处理使图像局部不可辨别，但又基本上保持图像的大致轮廓。

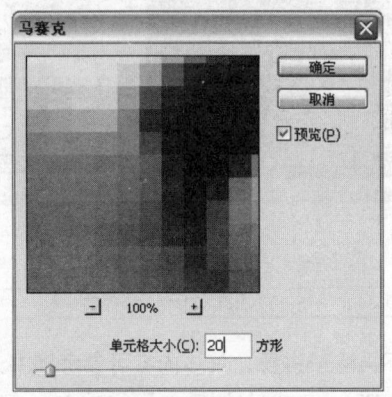
图13.62

图13.63

13.4.8 彩色半调

使用"滤镜"|"像素化"|"彩色半调"滤镜，可以在图像的每个通道上使用扩大的半调网屏形成的点状效果。此滤镜常用于解决画面中图像与图像结合生硬的问题，使用此命令

制作出来的效果，在各种广告招贴、宣传页等制作中非常常用，如图13.64所示为原图使用的"彩色半调"滤镜对话框及其效果。

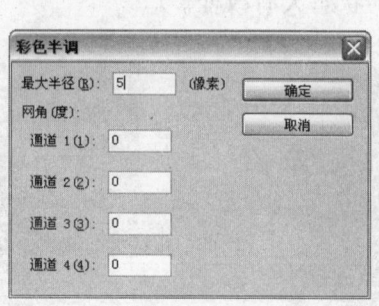

原图像　　　　　　　　　　"彩色半调"对话框　　　　　　　　应用"彩色半调"后的效果

图13.64

13.4.9 纹理化

"滤镜"|"纹理"|"纹理化"滤镜对话框中提供了多种纹理，使用此滤镜处理图像后，可以使其呈现出非常明显的纹理化特点，图13.65所示为"纹理化"滤镜对话框及效果图。

图13.65

> **提示**
>
> 　　由于在Photoshop中自带的滤镜非常多，本书不再逐一讲解，具体内容可参考随书光盘中的文件"内置滤镜使用手册.pdf"和"外挂滤镜使用手册.pdf"。

第章

动作及自动化

在实际工作过程中，经常会对很多图像文件执行完全相同的处理操作。如果仅靠人工手动进行处理，这样工作效率无疑是非常低下的。

动作与自动化命令的出现解决了这一问题。用户可以将要执行的操作录制为动作，再结合自动化命令对图像内容进行批量处理，这样就可以大大提高工作效率。

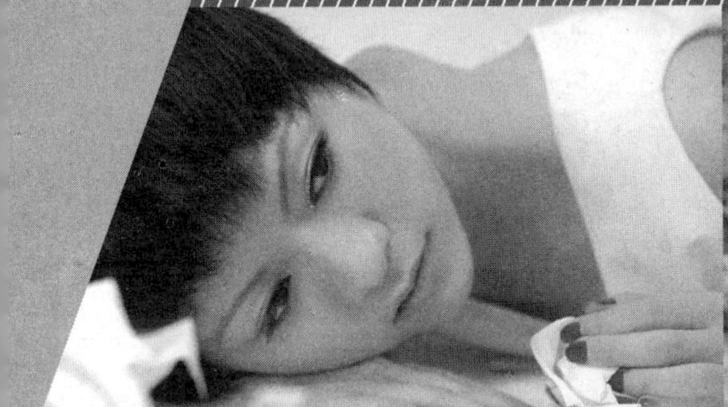

14.1 提高工作效率的秘诀

在任何一家公司中，不断提高工作效率都是管理者和工作人员不懈追求的目标，即使在工作效率弹性较大的设计行业也不例外。

虽然现在有大量关于Photoshop使用技巧的文章，但实际上这些文章绝大多数是对软件快捷键的汇总与罗列。当然，在工作中频繁使用这些快捷键是能够在一定程度上提高工作效率的，但其提高的程度与水平终究有限。

在Photoshop中提高工作效率最终极的方法是灵活使用动作与自动化命令，希望各位读者在学习完本章内容后能够真正理解并掌握提高工作效率的良方妙法。

使用动作与自动化命令，可以完成以下操作。

- 快速对特定的图像文件执行一系列重复性操作。
- 快速为一批图像文件添加边框。
- 快速将一批图像文件处理成为某一种特别的艺术效果。
- 对一批图像文件进行裁切或者旋转操作。
- 对一批图像文件进行颜色调整操作。
- 修改一个文件夹中一批图像文件的大小、颜色模式或者分辨率。
- 将连续拍摄的若干幅图像文件拼接起来。
- 使用自己拍摄的照片生成网站可用的照片画廊。
- 为自己拍摄的成批照片生成一个索引表，以便于对照查找。
- 将不同的设计方案导出成为不同的单独文件。
- 将一个图像文件中的若干个图层导出成为单独的文件。
- 一次性为一批图像文件写入文件信息。
- 每进行某一个固定操作时，对文件执行另一个预设好的操作动作。

14.2 动作功能

在本节中先来了解与动作功能息息相关的"动作"面板，然后讲解与动作相关的各项功能，例如录制动作、应用动作等。

14.2.1 了解"动作"面板

要应用、录制、编辑、删除动作，就必须使用"动作"面板，可以说此面板是"动作"的控制中心。要显示此面板，可以选择"窗口"|"动作"命令或直接按F9键，"动作"面板如图14.1所示，其中各个按钮的功能如下所述。

动作及自动化 第14章

- "创建新动作"按钮：单击该按钮，可以创建一个新动作。
- "删除"按钮：单击该按钮，可以删除当前选择的动作。
- "创建新组"按钮：单击该按钮，可以创建一个新动作组。
- "播放选定的动作"按钮：单击该按钮，可以应用当前选择的动作。
- "开始记录"按钮：单击该按钮，可以开始录制动作。
- "停止播放/记录"按钮：单击该按钮，可以停止录制动作。

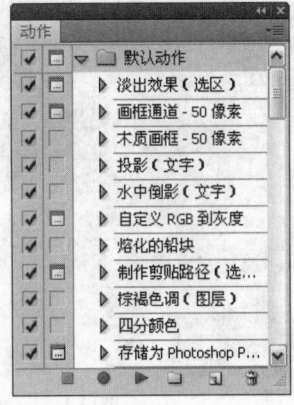

图14.1

从图14.1可以看出，在录制动作时，不仅执行的命令被录制在动作中，而如果该命令具有参数，参数也会被录制在动作中。因此应用动作可以得到非常精确的效果。

如果面板中的动作较多，则可以将同一类动作存放在用于保存动作的组中。例如，用于创建文字效果的动作，可以保存于"文字效果"组；用于创建纹理效果的动作，可以保存于"纹理效果"组。

14.2.2 一秒钟快速制作艺术化照片

使用Photoshop的预设动作，可以在极短的时间内将一张原本普通的数码照片快速处理成为效果各异的艺术化照片，如制作四分颜色照片、为照片添加风雪效果、为照片添加下雨效果、将照片制作成为油画效果等。

要应用这些预设的动作，首先必须将用于处理数码照片的动作调入"动作"面板中，其方法是选择面板弹出菜单中的动作组名称，然后在"动作"面板中选择要执行的动作，最后单击"动作"面板中的"播放选定的动作"按钮。

下面展示了执行其中几种比较有特色的动作后得到的照片效果。如图14.2所示为原素材照片效果。如图14.3所示为执行"四分颜色"动作后得到的效果。如图14.4所示为执行"鳞片"动作后的效果。如图14.5所示为执行"暴风雪"动作后的效果。如图14.6所示为执行"渐变映射"动作后的效果。如图14.7所示为执行"仿旧照片"动作后的效果。

图14.2

图14.3

图14.4

图14.5

图14.6

图14.7

14.2.3 一秒钟快速为照片制作艺术边框

　　Photoshop还提供了为照片添加艺术边框的预设动作。使用这些动作，可以在极短的时间内为照片添加各式各样的艺术边框。

　　下面展示了执行几种比较有特色的动作后所得到的艺术边框效果。如图14.8所示为原素材照片效果。如图14.9所示为执行"照片卡角"动作后得到的效果。如图14.10所示为执行"波形画框"动作后得到的效果。如图14.11所示为执行"木质画框-50像素"动作后得到的效果。如图14.12所示为执行"投影画框"动作后得到的效果。如图14.13所示为执行"下陷画框（选区）"动作后得到的效果。

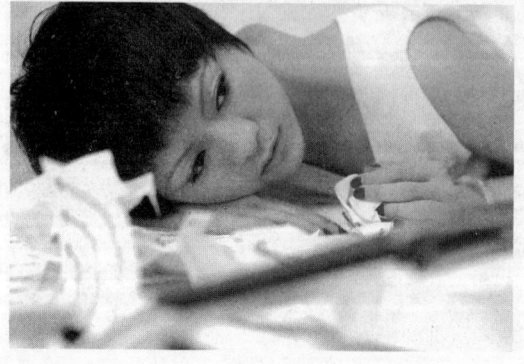
图14.8

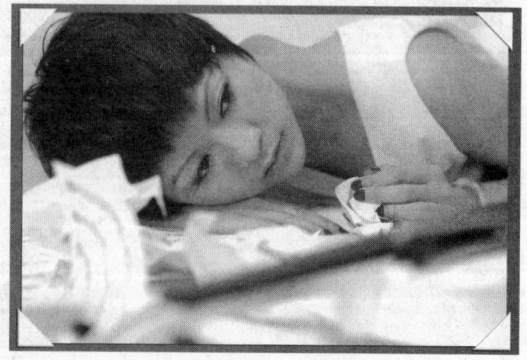
图14.9

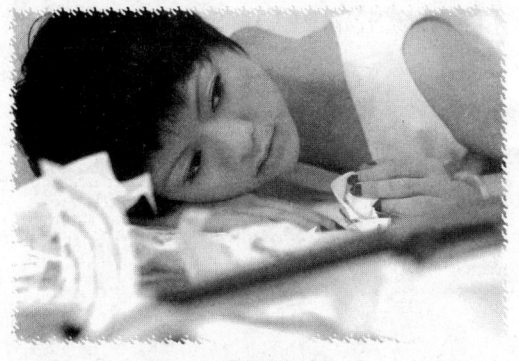

图14.10

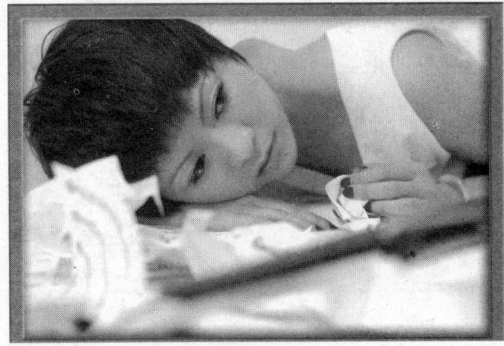

图14.11

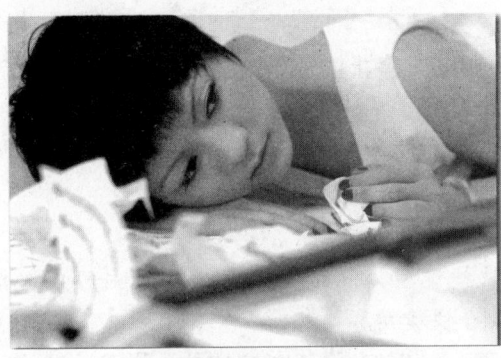

图14.12

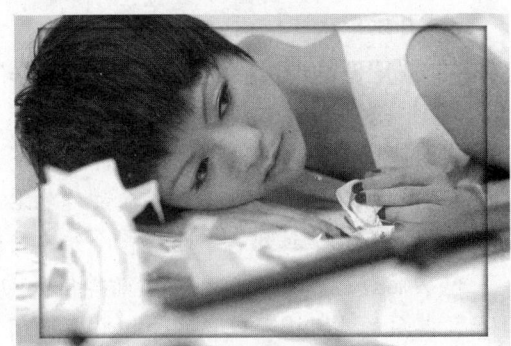

图14.13

14.2.4 设置回放选项

选择"动作"面板弹出菜单中的"回放选项"命令，设置弹出的对话框，如图14.14所示。可以根据需要为动作设置不同的应用速度。

"回放选项"对话框中的重要参数解释如下。

- 加速：选择此单选按钮，将以没有间断的速度直接应用动作，此选项为默认设置。
- 逐步：选择此单选按钮，完成每个命令并重绘图像，然后再执行当前动作的下一个命令。
- 暂停：选择此单选按钮，可以在其后面的文本框中输入每个动作间运行的暂停时间。

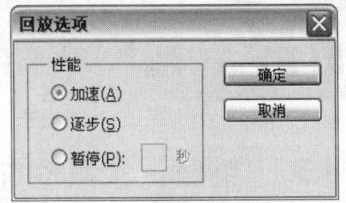

图14.14

14.2.5 创建新动作　　视频路径：视频文件\14.2.5.avi

预设的动作毕竟是有限的，在很多情况下需要自己创建新动作，因此需要掌握以下所讲解的创建新动作的方法，以丰富Photoshop的功能。

自定义动作就是利用"动作"面板中的命令、按钮将执行的操作录制下来，其具体操作步骤如下。

1 确认要录制为动作的操作（如制作木纹框的过程、更改图像颜色模式的过程等）。

2 单击"动作"面板中的"创建新组"按钮，在弹出的对话框中设置新组的名称，如图14.15所示，单击"确定"按钮，在"动作"面板中增加一个新组。

3 单击"动作"面板中的"创建新动作"按钮 ，弹出如图14.16所示的"新建动作"对话框。

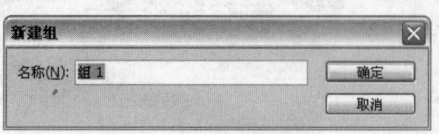
图14.15

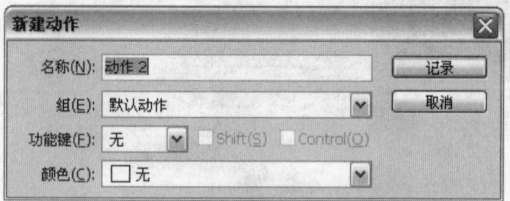
图14.16

4 设置"新建动作"对话框中的参数后，单击"记录"按钮，此时"动作"面板中的"开始记录"按钮 显示为红色。

5 完成图像的编辑操作后，单击"动作"面板中的"停止播放/记录"按钮 ，即可完整地录制一个动作。

"新建动作"对话框中的参数释义如下。

- 名称：在此文本框中键入新动作的名称。
- 组：在此下拉列表中选择一个组，使新动作被包含在该组中。
- 功能键：在此下拉列表中选择播放动作的快捷键，其中包括F2～F12键，并可以选择其后的"Shift"或者"Control"选项，以配合快捷键。
- 颜色：在此下拉列表中选择一种颜色，用以设置"动作"面板以"按钮"显示时该动作的显示颜色。

14.3 编辑动作

14.3.1 继续记录其他命令   视频路径：视频文件\14.3.1.avi

虽然单击"停止播放或录制"按钮可以结束动作的录制，但仍然可以根据需要在动作中插入其他命令，可以按下述步骤操作。

1 在动作中选择一个命令。

2 单击"开始记录"按钮 。

3 执行需要记录的命令。

4 单击"停止播放/记录"按钮 。

14.3.2 重定义动作中的命令执行顺序

对话框开关为应用动作提供了很大的自由度，通常情况下，在播放动作时，动作所录制的命令按录制时所指定的参数操作对象。

如果打开对话框开关，则可使动作暂停，并显示对话框，以方便执行者针对不同情况指定不同的参数。在"动作"面板中选择需要暂停并弹出对话框的命令，单击该命令名称左边的切换对话框开关，使其显示为▣状态，即可开启对话框开关，再次单击此位置，使其呈现空格状态，即可关闭对话框开关。

如果要使某动作中所有可设置参数的命令都弹出对话框，可单击动作名称左边的切换对话开关，使其显示为▣状态，同样再次单击此位置，可以取消▣图标，使之变为▢状态。

14.3.3 更改动作选项   视频路径：视频文件\14.3.3.avi

动作的名称、按钮颜色或者快捷键都是可以更改的。单击"动作"面板右上角的按钮，在弹出的菜单中选择"动作选项"命令，在弹出的如图14.17所示的对话框中设置参数。

此对话框中的参数在前面已有所讲解，在此不再赘述。

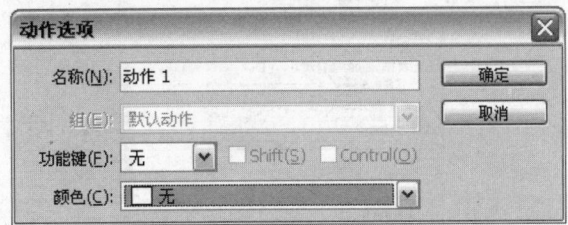

图14.17

14.3.4 复制或者删除组、动作和命令

1. 复制组、动作和命令

在"动作"面板中选择一个组、动作或者命令，单击面板右上角的按钮，在弹出的菜单中选择"复制"命令，即可复制当前选择的组、动作或者命令。

2. 删除组、动作和命令

在"动作"面板中选择要删除的组、动作或者命令，将其拖动至"动作"面板底部的"删除动作"按钮 🗑 上。

如果要删除所有动作，可以单击"动作"面板右上角的按钮，在弹出的菜单中选择"清除全部动作"命令，在弹出的对话框中直接单击"确定"按钮。

14.4 常用的自动化命令

14.4.1 使用"批处理"命令   视频路径：视频文件\14.4.1.avi

如果说动作命令能够对单一对象进行某种固定操作，那么"批处理"命令显然更为强大，它能够对指定文件夹中的所有图像文件执行指定的动作。例如，如果希望将某一个文件夹中的图像文件转存成为TIFF格式的文件，只需要录制一个相应的动作，并在"批处理"命令中为要处理的图像指定这个动作，即可快速完成这个任务。

应用"批处理"命令进行批处理的具体操作步骤如下。

1 录制要完成指定任务的动作，选择"文件"|"自动"|"批处理"命令，弹出如图14.18所示的对话框。

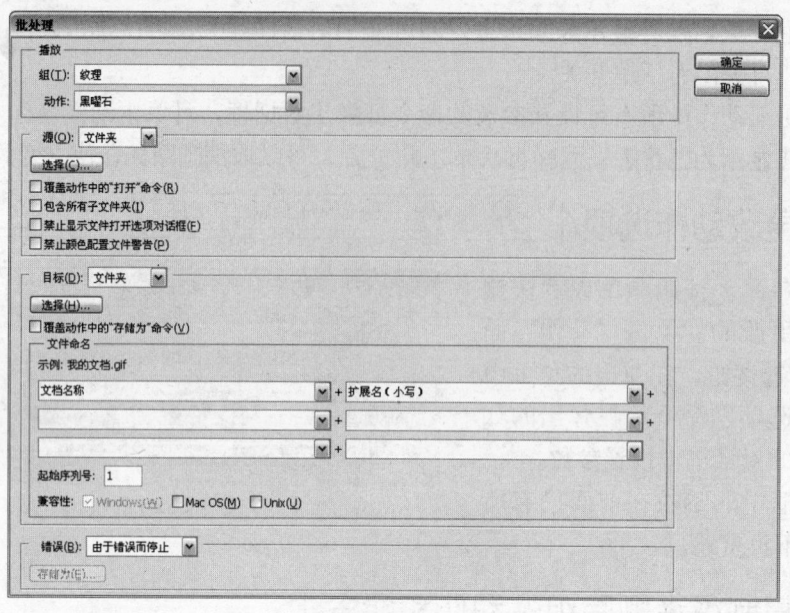

图14.18

2 从"播放"区域的"组"和"动作"下拉列表中选择需要应用动作所在的"组"及此动作的名称。

3 从"源"下拉列表中选择要应用"批处理"的文件,此下拉列表中各个选项的含义如下。

- 文件夹:此选项为默认选项,可以将批处理的运行范围指定为文件夹,选择此选项必须单击"选择"按钮,在弹出的"浏览文件夹"对话框中选择要执行批处理的文件夹。
- 导入:此选项用于对来自数码相机或扫描仪的图像应用动作。
- 打开的文件:如果要对所有已打开的文件执行批处理,应该选中此选项。
- Bridge:此选项用于对显示于"文件浏览器"中的文件应用在"批处理"对话框中指定的动作。

4 选择"覆盖动作中的'打开'命令"选项,动作中的"打开"命令将引用"批处理"的文件,而不是动作中指定的文件名,选择此选项将弹出如图14.19所示的提示对话框。

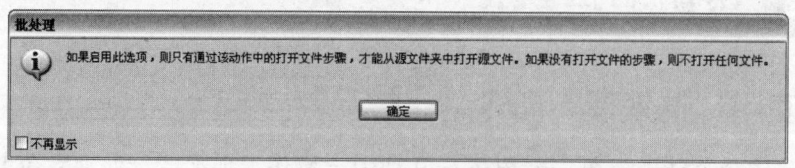

图14.19

5 选择"包含所有子文件夹"选项,可以使动作同时处理指定文件夹中所有子文件夹包含的可用文件。

6 选择"禁止颜色配置文件警告"选项,将关闭颜色方案信息的显示。

7 从"目标"下拉列表中选择执行"批处理"命令后的文件所放置的位置,其中各个选项的含义如下。

- **无**：选择此选项，使批处理的文件保持打开而不存储更改（除非动作包括"存储"命令）。
- **存储并关闭**：选择此选项，将文件存储至其当前位置，如果两幅图像的格式相同，则自动覆盖源文件，并不会弹出任何提示对话框。
- **文件夹**：选择此选项，将处理后的文件存储到另一位置。此时可以单击其下方的"选择"按钮，在弹出的"浏览文件夹"对话框中指定目标文件夹。

8. 选择"覆盖动作中的'存储为'命令"选项，动作中的"存储为"命令将引用批处理的文件，而不是动作中指定的文件名和位置。

9. 如果在"目标"下拉列表中选择"文件夹"选项，则可以指定文件命名规范并选择处理文件的文件兼容性选项。

10. 如果在处理指定的文件后，希望对新的文件进行统一命名，可以在"文件命名"区域设置需要设定的选项。例如，如果按照如图14.20所示的参数执行批处理后，以JPGE图像为例，则存储后的第一个新文件名为"广告海报gif001.gif"，第二个新文件名为"广告海报gif002.gif"，以此类推。

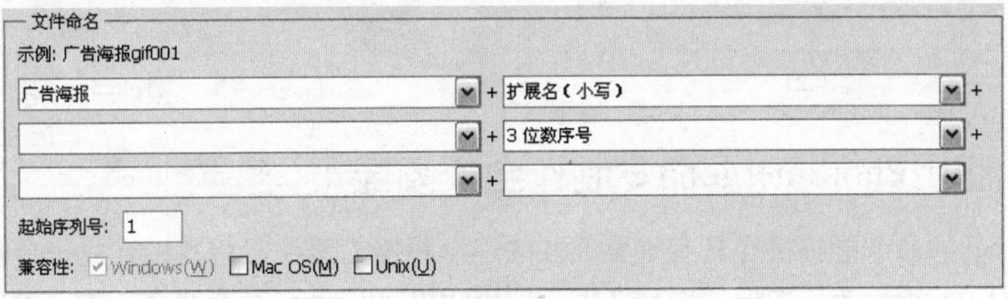

图14.20

提示

此选项仅在"目标"下拉列表中的"文件夹"选项被选中的情况下才会被激活。

11. 从"错误"下拉列表中选择处理错误的选项，该下拉列表中各个选项的含义如下。

- **由于错误而停止**：选择此选项，在动作执行过程中如果遇到错误将中止批处理，建议不选择此选项。
- **将错误记录到文件**：选择此选项，并单击下面的"存储为"按钮，在弹出的"存储"对话框输入文件名，可以将批处理运行过程中所遇到的每个错误记录并保存在一个文本文件中。

12. 设置完所有选项后单击"确定"按钮，则Photoshop开始自动执行指定的动作。

在掌握了此命令的基本操作后，可以针对不同的情况使用不同的动作完成指定的任务。例如，如果希望将"F:\超级完全手册\LJF-手册\10.7\WEB"文件夹中的所有图像转换为CMYK模式，并另存为TIFF格式的文件，存储的目标位置为"F:\超级完全手册\LJF-手册\10.7\WEB2"文件夹中，而且要保持每个文件的名称不变，可以按照如图14.21所示的对话框进行设置。

> **提示**
>
> 在进行"批处理"过程中，按Esc键可以中止运行批处理，在弹出的如图14.22所示的提示对话框中，单击"继续"按钮可以继续执行批处理，单击"停止"按钮则取消批处理。

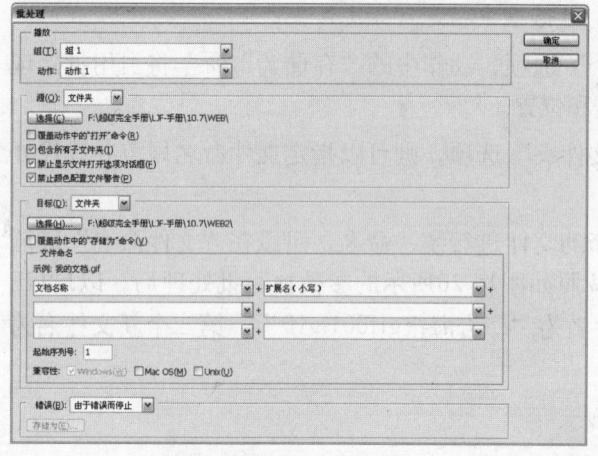

图14.21

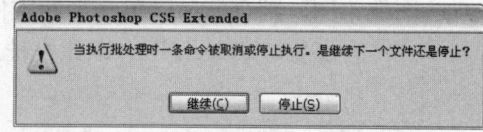

图14.22

14.4.2 使用Photomerge命令制作全景图像

 视频路径：视频文件\14.4.2.avi

Photomerge命令能够拼合具有重叠区域的连续拍摄的照片，将其拼合成一个连续的全景图像，如图14.23所示为原图像，图14.24所示为使用Photomerge命令拼合后的全景图。

图14.23

图14.24

选择"文件"|"自动"|"Photomerge"命令，弹出如图14.25所示的对话框，要自动合成全景图像可以按照如下步骤进行操作。

动作及自动化 第14章

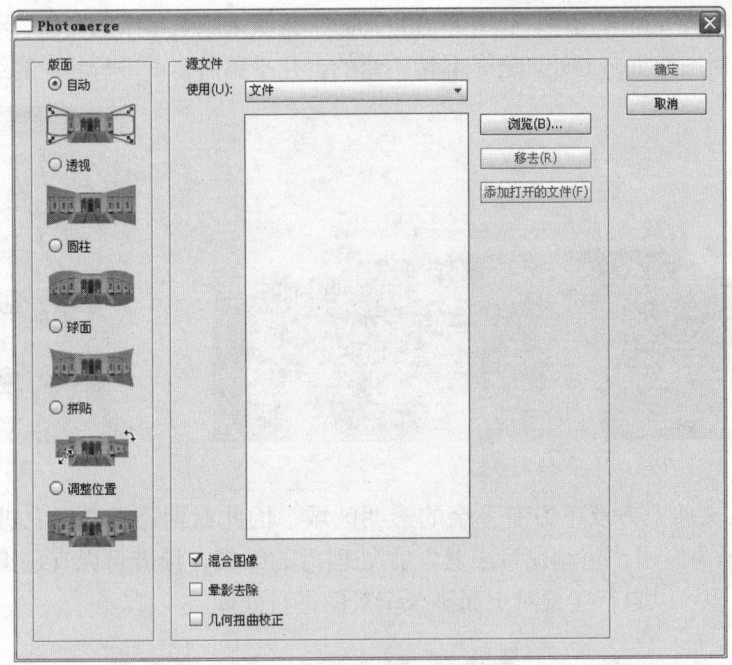

图14.25

1. 选择"文件" | "自动" | "Photomerge"命令，在"Photomerge"对话框中，从"使用"下拉列表中选择一个选项。如果希望使用已经打开的文件，可单击"添加打开的文件"按钮。
   - 文件：可使用单个文件生成Photomerge合成图像。
   - 文件夹：使用存储在一个文件夹中的所有图像来创建Photomerge合成图像。该文件夹中的文件会出现在此对话框中。

2. 在对话框左侧的"版面"区域内选择一种图片拼接类型，在此选择了"自动"选项。

3. 单击"确定"按钮，退出此对话框，即可得到Photoshop按图片拼接类型生成的全景图像，如图14.26所示。

图14.26

4. 使用"裁剪工具"对图像进行裁切，直至得到满意的效果，如图14.27所示为裁切后的效果，对应的"图层"面板如图14.28所示。

在Photoshop CS5中，如果在对话框中选择"混合图像"选项后，可以自动使用图层蒙版对图像的边缘进行融合处理，以隐藏多余的图像内容；反之，如果不选择该选项，则该命令仍会按照所选的方法对齐并拼合图像，但并不会自动添加蒙版来隐藏多余的图像。经过多次的尝试后发现，该功能对图像细节的处理还是非常不错的，几乎不需要再进行其他的编辑。

图14.27

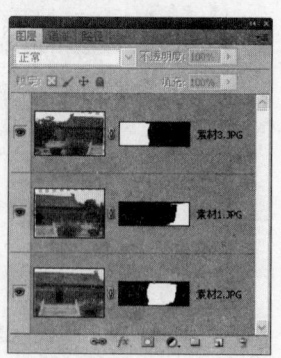
图14.28

由于裁剪后文件上方及下方有多余的透明区域，因此后期还需要对它进行一些修复处理，图14.29所示为应用"仿制图章工具" 处理后的效果，读者可以直接调用原文件，查看处理的方法，也可以自行尝试对上面拼合全景图进行处理。

图14.29

在"Photomerge"对话框中，如果在"版面"区域选择了不同的预设拼合全景图选项，则得到的拼合结果也是不尽相同的，图14.30、图14.31和图14.32所示为使用其他几种版面类型所得到的拼合全景效果，可以看出，几种方式的拼合效果还是有较大区别的，所以在拼合前，一定要确认自己的照片适合哪种预设的拼合方式。

图14.30

图14.31

图14.32

14.4.3 使用"裁剪并修齐照片"命令修整照片

"裁剪并修齐照片"命令能够将一次扫描的多个图像分成多个单独的图像文件,根据Photoshop的参考资料,在使用此命令时为了获得最佳结果,要扫描的图像之间应该保持1/8英寸的间距,而且背景应该是没有什么杂色的均匀颜色。

按下述步骤使用"裁剪并修齐照片"命令,对照片进行裁剪并修齐的操作。

1 打开随书所附光盘中的文件"第14章\14.4.3-素材.tif",如图14.33所示。

2 选择包含这些图像的图层,或者在一个或多个图像周围绘制一个选区边框,以便只将这些图像生成到单独的文件中。

3 选择"文件"|"自动"|"裁剪并修齐照片"命令,Photoshop将对扫描后的图像进行处理,得到如图14.34所示的一系列裁切并修齐的图片。

图14.33

图14.34

> **提示**
>
> 对于使用低分辨率扫描得到的图像来说,使用"裁剪并修齐照片"命令得到的处理效果并不是很好,而在150dpi或更高分辨率的情况下扫描,则可以得到较好的处理效果。

14.4.4 合并到HDR Pro   视频路径:视频文件\14.4.4.avi

在前面讲解了一项"HDR色调"功能,它可用于对单张图像进行HDR处理,但实际上,这也仅仅是一种模拟而已,而真正的HDR照片合成就需要使用本节讲解的"文件"|"自动"|"合并到HDR Pro"命令了,其对话框如图14.35所示。

下面通过一个小实例讲解此命令的使用方法。

1 在"合并到HDR Pro"对话框中，执行下列方法之一，添加要处理的文件。

- 在"使用"下拉列表中选择"文件"选项，单击右侧的"浏览"按钮，在弹出的对话框中可以选择要合成的照片文件。
- 在"使用"下拉列表中选择"文件夹"选项，单击右侧的"浏览"按钮，在弹出的对话框中可以选择要合成的照片所在的文件夹。
- 如果要合成的照片已经在Photoshop中打开，可以单击右侧的"添加打开的文件"按钮，从而将已打开的文件添加到列表中。
- 在添加的文件列表中，选中一个或多个照片文件，单击右侧的"移去"按钮即可将其移除。

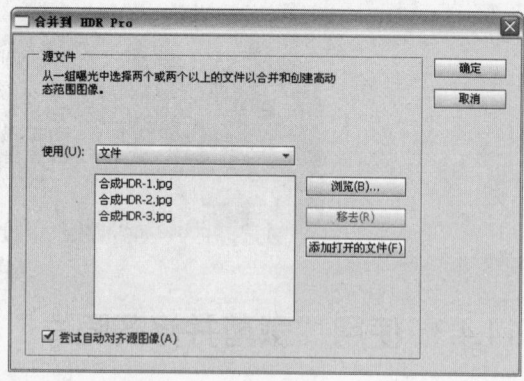

图14.35

2 为了让Photoshop自动对齐各幅图像，可以在对话框底部选中"尝试自动对齐源图像"选项。

3 设置完成后，单击"确定"按钮即可进行HDR照片的初步合成，并弹出如图14.36所示的对话框。

观察此对话框不难看出，它与"图像"|"调整"|"HDR色调"命令有着极大的相似之处，而实际上，这些相同参数的功能也是完全相同的，因此下面来介绍一下两者并不重合的部分。

- 移去重影：选中此复选框后，可以自动移除前面自动对齐源图像时可能产生的重影。
- 模式：此处可以选择输出图像的位深度。
- 单击照片左下角的☑图标，使之变为☐状态，则代表取消该图像的HDR混合，下面可以根据混合的需要进行选择。

4 在对话框右上方的"预设"下拉列表中选择一个合适的预设，或在右侧区域中设置适当的参数，直至得到满意的效果，然后单击"确定"按钮退出对话框即可，如图14.37所示。

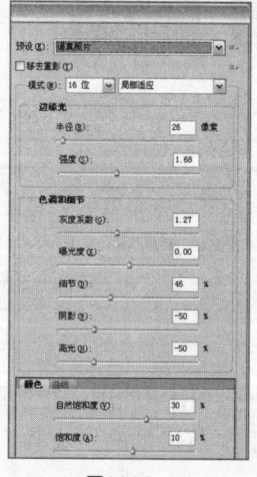

图14.36

图14.37

14.4.5 使用"镜头校正"命令校正照片

选择"文件"|"自动"|"镜头校正"命令，可以批量对照片进行镜头的畸变、色差以及暗角等属性的校正，其对话框如图14.38所示。

在此对话框中，可以参考"滤镜"|"镜头校正"命令的功能进行学习，而实际上，这个命令就相当于是一个"批处理版"的"镜头校正"滤镜，其功能甚至智能到用户只需要轻点几下鼠标就可以对照片批量进行统一的校正处理，其中当然也包括了"匹配最佳配置文件"选项，"校正选项"区域中的几何扭曲、色差以及晕影等选项设置，然后单击"确定"按钮进行处理即可。

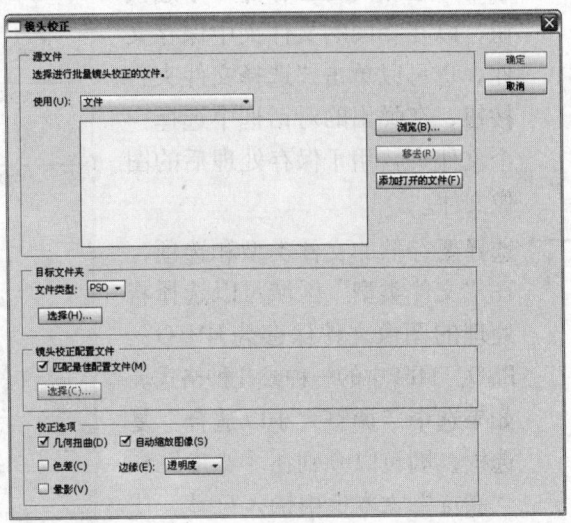

图14.38

14.5 使用脚本自动执行操作

在Windows平台上，使用Visual Basic或Java Script所撰写的脚本都能够在Photoshop中调用。使用脚本，能够在Photoshop中自动执行其所定义的操作，操作范围既可以是单个对象也可以是多个文档。

14.5.1 使用"图像处理器"命令处理多个文件

此命令能够转换和处理多个文件，从功能上看有些类似于"批处理"命令，不同的是使用此命令不必先创建动作。

与"批处理"命令相比，此命令的功能有些局限，在工作中主要使用此命令完成以下操作。

> **1** 将一组文件的格式转换为JPEG、PSD或TIFF格式之一，或者将文件同时转换为以上3种格式。

> **2** 调整图像大小，使其适应指定的大小。

要应用此命令处理一批文件，可以参考以下操作步骤。

> **1** 选择"文件"|"脚本"|"图像处理器"命令，打开如图14.39所示的对话框。

> **2** 选择要处理的图像文件，可以选中"使用打开的图像"单选按钮，以处理任何打开的文件，也可以单击"选择文件夹"按钮，在弹出的对话框中选择要处理文件夹中的文件。

3 选择图像文件保存的位置，可以选中"在相同位置存储"单选按钮，以在相同的文件夹中保存文件，也可以单击"选择文件夹"按钮，在弹出的对话框中选择一个文件夹，用于保存处理后的图像文件。

4 选择要存储的文件类型和选项，在"文件类型"区域可以选择将处理的图像文件保存为JPEG、PSD、TIFF中的一种或几种格式。如果选中"调整大小以适合"复选框，则可以分别在"宽度"和"高度"文本框中输入尺寸，使处理后的图像恰合此大小。

5 如果还需要对处理的图像运行动作中定义的命令，则选中"运行动作"选项，并在其右侧的下拉列表中选择要运行的动作。选中"包含 ICC 配置文件"选项可以在存储的文件中嵌入颜色配置文件。

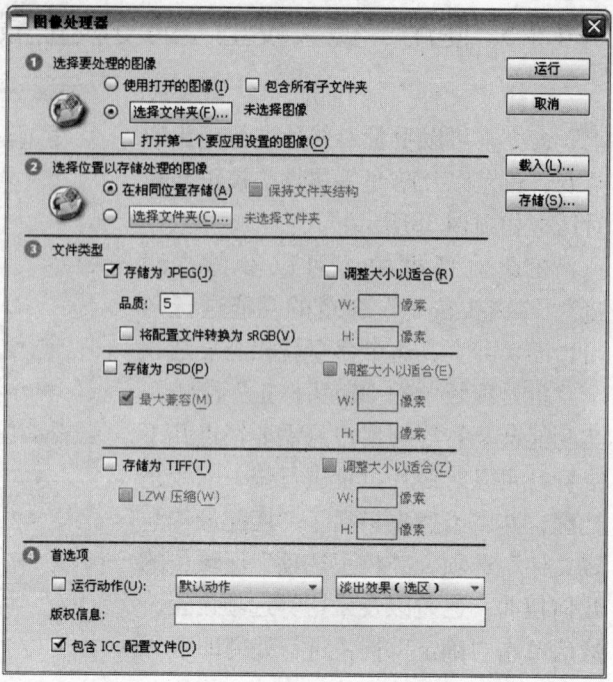

图14.39

6 设置完所有选项后，单击"运行"按钮。

14.5.2 将图层导出为单个图像文件

选择"文件"|"脚本"|"将图层导出到文件"命令，将弹出如图14.40所示的对话框，它与"图层复合导出到文件"命令不同，后者用于将图像中的每一个图层导出成为以"当前文件名称+图层名称"命名的一个单独图像文件，对于习惯将操作素材保存在图像文件中的读者，可以使用此命令一次性将所有保存素材图像的图层导出成为单独的图像文件，从而避免进行将图层一个个另存为图像文件的操作。

要使用此命令可以参考以下操作步骤。

1 在当前图像中创建若干个需要导出成为文件的图层，并为每一个图层命名。

2 选择"文件"|"脚本"|"将图层导出到文件"命令，在弹出的对话框中单击"浏览"按钮，然后在弹出的对话框中确定由图层生成的文件保存的位

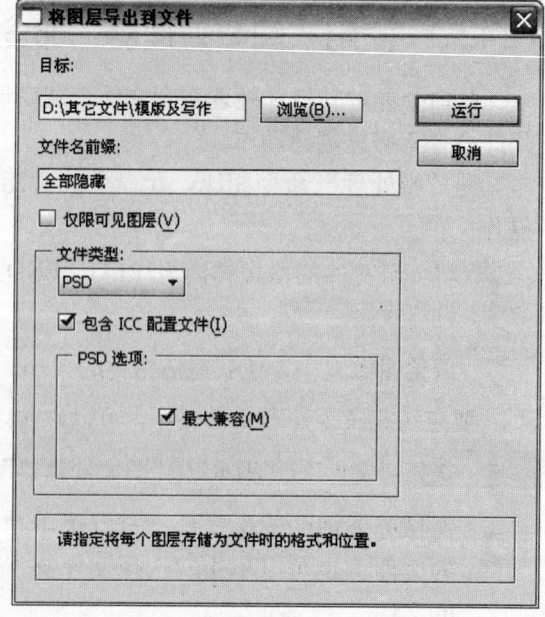

图14.40

置及其名称。

3. 设置对话框中的"文件名前缀"、"文件类型"等其他参数。

4. 单击"运行"按钮,则Photoshop开始自动运行,在运行结束后弹出如图14.41所示的提示对话框。如图14.42所示为保存在指定的文件夹中的生成的PSD格式文件。

图14.41

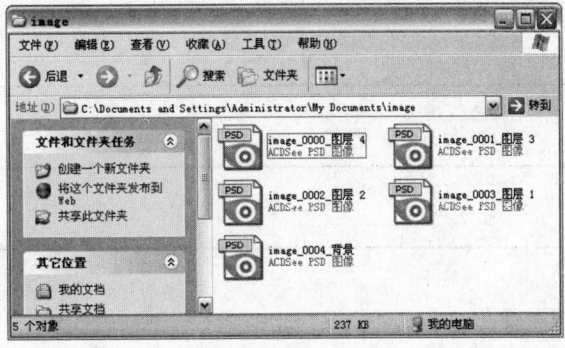
图14.42

14.5.3 删除所有空白图层

选择"文件"|"脚本"|"删除所有空图层"命令,可以将当前图像文件中所有不包含任何图像像素的图层删除,从而起到管理和精减多余图层的作用。

读书笔记

第15章

网页设计

由于Adobe公司成功收购了Macromedia公司，所以其下拥有网页三剑客之称的三大网页设计软件也被收纳于Adobe Design Premium CS5这一套件中。原来Photoshop所附带的ImageReady软件就被顺理成章地淘汰了，页该软件所具备的功能则由Flash及Dreamweaver等软件分别来实现。

虽然由此看来Photoshop在网页方面的设计能力被削弱了，但它仍然保留了最基本的网页设计功能（如切片、动画以及图像输出等），用以保证和其他网页软件功能能够良好地衔接在一起。本章将详细介绍Photoshop CS5版本中关于网页方面的功能。

15.1 网页设计简述

15.1.1 Photoshop与网页设计

很多人认为使用Photoshop设计网页，与使用Dreamweaver这类专业软件来设计网页是相同的，但实际上二者有着本质上的区别。

简单来说，Photoshop在设计网页时是指对网页效果图的设计，以及将一幅完整的网页作品切分为不同的小块图像（即本章后面要讲解的使用切片切分图像的功能），然后再通过一系列的优化设置将其输出。至此，操作者完成的仅是一个完整的网页设计的前一部分，而这时Photoshop的使命已经基本结束；对于后一部分的工作，则是利用Dreamweaver这类专业软件，利用表格、层以及CSS等技术，结合前面输出的图像文件，将其真正地制作成为一个网页文件（即HTML文件）。当然，另外还有一种形式就是利用Flash来制作具有动画效果的网页，但这也同样离不开使用Photoshop设计网页效果图以及切分图像用于网络的切片技术。

15.1.2 使用Photoshop设计网页的适用范围

在人们的审美要求越来越高的今天，除了一些政府、机关、企业单位等较为严肃、正规的领域外，其他领域的网页设计在特效化、新颖化、个性化等方面，都已成为众多网页设计师追求的重要目标。如图15.1所示为几款优秀的网页界面设计作品。

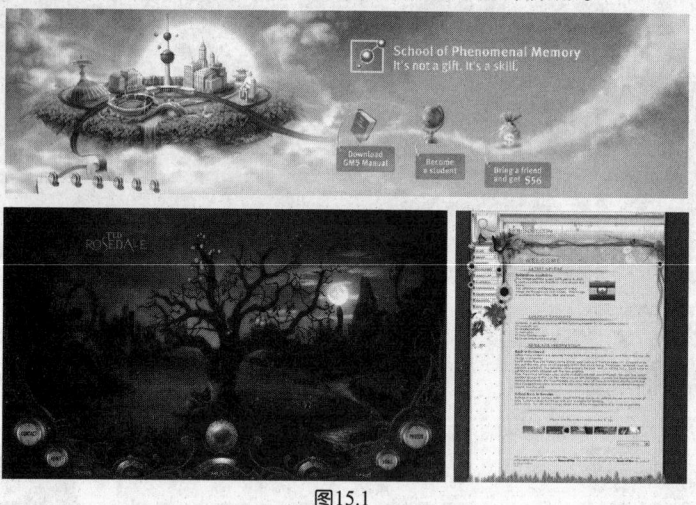

图15.1

15.1.3 Photoshop在网页设计中的常用技术

以前的网络速度是设计师们在网页设计过程中最为头痛的问题，因此很多网页作品看起来非常"朴素"。现在随着硬件设备的逐步完善和网络技术的日渐发展，在这方面的限制越来越少，所以越来越多的网页设计因此逐渐趋向图像的视觉表现——只不过依然带有一些诸如网站名称、导航系统以及超链接设置区域等具有代表性的网页元素。

对于目前的网页设计来说，所运用的技术越来越丰富。下面将介绍一些偏重视觉类的网页设计作品所常用的技术。

1. 路径和形状

路径和形状功能更多地被应用于早期的网页设计中，主要就是借助于使用这些功能绘制出来的矩形、圆形等图形来划分网页区域——即用于规划网页的构架。虽然现在的网页设计技术越来越多样化，但这仍然是众多网页设计师所常用的设计手法，甚至通过使用大量精美的矢量花纹来设计出极为优秀的网页作品，如图15.2所示为此类作品的典型。

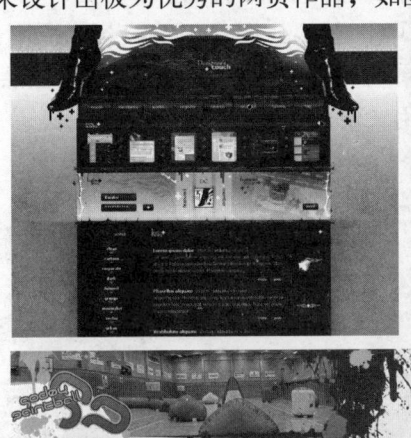

图15.2

 2. 混合模式和蒙版

现在的网页设计越来越趋向于图像视觉的表现，所以在使用的技术上自然也有很大的相同之处。混合模式与蒙版技术的应用就是典型的代表之一，它们常被用于为网页中的图像叠加纹理、模拟图像的质感以及各种或唯美或极酷的图像效果。如图15.3所示的网页作品中，逼真的砖墙纹理、岩石纹理以及表面的环境光效果都可以利用混合模式功能制作出来。而如图15.4所示的网页作品中，其表面残破的金属纹理以及人物身体上的铁线图像，可以结合图层蒙版、混合模式以及其他辅助功能共同制作完成。

图15.3

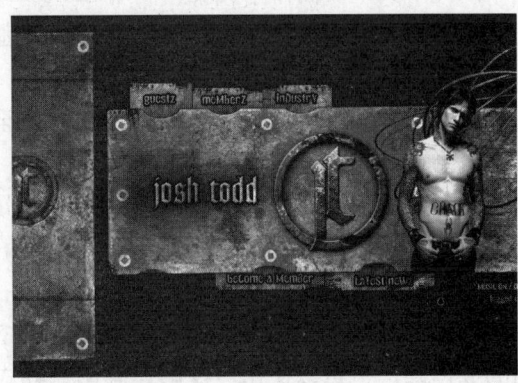

图15.4

3. 图层样式

图层样式在网页设计中起着非常重要的作用，它可以帮助操作者快速完成一些简单、精致的装饰性特效（如各种描边效果、内阴影效果以及淡淡的投影效果等），这些都是在网页设计中经常用到的，甚至前面提到的个性化网页设计也一样。

如图15.5所示的网页作品中，左下方4幅小图像的效果可以利用"投影"以及"描边"图层样式来完成。如图15.6所示的网页作品中，各部分图像间的投影效果可以利用"投影"图层样式来完成，而部分图像的立体效果则可以利用"斜面和浮雕"图层样式模拟得到；另外，位于网页顶部的特效文字，可以用"斜面和浮雕"以及"内阴影"图层样式等制作得到。

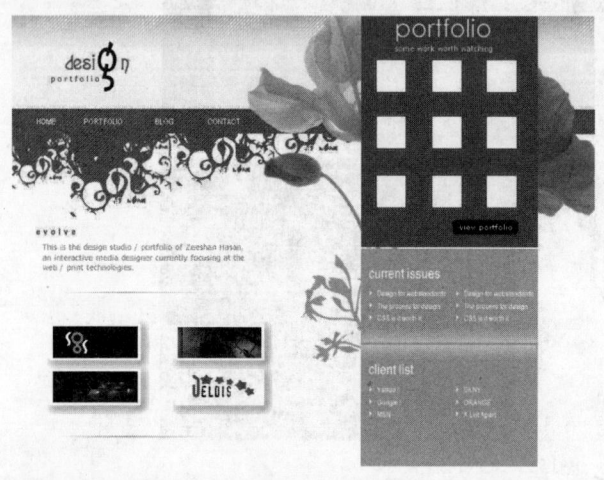

图15.5　　　　　　　　　　图15.6

15.2 Photoshop网页设计流程简述

15.2.1 设计网页效果图

在向客户提供网站设计方案时，通常都是以网站中的几个典型页面作为代表，利用Photoshop制作出完整的效果图以供客户参考。在此阶段，基本上就是根据设计者即定的设计风格及设计思路，结合前面讲解的各种Photoshop技术，设计出一个至少包括主页的设计方案——即网页效果图。

如图15.7所示为一个设计完成后的网页效果图。从技术层面上来说，本例属于比较简单的网页作品，主要是结合了非常精美的图片，配合一些简单的图形绘制及文字输入而成。另外，为了增加页面的立体感，也可以使用"投影"等图层样式增加

图15.7

一些图像的投影效果。

15.2.2 切分网页效果图

使用Photoshop设计出的网页只是一个效果图，而如果要真正将其转换成为HTML格式的网页并展现在互联网上，就需要对这样一整幅网页图片进行详细的切分并进行优化设置，然后再导入到网页设计软件中制作成HTML格式的网页——切片功能是实现这一目的必不可少的功能，而且经过切分并优化后的图像可以在保证图像质量基本不变的情况下，最大程度地将图像压缩至最小，从而便于网络传输。

如图15.8所示为在图15.7的效果图基础上，进行网页切片后的状态。

值得一提的是，一个优秀的网页设计作品除了在设计方面的卓越表现外，更应该注意实

图15.8

际操作时的可执行性。以本小节中的切片网页为例，实际上早在设计网页效果图的时候就应该开始考虑——依据现有的页面布局以及各元素摆放的位置是否有利于切片操作或者至少保证不会由于布局的问题导致切片图像时的工作难度被放大等，一旦作品被认可后就将进入切片处理阶段。

另外，Photoshop还为切片提供了一些简单的网页链接功能设定，所以在要求不高的情况下，可以利用文件导出功能将当前图像直接导出为HTML文件，然后放置在互联网上。当然，这样做会在一定程度上增加网页的大小，并且非常不利于后期的编辑调整。

15.2.3 输出文件

不难看出，要将Photoshop设计的网页效果图转换为HTML格式的网页，除了要将一整幅网页效果图切分外，最重要的就是要将其完美地输出成为小块图像，以便于在Dreamweaver这类网页软件中进行最终的设计。

在Photoshop中要输出切分后的图像，就必须选择"文件"｜"存储为Web和设备所用格式"命令，从而依据切片将图像划分为多个小图像，并对所划分区域中的图像和图像质量进行优化设置，用以提高在网页中浏览该页面时的速度。同时，如果需要在网页编辑软件中重新编排网页（主要是指用表格或层功能按照原来的布局重新制作网页文件等），那么此时生成的图片文件就可以直接使用了，这也是目前网页设计中最为常用的一种手法。

需要注意的是，效果图文件中的文字都是在Photoshop中键入的，但实际上，一旦输出到Dreamweaver等软件中准备制作HTML文件后，除了一些带有特殊效果的标题文字外，其他所有文字都是在网页编辑软件中完成的，其目的就在于可以更好地降低网页大小，同时也具有更高的可编辑性。如图15.9所示为隐藏了多余文字内容后的图像状态，如图15.10所示为在"存储为Web和设备所用格式"对话框中设置图像优化时的状态。

图15.9

图15.10

15.2.4 重建网页

除了极少数要求很低的情况外，从Photoshop中输出的文件都需要在网页编辑软件中进行重建，即依据现有的布局以及切片状态，在网页编辑软件中使用表格或者层等技术重新实现。当然，在重建过程中也不乏前期切片未处理好而导致需要后期改动的情况，此时就需要回到Photoshop中重新进行合理的切片处理，在要求不高的情况下，也可以先在网页编辑软件中重新划分表格，再在Photoshop中裁切好合适的图片，然后将其置入表格中即可，读者在工作过程中，可以根据实际需要，选择最快捷、方便的处理方法。

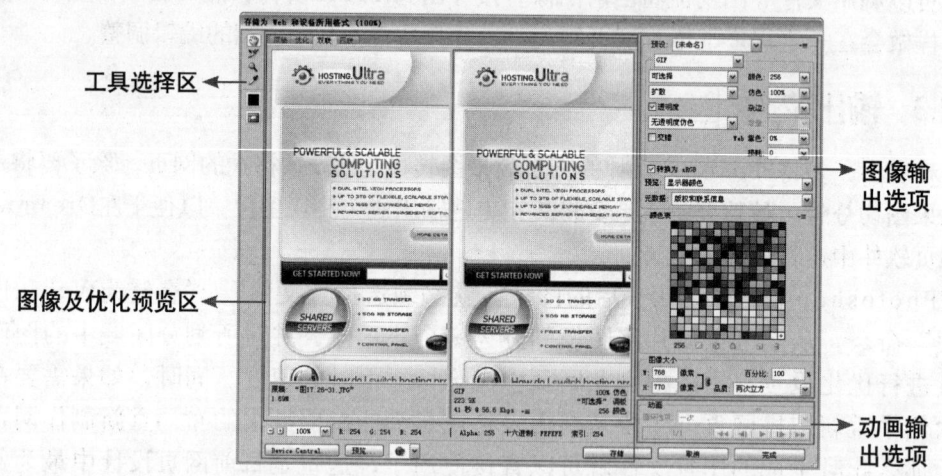

图15.11

根据图15.11中的标示，讲解"存储为Web和设备所用格式"对话框各组成部分的功能。

- 工具选择区：在此可以选择一些设置和编辑切片的工具。
- 图像及优化预览区：在此可以查看原图像及优化后的图像的效果对比。
- 图像输出选项：在此可以设置输出的图像类型及对应的参数设置。在选择不同的输出图像格式时，该区域中的状态也不同。

- 动画输出选项：如果输出的文件为动画格式，就可以在图像输出选项区中设置优化参数，并在此处控制动画的播放，以实时查看优化后的效果。

15.3 优化输出图像

通过优化切片中的图像，能够在降低一定图像质量的情况下大幅度提高网页的下载速度。

在Photoshop中，要优化图像就需要选择"文件"|"存储为Web和设备所用格式"命令，弹出如图15.11所示的"存储为Web和设备所用格式"对话框。

15.3.1 查看优化图像   视频路径：视频文件\15.3.1.avi

在"存储为Web和设备所用格式"对话框中，可以直接在文件窗口中查看切片或者图像的优化效果，最多可以同时查看图像的4个优化效果版本，如图15.12所示。

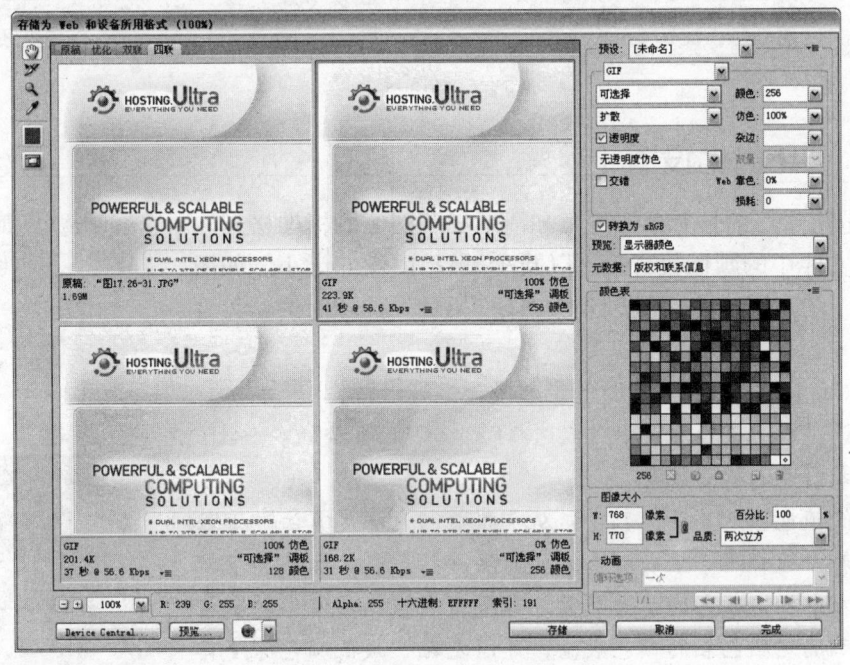

图15.12

要查看图像优化效果，可以根据需要执行下面的操作之一。

1. 在窗口中单击"原稿"标签，可以查看未优化的图像。
2. 单击"优化"标签，可以查看应用了当前优化设置的图像。
3. 单击"双联"或者"四联"标签，可以查看图像的2个或者4个优化版本。

在"双联"或者"四联"视图模式下，单击需要查看的视图，则该视图变为当前视图。

在"双联"或者"四联"视图模式下，每个视图下方的信息区提供了有关优化的重要信息，包括优化设置、优化后图像或者切片的大小，以及如果以某一速率的调制解调器下载所需要的时间长度等，如图15.13所示，可以看出以JPEG格式优化的图像其下载速度最快。

图15.13

另外，在Photoshop CS5中，在每个视图的下载时间后面新增了一个功能按钮，单击 ▼≡ 按钮，即可弹出如图15.14所示的下载速度设置菜单。

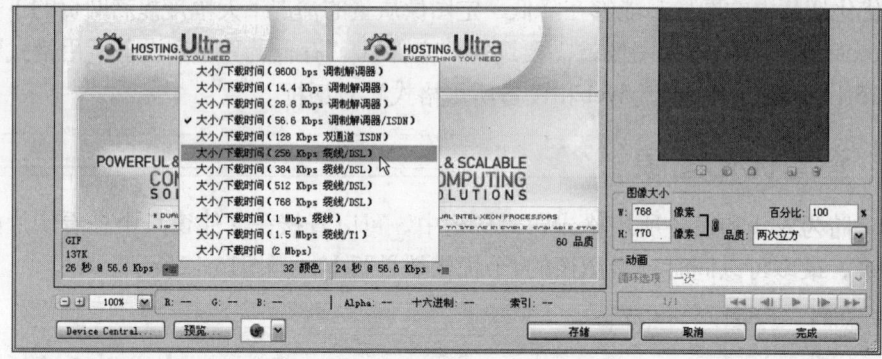

图15.14

15.3.2 GIF优化设置

GIF是用于压缩具有单调颜色和清晰细节图像的标准格式。通过减少文件中的颜色数量，可以减小GIF图像的大小。如图15.15所示为在"格式"下拉列表中选择"GIF"选项时的参数设置。

下面对优化GIF格式图像时的参数设置进行讲解。

- **预设**：在此下拉列表中可以选择Photoshop自带的多个GIF格式图像的输出方案。
- **减低颜色深度算法、颜色**：从"减低颜色深度算法"下拉列表中选择用于生成颜色表的算法，然后在"颜色"下拉列表中指定颜色的最大数量。如果希望根据图像中的颜色自动确定颜色表的颜色数量，可以先在"减低颜色深度算法"下拉列表中选择"受限"选项，其右侧的"颜色"下拉列表中显示"自动"选项，将其选择即可。
- **指定仿色算法**：在此下拉列表中有4个选项。选择"无仿色"选项，不对图像应用仿色效果；选择"扩散"选项，使用不太明显的随机图案扩散于图像中相邻的像素间，但同时需要指定"仿色"百分比以控制应用于图像的仿色量，如果数值高则图像中出现的颜色与细节多，但同时会增大文件的大小；选择"图案"选项，则使用类似半调的方块图案模拟颜色表中没有的颜色；选择"杂色"选项，使用与选择"扩散"选项得到的随机图案相似的图案模拟颜色表中没有的颜色，但不在相邻像素间扩散图案。
- **仿色**：是指模拟电脑颜色显示系统中未提供的颜色的方法，尤其对于图像中存在的颜色渐变图像，需要仿色以防止出现颜色条带现象。例如，在"指定仿色算法"下拉列

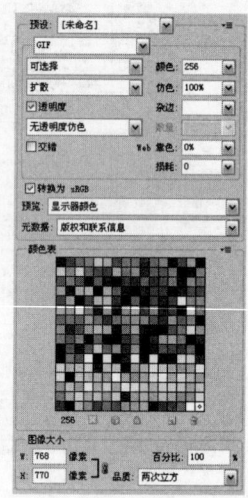

图15.15

表中选择了"扩散"选项的情况下，如图15.16所示为设置"仿色"数值为0%时的效果，如图15.17所示为设置"仿色"数值为100%时的效果。

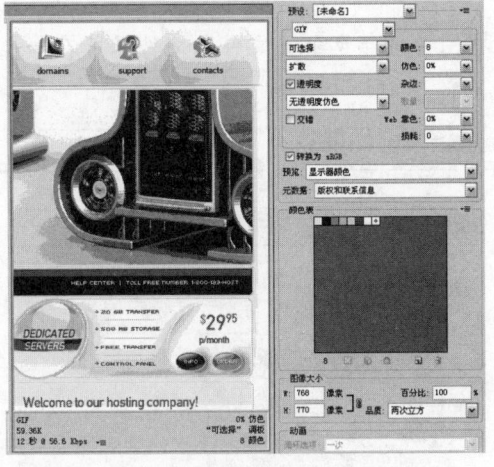
图15.16

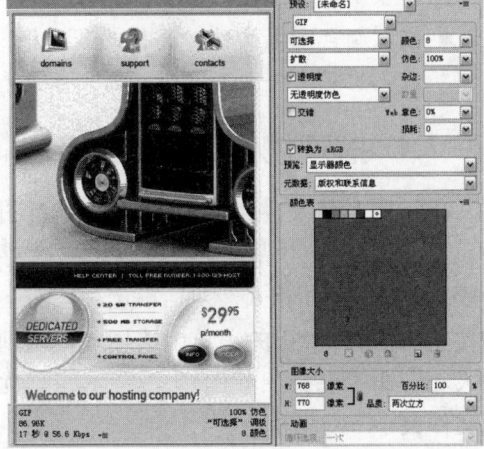
图15.17

- 透明度：选择此选项，则图像在输出时可以保留透明区域，否则图像原透明区域将使用白色进行填充。
- 杂边：在选中"透明度"复选框后，可以在此处设置透明图像的边缘颜色。
- 交错：选择此复选框，可以在整个图像文件的下载过程中，创建在浏览器中以低分辨率显示的图像。此选项可以使图像的下载时间显得较短，并使浏览者确认正在下载的信息，但此选项将增大文件大小。
- Web 靠色：指定将颜色转换为最接近的 Web 面板颜色的容差级别并防止颜色在浏览器中出现仿色。数值越大，则转换的颜色越多。
- 损耗：指定有损压缩所允许的损耗值，有损压缩可以通过有选择地删除图像的数据来减少文件大小。损耗值设置得越高，则被删除的数据越多。使用"损耗"参数通常可以使文件大小减少5%~40%。

15.3.3 JPEG优化设置

JPEG 是用于压缩连续色调图像（如照片等）的标准格式。在"存储为Web和设备所用格式"对话框中，选择"JPEG"选项后的参数设置如图15.18所示。

- 压缩品质、品质：在下拉列表中选择一个选项，或者在其右侧的"品质"数值框中指定一个数值。"品质"数值设置得越高，压缩后图像保留的细节越多，但同时文件将增大。
- 连续：选择此复选框，可以使该图像在下载时连续显示图像，以使浏览者在整个图像下载完毕之前能够看到图像的低分辨率版本。
- 模糊：指定应用于图像的模糊量。此选项与"高斯模糊"滤镜具有相似的效果，并允许进一步压缩文件，以获得更小的文件大小。

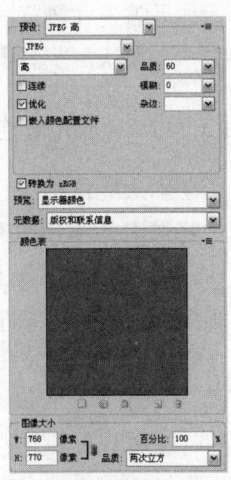
图15.18

- 优化：选择此复选框，可以创建文件大小稍小的增强型JPEG。
- 杂边：在此可以单击色块，在弹出的"拾色器"对话框中选择一种颜色，用以指定原图像中透明像素的填充色。
- 嵌入颜色配置文件：选择此复选框，可以将图片的颜色配置文件与文件保留在一起。颜色配置文件由某些浏览器用于色彩校正。

15.3.4 指定优化到文件大小

在只需要将文件缩小到某一大小而图像的质量可以忽略的情况下，可以单击"存储为Web和设备所用格式"对话框选项区右上方的按钮，在弹出的菜单中选择"优化到文件大小"命令，弹出如图15.19所示的"优化到文件大小"对话框。

在该对话框中键入限定的文件大小，然后选择适当的选项，单击"确定"按钮退出对话框，即可完成对图像的优化设置。

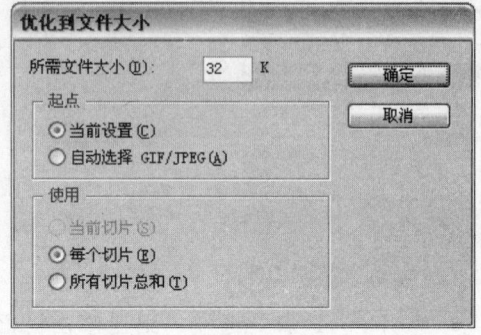

图15.19

15.3.5 存储和删除优化设置

当用户在"存储为Web和设备所用格式"对话框中改变参数后，在"预设"下拉列表中将显示"未命名"选项，表示当前设置的优化参数未被保存。

如果希望将设置的参数保存成为一个在日后工作中可以调用的设置，单击对话框选项区右上方的按钮，在弹出的菜单中选择"存储设置"命令，然后在弹出的"保存优化设置"对话框中键入新的文件名称及文件保存的路径，单击"保存"按钮即可完成存储优化设置的操作。

如果希望在"预设"下拉列表中删除某一项设置，可以选择要删除的设置，然后在选项区弹出菜单中选择"删除设置"命令。

15.3.6 在浏览器中预览优化结果

如果需要在浏览器中预览优化的结果，可以在"存储为Web和设备所用格式"对话框底部单击"在默认浏览器中预览"按钮，此时将使用系统默认的浏览器打开当前的优化结果。

15.3.7 将优化结果导出为HTML文件

在确认优化结果设置完成后，可以单击"存储"按钮将当前图像输出成为HTML文件，此时将弹出如图15.20所示的"将优化结果存储为"对话框。

在"保存类型"下拉列表中，可以选择同时输出HTML和图像文件，也可以选择单独输出图像或者HTML文件。

需要注意的是，在"文件名"文本框中键入的文件名称，将影响到输出的切片图像的命名方式。例如，以"index"为文件名进行保存，那么得到的HTML文件名称即为"index.html"，而同时被输出的图像文件则被命名为"index_XX"（其中，"XX"代表数字的编号）。

当然，如果读者在设置切片选项时指定了各个切片的名称，那么在输出后这些图片就将以切片名称作为图片的文件名，如图15.21所示。

图15.20

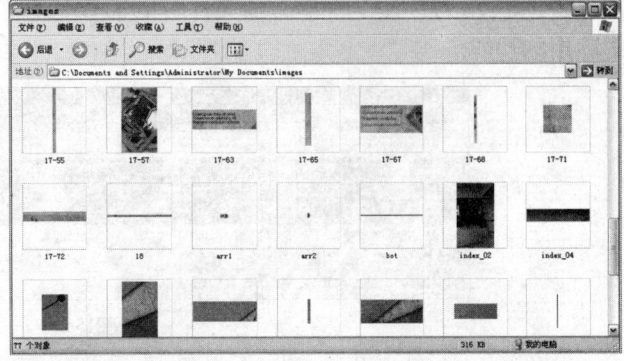

图15.21

15.4 制作网页动画

动画，实际上是人眼在短时间内看到连续的静止画面时视觉残留形成的错觉。在动画制作过程中，这些连续的静止画面被称为"帧"。在通常情况下，如果在1秒的时间内看到25个连续帧，人眼就能够感受到动画效果。

下面来了解一下使用Photoshop制作网页动画时所涉及到的相关知识及各功能的使用方法。

15.4.1 网页动画的基本格式

在网页中，最为常见的动画就属SWF和GIF格式的文件了。其中，SWF格式的文件是由Flash软件所生成的专属文件格式，其特点是输出的文件小、动画编辑能力强，因此成为了网页动画中首选的动画格式之一，甚至现在越来越多的网页已经采用了完全由Flash技术来实现的网站，这也证明了SWF格式动画除了上述的优点之外，还具有非常好的交互特性。

而对于GIF格式动画，则可以由Photoshop提供的动画功能来制作。它虽然完全不具备与浏览者的交互功能，但其特点是输出的文件小、操作非常简单，甚至很多初学者都可以摸索着制作出效果不错的动画来。

15.4.2 "动画"面板  视频路径：视频文件\15.4.2.avi

使用"动画"面板可以创建、查看和设置动画中的帧的参数，还可以使用较小的缩览图以减小面板所需的空间，并在默认的面板宽度上显示更多的帧。选择"窗口"|"动画"命令即可弹出"动画"面板，但在默认情况下，弹出的是"动画（时间轴）"面板，如图15.22所示。

在此状态下，可以对一些视频文字进行编辑处理，并可以加入一些如字幕、影片切换等简单的视频效果。由于此功能在网页动画中极少用到，故不再赘述。

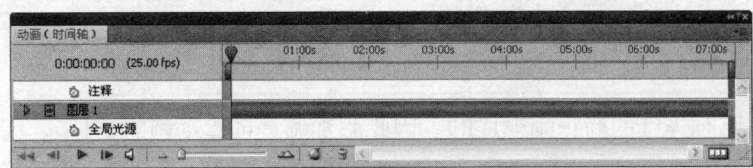

图15.22

单击面板右下角的"转换为时间轴动画"按钮 ，即可切换至"动画(帧)"面板。如图15.23所示为打开了一个动画文件时的面板状态,这也是利用Photoshop制作网页动画时所运用的功能。

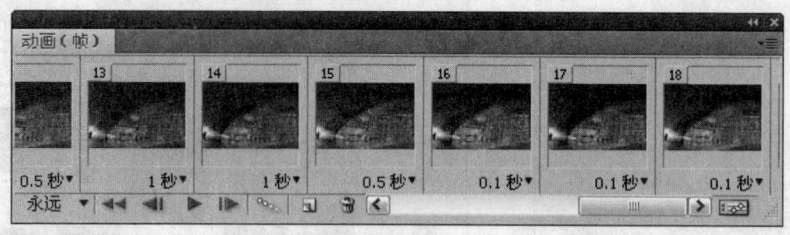

图15.23

下面将对"动画(帧)"面板中的参数进行讲解。

- "选择循环选项"按钮 永远 ▼：单击此按钮,在弹出的菜单中选择"永远"选项,则一直播放动画,直至单击"停止动画"按钮 ；如果选择"一次"选项,则播放一次动画后自动停止；如果选择"其他"选项,在弹出的"设置循环计数"对话框中可以设置循环播放的次数。
- "选择第一帧"按钮 ：单击此按钮,将返回至动画的第一帧。
- "选择上一帧"按钮 ：单击此按钮,可以选择当前帧的上一帧。
- "播放动画"按钮 ：单击此按钮,可以播放动画,此时该按钮变为"停止动画"按钮 ,单击即可停止播放动画。
- "选择下一帧"按钮 ：单击此按钮,可以选择当前帧的下一帧。
- "动画帧过渡"按钮 ：单击此按钮,在弹出的"过渡"对话框中可以设置图像之间的过渡。
- "复制当前帧"按钮 ：单击此按钮,可以复制当前选中的所有帧。
- "删除选中的帧"按钮 ：单击此按钮,将删除当前选中的帧。
- "面板切换按钮" ：单击此按钮,可以在时间轴和帧这两种编辑模式之间进行切换。

15.4.3 创建及编辑动画帧  视频路径：视频文件\15.4.3.avi

 1. 选择帧

在"动画(帧)"面板中,单击需要选择为当前帧的帧缩览图即可将其选中,被选择的帧反蓝显示,当前选中帧的效果将显示于文件窗口中；按住Shift键单击其他帧,可以选择多个连续的帧；按住Ctrl键直接单击其他帧,可以选择多个不连续的帧。如果要选择全部帧,可以在"动画(帧)"面板菜单中选择"选择全部帧"命令。即使选择多个帧,也只有最先选择的帧的效果显示于文件窗口中。

 2. 添加帧

动画是由一系列连续的静止帧形成的,因此添加帧是创建动画的第1步。因为在打开图像后,"动画(帧)"面板仅将该图像显示为新动画中的第一帧,所以要制作动画必须添加帧。

在"动画(帧)"面板菜单中选择"新建帧"命令,或者单击"复制选中的帧"按钮 ,即可在当前选择的帧的后面添加一个与当前帧相同的新帧。

如图15.24所示为原"动画(帧)"面板,在此选择了其中的两帧,如图15.25所示为单击"复制选中的帧"按钮 后得到的新帧。

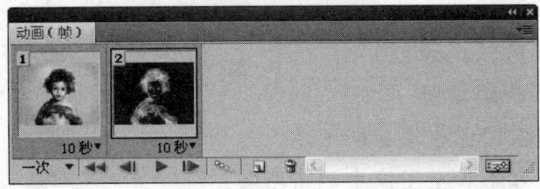

图15.24

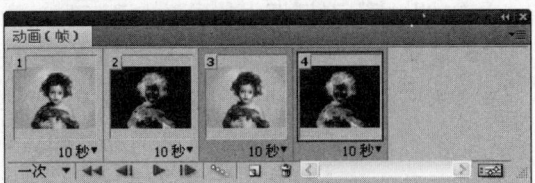

图15.25

3. 重新排列帧

要更改某一帧的位置,可以单击选择需要移动的帧,并将其拖动至新的位置,直到黑线条出现时释放鼠标,被移动的帧将被放置在黑线条之后。

如图15.26所示为选中前4帧后将其拖动至最末尾时的状态,如图15.27所示为释放鼠标后发生位置变化的帧的状态。

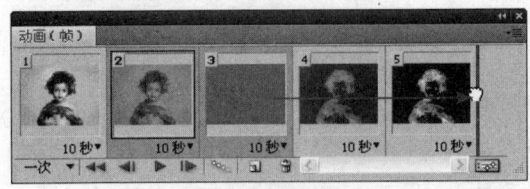

图15.26

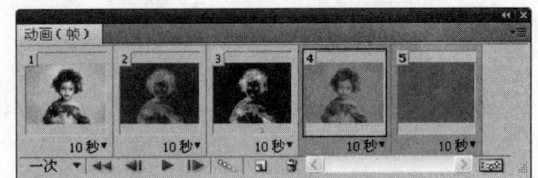

图15.27

如果拖动多个不连续的帧,被拖动的帧将连续地被放置在新位置。

如果需要反转动画的所有帧,或者反转选择的连续或者不连续的某些帧的顺序,可以在"动画(帧)"面板菜单中选择"反向帧"命令。

4. 删除帧

在要删除的帧被选中的情况下,执行下列操作之一可以删除选择的帧。

- 在"动画(帧)"面板菜单中选择"删除帧"命令。
- 单击"删除选中的帧"按钮 。
- 将所选择的帧拖动至"删除选中的帧"按钮 上。

要删除整个动画,可以在"动画(帧)"面板菜单中选择"删除动画"命令。

5. 复制和粘贴帧

为了理解复制和粘贴帧的操作,可以将帧认为是具有当前图层设置的图像副本。复制帧就是复制每一图层的可视性设置、位置以及其他属性;粘贴帧就是将这些属性应用到目标帧。

选择要应用于复制的帧,从"动画(帧)"面板菜单中选择"拷贝多帧"命令;在当前动画或者另一动画中选择目标帧,再从"动画(帧)"面板菜单中选择"粘贴多帧"命令

（如果当前仅选择了一个帧，那么在"动画（帧）"面板菜单中显示的就是"拷贝单帧"和"粘贴单帧"命令），弹出如图15.28所示的"粘贴帧"对话框，在对话框中可以选择粘贴帧的方法。

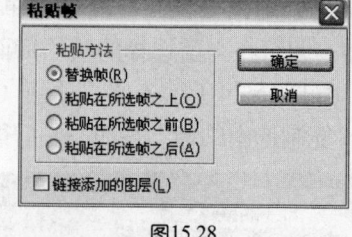

图15.28

"粘贴帧"对话框中的参数如下。

- 替换帧：可以用复制的帧替换当前所选择的帧；如果将帧粘贴至同一图像，则没有新图层添加到该图像；如果是在不同图像之间粘贴帧，则将在图像中添加新图层。
- 粘贴在所选帧之上：可以将粘贴的帧的内容添加至图像中的新图层。
- 粘贴在所选帧之前、粘贴在所选帧之后：可以在目标帧之前或者之后添加复制的帧。
- 链接添加的图层：可以在"图层"面板中链接粘贴帧的图层。

6. 过渡帧

执行"动画（帧）"面板菜单中的"过渡"命令，可以自动添加或修改两个现有帧之间的一系列帧，均匀改变所选帧之间的图层属性以创建动画效果。"过渡"对话框如图15.29所示。

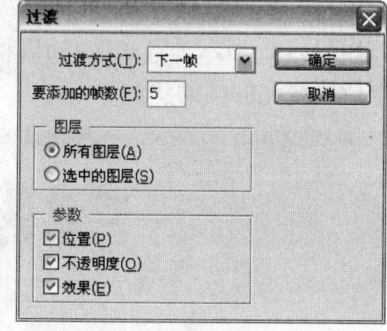

图15.29

"过渡"对话框中的参数如下。

- 过渡方式：如果在"动画（帧）"面板中只选择第一帧，在此下拉列表中有"下一帧"和"最后一帧"两个选项，选择其中的选项，即可在第一帧与其下一帧或者第一帧与最后一帧之间添加过渡帧；如果选择的是两个连续帧，在此下拉列表中仅有"选区"选项，即在该两帧之间添加相应数量的过渡帧；如果选择的是多于两个的连续帧，在此下拉列表中也仅有"选区"选项，但其下面的"要添加的帧数"选项不可用，此时将在第一个被选中帧与最后一个被选中帧之间创建默认的渐变过渡效果。
- 要添加的帧数：只有在选择单一帧和两个连续帧时，该选项才被激活。在此键入数值，可以设置在选中的帧之后或者选中的两帧之间添加的帧数。
- 图层：单击"所有图层"单选按钮，可以改变所选帧中的全部图层；单击"选中的图层"单选按钮，则只改变所选择帧中当前选中的图层。
- 参数：可以指定需要改变的图层属性。选择"位置"复选框，可以在起始帧和结束帧之间均匀地改变图层中的图像在新生成的帧中的位置；选择"不透明度"复选框，可以在起始帧和结束帧之间均匀地改变新生成的帧的不透明度；选择"效果"复选框，可以在起始帧和结束帧之间均匀地改变图层效果的参数设置。

7. 指定帧延迟

节奏感是一个好的动画不可缺少的因素。在Photoshop中，可以通过设置动画的帧延迟时间得到有节奏感的动画。

单击"动画（帧）"面板中每一帧下面的数值，即可从弹出的菜单中选择一个延迟时间。延迟时间以秒为单位显示，分数形式的秒以小数显示，例如，1/4秒显示为"0.25"。

如果同时选择了多个帧，当为其中的一个帧指定延迟时间时，其他所有被选择的帧均会应用该延迟时间。

8. 动画循环方式

单击"动画（帧）"面板左下角的"选择循环选项"按钮 永远▼ ，在其弹出菜单中选择"循环"选项，用以指定动画在播放时的循环方式，包括"一次"、"永远"和"其他"选项。如果选择"其他"选项，可以在弹出的"设置循环计数"对话框中键入循环数值。

9. 新图层与帧

当创建新图层时，该图层在动画的所有帧中都是可见的。如果要在特定帧中隐藏此图层，则必须在"动画（帧）"面板中选择该帧，然后在"图层"面板中隐藏要隐藏的图层。

反之，在"动画（帧）"面板菜单中选择"为每个新建帧创建新图层"命令后，每次创建新帧时，将自动为当前图像创建一个新图层，新图层在新帧中是可见的，但在其他帧中是隐藏的。

10. 跨帧匹配图层

使用"图层"面板编辑图层时，对图层所作的更改只应用于所选的帧。如果要将图层更改应用于动画中所有的帧，可以在选择要改变的图层后，在"动画（帧）"面板菜单中选择"跨帧匹配图层"命令，在弹出的"匹配图层"对话框中设置适当的参数即可。

11. 将帧拼合到图层

可以将动画的帧拼合到图层中，为每一帧创建一个复合图层。复合图层包含该帧中的所有图层，该帧中原来的图层被隐藏，但仍保留在"图层"面板中。

在"动画（帧）"面板菜单中选择"将帧拼合到图层"命令，即可将帧拼合到图层中。

15.4.4 创建渐隐式切换效果动画　　视频路径：视频文件\15.4.4.avi

渐隐式切换效果动画，是指一个画面渐渐变淡而另一个画面渐渐出现的效果。在此以在如图15.30所示的3幅图像间创建渐隐式切换动画为例，讲解其操作步骤。

图15.30

1 打开随书所附光盘中的文件"第15章\15.4.4-素材.psd"。

2 在工具箱中选择"移动工具" ，按照动画的显示顺序，将其中的两幅图像拖动至另一幅图像中，此时的"图层"面板如图15.31所示。

3 选择"窗口"|"动画"命令，弹出"动画（帧）"面板。在第1帧缩览图的底部单击"选择帧延迟时间"按钮，在弹出的菜单中选择"0.5"选项，如图15.32所示。

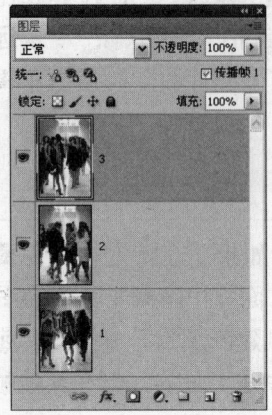 

图15.31　　　　　　　　　　　　　　　图15.32

4 单击"复制选中的帧"按钮 复制当前帧，效果如图15.33所示。

5 在"图层"面板中，单击图层"3"左侧的 图标以将其隐藏，此时的"动画（帧）"面板如图15.34所示。

 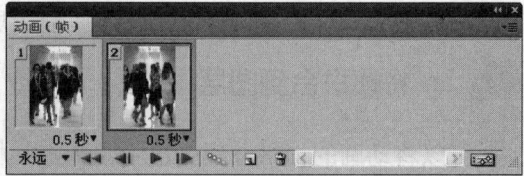

图15.33　　　　　　　　　　　　　　　图15.34

6 重复步骤4的操作，参照步骤5的操作，隐藏图层"2"，此时的"动画（帧）"面板如图15.35所示。

图15.35

7 下面开始在各帧之间添加过渡效果。在"动画（帧）"面板中选择第2帧，单击"动画帧过渡"按钮 ，在弹出的"过渡"对话框中设置参数，如图15.36所示，此时的"动画（帧）"面板如图15.37所示。

8 在"动画（帧）"面板中，选择最后一帧（即步骤7操作前的第3帧）。重复步骤7的操作，此时的"动画（帧）"面板如图15.38所示。

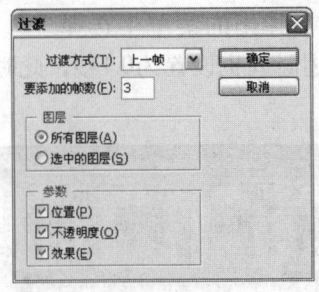
图15.36

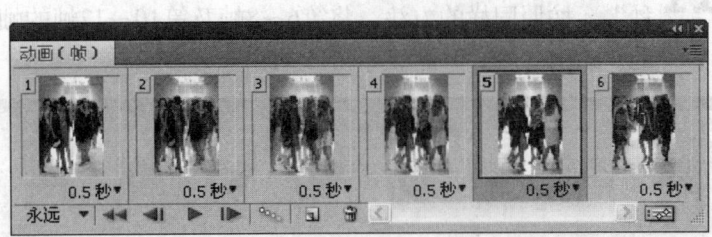
图15.37

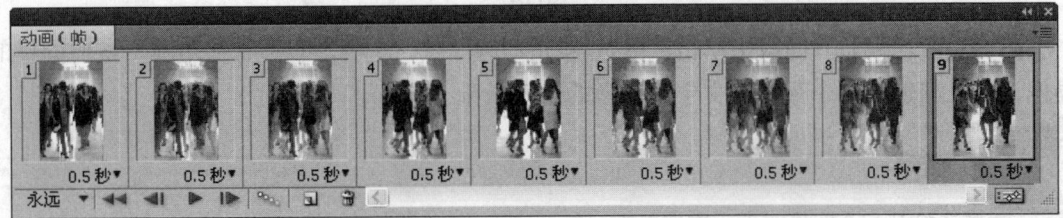
图15.38

> **提示**
> 此时在"动画(帧)"面板中单击"播放/停止动画"按钮 ▶，即可欣赏动画。重复播放该动画不难看出，当从最后一帧播放至第一帧时，会出现明显的画面跳转。下面将在最后一帧与第一帧之间添加过渡效果。

9 在"动画(帧)"面板中，选择最后一帧（即步骤7操作前的第3帧）。重复步骤7的操作，弹出"过渡"对话框，在"过渡方式"下拉列表中选择"第一帧"选项，其他参数保持不变，如图15.39所示。

> **提示**
> 单击"动画(帧)"面板中的"播放/停止动画"按钮 ▶ 查看播放效果。可以看出，由于每帧中的延迟时间都是0.5秒，所以看起来非常没有节奏感，且播放速度偏慢。下面将针对此问题对各帧的播放时间进行调整。

10 按住Shift键选择第2~4帧（即由第1幅图像向第2幅图像过渡时所产生的帧），如图15.40所示。

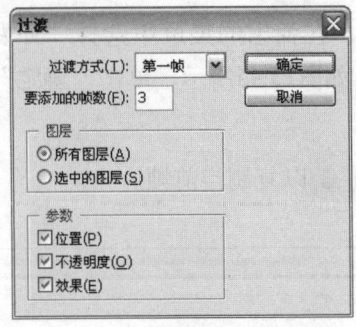
图15.39

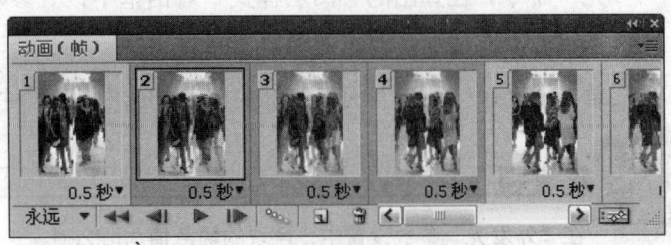
图15.40

11 单击第2～4帧中任意一帧的"选择帧延迟时间"按钮，在弹出的菜单中选择"0.1秒"。按照同样的方法，将第6～8帧及第10～12帧的帧延迟时间也设置为0.1秒，此时的"动画（帧）"面板如图15.41所示。

图15.41

在"动画（帧）"面板中单击"播放/停止动画"按钮，即可欣赏动画。按照同样的操作，可以创建在多个图像及文字间切换的动画效果。

> **提示**
>
> 随意打开一个图像文件，连续单击"复制选中的帧"按钮以复制得到多个帧，然后选择最后一帧，并对其中的图像执行"反相"操作。选中此时"动画（帧）"面板中的所有帧，再单击"动画帧过渡"按钮，看看会出现什么样的效果。

15.4.5 创建图层样式效果渐变动画　　视频路径：视频文件\15.4.5.avi

使用图层样式也能够创建精美的动画效果。在此以为一个按钮添加发光渐变动画效果为例，讲解如何通过图层样式效果创建动画。

1 打开随书所附光盘中的文件"第15章\15.4.5-素材.psd"，其图像效果如图15.42所示，此时的"图层"面板如图15.43所示。

图15.42

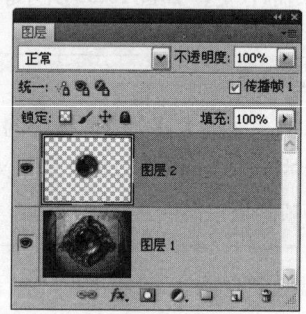

图15.43

2 单击"图层"面板底部的"添加图层样式"按钮，在弹出的菜单中选择"外发光"命令，在弹出的"图层样式"对话框中设置参数，如图15.44所示，单击"确定"按钮退出对话框，效果如图15.45所示。

3 单击"动画（帧）"面板底部的"复制选中的帧"按钮以复制当前帧。

> **提示**
>
> 在"外发光"参数设置中，色块的颜色值为faf2ed。

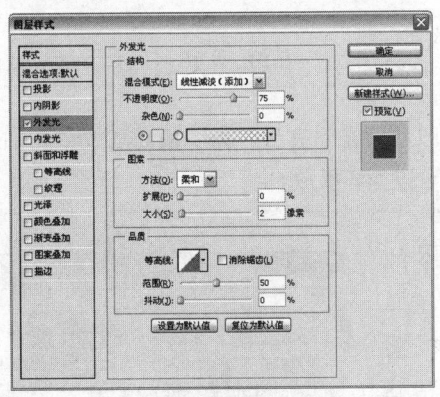 

图15.44　　　　　　　　　　　图15.45

4 在"图层"面板中，双击"图层2"的"外发光"图层样式名称，在弹出的"图层样式"对话框中重新设置参数，如图15.46所示。

5 单击"确定"按钮退出对话框，效果如图15.47所示。

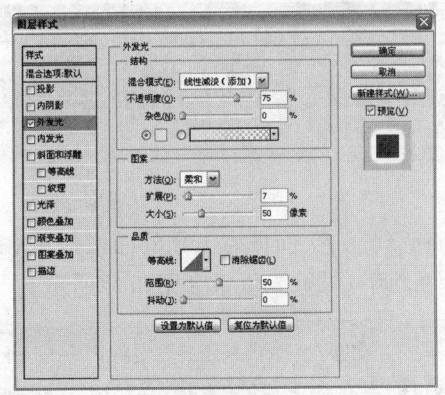 

图15.46　　　　　　　　　　　图15.47

6 在"动画（帧）"面板中选择第2帧，单击"动画帧过渡"按钮，在弹出的"过渡"对话框中设置参数，如图15.48所示，此时的"动画（帧）"面板如图15.49所示。

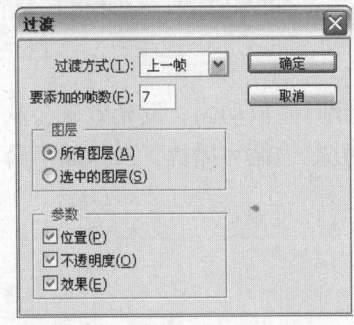

图15.48

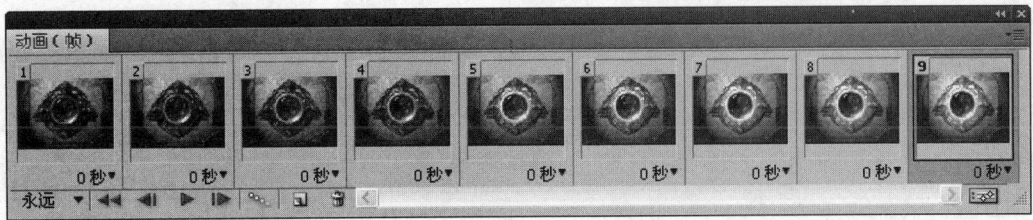

图15.49

提 示

至此，按钮动画已经有了单方向的发光变化，即从无光到有光。为了使动画效果更加逼真，下面将继续制作从有光到无光的变化，使该动画可以循环播放。

7 按住Shift键选中"动画（帧）"面板中的全部帧，然后单击面板右上角的面板按钮，在弹出的菜单中选择"拷贝多帧"命令，在面板菜单中再选择"粘贴多帧"命令，在弹出的"粘贴帧"对话框中设置参数，如图15.50所示。

8 单击"确定"按钮退出对话框，则刚复制的9个帧被粘贴至第9帧的后面，得到第10~18帧，效果如图15.51所示。

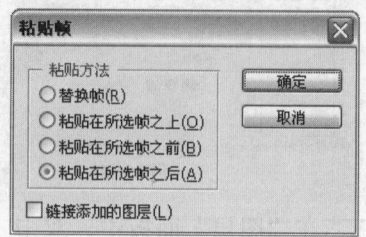

图15.50

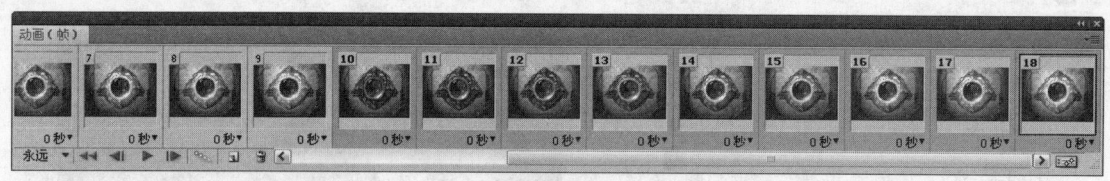

图15.51

9 保持粘贴得到的帧的选中状态，再次单击"动画（帧）"面板右上角的面板按钮，在弹出的菜单中选择"反向帧"命令，此时的"动画（帧）"面板如图15.52所示。

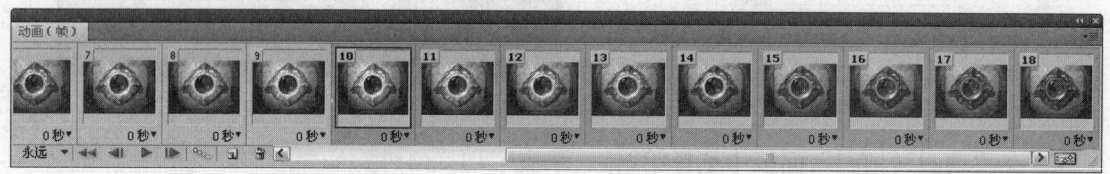

图15.52

此时播放动画，发光效果会从无光过渡到有光，然后再恢复为无光，这样可以使该动画周而复始地循环播放下去，而不会有任何的跳动感。

第16章 综合案例

在前面的章节中已经讲解了Photoshop CS5的基础知识，本章讲解了8个综合案例，每个案例都有不同的知识侧重点。读者在认真练习这些案例后，相信能够帮助读者融会贯通前面所学习的工具、命令与重要概念。

16.1 精通蒙版技术——美人鱼照片合成

视频路径：视频文件\16.1.avi

在本例中，将以一幅美人出水的照片图像为基础，结合头发、鱼尾以及溅起的水花等素材，合成得到一幅美人鱼创意作品，并通过对背景及整体色调的渲染，让图像给人以梦幻、唯美、逼真的视觉感受。

1 打开随书所附光盘中的文件"第16章\16.1-素材1.psd"，如图16.1所示。下面对人物及其水面上的图像进行色彩调整。

2 在"图层"面板中选择"图层2"，单击"创建新的填充或调整图层"按钮，在弹出的菜单中选择"渐变映射"命令，得到图层"渐变映射1"，按Ctrl+Alt+G键创建剪贴蒙版，然后在面板中设置参数，如图16.2所示，并设置当前图层的混合模式为"强光"，从而为图像叠加颜色，得到如图16.3所示的效果。

图16.1

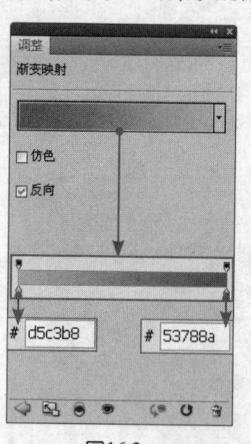
图16.2

图16.3

3 选择"渐变映射1"的图层蒙版，设置前景色为黑色，选择"画笔工具"并设置适当的画笔大小及不透明度，在水面图像上涂抹以隐藏其调整效果，如图16.4所示，此时蒙版中的状态如图16.5所示。

4 在"图层"面板底部单击"创建新的填充或调整图层"按钮，在弹出的菜单中选择"亮度/对比度"命令，得到图层"亮度/对比度1"，按Ctrl+Alt+G键创建剪贴蒙版，在面板中设置参数，以调整图像的亮度和对比度，得到如图16.6所示的效果。

图16.4

图16.5

图16.6

5 按照步骤3的方法编辑"亮度/对比度1"的蒙版,隐藏对水面的调整,得到如图16.7所示的效果,相应的蒙版状态如图16.8所示。

6 在"图层"面板底部单击"创建新的填充或调整图层"按钮,在弹出的菜单中选择"可选颜色"命令,得到图层"选取颜色1",按Ctrl+Alt+G键创建剪贴蒙版,在面板中设置参数,以调整图像的颜色,得到如图16.9所示的效果。

图16.7

图16.8

图16.9

7 在"图层"面板底部单击"创建新的填充或调整图层"按钮,在弹出的菜单中选择"亮度/对比度"命令,得到图层"亮度/对比度2",按Ctrl+Alt+G键创建剪贴蒙版,在面板中设置参数,以调整图像的亮度和对比度,得到如图16.10所示的效果。

8 按照步骤3的操作方法编辑"亮度/对比度2"的蒙版,以隐藏对人物图像的调整,如图16.11所示,此时蒙版中的状态和"图层"面板状态如图16.12所示。

图16.10

图16.11

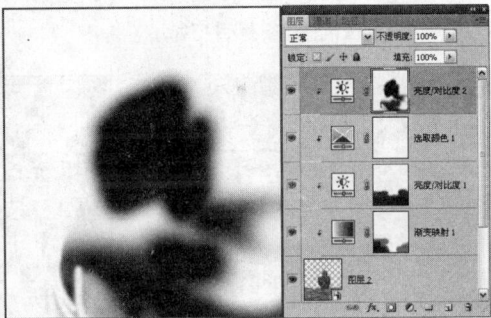
图16.12

> **提示**
> 至此,已经基本完成了对人物图像的色彩处理。为了让人物看起来更具艺术感,下面为其增加飞舞而起的头发图像。

9 打开随书所附光盘中的文件"第16章\16.1-素材2.psd",使用"移动工具"将其拖动至本例操作的文件中,得到"图层3",并将其拖动至"图层2"的下方,使用"移动工具"将图像置于人物背后的位置,按Ctrl+T键调出自由变换控制框,按住Shift键缩小图像至合适的大小,按Enter键确认变换操作,如图16.13所示。

10 在"图层"面板底部单击"添加图层蒙版"按钮,为"图层3"添加图层蒙版,设置前景色为黑色,选择"画笔工具"并设置适当的画笔大小及不透明度,在头发的硬边图像上涂抹以将其隐藏,如图16.14所示。

11 复制"图层3"两次,分别调整其中头发图像的位置及大小,直至得到如图16.15所示的效果。

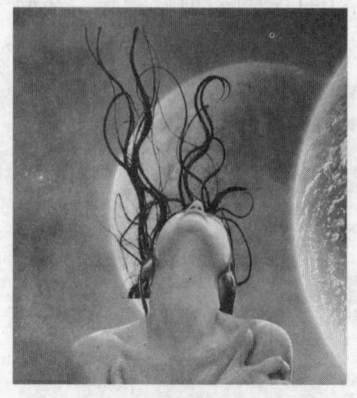 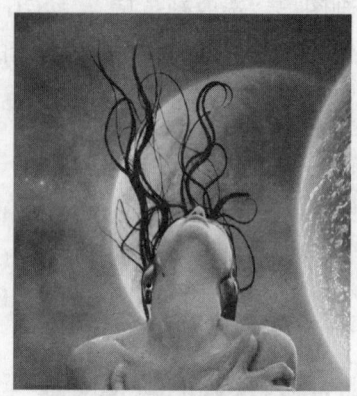 

图16.13　　　　　　　　　　图16.14　　　　　　　　　　图16.15

12 下面将向图像中增加溅起的水花图像。打开随书所附光盘中的文件"第16章\16.1-素材3.psd",使用"移动工具" 将其拖动至本例操作的文件中,得到"图层4",并将图像置于人物头发之上,如图16.16所示。

13 设置"图层4"的混合模式为"滤色",在"图层"面板底部单击"添加图层蒙版"按钮 为其添加图层蒙版,设置前景色为黑色,选择"画笔工具" 并设置适当的画笔大小及不透明度,在头发以外的图像上涂抹以将其隐藏,如图16.17所示,此时蒙版中的状态如图16.18所示。

图16.16　　　　　　　　　　图16.17　　　　　　　　　　图16.18

14 打开随书所附光盘中的文件"第16章\16.1-素材4.psd",使用"移动工具" 将其拖至本例操作的文件中,得到"图层5",并将图像置于人物头发的右侧位置,然后按照上一步的方法设置混合模式并使用图层蒙版隐藏多余的图像,直至得到如图16.19所示的效果。

15 选择"图层3",然后按住Shift键选择"亮度/对比度2"图层,从而将两者之间的图层选中。按Ctrl+G键将选中的图层编组,并将其重命名为"美人",此时的"图层"面板如图16.20所示。

综合案例 第 16 章

提示

至此，已经基本完成了对人物图像的处理，下面来增加人鱼的尾巴图像。

16 打开随书所附光盘中的文件"第16章\16.1-素材5.psd"，使用"移动工具" 将其拖至本例操作的文件中，得到"图层6"，并将其拖至"图层1"的上方，然后将图像置于画面左侧的位置，如图16.21所示。

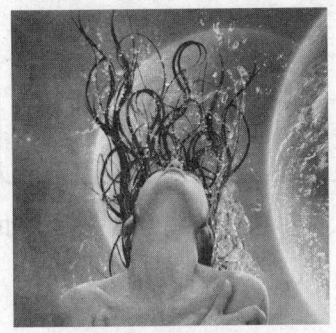
图16.19

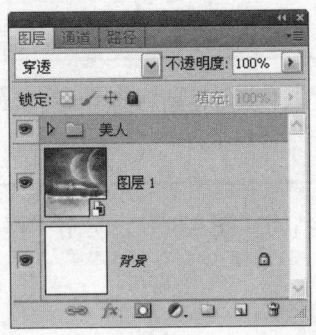
图16.20

图16.21

17 在"图层"面板底部单击"创建新的填充或调整图层"按钮 ，在弹出的菜单中选择"色彩平衡"命令，得到图层"色彩平衡1"，按Ctrl+Alt+G键创建剪贴蒙版，在面板中设置参数，以调整图像的颜色，得到如图16.22所示的效果。

18 复制"图层4"两次，并将副本图层中的图像置于人物的尾巴位置，然后设置适当的不透明度，使它们能够融合在一起，得到如图16.23所示的效果。此时的"图层"面板如图16.24所示。

图16.22

图16.23

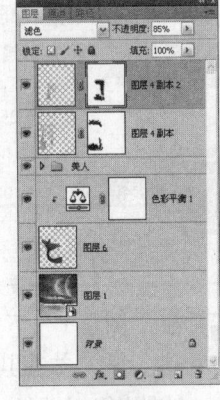
图16.24

16.2 精通图像特效——酒不醉人花醉人

视频路径：视频文件\16.2.avi

此作品的层次关系处理方法较为独特，背景是以一个渐变为底图，然后在上面制作一些感觉上较软性或是形体的量较少的元素，来丰富画布，而主体是以一个较硬性的瓶子来处理，这在视觉上形成很大的反差，从而更能突出瓶子，最后在瓶子上添加一些蝴蝶来调和画布的整体感，使瓶子不显孤立。

1 打开随书所附光盘中的文件"第16章\16.2-素材1.psd"，其"图层"面板如图16.25所示。

2 隐藏"背景"图层以外的所有图层。选择"背景"图层，设置前景色的颜色值为0382df，背景色的颜色值为212a63，选择"径向渐变工具"，并设置渐变类型为从前景色到背景色，从画布的中心向边缘拖动以绘制渐变，得到如图16.26所示的效果。

> **提示**
> 至此，背景效果已制作完成。下面将在画布的中间位置增加一个啤酒瓶图像，并在其后面增加各种线条化的装饰内容。

3 显示"素材1"并将其重命名为"图层1"，使用"移动工具"调整图像的位置，如图16.27所示。

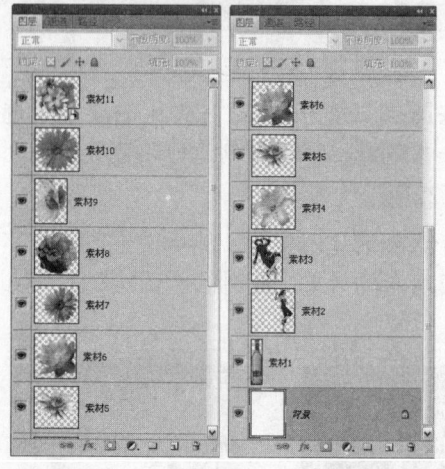  

图16.25　　　　　　　　　图16.26　　　　　　　　　图16.27

> **提示**
> 为了使瓶子置于场景中的效果更加逼真，下面将为瓶子底部增加一些阴影效果。

4 在"图层1"下方新建一个图层得到"图层2"，设置前景色为黑色，选择"画笔工具"，并在其工具选项栏上设置适当的画笔大小，在瓶底位置进行涂抹以模拟瓶子的阴影，如图16.28所示。

> **提示**
> 下面来为瓶子图像增加后面的发光效果。

5 在"图层1"下方新建一个图层得到"图层3"，设置前景色的颜色值为3ccaff，选择"画笔工具"并设置适当的画笔大小，在瓶身与背景光源中心相重合的位置进行涂抹，以模拟其发光效果，如图16.29所示。

图16.28

图16.29

提示

下面将在瓶子的左右随意增加一些曲线。

6 新建图层得到"图层 4"，设置前景色的颜色为白色，切换至"路径"面板，新建一个路径得到"路径1"，选择"钢笔工具" ，在工具选项条上"选择路径"按钮 ，在瓶子周围绘制路径，如图16.30所示。

提示

如果读者不想绘制如此繁多的路径，可以直接调用素材文件"路径"面板中的"路径1"，然后直接继续下面的操作。

7 选择"画笔工具" ，设置画笔大小为"3像素"。按住Alt键单击"用画笔描边路径"按钮 ，在弹出的对话框中勾选"模拟压力"复选框，确认后单击"路径"面板中的空白区域以隐藏路径，并设置"图层4"的混合模式为"叠加"，得到如图16.31所示的效果。

提示

选中"模拟压力"复选框的目的就在于，让描边路径后得到的线条图像具有两端细中间粗的效果。但需要注意的是，此时必须在"画笔"面板的"形状动态"区域中，设置"大小抖动"下方"控制"下拉菜单中的选项为"钢笔压力"，否则将无法得到这样的效果。

提示

在后面的操作中，仍然要继续为瓶子图像周围增加装饰图像。为了便于观察图像效果，将暂时隐藏瓶子图像及其阴影所在的图层，即"图层1"和"图层2"，读者在操作时也可以这样，然后在需要时显示一下"图层1"，以保证装饰图形是位于瓶子图像周围的。

图16.30

图16.31

8 选择"图层2",再选择"自定形状工具" ,单击工具选项条上形状后面的形状缩览图,在弹出的显示框中选择如图16.32所示的形状,并激活"形状图层"按钮 ,设置前景色值为1682dd,在图中绘制如图16.33所示的形状,得到图层"形状1"。

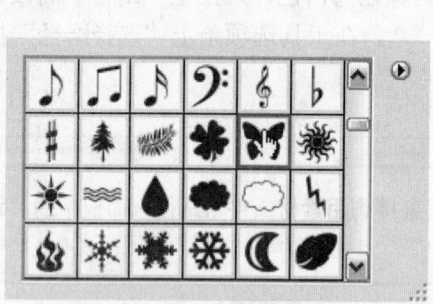
图16.32

图16.33

9 在"图层"面板中单击"添加图层样式"按钮 ,在弹出的菜单中选择"外发光"命令,设置弹出的对话框如图16.34所示,确认后得到如图16.35所示的效果。

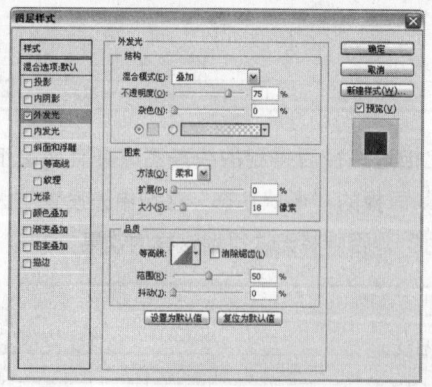
图16.34

图16.35

提示

在"外发光"参数设置中,颜色块的颜色值为c6fffc。下面制作其他蝴蝶飞舞的效果。

10 按照步骤8~9的操作方法，使用色值分别为0093d8和c7ffff的两种颜色来制作两个蝴蝶，得到两个形状图层"形状 2"及"形状 3"，并得到如图16.36所示的效果，此时的"图层"面板如图16.37所示。

> **提示**
>
> 本步骤中为"形状2"和"形状3"添加的图层样式同上一步设置的一样。

11 显示"素材2"，修改其名称为"图层 5"，将其拖至"图层1"的下方，按Ctrl+T键调出自由变换控制框，将图像缩小并顺时针旋转一定角度，置于光芒的右侧，如图16.38所示，按Enter键确认变换操作。

图16.36

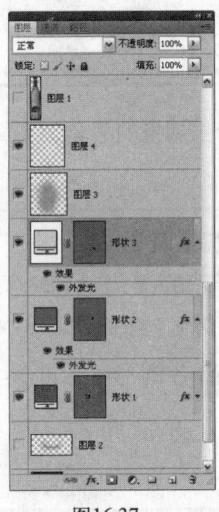
图16.37

图16.38

12 将"图层5"的"填充"数值设置为0%，打开随书所附光盘中的文件"第16章\16.2-素材2.asl"，选择"窗口"|"样式"命令，以显示"样式"面板，选择刚打开的样式（通常在面板中最后一个）为当前图层应用样式，此时图像效果如图16.39所示。

13 复制"图层5"得到"图层5副本"，利用自由变换控制框将其水平·转并置于图像的左上方，如图16.40所示，按Enter键确认变换操作。

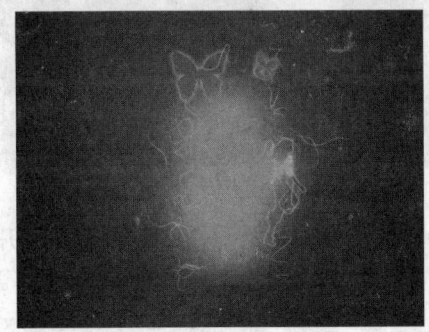
图16.39

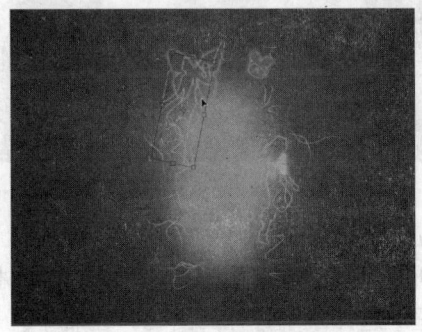
图16.40

14 显示"素材3"，将其重命名为"图层6"，将其拖至"图层1"的下方，按照步骤12~13的操作方法，结合图层属性、图层样式、复制图层以及变换功能，添加瓶子两侧的人影图像，如图16.41所示。同时还得到"图层6副本"，当显示中间瓶子图像时的效果如图16.42所示。

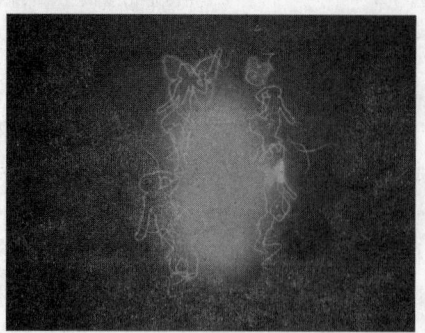

图16.41

图16.42

提 示

作品的视觉重心全部都在画布中心，产生拥挤的感觉，下面将制作几个几何形体来调整画面感觉，以避免作品有拼凑的感觉。

15 设置前景色的颜色为白色，选择"椭圆工具" ，在工具选项条上选择"形状图层"按钮，在画布中间绘制如图16.43所示的圆，得到图层"形状 4"，设置此图层的混合模式为"叠加"，"不透明度"为10%，得到如图16.44所示的状态。

16 将图层"形状 4"复制3次，并分别调整各圆形的大小及透明属性，直至如图16.45所示的状态。

提 示

下面制作一些随机的装饰点图像，同时也活跃一下画面气氛。

图16.43

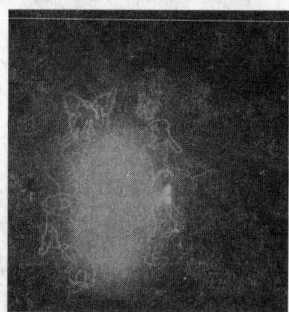

图16.44

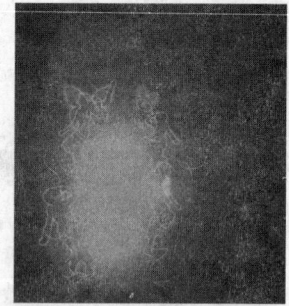

图16.45

17 新建一个图层得到"图层 7"，设置前景色为白色，选择"画笔工具"，打开随书所附光盘中的文件"第16章\16.2-素材3.abr"，在画布中右击，然后在弹出的画笔显示框中选择刚刚打开的画笔，在瓶子区域拖动，绘制一些杂乱的点，如图16.46所示。

18 在"图层"面板中单击"添加图层样式"按钮，在弹出的菜单中选择"内发光"命令，设置弹出的对话框如图16.47所示，确认后并设置"图层7"的混合模式为"叠加"，"不透明度"数值为20%，"填充"数值为50%，得到如图16.48所示的效果。

综合案例 第 16 章

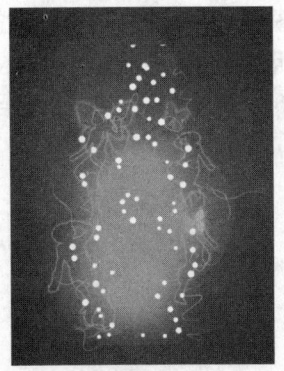
图16.46

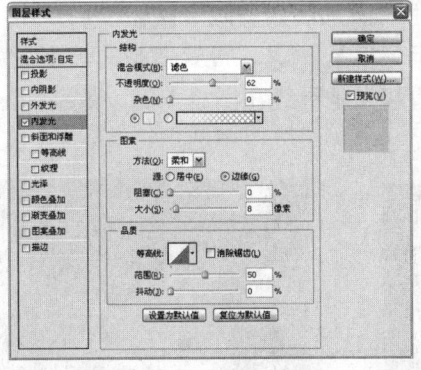
图16.47

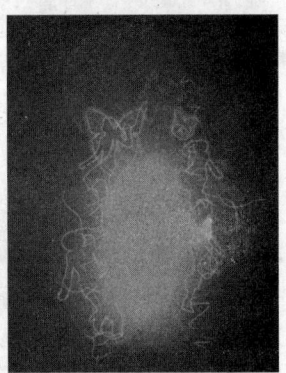
图16.48

 提示

在"内发光"参数设置中，颜色块的颜色值为ffffbe。

19 新建一个图层得到"图层 8"，调整"素材3.abr"画笔的大小，绘制如图16.49所示的图像，添加"外发光"图层样式，设置参数如图16.50所示，确认后设置混合模式为"叠加"，"不透明度"数值为50%，得到如图16.51所示的状态。重新显示"图层1"和"图层2"。

提示

在"外发光"参数设置中，颜色块的颜色值为c6fffc。下面将添加主体，然后再添加一些蝴蝶、线条元素来调和画面，使主体与背景能够形成统一。

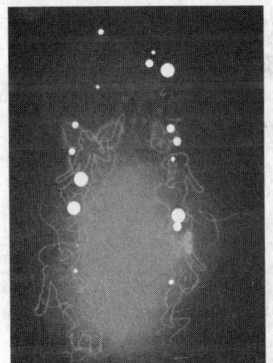
图16.49

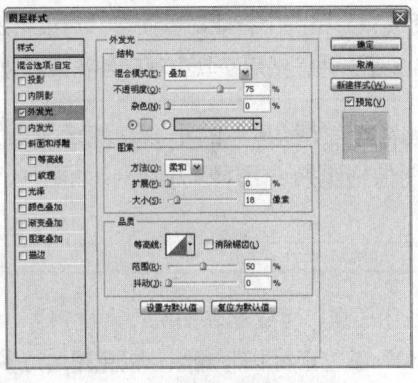
图16.50

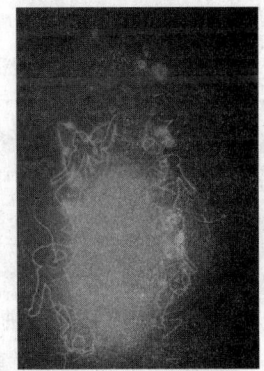
图16.51

20 选择"图层1"作为当前的工作层，根据前面所讲解的操作方法，结合形状工具、图层样式、路径以及描边路径等功能，制作瓶子上的蝴蝶及线条图像，如图16.52所示。同时得到"形状5"、"形状6"和"图层9"。

提示

虽然此时已经制作出了曲线，但看起来它仍然是与瓶子图像相互独立的，没有套在一起的感觉，下面将利用蒙版功能达到这一效果。

21 在"图层"面板中单击"添加图层蒙版"按钮 ，为"图层 9"添加蒙版，设置前景色为黑色，选择"画笔工具" ，设置适当的大小在蒙版上涂抹，将线与瓶子的叠部分隐藏，使线条看起来是围绕在酒瓶上的，效果如图16.53所示，对应的"图层"面板如图16.54所示。

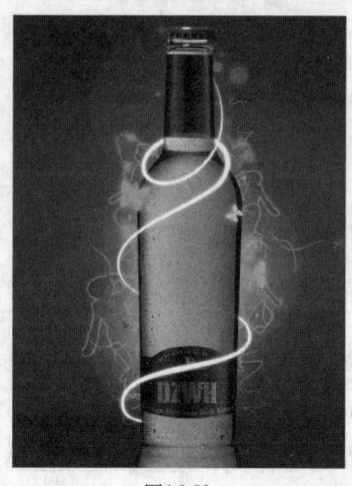
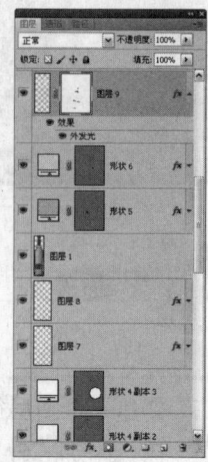

图16.52　　　　　　　图16.53　　　　　　　图16.54

提 示

至此，已经将酒瓶图像基本处理完成了，在下面的操作中，将要添加瓶子顶部的花朵图像，读者可以使用素材文件中图层"素材4"至"素材10"的图像，来自行拼合一个花团图像，然后置于瓶子的顶部即可，或者也可以直接使用最顶部"素材11"的图像，这是已经拼合并处理好的一个花团图像，读者可以直接使用进行处理，由于其操作方法比较简单，故本例中不再予以详细讲解。值得一提的是，"图层11"是一个智能对象图层，对该花团图像处理方法感兴趣的读者可以双击其缩览图，然后调出其原文件，然后在其中观察各花朵图像的叠加顺序及处理方法。

22 显示"素材11"并将其拖至"图层9"的上方，然后重命名为"图层10"。再使用"移动工具" 将其中的图像拖至瓶子图像的顶部，如图16.55所示。

提 示

如果读者是自己拼合花团图像，可以删除图层"素材11"，反之按照前面所讲解的方法进行操作，则可将图层"素材4"至"素材10"删除，以免图层过多，造成操作上的麻烦。

23 在"图层"面板中单击"创建新的填充或调整图层"按钮 ，在弹出的菜单中选择"照片滤镜"命令，得到图层"照片滤镜1"，按Ctrl+Alt+G键创建剪贴蒙版，设置面板如图16.56所示，得到如图16.57所示的效果。

提 示

在"照片滤镜"参数设置中，颜色块的颜色值为768dff。下面将在花朵图像的周围添加一些装饰性的白色发光点。

图16.55

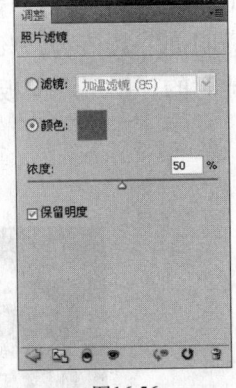
图16.56

图16.57

24 根据前面所讲解的操作方法,在"图层10"的下方新建一个图层得到"图层11",设置前景色为白色,结合"画笔工具" 及"素材3.abr"(适当调整大小),在花朵周围进行涂抹,直至得到如图16.58所示的效果。按照步骤12的操作方法,打开并选择随书所附光盘中的文件"第16章\16.2-素材4.asl"为当前图层应用样式,得到的效果如图16.59所示。

图16.58

图16.59

提 示

对于上面所绘制的白色大圆,读者可使用"椭圆工具" 绘制,也可以使用"画笔工具" 设置一个较大的画笔大小,然后通过单击得到。下面模糊图像,完成制作。

25 按住Alt键向下拖动"图层10",并将其置于"图层9"和"图层11"的中间,释放鼠标后得到"图层10副本",下面将利用该副本图层结合模糊滤镜,模拟花朵边缘的动感效果。

26 选择"图层10副本",选择"滤镜"|"模糊"|"形状模糊"命令,设置弹出的对话框如图16.60所示,得到如图16.61所示的效果,当隐藏了"图层10"和"图层11"时,图像的效果如图16.62所示。

提 示

对于"形状模糊"对话框中的形状,它是与"自定形状工具" 使用的形状完全相同的,如果读者的对话框中没有此处需要用到的形状,可以单击形状选择框右上角的三角按钮,在弹出的菜单中选择"全部"命令,然后在弹出的提示对话框中单击"确定"按钮,从而将所有Photoshop自带的形状载入进来,就可以在其中找到刚刚所使用的形状了。

27 复制"图层10副本"得到"图层10副本2",并将其置于所有图层的上方,然后设置其混合模式为"线性光","不透明度"数值为27%,得到如图16.63所示的效果。图16.64所示为本例的最终效果,此时的"图层"面板如图16.65所示。

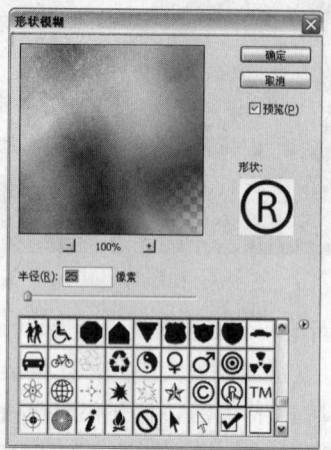

图16.60

图16.61

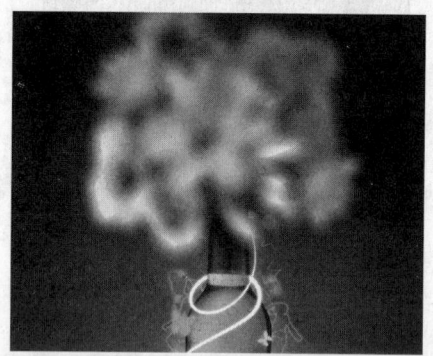

图16.62

图16.63

图16.64

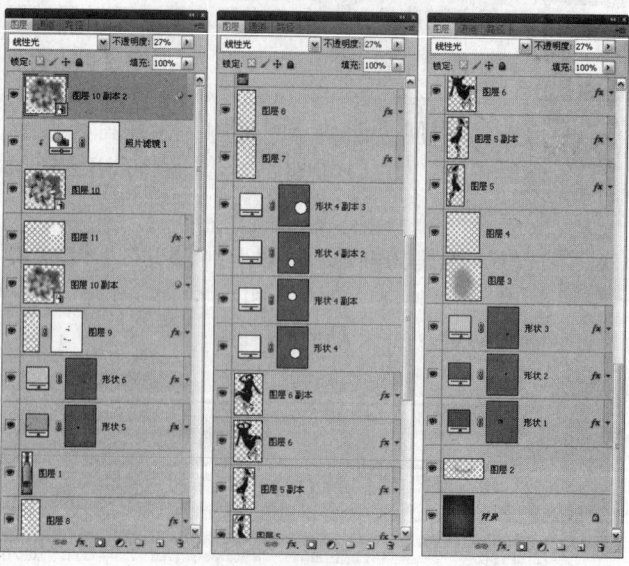

图16.65

16.3 精通特效文字——Vista风格立体文字特效表现

> 视频路径：视频文件\16.3.avi

在本例中，将以文字"tito"为主题，设计一幅文字特效表现作品。在制作过程中，将以一个立体的文字作为处理的核心内容，还结合围绕着立体文字周围的炫光图像、同时配合烟雾图像，来表现画面的丰富感。

1 打开随书所附光盘中的文件"第16章\16.3-素材.tif"，如图16.66所示，作为"背景"图层。

2 选择"钢笔工具" ，在工具选项条上单击"路径"按钮 ，在当前画布中绘制"t"路径，如图16.67所示。切换至"路径"面板，双击工具路径，在弹出的对话框中，输入路径名称为"路径1"。

图16.66

图16.67

3 切换至"图层"面板，单击"创建新的填充或调整图层"按钮 ，在弹出的菜单中选择"纯色"命令，然后在弹出的"拾取实色"对话框中设置其颜色值为fd7205，得到如图16.68所示的效果，同时得到图层"颜色填充1"。

4 选择"背景"图层，切换至"路径"面板，选中"路径1"，按Ctrl+T键调出自由变换控制框，按住Shift键向变换控制框外部拖动控制句柄，以等比放大路径，按Enter键确认变换操作，直至得到如图16.69所示的路径效果。

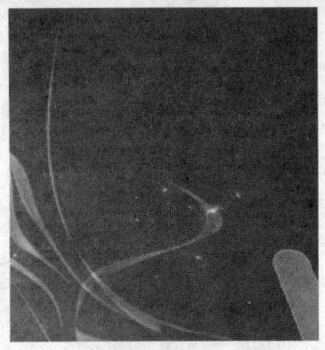
图16.68

图16.69

5 切换至"图层"面板，单击"创建新的填充或调整图层"按钮 ，在弹出的菜单中选择"渐变"命令，然后在弹出的对话框中设置各参数，如图16.70所示，得到如图16.71所示的效果，同时得到图层"渐变填充1"。

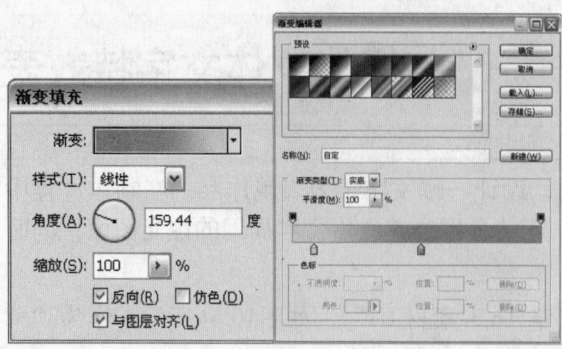
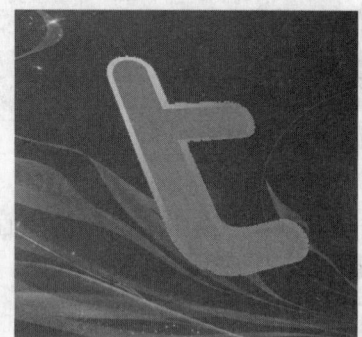

图16.70　　　　　　　　　　　　　　图16.71

 **提　示**

在"渐变编辑器"对话框中，渐变类型的各色标颜色值从左至右分别为fee48e和fe821e。

6 选择"背景"图层，按照步骤4的操作方法调整路径，如图16.72所示。按照步骤3的操作方法创建"颜色填充"图层，设置颜色值为fff7ad，得到如图16.73所示的效果，同时得到图层"颜色填充2"。

7 选择图层"颜色填充1"，按照步骤4和步骤5的操作方法，制作文字的最表面，得到如图16.74、图16.75所示的效果，同时得到图层"渐变填充2"和"渐变填充3"。此时的"图层"面板状态如图16.76所示。

 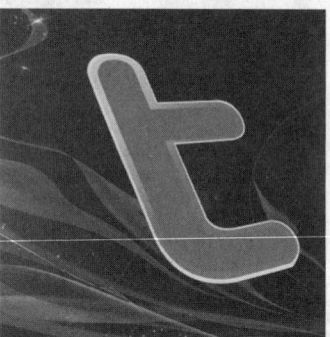 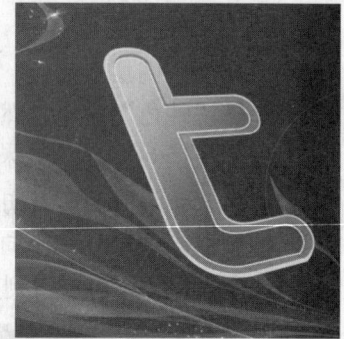

图16.72　　　　　　　　　　图16.73　　　　　　　　　　图16.74

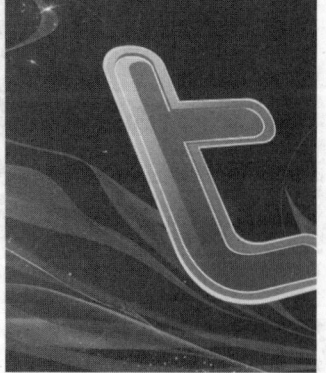 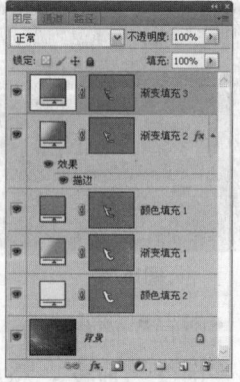

图16.75　　　　　　　　　　图16.76

综合案例 第16章

> **提示**
>
> 还为"渐变填充2"添加了"描边"图层样式，设置弹出的对话框如图16.77所示，描边颜色值为fffac8。"t"的正面已经制作完毕，下面来制作"t"的侧面。

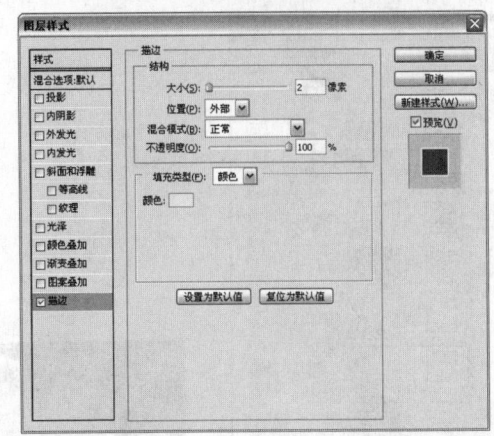

图16.77

8. 选择"背景"图层，按照前面的操作方法，制作"t"的侧面及高光，得到如图16.78所示的效果，此时的"图层"面板状态如图16.79所示。

9. 选择"渐变填充3"，按住Shift键单击"渐变填充4"的图层名称，以将二者之间的图层选中，按Ctrl+G键将选中的图层编组，得到"组1"。

10. 按照前面制作"t"的正面、侧面及高光立体效果的方法，来制作"i"、"t"、"o"立体文字，得到如图16.80所示的最终效果，此时的"图层"面板状态如图16.81所示，图16.82～图16.84所示为单独显示"i"、"t"、"o"文字的效果。

制作"t"的侧面及高光1

制作"t"的侧面及高光2

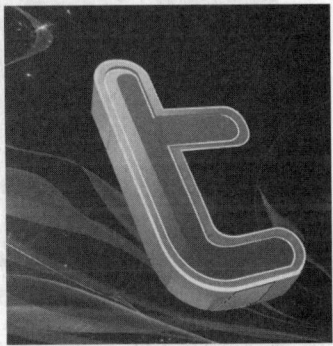
制作"t"的侧面及高光3

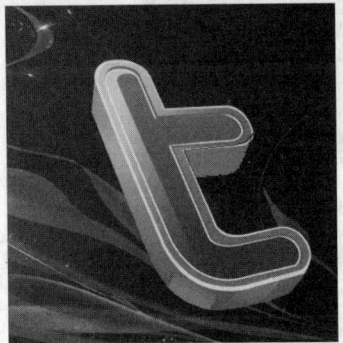
制作"t"的侧面及高光4

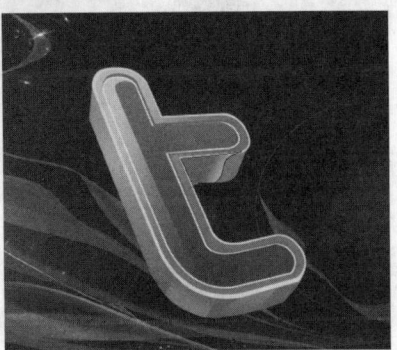
制作"t"的侧面及高光5

图16.78

图16.79

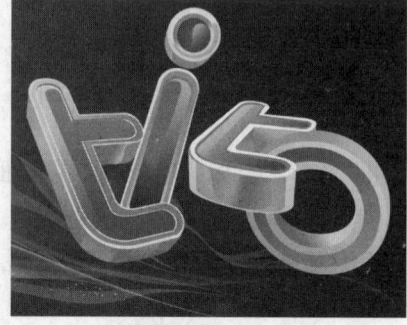
图16.80

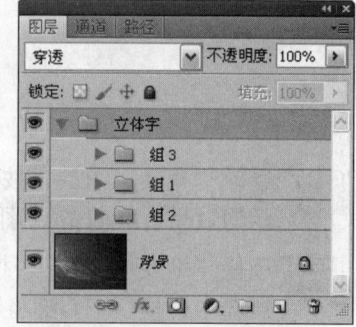
图16.81

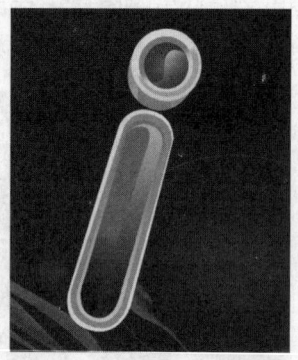
图16.82

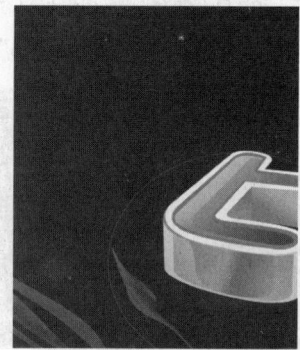
图16.83

图16.84

11 如图16.85所示为将最终效果结合滤镜以及图层属性等功能艺术化处理后的效果。

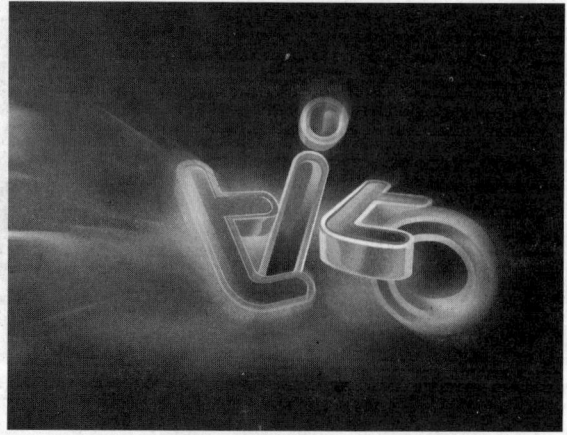
图16.85

综合案例 第16章

16.4 精通3D技术——点智新业务宣传广告设计

>> 视频路径：视频文件\16.4.avi

本例是以点智新业务为主题的宣传广告作品。在制作过程中，主要利用3D图像，通过编辑三维图像，突出整体结构的立体效果，然后又对立体文字的色彩及光泽进行调整，加上不同的花朵及舞动的文字，为画面整体添加几分精彩。

1 打开随书所附光盘中的文件"第16章\16.4-素材1.psd"。选择"3D"|"从3D文件新建图层"命令，在弹出的对话框中打开随书所附光盘中的文件"第16章\16.4-素材2.3ds"，并将得到的图层重命名为"图层1"。

2 结合"3D旋转工具" 等模型编辑工具，调整字母模型的大小及角度，将其置于画布的中间位置，如图16.86所示，此时"图层"面板如图16.87所示。

图16.86

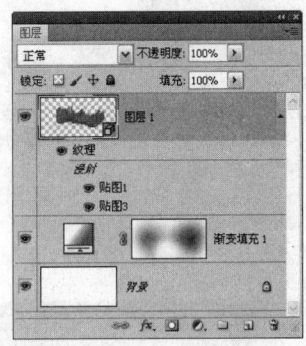

图16.87

3 下面来更改贴图效果。双击"图层"面板中通道贴图名称"贴图1"，打开一个格式为PSB的文档，然后单击"创建新的填充或调整图层"按钮 ，在弹出的菜单中选择"渐变"命令，设置弹出的对话框如图16.88所示，得到如图16.89所示的效果，同时得到图层"渐变填充1"。

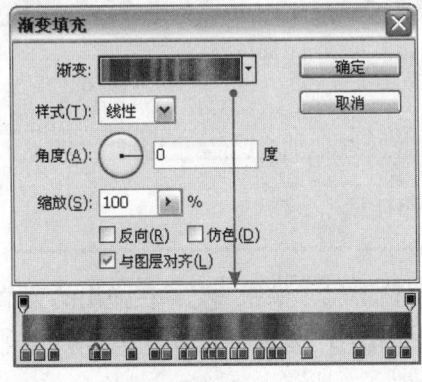

图16.88

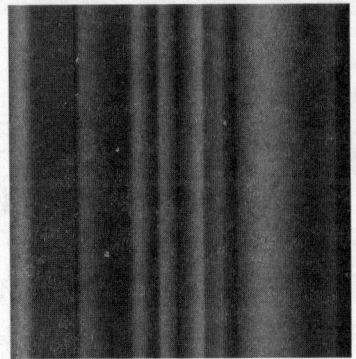

图16.89

4 按Ctrl+S键保存图像，再按Ctrl+W键关闭文档。可发现三维模型上的纹理贴图已经反映出最新的修改，如图16.90所示。

5 下面来更改上面的贴图效果。按照步骤3和步骤4的操作方法，双击"贴图3"，创建"渐变填充"图层，设置其对话框如图16.91所示，单击"确定"退出对话框，保存并

483

关闭PSB文件，得到的效果如图16.92所示。

> 在"渐变填充"对话框中，渐变类型的各色标值从左至右分别为f08b00、00a83b、f08b00和008340。下面来调整整体3D图像，并对其中的文字重新设计。

6 选择"钢笔工具"，在工具选项条上单击"路径"按钮，将文字"新"的外轮廓勾画出来，然后在工具选项条中单击"从路径区域减去"按钮，将文字内的轮廓勾画出来，如图16.93所示。

图16.90

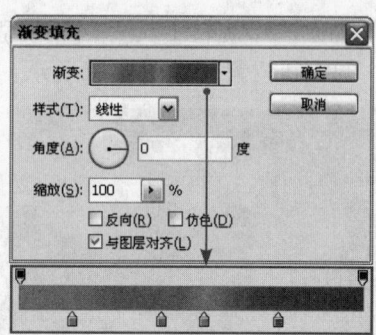

图16.91

图16.92

图16.93

> 本步骤所绘制的路径可参考"路径"面板中的"路径1"。

7 在"图层"面板底部单击"创建新的填充或调整图层"按钮，在弹出的菜单中选择"渐变"命令，设置弹出的对话框如图16.94所示，隐藏路径后的效果如图16.95所示，同时得到图层"渐变填充2"。

8 按住Ctrl键单击"渐变填充2"图层缩览图以载入其选区，选择"选择"|"修改"|"收缩"命令，在弹出的对话框中设置"收缩量"值为3，单击"确定"按钮退出对话框。选择"选择"|"修改"|"平滑"命令，在弹出的对话框中设置"取样半径"值为2，单击"确定"按钮退出对话框。

综合案例 第 16 章

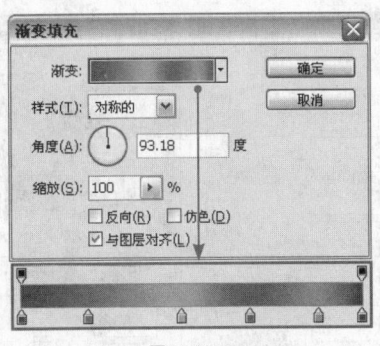

图16.94

图16.95

9 保持选区，新建"图层2"，设置前景色为白色，按Alt+Delete键填充前景色，按Ctrl+D键取消选区，如图16.96所示。

10 打开随书所附光盘中的文件"第16章\16.4-素材3.asl"，然后显示"样式"面板，并选择刚刚打开的样式，得到如图16.97所示的效果。

图16.96

图16.97

11 按照步骤6～10的操作方法，使用"钢笔工具" 绘制路径，创建"渐变填充"图层，然后创建选区，新建图层并填充白色，以及添加图层样式，制作文字"业务精彩"的文体效果，如图16.98所示。"图层"面板如图16.99所示。

图16.98

图16.99

12 结合"第16章\16.4-素材4.psd～16.4-素材9.psd"，以及设置图层属性等功能，制作画面中的装饰图像及文字，直至得到如图16.100所示的最终效果，此时的"图层"面板如图16.101所示。

图16.100

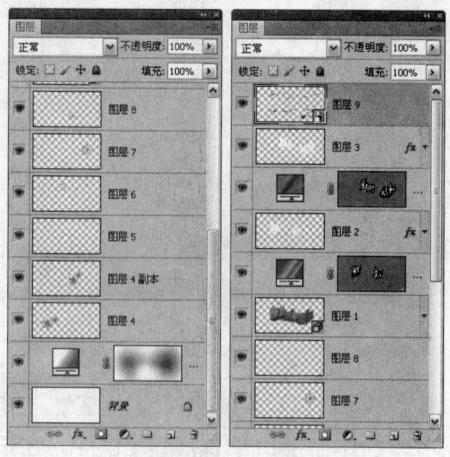
图16.101

16.5 精通照片修饰——商业人像照片修饰与润色

>> 视频路径：视频文件\16.5.avi

一般我们在各种杂志或广告中看到的图像，除了一些面部的瑕疵要修除外，场景也有一些要修饰的内容。在本例中，将针对照片的场景、人物及整体的色调进行处理。

1 打开随书所附光盘中的文件"第16章\16.5-素材.jpg"，如图16.102所示。

提示

首先将对环境中多余的图像进行修除处理，在处理之前，由于左侧的男人图像与背景要修除的区域融合在一起，所以先要将这个区域选择出来，以避免误操作。

2 选择"磁性套索工具"，并在其工具选项条上设置适当的参数，沿着左侧男人图像的上半身位置的边缘绘制选区以将其选中，如图16.103所示。

图16.102

图16.103

3 按Ctrl+Shift+I键执行"反向"操作，以反向选择当前选区。设置前景色为白色，选择"画笔工具"并设置适当的画笔大小及不透明度，在选区以内、人物图像以外的背景进行涂抹，以将其全部处理成白色，按Ctrl+D键取消选区，得到如图16.104所示的效果。

4 处理完背景后，下面来对人物的皮肤进行平滑处理。按Ctrl+J键复制"背景"图层得到"图层1"，按Ctrl+I键将图像反相，得到如图16.105所示的效果。

5 选择"滤镜"|"模糊"|"高斯模糊"命令，在弹出的对话框中设置"半径"值为1.1，单击"确定"按钮退出对话框，得到如图16.106所示的效果。

图16.104　　　　　　　　图16.105　　　　　　　　图16.106

6 选择"滤镜"|"其它"|"高反差保留"命令，在弹出的对话框中设置"半径"值为4.8，单击"确定"按钮退出对话框，得到如图16.107所示的效果。

7 设置"图层1"的混合模式为"叠加"，得到如图16.108所示的效果。

图16.107　　　　　　　　　　图16.108

8 按住Alt键，单击"图层"面板底部的"添加图层蒙版"按钮，为"图层1"添加图层蒙版，从而将当前图层中的图像隐藏起来，然后设置前景色为白色，选择"画笔工具"并设置适当的画笔大小及不透明度，在人物的皮肤图像上涂抹以显示出部分内容，如图16.109所示，此时蒙版中的状态如图16.110所示。图16.111所示为处理前后的效果对比。

图16.109

图16.110

图16.111

9 下面来处理人物表面的立体感。按住Alt键并单击"图层"面板中的"创建新图层"按钮，设置弹出的对话框如图16.112所示。

10 选择"画笔工具"并设置适当的画笔大小及不透明度等参数，然后分别以黑色和白色在人物面部进行涂抹，其中白色用于提亮，而黑色则用于降暗，从而增强人物皮肤的立体感，如图16.113所示。图16.114所示为单独显示"图层2"时的状态，图16.115和图16.116所示为人物面部在处理前后的效果对比。

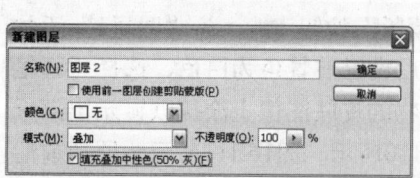

图16.112

图16.113

图16.114

图16.115

图16.116

11 利用调整图层功能中的"色彩平衡"命令和"色阶"命令,对照片整体进行调色处理,如图16.117所示。然后再结合"画笔工具" 以及图层属性功能,提亮图像,最终效果如图16.118所示。"图层"面板如图16.119所示。

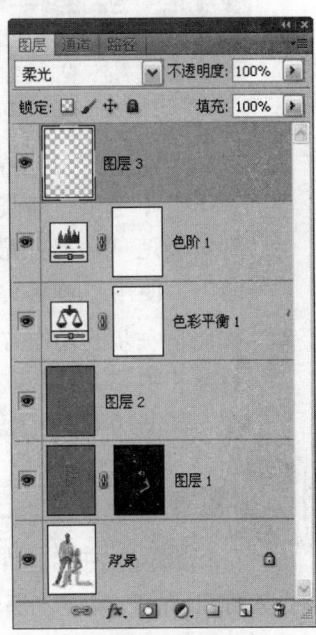

图16.117　　　　　图16.118　　　　　图16.119

16.6 精通婚纱照设计——夜色玫瑰主题婚纱照片设计

视频路径：视频文件\16.6.avi

本例在设计中使用了紫红色与白色的婚纱相映衬，较好地衬托了新娘纯洁、美丽的气质，在设计元素方面选择的也是具有美好寓意的星光、心形、花瓣、水晶气泡等，装饰及美化效果强烈。

1. 打开随书所附光盘中的文件"第16章\16.6-素材1.psd"，确认选中的是"图层4"，按Ctrl+T键调出自由变换控制框，按住Shift键向内拖动右上角的控制句柄，以缩小图像并移动位置，按Enter键确认操作，得到的效果如图16.120所示。

提示

本步骤中是以组的形式给出的素材，读者可以参考最终效果文件进行参数设置，展开组即可观看到操作的过程。

2. 在"图层"面板中设置"图层4"的混合模式为"线性加深"，"不透明度"值为40%，以混合图像，得到的效果如图16.121所示。

图16.120   图16.121

3. 新建"图层5"，设置前景色为白色，打开随书所附光盘中的文件"第16章\16.6-素材2.abr"，选择"画笔工具" ，在画布中右击，在弹出的画笔显示框中选择刚刚打开的画笔（一般在最后一个），然后在画笔工具选项条中调整画笔的大小为"15像素"，使用"画笔工具" 在画布的左下方进行涂抹，得到的效果如图16.122所示。

4. 按照上一步的操作方法，结合随书所附光盘"第16章\16.6-素材3"文件夹中的画笔素材及"画笔工具" 等功能，制作画面中的气泡、树叶、蝴蝶以及蝴蝶尾部的圆点图像，如图16.123所示。"图层"面板如图16.124所示。

提示

本步骤中关于图像的颜色值、使用的画笔以及画笔大小的设置，请参见最终效果文件中相关图层上的文字信息。另外，为了图层的管理，在此将制作装饰的图层进行了编组操作。下面制作爱心图像。

综合案例 第16章

5 ▶ 收拢组"装饰",结合素材图像以及图层属性等功能,制作爱心人物、爱心周围的红、白散点、蝴蝶以及渐变线图像,如图16.125所示。如图16.126所示为单独显示本步骤的图像状态,"图层"面板如图16.127所示。

图16.122

图16.123

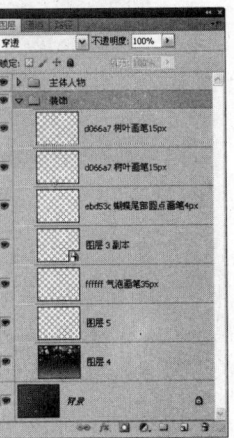
图16.124

图16.125

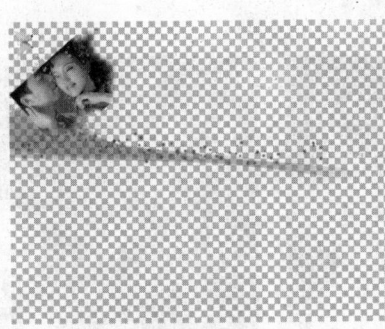
图16.126

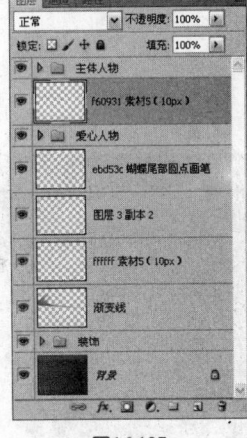
图16.127

提 示

本步骤中所应用到的素材为随书所附光盘中的文件"第16章\16.6-素材4.psd~16.6-素材6.psd";关于图层属性的设置请参考最终效果文件。另外,在制作的过程中,还需要注意各个图层间的顺序。下面制作紫光效果。

6 ▶ 选择组"主体人物",设置前景色为白色,选择"钢笔工具" ,在工具选项条上选择"形状图层"按钮 ,在画布中绘制如图16.128所示的形状,得到"形状1"。设置此图层的"不透明度"值为20%,以降低图像的透明度。

7 ▶ 选择"滤镜"|"模糊"|"高斯模糊"命令,在弹出的提示对话框中单击"确定"按钮退出,然后在弹出的对话框中设置"半径"值为1.9,得到如图16.129所示的效果。

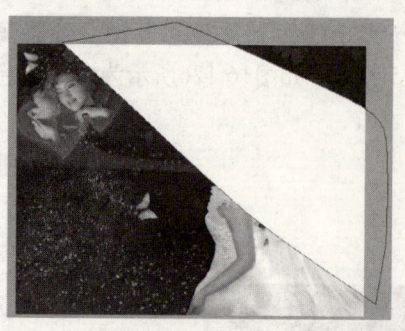 

图16.128　　　　　　　　　　　　　　图16.129

8 在"图层"面板底部单击"添加图层蒙版"按钮 ，为"形状1"添加蒙版，按D键将前景色和背景色恢复为默认的黑、白色，选择"渐变工具"，并在工具选项条中选择"线性渐变工具" ，单击渐变显示框，设置渐变类型为"前景色到背景色渐变"，在蒙版中绘制渐变，以将右侧的图像隐藏起来，得到的效果如图16.130所示。

9 按照前面所讲解的操作方法，结合形状工具、图层属性以及图层蒙版等功能，制作左侧的两道紫光效果，如图16.131所示。同时得到"形状2"和"形状3"。"图层"面板如图16.132所示。

  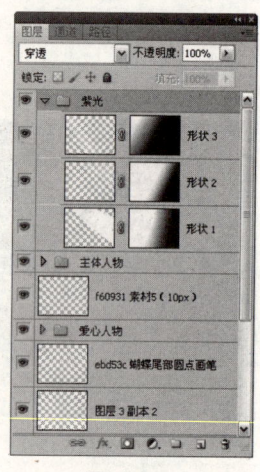

图16.130　　　　　　　　　　图16.131　　　　　　　　图16.132

 **提示**

下面使用调整图层调整整体图像的对比度，并利用素材图像制作文字图像，完成制作。

10 在"图层"面板中选择组"紫光"，单击"创建新的填充或调整图层"按钮 ，在弹出的菜单中选择"亮度/对比度"命令，得到图层"亮度/对比度1"，在弹出的面板中设置参数，得到如图16.133所示的效果。

11 重复上一步的操作方法，创建"亮度/对比度"调整图层，在弹出的面板中设置"对比度"为56，得到的效果如图16.134所示。

12 打开随书所附光盘中的文件"第16章\16.6-素材7.psd"，按住Shift键，使用"移动工具" ，将其拖动至上一步制作的文件中，得到的最终效果如图16.135所示。"图层"面板如图16.136所示。

综合案例 第 16 章

图16.133

图16.134

图16.135

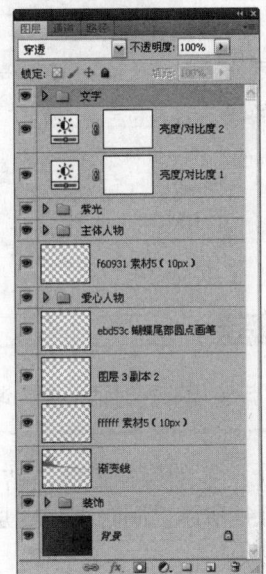

图16.136

16.7 精通广告设计——城中印象房地产广告设计

本例是一个房地产广告设计作品。在制作过程中，主要以画面中的花朵图像为处理的核心。无论从质感、光泽以及立体感等方面来看，这幅作品无疑是非常成功的。希望读者认真操作每一步，制作出更加优秀的作品。

1️⃣ 打开随书所附光盘中的文件"第16章\16.7-素材1.psd"，如图16.137所示。

2️⃣ 下面制作主题花瓣图像。选择组"枝叶"，在工具箱中选择"钢笔工具"，在其工具选项条中选择"路径"按钮，在左侧枝叶的右侧绘制如图16.138所示的路径。

3️⃣ 在"图层"面板底部单击"创建新的填充或调整图层"按钮，在弹出的菜单中选择"渐变"命令，设置弹出的对话框如图16.139所示，隐藏路径后的效果如图16.140所示，同时得到图层"渐变填充4"。

图16.137

图16.138

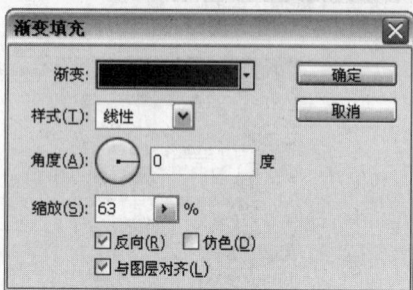
图16.139

图16.140

提示

在"渐变填充"对话框中，渐变颜色为"从95470a到060100"。

4. 按照上一步的操作方法，结合路径及渐变填充图层功能，制作花瓣上的高光效果，如图16.141所示，同时得到图层"渐变填充5"。

提示

本步骤设置"渐变填充"对话框中的参数如图16.142所示，渐变类型为"从d59a3f到透明"。

5. 在"图层"面板中单击"添加图层蒙版"按钮 为"渐变填充5"添加蒙版，设置前景色为黑色，选择"画笔工具" ，在其工具选项条中设置适当的画笔大小及不透明度，在图层蒙版中进行涂抹，以将下方的部分图像隐藏起来，直至得到如图16.143所示的效果。

图16.141

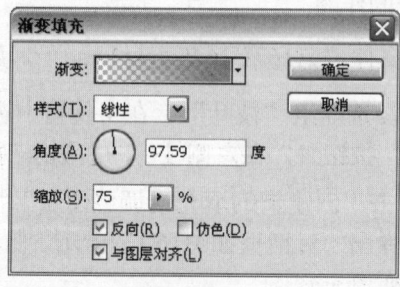
图16.142

图16.143

6 ▶ 在"图层"面板底部单击"添加图层样式"按钮 fx, 在弹出的菜单中选择"描边"命令,设置弹出的对话框如图16.144所示,然后继续在"图层样式"对话框中选择"混合选项",设置颜色块的颜色值为d59a3f,如图16.145所示,得到的效果如图16.146所示。

7 ▶ 复制"渐变填充5"得到"渐变填充5副本",使用"移动工具" 调整图像的位置,得到的效果如图16.147所示。

8 ▶ 复制"渐变填充5副本"得到"渐变填充5副本2",删除"描边"图层样式,双击当前图层缩览图,在弹出的对话框中更改渐变类型为"从f9de49到透明"(其他设置不变),得到的效果如图16.148所示。

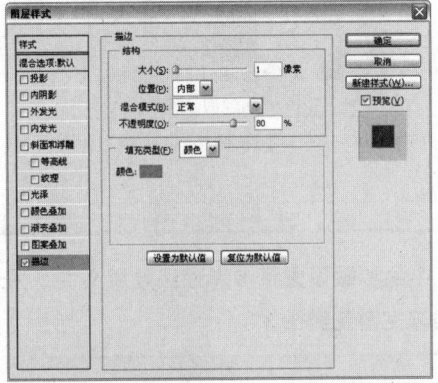

图16.144

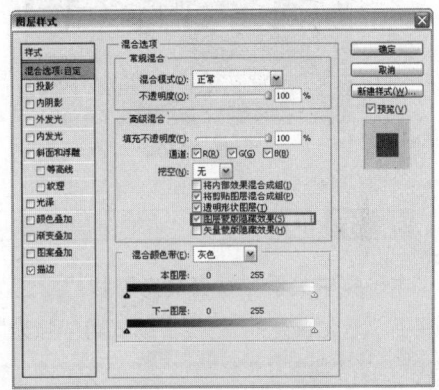

图16.145

图16.146

图16.147

图16.148

9 ▶ 选择"渐变填充5副本2"图层蒙版缩览图,设置前景色为黑色,选择"画笔工具",在其工具选项条中设置适当的画笔大小及不透明度,在图层蒙版中进行涂抹,以将下方的部分图像隐藏起来,直至得到如图16.149所示的效果。

10 ▶ 根据前面所介绍的操作方法,结合路径、渐变填充、"描边"命令以及复制图层等功能,制作其他花瓣图像,如图16.150所示。"图层"面板如图16.151所示。

图16.149

图16.150

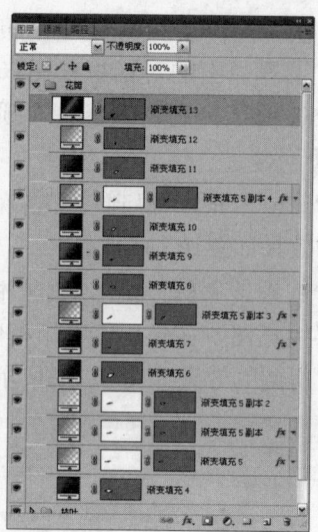
图16.151

提 示

本步骤中关于"渐变填充"和"描边"对话框中的参数设置请参考最终效果文件。另外，设置了"渐变填充9"的混合模式为"强光"。下面来完善花瓣图像。

11 选择"渐变填充5副本2"作为当前工作层，设置前景色值为5d330b，选择"钢笔工具"，在工具选项条上单击"形状图层"按钮，在花瓣的下方绘制如图16.152所示的形状，得到"形状1"。

12 选择"渐变填充10"作为当前工作层，设置前景色值为cd832f，使用"钢笔工具"继续在花瓣图像上绘制形状，如图16.153所示。同时得到"形状2"。设置此图层的混合模式为"柔光"，以混合图像，得到的效果如图16.154所示。

图16.152

图16.153

图16.154

13 选择"渐变填充13"作为当前工作层，设置前景色值为e4af3f，结合形状工具和图层蒙版的功能，完善花茎的制作，如图16.155所示，同时得到"形状3"。

提 示

下面结合"画笔工具"、图层属性以及图层样式功能，加强花瓣的质感。

14 新建"图层3",设置前景色值为ffb400,选择"画笔工具",在其工具选项条中设置适当的画笔大小及不透明度,在花瓣的上方进行涂抹,得到的效果如图16.156所示。设置此图层的混合模式为"颜色减淡",以混合图像,得到的效果如图16.157所示。

图16.155

图16.156

图16.157

15 在"图层"面板中单击"添加图层样式"按钮 *fx*,在弹出的菜单中选择"外发光"命令,然后在弹出的对话框中设置参数,得到的效果如图16.158所示。

16 选择组"花瓣",按Ctrl+Alt+E键执行"盖印"操作,从而将所选图层中的图像合并至一个新图层中,并将其重命名为"图层4"。然后利用变换功能,制作右侧的花瓣图像,如图16.159所示。

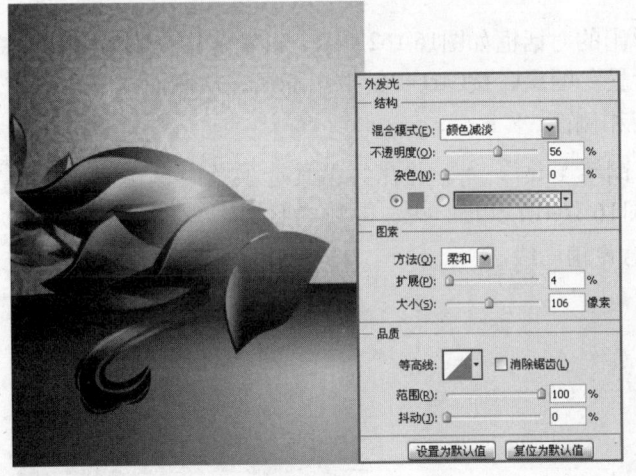
图16.158

图16.159

提示

在"外发光"参数设置中,色块的颜色值为ff7200。至此,主题花瓣图像已制作完成。下面制作其他装饰图像。

17 打开随书所附光盘中的文件"第16章\16.7-素材2.psd",按住Shift键,使用"移动工具"将其拖至上一步制作的文件中,将组"倒影及光晕"拖动至组"枝叶"的下方,得到的最终效果如图16.160所示。"图层"面板如图16.161所示。

497
Photoshop CS5

图16.160

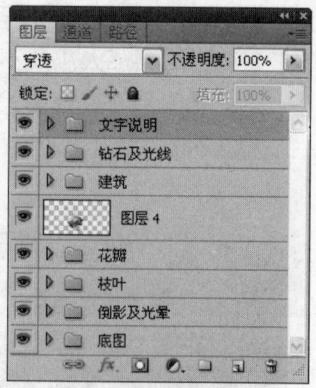

图16.161

16.8 精通包装设计——橙汁饮料包装设计

>> 视频路径：视频文件\16.8.avi

本例制作的是一个橙汁饮料包装设计方案。在主色选用方面，采用了被最多数人认可的颜色——橙黄色，可以说这是一个较为保守的颜色应用方案，因为随着人们审美层次的提高及消费者对张扬个性的个性化产品的需求，许多消费者已经能够接受使用其他颜色来表达甜味的设计手法。

1 按Ctrl+N键新建一个文件，设置弹出的对话框如图16.162所示，设置前景色值为fff7e0，按Alt+Delete键用前景色填充"背景"图层，按Ctrl+R键调出标尺，从侧面拖出两条如图16.163所示的辅助线来划分正面和侧面。

2 设置前景色值为eaa540，选择"钢笔工具" ，并在其工具选项条中单击"形状图层"按钮 ，在背景右侧绘制如图16.164所示的形状，得到"形状1"。为了便于观看图像效果，下面将按Ctrl+；键来隐藏辅助线。

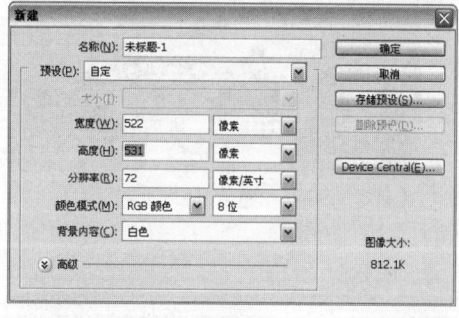

图16.162

图16.163

图16.164

3 在"图层"面板中复制"形状1"得到"形状1副本"，双击其图层缩览图，在弹出的拾色器中设置颜色值为ff7e00，单击"确定"按钮退出对话框，使用"直接选择工具" 调整其锚点的位置，得到如图16.165所示的效果。

4 打开随书所附光盘中的文件"第16章\16.8-素材1.tif"，使用"移动工具" 将其移动至上一步制作的文件中，得到"图层1"，按Ctrl+Alt+G键创建剪贴蒙版，得到如图16.166所示的效果，设置图层混合模式为"差值"，得到如图16.167所示的效果。

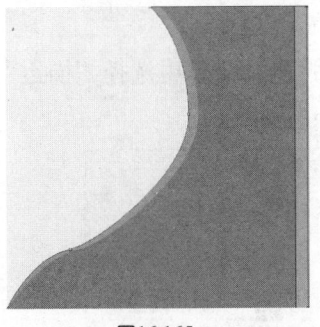
图16.165

图16.166

图16.167

5 在"图层"面板底部单击"创建新的填充或调整图层"按钮 ，在弹出的菜单中选择"通道混合器"命令，得到图层"通道混合器1"，按Ctrl+Alt+G键创建剪贴蒙版，设置弹出的面板如图16.168所示，得到如图16.169所示的效果。

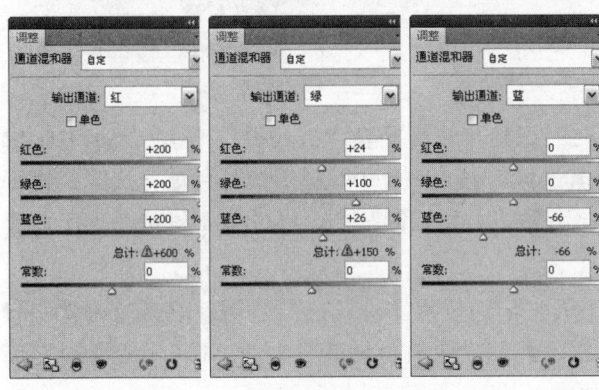
图16.168

图16.169

6 打开随书所附光盘中的文件"第16章\16.8-素材2.psd"，使用"移动工具"将其移动到文件中央，得到"图层2"，其效果如图16.170所示。

7 在"图层"面板底部单击"创建新的填充或调整图层"按钮，在弹出的菜单中选择"曲线"命令，得到图层"曲线1"。按Ctrl+Alt+G键执行"创建剪贴蒙版"操作，设置弹出的面板如图16.171所示，得到如图16.172所示的效果。

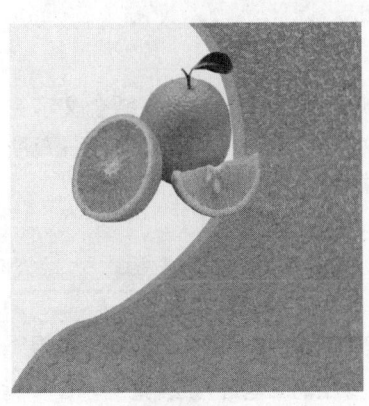
图16.170

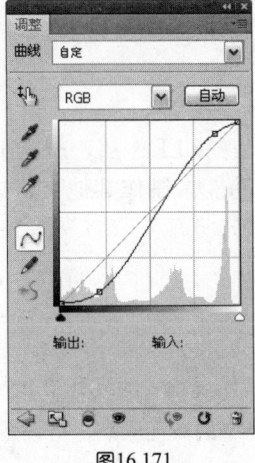
图16.171

图16.172

8 设置前景色为白色,选择"横排文字工具" ,并设置适当的字体和字号,在橙子图像下方输入"orange",得到相应的文本图层,其效果如图16.173所示。

9 在"图层"面板底部单击"添加图层样式"按钮 fx.,在弹出的菜单中选择"描边"命令,并在弹出的对话框中设置参数,得到如图16.174所示的效果。

图16.173

图16.174

10 设置前景色值为36004d,新建"图层3",并将其拖动到"orange"下方,按住Ctrl键单击"orange"的图层缩览图以调出其选区,按Alt+Delete键用前景色填充选区,选择"移动工具" ,按住Alt键分别按向下和向右光标键数次,按Ctrl+D键取消选区,得到如图16.175所示的效果。

11 在"图层"面板中选择"图层3",按住Ctrl键单击"orange"的图层名称以将其同时选中,按Ctrl+T键调出自由变换控制框,将其逆时针旋转20°左右,得到如图16.175所示的效果,按Enter键确认变换操作。

图16.175

图16.176

12 选择文字图层"orange"作为当前的工作层,根据前面所介绍的操作方法,结合文字工具、图层样式以及图层属性等功能,制作其他文字以及右侧的边框图像,如图16.177所示。"图层"面板如图16.178所示。

提示

本步骤中关于图像的颜色值以及图层样式的设置请参考最终效果文件。设置"形状2"的混合模式为"柔光"。"鲜橙汁"图像中的黄色圆点,可设置适当大小的画笔进行绘制。

综合案例 第16章

图16.177

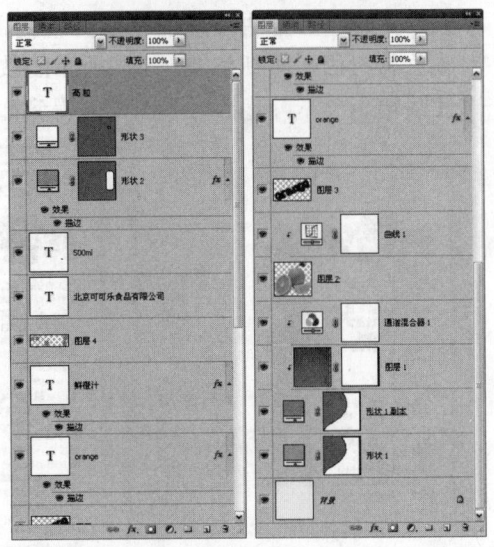
图16.178

13 选择文本图层"鲜橙汁",按住Ctrl键单击"图层4"的图层名称以将其选中,按Ctrl+Alt+E键执行"盖印"操作,得到"图层4(合并)",并将其拖动到所有图层上方,利用自由变换控制框将其缩小、调整形状,将其放到"高粒"下方,得到如图16.179所示的效果。

14 设置前景色为黑色,选择"横排文字工具" ,在"鲜橙汁"下方输入如图16.180所示的说明文字,得到相应的文本图层。

15 选择最上方的图层,按住Shift键单击"形状2"的图层名称以将其同时选中,按住Alt键将其拖动到所有图层上方并复制,得到所有选中图层的副本,使用"移动工具"将其移动到橙子左侧,得到如图16.181所示的效果,此时的"图层"面板如图16.182所示。

图16.179

图16.180

图16.181

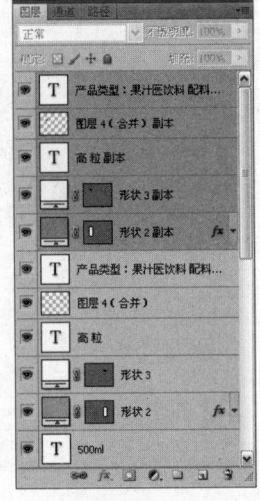
图16.182

16 选择"形状2副本",修改其图层混合模式为"正常",双击其图层缩览图,在弹出的"拾取实色"对话框中设置颜色为白色,双击其"描边"图层样式,在弹出的对话框中修改描边颜色值为ff8a00,得到如图16.183所示的效果。

17 按照上一步的方法，修改"形状3副本"的颜色值为ff8400，文字图层"高粒副本"的颜色为白色，得到如图16.184所示的效果，将"形状2副本"拖动到"图层 2"下方，使圆角矩形不再遮挡橙子图像，得到如图16.185所示的效果。

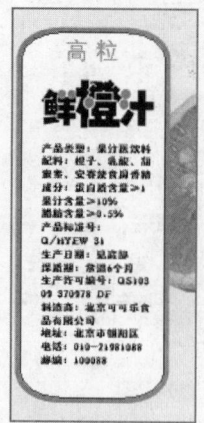
图16.183

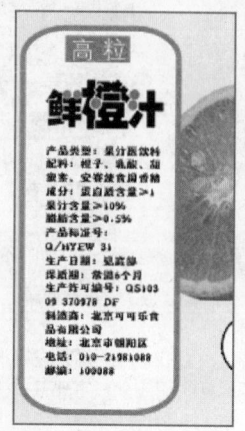
图16.184

图16.185

18 选择"高粒副本"和"形状3副本"，按Ctrl+Alt+E键执行"盖印"操作，得到"高粒副本（合并）"，将其移至橙子左上方，得到如图16.186所示的效果，最终效果如图16.187所示，此时"图层"面板如图16.188所示。

图16.186

图16.187

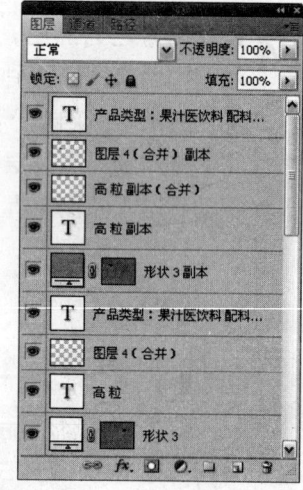
图16.188